Energie- und Umweltpolitik

Energie- und Umweltpolitik

Internationale Energie-Agentur

Internationale Energie-Agentur
Château de la Muette
2, rue André-Pascal
F-75775 PARIS Cedex 16

 Die Internationale Energie-Agentur (IEA) ist eine autonome Institution inner-
halb der Organisation für Wirtschaftliche Zusammenarbeit und Entwicklung
(OECD).

Die Deutsche Bibliothek – CIP-Einheitsaufnahme

Energie- und Umweltpolitik / Internationale Energie-Agentur. –
Braunschweig; Wiesbaden: Vieweg, 1991
  ISBN-13: 978-3-528-06408-2
NE: International Energy Agency

Der Verlag Vieweg ist ein Unternehmen der Verlagsgruppe Bertelsmann International.

Druck und buchbinderische Verarbeitung: Lengericher Handelsdruckerei, Lengerich
Gedruckt auf säurefreiem Papier

ISBN-13: 978-3-528-06408-2   e-ISBN-13: 978-3-322-84104-9
DOI: 10.1007/ 978-3-322-84104-9

Inhaltsverzeichnis

Abbildungen

Tabellen

Vorwort

Erzeugung, Umwandlung, Transport und Verwendung von Energie haben großen Einfluß auf die Umweltbedingungen. Mehr und mehr spielt die Energiepolitik eine zentrale Rolle bei der Bewältigung eines breiten Spektrums lokaler, regionaler und globaler Umweltprobleme. Weil diese Probleme sehr komplex sind, erweist es sich als zunehmend notwendig, die Zusammenhänge zwischen Energieaktivitäten und Umweltschutz zu verstehen und sämtliche durch Vorbeugungs- oder Abhilfemaßnahmen gebotenen Möglichkeiten sorgfältig zu evaluieren und dabei den Aspekt der Energieversorgungssicherheit sowie gesamtwirtschaftliche Überlegungen mit einzubeziehen. Auf ihrer jüngsten Tagung im Mai 1989 bekräftigten die Minister der IEA-Staaten ihre Entschlossenheit, nach Lösungen für die mit Energieaktivitäten zusammenhängenden Umweltprobleme zu suchen, weil dies eine Grundvoraussetzung für die Aufrechterhaltung einer angemessenen, diversifizierten, ökonomischen und sicheren Energieversorgung darstellt. In der Überzeugung, daß viele der entscheidenden Umweltfragen internationaler Natur sind, wiesen die Minister ferner das IEA-Sekretariat an, sich aktiv an der internationalen Debatte zu Fragen wie den sauren Niederschlägen und der Gefahr globaler Klimaveränderungen zu beteiligen.

Als Beitrag zu diesem Prozeß werden in der vorliegenden Studie die Auswirkungen bereits ergriffener sowie vorgeschlagener Umweltschutzmaßnahmen für die Energieversorgungssicherheit untersucht und Optionen für staatliche Maßnahmen und Instrumente erörtert, auf die zur gleichzeitigen Verwirklichung energie- und umweltpolitischer Ziele zurückgegriffen werden könnte. Die Studie soll im wesentlichen dazu dienen, einen Überblick über diesen zum großen Teil vielschichtigen Fragenkomplex zu geben. Während darauf verzichtet wird, ganz bestimmte Strategien zu empfehlen, macht die Analyse deutlich, wie wichtig es ist, die verschiedenen Lösungsmöglichkeiten und Instrumente zu beurteilen und miteinander zu vergleichen. Von daher kann diese Studie als Referenz dienen und als Ansatzpunkt betrachtet werden, von dem aus die politischen Entscheidungsträger jeweils einen spezifischen, auf die Bedingungen in den einzelnen Mitgliedsländern zugeschnittenen energiepolitischen Bezugsrahmen entwickeln können.

Diese vom IEA-Sekretariat verfaßte Studie wird unter meiner Verantwortung als Exekutivdirektor der IEA veröffentlicht. Sie gibt nicht unbedingt die Auffassungen der IEA und der Regierungen ihrer Mitgliedstaaten wieder.

Helga Steeg
Exekutivdirektor

Kurzzusammenfassung

Einleitung, Überblick und methodischer Ansatz

Zunehmend setzt sich die Erkenntnis durch, daß mehr getan werden muß, um die besonders großen Umweltprobleme, mit denen wir heute konfrontiert sind, zu entschärfen oder gar nicht erst entstehen zu lassen. Die Zahl der Umweltfolgen, die mit Energieaktivitäten verbunden sein können, ist groß. Zu den Voraussetzungen für die Gewährleistung und Erhaltung der Energieversorgungssicherheit gehört die Sicherung eines ausreichenden Umweltschutzes, um potentiell mit der Energieerzeugung und -verwendung verbundenen Umweltbelastungen vorzubeugen. Bei dieser Studie wird unterstellt, daß es wünschenswert ist, die Ziele im Bereich Energie und Umwelt aufeinander abzustimmen und organisch miteinander zu verbinden. Die Studie dient zur Untersuchung der gesamten Palette staatlicher Maßnahmen, die bis zum Jahr 2005 ergriffen werden könnten, um sicherzustellen, daß die Energieaktivitäten in der umweltschonendsten Weise und bei geringsten Kosten durchgeführt werden.

Von diesem Grundgedanken ausgehend, hat die IEA einen umfassenden Überblick über die in den OECD-Ländern vorhandenen Verbindungen zwischen Energie und Umwelt zusammengestellt, um aufzuzeigen, welche Alternativen sich den Entscheidungsträgern bieten. In der Studie geschieht dies durch eine Bestandsaufnahme des gegenwärtigen Wissensstandes der energierelevanten Umweltschutzansätze, ihrer Konsequenzen für den Energiesektor und der möglichen politischen Optionen dafür, den Zielen im Bereich der Energieversorgungssicherheit und des Umweltschutzes gleichzeitig näherzukommen. Die gewonnenen Erkenntnisse können zur Strukturierung und Orientierung neuer und umgestalteter Maßnahmen, Ansätze und Strategien beitragen, die benötigt werden, um die besonders großen Umweltprobleme im Zusammenhang mit Energieaktivitäten zu bewältigen. So bestehen vielfach Synergieeffekte zwischen energie- und umweltbezogenen Zielen. Dies gilt z.B. für manche Fälle von Brennstoffsubstitutionen, praktisch alle Verbesserungen der Energieeffizienz und die Entwicklung neuer, in ihrer Konzeption umweltfreundlicherer und energieeffizienterer Technologien. Es wird wichtig sein, solche für beide Seiten vorteilhafte Bereiche zu erhalten und weiter auszudehnen. In dieser Studie wird darauf verzichtet, bestimmte Strategien zu empfehlen. Vielmehr wird darauf hingewiesen, daß es – abgesehen von an sich schon eindeutig sinnvollen Maßnahmen – wichtig ist, das gesamte Spektrum der sich anbietenden Ansätze und Instrumente zu beurteilen und diese einander gegenüberzustellen, ehe darüber entschieden wird, welche Aktionen miteinander kombiniert und in die zur Problemlösung angewandte Strategie aufgenommen werden sollen. Die Schwierigkeit liegt hier u.a. darin, daß zwar ein dringender Handlungsbedarf besteht, eine solche Analyse aber ihre Zeit braucht.

Umwelteffekte und Konsequenzen für die Energiesicherheit

Die Studie beginnt mit einer Darstellung der hauptsächlichen – bekannten und vermuteten – energiebedingten Umweltwirkungen der Brenn- und Treibstoffe. So weitreichend diese Umweltfolgen von Energieaktivitäten sind, so vielseitig sind inzwischen aber auch die

Systeme, die die staatlichen Instanzen zusammen mit der Wirtschaft entwickelt haben, um diese Einflüsse zu verhüten, zu minimieren, zu steuern oder zu beseitigen. Diese Umweltschutzmaßnahmen, die in der Studie ebenfalls beschrieben werden, haben sich natürlich ihrerseits dadurch auf die Energieaktivitäten ausgewirkt, daß die entstandenen Umweltschutzkosten zumindest teilweise internalisiert worden sind. Dadurch hat sich die Energieangebots- und -nachfragestruktur verändert, wenn auch nur ganz allmählich und fast unmerklich. In der Studie wird festgestellt, daß die bisher ergriffenen beachtlichen Maßnahmen auf dem Gebiet des Umweltschutzes erhebliche Fortschritte gebracht haben und zudem so angelegt und durchgeführt werden konnten, daß die Energieversorgungssicherheit nicht in Mitleidenschaft gezogen worden ist.

Da die Umweltschutzvorschriften aber immer vielfältiger und stringenter werden, entfällt ein wachsender Teil der Gesamtinvestitionen und der Betriebskosten auf die Umweltschutzaspekte von Energieaktivitäten (wie Vorbeugung, Emissionsminderung und Schadensbeseitigung). Umwelt- und sicherheitsbezogene Maßnahmen können z.B. bei den Gesamtkosten der Stromerzeugung sehr erheblich zu Buche schlagen, vor allem in Ländern, in denen der Anteil der Kohle und/oder Kernenergie am gesamten „Brennstoffmix" der Stromerzeugung besonders groß ist. Deshalb führen Umfang und Tragweite eines Teils der noch ungelösten Probleme zu dem Schluß, daß die künftigen Lösungen sorgfältig strukturiert werden müssen, um die Energieversorgung in umweltsensibler Weise sicherzustellen. Besonders wichtig wird es sein, das gesamte Spektrum der Umweltfolgen aller sich bietenden Handlungsoptionen vom vollständigen Brennstoffzyklus her zu untersuchen.

Bezugsrahmen für die Entscheidungsfindung im Bereich Energie und Umwelt

Bei der Beurteilung des Stands der Bemühungen um die Erfassung von Umweltfolgen der Energieaktivitäten behandelt die Studie zum Zweck der Veranschaulichung vor allem die Auswirkungen in bezug auf Luftqualität, Säureablagerungen, globale Klimaänderung, Flächennutzung und Standortwahl und widmet diesen Fragen auch den größten Teil der analytischen Arbeit. Bei der Beurteilung möglicher Aktionen berücksichtigt die Studie in erster Linie den begrenzten Zeithorizont für Maßnahmen, die bis zum Jahr 2005 ergriffen werden könnten, und verwendet und empfiehlt einen besonderen methodischen Ansatz, der in Abbildung 1 (Bezugsrahmen für die Entscheidungsfindung im Bereich Energie und Umwelt) grafisch dargestellt wird. Ziel jeder Analyse muß die Feststellung von Aktionen sein, die geeignet sind, die für eine gegebene Aktivität benötigte Energie mit den geringsten Umweltfolgen, zu den niedrigsten Kosten und bei größtmöglicher Energieversorgungssicherheit bereitzustellen.

Analysen sollten sich, um die gesamte Bandbreite in Frage kommender Lösungen zu erfassen, auf den jeweiligen Stand, die Tendenzen sowie das technische und Marktpotential der Aktionen von Wirtschaft, Verbrauchern und Regierungen erstrecken. Bei einer solchen Bestandsaufnahme müssen auch Kosten und Nutzen, entstandene Probleme und Begrenzungen, (mögliche positive und negative) Nebenwirkungen und gegebenenfalls bestehende Wechselwirkungen sowie wirtschaftliche Grundfaktoren berücksichtigt werden, die die angestrebten Veränderungen beschleunigen oder bremsen könnten. Die Beurteilung bestehender Begrenzungen erfordert auch eine Analyse des Bedarfs an Forschung, Entwicklung und Demonstration oder einer besseren Verbreitung von Technologien sowie die Untersuchung des Infrastrukturbedarfs und institutioneller Probleme.

Die Studie analysiert das dem Staat zu Gebote stehende Instrumentarium (Information, Reglementierung, ökonomische Instrumente usw.), das eingesetzt werden kann, um das Umsetzungstempo eines Lösungsansatzes zu beschleunigen. Geprüft werden müssen u.a.

Erster Schritt:
Feststellung von Wechselwirkungen zwischen Energie und Umwelt

Zweiter Schritt:
Feststellung von Lösungsmöglichkeiten

Größere
Energieeffizienz

Nachgeschaltete Umwelt-
schutztechnologien

Andere
Maßnahmen[1]

Brenn- und Treibstoffsubstitution
und Flexibilität[2]

„Saubere" Energie-
technologien[3]

Prüfung von: – Anwendbarkeit, potentiellen Auswirkungen, Kosten, Terminierung
– Hindernissen (politischen oder institutionellen), Begrenzungen, Nebenwirkungen und Weiterungen
– Bedarf in den Bereichen F + E, Demonstration, Verbreitung oder Infrastruktur

Dritter Schritt:
Feststellung potentieller Instrumente

Information

Reglementierung[4]

Ökonomische Instrumente[5]

Prüfung von: – Anwendbarkeit, Effektivität, Verbraucherverhalten, mikro- und makroökonomischen Folgen

Vierter Schritt:
Entwicklung eines Strategiepakets:
Maßnahmen und Instrumente

Prüfung von: – Möglichkeiten für Anschlußarbeiten zur Ausgestaltung der Strategie
– Bereichen für eine Verbesserung der Entscheidungsfindung

Abbildung 1 **Bezugsrahmen für Entscheidungsfindung im Bereich Energie und Umwelt**

1. Diese sonstigen Maßnahmen würden überwiegend außerhalb des Energiebereichs liegen und sich beispielsweise auf Strukturveränderungen in Wirtschaftssystemen erstrecken.
2. Die Substitution erstreckt sich auf Veränderungen der Qualität oder der Art des Brenn- oder Treibstoffs (z.B. Substitution fossiler Brennstoffe durch regenerative Energien) oder aber auf eine zeitweilige Umstellung auf einen anderen Energieträger zur Minimierung saisonaler oder kurzfristiger Umweltwirkungen (z.B. Substitution von Benzin durch Erdgas).
3. Unter „sauberen" Energietechnologien werden hier solche verstanden, die energieeffizientere Prozesse oder Abläufe mit einem geringeren Schadstoffanfall verbinden, ohne daß dabei unbedingt ein Wechsel der verwendeten Energieform notwendig wird.
4. „Reglementierung" schließt hier auch die Funktion „Steuerung und Kontrolle" sowie damit verbundene Maßnahmen ein, die beim Umweltschutz eingesetzt werden (von Emissionsstandards bis zu Kriterien von Umweltverträglichkeitsprüfungen) sowie alle auf die Energieversorgungssicherheit abzielenden Maßnahmen (von Effizienzstandards für die Endverwendung bis zum Vorschreiben von Brenn- bzw. Treibstoffen für bestimmte Sektoren).
5. Zu den ökonomischen Instrumenten gehören die großen Bereiche Steuern, Abgaben, Subventionen und Preispolitik, gleichviel, ob sie zur Verschärfung der geltenden Vorschriften eingesetzt werden und dadurch die Gesamtwirkung der mit ihnen bezweckten Umweltschutzmaßnahmen vergrößern, oder ob sie dazu dienen, mit zur Finanzierung von F+E-Aktivitäten, der Entwicklung und Demonstration neuer Umweltschutztechnologien oder „sauberer" Energietechnologien beizutragen.

die Verwendbarkeit des Instruments, seine Effektivität, spezifische Begrenzungen sowie mikro- und makroökonomische Effekte, politische Hemmnisse und Merkmale des Verbraucherverhaltens.

Aktionsmöglichkeiten

Neu oder verstärkt aufkommende Befürchtungen über die Umweltfolgen von Energieaktivitäten sollten nicht nur als Handlungsauftrag, sondern auch als Chance verstanden werden. Bei zahlreichen Aktionen hat sich bereits gezeigt, daß sie geeignet sind, gleichzeitig energie- und umweltbezogenen Zielen gerecht zu werden. Somit wird es, wie in der Studie dargelegt wird, zumindest im Blick auf die bis zum Jahr 2005 erforderlichen Schritte wahrscheinlich nicht so sehr darum gehen, ganz neue Lösungen zu entwickeln, sondern eher darum, Lösungen zielkonformer zu machen und schon bekannte und bewährte Maßnahmen besser anzuwenden.

Die Studie untersucht das Für und Wider wahrscheinlich geeigneter Lösungsmöglichkeiten und wirft eine Reihe von Fragen auf, die noch berücksichtigt werden müssen, wenn Schritte erwogen werden, die einen größeren Lösungsbeitrag leisten könnten. Diese Fragen finden ihren Niederschlag in den am Ende dieser Kurzzusammenfassung gegebenen Anregungen für weitere Arbeiten. Im folgenden werden die Ergebnisse im Hinblick auf für die in der Studie untersuchten hauptsächlichen Lösungsmöglichkeiten im Überblick dargestellt.

Größere Energieeffizienz. Als Verbesserungen der Energieeffizienz werden hier alle Maßnahmen, einschließlich Energiesparmaßnahmen, betrachtet, die von einem Erzeuger oder Verbraucher von Energieprodukten ergriffen werden, sofern sie die Energieverluste verringern. Verbesserungen der Energieeffizienz können somit durch Verbesserungen im Hardware-Bereich, wie z.B. durch weiterentwickelte Technologien, wie auch durch Aktionen im Software-Bereich, etwa durch ein besseres Energiemanagement und bessere operationelle Praktiken, erreicht werden. Diese Aktionen können wesentlich dazu beitragen, in umweltverträglicher Weise eine gesicherte Energieversorgung zu gewährleisten. Dabei werden die Umweltfolgen durch die direkte Minderung der sonst anfallenden Emissionen reduziert. Gleichzeitig verringert sich auch der Bedarf an neuen Anlagen und Operationen in Verbindung mit Erzeugung, Transport, Umwandlung und Verteilung von Energie in ihren verschiedenen Formen, wobei alle diese Aktivitäten mit der einen oder anderen Art von Umweltwirkungen verbunden sind. Wo es notwendig ist, gegen die Umweltbelastung durch einzelne Anlagen vorzugehen, müssen die Aktionen zur Verbesserung der Energieeffizienz wohl in vielen Fällen durch Umweltschutztechnologien oder die Brennstoffsubstitution abgestützt werden. Eine nennenswerte Wirkung zum Schutz der Umwelt durch Verbesserung der Energieeffizienz läßt sich also eher global als mit Hilfe von Einzelprojekten erzielen. Solche Effizienzsteigerungen haben sich vor allem ergeben aufgrund drastischer, sprunghafter Energiepreiserhöhungen, aufgrund von Befürchtungen über Energiepreisanhebungen oder Versorgungsengpässe sowie namentlich dort, wo technologische Innovationen solche Verbesserungen möglich machten. In großer Zahl wurden und werden staatliche Maßnahmen getroffen, um bestehende Hemmnisse zu beseitigen. Dadurch wurden in der Vergangenheit je nach Endverbrauchssektor unterschiedliche Fortschritte erzielt, die jedoch weitgehend durch die mit dem Wirtschaftswachstum gestiegene Energienachfrage wieder aufgehoben wurden.

Im industriellen Sektor sind in den meisten Ländern bedeutende Verbesserungen der Energieeffizienz erreicht worden. Für diesen Sektor typische Hemmnisse sind u.a. der Mangel an Informationen und Finanzmitteln, divergierende Prioritäten, Unterschiede in der Risikoeinschätzung, das Bestreben, Störungen zu vermeiden, und anderes mehr. Aussicht auf Verbesserungen bietet hier in erster Linie der fortgesetzte „Einbau" energieeffizienterer neuer Ausrüstungen in Fällen, in denen der Produktionsprozeß ohnehin geändert wird. Im *Sektor Haushalte und Kleinverbraucher* sind die Effizienzzuwächse und -hemmnisse im großen und ganzen die gleichen wie im industriellen Sektor. Auch hier bieten sich die besten Aussichten dann, wenn bei den verwendeten neuen Anlagen und Ausrüstungen bewußt auf Effizienz geachtet wird und die Betriebsverfahren und -gewohnheiten geändert werden.

Der wachsende Strombedarf macht den *Elektrizitäts-Endverbrauchssektor* besonders prioritär, zumal gerade dieser Sektor ein beträchtliches Effizienzverbesserungspotential besitzt. Nach den bereits erzielten Energieeinsparungen wird für die nächsten 20 Jahre mit einer weiteren allmählichen Verbesserung aufgrund der Erneuerung des Kapitalstocks gerechnet. Die Hindernisse für die Realisierung des verbleibenden Einsparpotentials sind ähnlicher Natur wie die Hemmnisse im industriellen Sektor, wenn sich die Gewichte auch vielleicht anders verteilen. Zu den staatlichen Interventionen, die besonders wirksam zu einer größeren Effizienz des Elektrizitäts-Endverbrauchs beigetragen haben, gehören preispolitische Maßnahmen (und Verbrauchsmeßverfahren), Informationsprogramme, Anreize und Vorschriften. Einen hohen Stellenwert hat die Schaffung eines ordnungspolitischen Rahmens, der den Stromversorgungsunternehmen wirtschaftliche Anreize bieten soll, sich für Verbesserungen der Endverwendungseffizienz einzusetzen, wo dies für das Versorgungssystem insgesamt von Vorteil ist.

Bei der *Elektrizitätsumwandlung,* die für den Transformationssektor wegen der Größe ihres Anteils und der Höhe der Umwandlungsverluste die beherrschende Rolle spielt, ist eine stetige, aber nur langsame Verbesserung der Umwandlungseffizienz zu beobachten. Die kommerziellen Vorteile selbst kleinerer Vervollkommnungen dieser Systeme sind so groß, daß dadurch gewöhnlich ein genügender Anreiz für die Betreiber entsteht, sich jederzeit um die „beste Praxis" zu bemühen und (nachweislich) effizientere neue Anlagen so rasch wie möglich zu installieren. Bei diesem Sektor ist damit zu rechnen, daß sein Umfang mit dem ständigen Anstieg der Elektrizitätsintensität in den OECD-Ländern relativ gesehen zunehmen wird, wobei sich die Effizienzverbesserungen allerdings nur allmählich einstellen dürften. Die Umwandlungsverluste werden möglicherweise auf dem derzeitigen Stand bleiben oder langsam abnehmen. Als wahrscheinlichstes Nahziel für öffentliche Maßnahmen im Transformationssektor bietet sich wohl die Förderung von Verbesserungen des technologischen Niveaus an, z.B. durch die Neuausstattung von Kraftwerksanlagen mit leistungsfähigeren oder „saubereren" Energietechnologien anstelle einer bloßen Verlängerung der Lebensdauer von Anlagen, die nur dazu führt, daß ineffiziente ältere Anlagen weiter in Betrieb gehalten werden.

Der *Energiewirkungsgrad von Kraftfahrzeugen* spielt ebenfalls eine sehr große Rolle, da der Ölverbrauch im Verkehrssektor im Gegensatz zur Entwicklung in anderen Sektoren zwischen 1973 und 1987 (in den OECD-Ländern) drastisch zugenommen hat. Wie sich bei Analysen gezeigt hat, sind ganz erhebliche Verbesserungen des Kraftstoffwirkungsgrads mit neuen Modellen erreicht worden, und zwar vorwiegend durch technische Verbesserungen. Veränderte Fahrgewohnheiten, ein Trend zum Kauf größerer Modelle, die zunehmende Verkehrsdichte sowie andere, weitgehend mit dem Wirtschaftswachstum zusammenhängende Faktoren haben aber die Effizienzgewinne vor allem in den letzten Jahren wieder zunichte gemacht. Die Kraftstoffnachfrage für den Pkw-Verkehr wird voraussichtlich weiter steigen, wenngleich dieser Anstieg durch demographische Faktoren und Sättigungseffekte in den OECD-Ländern letztlich gebremst werden könnte. Auch in Zukunft werden wahrscheinlich zahlreiche kleinere Effizienzverbesserungen bei der Fahrzeug- und Motorenkonstruktion erzielt werden. Bei der Beurteilung des potentiellen Umweltnutzens, der durch Effizienzverbesserungen im Verkehrssektor und mögliche Aktionen erreicht werden könnte, muß das technische Potential für Effizienzverbesserungen ebenso berücksichtigt werden wie die Effektivität der

Standards für den Energieverbrauch von Kraftfahrzeugen und die Entwicklungstendenzen der vorerwähnten kompensierenden Faktoren.

Zusammenfassend ist zu den Möglichkeiten für eine Steigerung der Energieeffizienz festzustellen, daß in einer Anzahl von Sektoren theoretisch zwar noch ein großes technisches Potential für Verbesserungen vorhanden ist, daß das realisierbare Potential aber wegen des Verbraucherverhaltens und aufgrund ökonomischer Faktoren erheblich geringer sein könnte. Kurzfristig gibt es in allen Sektoren Möglichkeiten für die beschleunigte Einführung von Energiespartechnologien. Besonders im Stromendverbrauchssektor und im Kfz-Sektor ist der Spielraum für Verbesserungen noch sehr groß. Sollte die Nachfrage nach Stromversorgungs- und Transportleistungen aber weiter um die derzeitigen Raten steigen, so würden dadurch alle Effizienzverbesserungen in diesen Sektoren wieder zunichte gemacht. Im Bereich der Demonstration und Verbreitung von Energietechnologien gibt es bereits nationale und internationale Kooperationsprogramme. Diese könnten ausgebaut werden, um dem Umweltnutzen energieeffizienterer neuer Technologien zusätzliches Gewicht zu verleihen.

Ob das Tempo der Effizienzverbesserung gesteigert werden kann, richtet sich ganz entscheidend nach den Preisanreizen für die verschiedenen Endverwenderkategorien, dem Konsumverhalten und anderen die Verbraucherentscheidungen beeinflussenden Faktoren, den Ersatzbeschaffungsraten der Ausrüstungen sowie dem Tempo der technologischen Verbesserungen. Eine wesentliche Voraussetzung für die Beeinflussung der Verbraucher zugunsten eines energieeffizienteren Verhaltens ist die Preistransparenz, weil sie zur Anwendung effizienterer Energiesysteme führt. Analysen der Elastizitäten zeigen aber, daß der Energiepreis sehr erheblich über sein derzeitiges Niveau angehoben werden müßte, damit beispielsweise der gesamte Energieverbrauch bis zum Ende des Jahrhunderts konstant bliebe. Die entscheidende Voraussetzung dafür, daß das Tempo der technologischen Entwicklung und die Umschlagsrate des Kapitalstocks aufrechterhalten werden, ist die Fortsetzung des Wirtschaftswachstums.

Wenn der Umweltnutzen der Investitionen zur Verbesserung der Energieeffizienz erkannt würde, würde dies in vielen Fällen ihren Einsatz als gangbare Lösung erleichtern. Mehrere Länder prüfen gegenwärtig ihre Programme zur rationellen Energieverwendung daraufhin, ob Bemühungen am Platze wären, um das Phänomen Energieeffizienz sichtbarer zu machen und um externe Effekte wie etwa Umweltvorteile herauszustellen und der Öffentlichkeit nahezubringen. Einiges ist in dieser Richtung bereits getan worden, wobei vor allem zu nennen sind: Informationskampagnen, die Verschärfung von Standards für den Energieverbrauch von Kraftfahrzeugen und Haushaltsgeräten, steuerliche Maßnahmen, die Umgestaltung von Stromtarifen, die Berücksichtigung von Verbesserungen des Stromwirkungsgrads bei Ausschreibungen für neue Elektrizitätsversorgungsanlagen sowie die Subventionierung von Programmen zur Kraft-Wärme-Kopplung.

Nachgeschaltete Technologien. Nachgeschaltete Umweltschutztechnologien finden auf breiter Front Anwendung bei stationären wie bei mobilen Feuerungsanlagen. Außer in einigen Fällen, wo solche Technologien dazu beitragen können, wertvolle, andernfalls verlorene Nebenprodukte zurückzugewinnen, ist ihre Entwicklung und Anwendung in erster Linie das Ergebnis staatlicher Vorschriften zur Verminderung von Schadstoffemissionen. Gelegentlich sind (parallel zu den Vorschriften) in begrenztem Umfang öffentliche Finanzhilfen für die Entwicklung oder Einführung solcher Technologien zur Verfügung gestellt worden. Diese einzeln oder kombiniert eingesetzten Technologien können umweltschädliche Emissionen äußerst wirksam verringern, wenn auch bei den meisten von ihnen in der Praxis ein kleiner zusätzlicher Energieaufwand erforderlich ist.

Die Anwendung nachgeschalteter Technologien wird zweifellos fortgesetzt und weiter ausgedehnt werden, um neue Schadstoffe und Umweltbelastungsquellen in den Griff zu bekommen. In einer Reihe von Fällen haben sich diese Technologien aber schon als solche als unzulänglich erwiesen, auch bei Anwendung der besten vorhandenen Technologien. Manche noch in der Entwicklung befindlichen Technologien dieser Art bieten Aussicht auf niedrigere Umweltschutzkosten oder die Einbeziehung von Substanzen, für die es bisher noch keinen Umweltschutz gibt. Gegenwärtig steckt die Entwicklung nachgeschalteter Technologien für die Bekämpfung von Kohlendioxidemissionen (CO_2), die bei der Verbrennung fossiler Energieträger entstehen, hinsichtlich der Anwendung in Stromversorgungsunternehmen noch in der Planungsphase.

Brennstoffsubstitution. Die in der Vergangenheit verzeichneten Treibstoffsubstitutionen hatten viele verschiedene Beweggründe. Am weitaus wichtigsten war dabei die Frage, ob ökonomische Alternativen und Technologien für deren Umsetzung zur Verfügung standen. Die Substitution konnte sich auf einen endgültigen Übergang zu anderen Energiealternativen (etwa von fossilen Brennstoffen zur Kernenergie oder zu regenerativen Energien), eine zeitweilige Umstellung zur Minimierung saisonaler oder kurzzeitiger Umweltfolgen (z.B. Umstellung von Benzin auf Erdgas) oder auf die Verwendung in der Qualität besserer (d.h. weniger umweltbelastender) Formen ein und desselben Brennstoffs erstrecken (z.B. Verfeuern von Kohle mit niedrigem anstelle von solcher mit hohem Schwefelgehalt). In jüngerer Zeit hat das wachsende Umweltbewußtsein die Wahl zwischen verschiedenen Brennstoffalternativen beeinflußt. Bei Vergleichen, durch die festgestellt werden soll, mit welchen Umweltwirkungen verschiedene Brennstoffalternativen verbunden sind, müssen unbedingt der gesamte Brennstoffzyklus und die in jeder Phase dieses Zyklus entstehenden Umweltwirkungen betrachtet werden.

Nennenswerte Änderungen bei der Brennstoffwahl ergaben sich ab Mitte der siebziger Jahre vor allem dadurch, daß die öffentlichen Entscheidungsträger die Verfolgung von Zielen in den Bereichen Energieversorgungssicherheit und Umweltschutz ausdrücklich förderten und die weitere Entwicklung der Brennstoffkosten ungewiß war. Zu den größten Umschichtungen kam es bei den Stromversorgungsunternehmen sowie durch Änderungen bei der Beheizung von Wohngebäuden und gewerblichen Bauten. Im industriellen Sektor waren die beobachteten Umstellungen weniger groß und oft nicht das Ergebnis einer Brennstoffsubstitution, sondern die Folge struktureller Veränderungen. Eine gewisse Rolle spielten auch Rücksichtnahmen bei der Standortwahl und verschiedene Beschränkungen bei der Brennstoffverwendung.

Manche Substitutionen, etwa die Verwendung bestimmter erneuerbarer Energien anstelle fossiler Brennstoffe, dürften auch künftig nur einen begrenzten Marktanteil erreichen, bis sie weiter entwickelt worden und kostenmäßig konkurrenzfähiger sind. Andere sind schon heute möglich. Als Beispiele, die in der vorliegenden Studie untersucht werden, sind Substitutionen bei der Stromerzeugung und im Verkehrssektor zu nennen, wobei jeweils auch Erdgas in Betracht kommen könnte.

Bescheidene Steigerungen der *Erdgasförderung* über den derzeit geplanten Umfang hinaus sind eventuell möglich, ohne daß sich die Kosten dieses Energieträgers ändern würden. Der Marktanteil der Erdgasversorgung könnte wahrscheinlich ohne besondere Schwierigkeiten über den geplanten Umfang hinaus (um vielleicht 10%) vergrößert werden, und zwar durch die Substitution im industriellen Sektor, im Sektor Haushalte und Kleinverbraucher sowie bei der Stromerzeugung. Im Verkehrssektor würde die Substitution bedeutende Infrastrukturänderungen, gewisse Weiterentwicklungen im technologischen Bereich und vielleicht auch die Schaffung ökonomischer Umstellungsanreize erfordern. Das bereits bestehende bzw. in der Planung befindliche Förderleitungs- und Verteilernetz für Erdgas könnte das zusätzlich benötigte Volumen bewältigen, ohne daß untragbare Transportkostenerhöhungen oder große Verzögerungen zu befürchten wären. Wahrscheinlich würde eine solche bescheidene Steigerung der Erdgasverwendung auch nur geringe Risiken für die Energieversorgungssicherheit mit sich bringen.

Vor allem aus Gründen der Energieversorgungssicherheit sind bereits verschiedene Schritte unternommen worden, um die Erdgasverwendung zu fördern. Die Regierungen arbeiten intensiv an der Überprüfung bestehender Politiken und Maßnahmen, die die Erdgasförderung bzw. -verwendung behindern. Es sind bereits grundlegende Änderungen der Erdgaspolitik vorgenommen worden, um unvertretbare Beschränkungen der Gasverwendung, eine überzogene Reglementierung der Preise oder des Marktzugangs sowie diskriminierende Steuervorschriften zu beseitigen oder abzuändern. Untersucht werden auch Fragen im Zusammenhang mit der in einigen Ländern praktizierten Begrenzung des Zugangs zu Pipeline- oder Verteilernetzen sowie der Entwicklung der Gasversorgung oder des Baus von Transport- und Vorratssystemen für Erdgas. Weitere Initiativen erstreckten sich u.a. auf die Förderung von Aufklärungskampagnen zur Unterrichtung der Verbraucher über die Vorteile der Umstellung auf Gas sowie die Änderung steuerlicher und anderer Maßnahmen mit dem Ziel, weitere finanzielle Anreize für die Umstellung auf Erdgas oder bivalente Befeuerung zu schaffen.

Was die Brennstoffsubstitution bei der *Stromerzeugung* bis zum Jahr 2005 betrifft, so wird ein beträchtlicher Anteil des Strombedarfszuwachses durch bereits im Bau befindliche Kernkraftwerke gedeckt werden. Der Elektrizitätssektor bietet weitere Möglichkeiten der Brennstoffsubstitution, von denen viele aber erst weit nach dem Jahr 2005 voll genutzt werden können. Kurzfristig besteht ein Potential für eine stärkere Erdgasverwendung und zunehmende Stromerzeugung aus regenerativen Energien, von denen in einigen Ländern vor allem Wasserkraft und Biomasse zu nennen sind. Weitere Fortschritte bei der Entwicklung und kostengünstigeren Anwendung von Windenergie-, Photovoltaik- und anderen Technologien könnten den Beitrag dieser regenerativen Energiequellen vergrößern. Bei den gegenwärtigen Tendenzen steht indessen nicht zu erwarten, daß durch eine Vergrößerung dieses Beitrags eine weitere Zunahme des Kohlebedarfs, der vielleicht zunehmend durch schwefelarme Kohle und Steinkohle gedeckt werden wird, unterbunden werden könnte.

Die Stromerzeugung wird vom Staat in seiner Rolle als Eigentümer oder Regelungsinstanz stark beeinflußt. Daher steht den Regierungen eine breite Palette von Instrumenten zu Gebote, auf die sie zur Verwirklichung von Brennstoffsubstitutionszielen zurückgreifen können. Dennoch gibt es auch Grenzen: Wegen der langen Lebensdauer von Kapitalinvestitionen in Kraftwerksanlagen können viele sich bietende Möglichkeiten nur allmählich über mehrere Jahrzehnte oder noch längere Zeiträume hinweg realisiert werden. Andererseits kann der Staat auch die *Stromnachfrage* beeinflussen, und zwar vorwiegend über die Stromversorgungsunternehmen und ihre Aufsichtsbehörden.

Im *Kraftfahrzeugsektor* gibt es eine Anzahl verschiedener Treibstoffe (auf Erdgasbasis sowie Biokraftstoffe und Strom), die die Umweltverträglichkeit und die Energieversorgungssicherheit erhöhen könnten, wenn sie zumindest einen Teil der derzeit verwendeten Treibstoffe ablösen würden. Soweit der Staat nicht massiv eingreift, dürfte ihr Beitrag zur Deckung des Kfz-Kraftstoffbedarfs aber bis zum Jahr 2005 nur gering sein. Der größte Umweltnutzen läßt sich bis dahin wahrscheinlich durch die beschleunigte Einführung bleifreien Benzins oder von Benzin mit niedrigerem Dampfdruck erzielen. Speziell in bestimmten Städten oder Regionen könnte aber auch die Einführung von mit CNG betriebenen oder kraftstoffflexiblen Fahrzeugen einen gewissen Beitrag leisten. Ungelöst ist abgesehen von Problemen der Verfügbarkeit noch die Frage der mit den verschiedenen vorhandenen Hauptalternativen verbundenen Umwelt- und ökonomischen Kosten (d.h. die gesamte Palette von der Kraftstofferzeugung bis zur Fertigung und Nutzung von Kraftfahrzeugen) sowie die Frage nach dem Potential für die Nutzung begrenzter Kfz-Märkte (Beispiel Fahrzeugparks).

Allgemein betrachtet gibt es trotz der vielen schon erwähnten komplementären Effekte der Brenn- und Treibstoffsubstitution noch Bereiche, in denen sich Zielkonflikte ergeben können, wenn nämlich die Verwirklichung der Ziele der Energieversorgungssicherheit von der

Umwelt her zu teuer zu stehen kämen – oder umgekehrt. Auf das Ganze gesehen darf wohl festgestellt werden, daß die verschiedenen Marktfaktoren und staatlichen Maßnahmen, die die Brenn- und Treibstoffsubstitution beeinflußt haben, in manchen Fällen zugleich durch komplementäre Wirkungen und durch Zielkonflikte gekennzeichnet waren. Zudem gibt es in den einzelnen Ländern unterschiedliche Auffassungen zu den Umweltwirkungen bestimmter Energiequellen (wie Kernenergie, Kohle, Strom aus Wasserkraft, Biomasse), weshalb die Frage, welche Effekte als komplementär oder als konfliktuell zu betrachten sind, auch unterschiedlich beantwortet wird. Jedenfalls sind der potentielle Umweltnutzen wie auch die wahrscheinlichen ökonomischen Kosten und Energiesicherheitskonsequenzen bei jeder Substitutionsalternative verschieden. Deshalb bedarf es eingehender Evaluierungen, bei denen die Effekte und Wechselwirkungen der einzelnen Optionen für die Brennstoffsubstitution auf allen Stufen von Erzeugung, Transport, Umwandlung und Endverbrauch ebenso berücksichtigt werden sollten wie die grundlegenden ökonomischen Faktoren, die die erwünschten Umstellungen beschleunigen oder verzögern können.

„Saubere" Energietechnologien. „Saubere" Energietechnologien haben den doppelten Vorteil energieeffizienterer Prozesse oder Operationen und eines verringerten Schadstoffanfalls, ohne daß sie unbedingt einen Wechsel der verwendeten Energieform erfordern würden. Bisher sind große Anstrengungen darauf verwendet worden, ihrer Natur nach „sauberere" Technologien für diese Energiequellen zu entwickeln, z.B. für fossile Brennstoffe – an sich besonders stark umweltbelastende Energieträger –, weil die Einhaltung der Umweltschutzvorschriften hier die höchsten Kosten verursachte. Wie die nachgeschalteten bieten auch „saubere" Technologien bisweilen gute Möglichkeiten zur Reduzierung des Umweltbelastungsgrads. Indessen werden letztere in erster Linie für neue Ausrüstungen und Anlagen konzipiert. Sie können jedoch auch in Altanlagen, beispielsweise in Kraftwerken, durch technische Umrüstung angewendet werden. Ein Schwerpunktbereich war bei der Entwicklung „sauberer" Techniken die Kohleverwendung. Die meisten dieser Technologien sind noch nicht ganz marktreif, doch wurde eine ganze Reihe von ihnen bereits bis zu einer der Endstufen der Demonstration weiterentwickelt.

Derzeit wird noch untersucht, wie groß das Potential dieser Technologien insgesamt ist. Die Schwerpunktverlagerung von F+E-Aktivitäten und ihre Förderung zugunsten „sauberer" Energietechnologien beschleunigt deren Entwicklung in den Mitgliedsländern. Die Größe des Marktanteils der „sauberen" Technologien wird im Endeffekt durch die Zuwachsrate an neuen Anlagen und die Möglichkeiten zur Verlängerung der Lebensdauer von Altanlagen begrenzt. Wenn diese Technologien an den Markt kommen, verbreitert sich der Fächer der Optionen, unter denen die Unternehmen wählen können, um den zum großen Teil immer stringenter werdenden Umweltvorschriften zu genügen, soweit Vorschriften solche Entscheidungsoptionen überhaupt vorsehen.

Feststellung von Bereichen für eine bessere staatliche Entscheidungsfindung

Staatliche Instrumente/Interventionen und makroökonomische Effekte. Die Anwendung staatlicher Maßnahmen zur Verwirklichung eines besseren Umweltschutzes hat nicht nur beabsichtigte direkte Wirkungen auf Erzeuger, Verbraucher bzw. Investoren, sondern ist auch mit indirekten Kosten/Nutzeneffekten für die gesamte Wirtschaft verbunden. Diese Einflüsse können sich auf das Wirtschaftswachstum auswirken, das ja erst die Voraussetzung für einen Umweltschutz auf sozial akzeptabler und ökonomisch tragfähiger Basis bildet. Wenngleich die mit der Anwendung solcher Umweltschutzinstrumente verbundenen makroökonomischen Effekte oft nicht eindeutig nachgewiesen worden sind, empfiehlt es sich doch, derartige Wirkungen beabsichtigter staatlicher Maßnahmen von vornherein zu berücksichtigen und soweit wie möglich auch zu quantifizieren.

Notwendigkeit integrierter Analysen und Lösungen. Es gibt keine Lösungsmöglichkeit, die nicht auch ihre Weiterungen hätte, ob sie nun soziale und wirtschaftliche Strukturanpassungen notwendig macht, einen zusätzlichen Energiebedarf für die Erzeugung höherwertiger Brenn- und Treibstoffe entstehen läßt oder bei Anwendung bestimmter nachgeschalteter Luftreinhaltungstechnologien mit einem größeren Festmüllanfall verbunden ist. Wo über die Umweltwirkungen Ungewißheit besteht, kann eine stärkere Integration der umwelt- und energiebezogenen Entscheidungsprozesse, durch die den Entscheidungsträgern alle Aspekte der jeweiligen Problematik vor Augen geführt werden, wahrscheinlich am besten gewährleisten, daß die voraussichtlichen Weiterungen jeder Aktion gebührend berücksichtigt werden. Um eine solche Integration zu erreichen, müssen Schritte in den Entscheidungsprozeß eingebaut werden, die die Analyse und den Vergleich des gesamten Spektrums möglicher energiebezogener und sonstiger Aktionen erlauben. Sorgfältig zu beachten ist die verfahrenstechnische Seite der Entscheidungsfindung – vor allem soweit es sich um das Abwägen zwischen Energie- und Umweltzielen handelt –, damit gewährleistet wird, daß diese Integration so früh wie nur möglich erfolgt. Die Entwicklung integrierter Lösungen hängt ebensosehr von der Einführung neuer staatlicher Maßnahmen wie von der Anwendung neuer Technologien ab. Eine Reihe von Ländern entwickelt gegenwärtig methodische Instrumente, um den Entscheidungsträgern bei der Durchführung multidimensionaler Analysen zu helfen, die zweifellos eine bessere Grundlage für die Suche nach ausgewogenen, integrierten Lösungen bilden.

Notwendigkeit der Flexibilität und Effektivität des Umweltschutzes. Gewiß hat die breite Palette der bisherigen Interventionen bereits eine gewisse Internalisierung der Umweltkosten bewirkt, doch ist dies nicht immer in der wirksamsten Weise geschehen. Deshalb konzentriert sich die vorliegende Studie besonders auf das angewendete Instrumentarium, um gerade die erwünschten oder unerwünschten Wirkungen festzustellen, mit denen bei Einführung und Umsetzung der Maßnahmen noch nicht gerechnet worden war. Die Studie identifiziert verschiedene Bereiche, in denen neue oder abgewandelte methodische Ansätze notwendig sind, um die nötigen Voraussetzungen dafür zu schaffen, daß die für die Energieversorgungssicherheit nötige Flexibilität ohne Verzicht auf Umweltschutzergebnisse ermöglicht wird. Zu diesen Bereichen gehören die Anwendung von Beschränkungen für die Brenn- und Treibstoffverwendung, Standortprobleme und die Festlegung von Luftreinhaltungsvorschriften. Von Beschränkungen der Brenn- und Treibstoffverwendung wird aus Gründen der Energieversorgungssicherheit wie auch des Umweltschutzes Gebrauch gemacht. Sie können auf den gesamten Brennstoffzyklus oder Teile hiervon angewendet werden und mit einer direkten, sofortigen Wirkung auf die Energieaktivitäten verbunden sein. Eine solche direkte Einflußnahme erstreckt sich auf alle Formen der Brenn- und Treibstoffverwendung und ist besonders häufig auf dem Gebiet der Stromerzeugung und im Verkehrssektor anzutreffen. Die Beschränkungen können hohe soziale und ökonomische Kosten verursachen und führen häufig zu dauerhafteren Veränderungen von Energieaktivitäten, etwa zu Veränderungen im Einsatz von Energieträgern oder Technologien und selbst von längerfristigen strukturellen Ansätzen. In manchen Fällen gibt es bereits keine anderen Lösungen mehr, wobei die tatsächliche (oder drohende) Umweltbelastung nach wie vor als unannehmbar groß betrachtet wird. In diesen Fällen haben zusätzliche Maßnahmen voraussichtlich sehr große Auswirkungen auf die Energieaktivitäten, wie z.B. der allmähliche Verzicht auf ganze Brennstoffzyklen. So werden Entscheidungen zugunsten neuer, kohlebefeuerter Anlagen und insbesondere eine weitere Vergrößerung des Anteils dieses Energieträgers in vielen Ländern immer schwieriger, wenn sie sich gegenwärtig auch noch nicht bei der Kohleförderung und -nutzung niederschlagen. Die Entscheidungsprozesse sollten verbessert werden, damit soweit wie möglich auf Restriktionen der Brennstoffverwendung verzichtet werden kann. Standortsachzwänge bei Energieanlagen haben sich auf die Brennstoffwahl ausgewirkt, weil sie das Spektrum der verfügbaren Energieversorgungsoptionen und die Mengenverhältnisse der effektiv genutzten oder erzeugten Energieformen beeinflußt haben. Wie groß der beobachtete Einfluß ist, richtet sich weitgehend nach der Aktivität und dem jeweiligen Land. Das Verhältnis fossile Brennstoffe/Strom bei Verwendungszwecken, bei denen diese beiden Energieformen substituierbar sind (z.B. Wohnraumbeheizung), ist in manchen Ländern wahrscheinlich durch die Schwierigkeiten bei der Entwicklung von Kapazitäten für die Stromerzeugung aus Kernenergie, Wasserkraft oder auch Kohle modifiziert worden. In anderen Ländern, in denen für die Stromerzeugung fast nur fossile Brennstoffe verwendet werden, betrifft das Abwägen die verschiedenen möglichen Verbrennungsverfahren für fossile Brennstoffe. In manchen Ländern führen Standortprobleme und bei vielen Stromversorgungsunternehmen auch Unsicherheiten in der Reglementierung zu einer Bedrohung für die Zuverlässigkeit des gesamten Systems.

Die Überprüfung der Entscheidungsprozesse ist eine unabdingbare Voraussetzung für die Behandlung der mit der Standortwahl für neue Energieaktivitäten verbundenen Umweltaspekte. Relativ isolierte, lokale Beschränkungen der Standortwahl haben sich zu Effekten summiert, die mit einer landesweit wirksamen Restriktion oder Blockierung vergleichbar sind. Von dieser Tendenz werden drei Brennstoffzyklen wohl am stärksten betroffen: die Kernenergie (aufgrund von Bedenken in bezug auf Sicherheit, Stillegung und Entsorgung), die Kohle (wegen der auf den einzelnen Stufen des Brennstoffzyklus getroffenen oder zu erwartenden Maßnahmen, zumal wenn Aktionen zur Minderung der globalen Klimaänderungen eingeleitet werden) und die Stromerzeugung aus Wasserkraft (wegen der Auswirkungen für umweltsensible Standorte). Neue oder geänderte Ansätze können notwendig werden, um Standortentscheidungen zu erleichtern, ohne die Interessen der betroffenen Bürger zu beeinträchtigen. So sind u.U. in der einen oder anderen Form Entschädigungen für die wahrscheinlich betroffenen Bevölkerungsgruppen erforderlich, und diese Kosten können dann möglicherweise in die Projektkosten einbezogen und in sozial gerechter Weise an die Gesamtbevölkerung, die ihren Nutzen daraus zieht, weitergegeben werden.

In der Studie wird festgestellt, daß die Ausgestaltung und die vorgesehene Zeit für die Durchsetzung staatlicher Vorschriften die Durchführbarkeit bestimmter Lösungen beeinflußt. So besteht bei manchen Vorschriften keine Möglichkeit, effektiv Energieeffizienzverbesserungen als Mittel zur Verringerung von Schadstoffemissionen ins Auge zu fassen. Längere Durchsetzungsfristen schaffen mehr Raum für die Entwicklung und Durchführung besserer Umweltschutzmaßnahmen. Voraussetzung hierfür ist ein frühzeitiges Engagement der voraussichtlich betroffenen Wirtschaftszweige, Verbrauchergruppen und staatlichen Instanzen bei der Enwicklung realisierbarer Strategien mit besonders erwünschten Lösungen.

Bei der Lösung globaler und grenzüberschreitender Umweltprobleme wird zunehmend auf internationale Ansätze zurückgegriffen, wofür Instrumente wie internationale Konventionen und Protokolle verwendet werden. Die Verbesserung bereits laufender und die Gestaltung künftiger internationaler Koordinierungs- und Harmonisierungsbestrebungen wird mehr und mehr zu einer Herausforderung für die Regierungen und die zuständigen internationalen Organisationen. Das notwendige Abwägen zwischen den Kriterien, die einerseits den Grad der Umweltverträglichkeit (Umwelteffektivität, Kostenwirksamkeit, soziale Gerechtigkeit und Flexibilität) und andererseits den Grad der Energiesicherheit (Verläßlichkeit, Verfügbarkeit, Anpassungsfähigkeit und Vielfalt) anzeigen, sollten jetzt nicht mehr nur im nationalen Rahmen und auf der Ebene des individuellen Verursachers, sondern auch auf internationaler Ebene behandelt werden. Bei der Entwicklung und Umsetzung von Maßnahmen müssen unbedingt alle Anliegen, darunter auch die energierelevanten Interessen, Berücksichtigung finden. Vor allem gilt es, zumal was Richtwerte für Emissionsminderungen angeht, festzustellen, wo auf internationaler Ebene bereits gut funktionierende Ansätze für die Entwicklung und Umsetzung koordinierter, flexibler und sozial gerechter Lösungen gefunden worden sind.

Schlußbemerkungen

Die Lösung der anstehenden großen Umweltprobleme in Verbindung mit dem Energiesektor ist ein besonders vorrangiger Handlungsauftrag und eine dringende Aufgabe, doch gilt es nicht nur, Problemlösungen zu erarbeiten, sondern dies muß in der für die Wirtschafts- und Energiesysteme selbst bestmöglichen Weise geschehen.

Manche Maßnahmen können schon jetzt unternommen werden und sind auch bereits im Gange, wobei vor allem zu nennen sind die Verbesserung des Kommunikationsflusses zu den Energieverbrauchern (denn eine verantwortliche öffentliche Meinung und verantwortungsbewußte Interessengruppen setzen eine gute Sachkenntnis voraus) und die Verstärkung der Bemühungen um raschere Verbesserungen auf den Gebieten Energieeffizienz und rationelle Energieverwendung. Solche Bemühungen sind jederzeit sinnvoll und bringen zunächst einmal Vorteile, ohne zusätzliche Kosten zu verursachen. In der Erkenntnis, daß die öffentlichen Institutionen mit gutem Beispiel vorangehen müssen, sind die Regierungen intensiv damit beschäftigt, Strategiepläne zu entwickeln und verschiedene institutionelle Änderungen durchzuführen, um eine verstärkte Zusammenarbeit bei der Entscheidungsfindung zu erleichtern.

Ganz unabhängig von der Methode, mit der die gesteckten Ziele verfolgt werden, dürfte bei künftigen Aktionen ein wesentlicher Teil der Umweltkosten von vornherein mit einbezogen werden. Das wird zweifellos die relativen Kosten der Energieversorgung und -verwendung erheblich verändern und zu entsprechenden Umschichtungen bei Brennstoffwahl und Gesamtnachfrage führen. Für fossile Brennstoffe könnten sich wegen der Probleme in den Bereichen Luftqualität, saure Niederschläge und globale Klimaänderung große Kostensteigerungen ergeben. Auch bei der Kernenergie ist in manchen Fällen mit Kostensteigerungen zu rechnen, bedingt durch Fragen der Sicherheit, der Stillegung von Anlagen und der Endlagerung hochradioaktiver Abfälle.

In dem Maße, wie sich das Verständnis der globalen Umweltsituation vertieft, könnte künftig eine Reihe weiterer Aktionen notwendig werden. Wo erwiesenermaßen durchgreifendere Lösungen erforderlich sind, müssen u.U. andere Ansätze, als sie bisher erwogen wurden, ins Auge gefaßt werden. Angesichts der langen Vorlaufzeiten für F+E-Aktivitäten bedarf es intensiver und nachhaltiger Bemühungen, um die energiebezogene Forschung und Entwicklung so voranzutreiben, daß anwendungsreife Lösungen für die Zeit nach 2005 gefunden werden.

Je gravierender das Problem, desto größer auch die wahrscheinlichen Veränderungen. Die Suche nach vorzugsweise in Frage kommenden Maßnahmen sollte sich auf solche konzentrieren, die im Hinblick auf das gesamte Spektrum der Umweltprobleme, bei denen ein Handlungsbedarf besteht, besondere Durchschlagskraft versprechen.

Jede zu entwickelnde Strategie muß die dynamischen und vielschichtigen Aspekte der Energieverwendung und ihrer weitverzweigten Umweltwirkungen berücksichtigen. Einerseits muß die Gesellschaft sicherstellen, daß Umweltschäden verhütet oder auf ein erträgliches Maß begrenzt werden. Um hier für Gewißheit zu sorgen, ist meistens auf Vorschriften zurückgegriffen worden. Andererseits funktionieren ökonomische (und Energie-)Systeme am besten, wenn genügend Flexibilität für Handlungsoptionen vorhanden ist. Flexibilität ist um so mehr erforderlich, je größer die notwendigen Veränderungen sind. Zwar kann dieser Zwiespalt nicht immer überbrückt werden, doch gibt es einige Bereiche, in denen Verbesserungen erreicht werden können. Ganz wesentlich ist eine bessere Maßnahmenkoordinierung zwischen allen Staats- und Verwaltungsebenen, wobei in einem möglichst frühen Stadium die wirtschaftlichen Akteure (d.h. Staat, private Wirtschaft und der einzelne Verbraucher) weitgehend mitbeteiligt werden müssen. Diese Koordinierung muß namentlich während des gesamten Entwicklungszyklus von Technologien bis hin zur Markteinführung erfolgen und sich auch auf die Wahl von Lösungen und staatlichen Instrumenten erstrecken. Innerhalb der einzelnen Länder muß ständig ein aktiver Austausch über die bei der Anwendung verschiedener Lösungen gemachten Erfahrungen stattfinden.

Hinsichtlich dessen, was die verschiedenen Lösungen speziell bewirken könnten, fällt das große technische und ökonomische Potential von Verbesserungen der Energieeffizienz (vor allem in der Elektrizitätswirtschaft, im Verkehrssektor und bei den industriellen Verwendungen) auf, die Aussicht auf besonders großen Umweltnutzen bieten. Dasselbe gilt für das Potential der Brenn- und Treibstoffsubstitution und der Flexibilität. In manchen Sektoren wären wohl auch Struktur- und Verhaltensänderungen sehr wirksam, z.B. im Verkehrssektor und bei der Verkehrsgestaltung und der Förderung intermodularer Umstellungen. Die Umsetzung von Lösungen, die von individuellen Konsumentscheidungen abhängen, ist und bleibt schwierig wegen der Unzahl der beteiligten Entscheidungsträger und weil es u.U. äußerst problematisch ist, genauere Vorhersagen gerade über die Reaktionen des einzelnen Verbrauchers zu machen. Bei den nationalen Evaluierungen der wahrscheinlich vorhandenen Potentiale dürfte es durchaus zweckmäßig sein, bewußt die Frage der Bedeutung von Analyse und Bewältigung dieser nicht technischen Faktoren mit einzubeziehen.

Emissionen und die entsprechenden Umweltwirkungen entstehen in jeder Phase des Brennstoffzyklus und verschärfen das eine oder andere Umweltproblem oder auch mehrere zugleich. Der ganze Brennstoffzyklus und das gesamte Spektrum der Umweltprobleme müssen in Betracht gezogen werden, um vollständig alle Wirkungen zu erfassen, die eintreten, wenn ein bestimmter Brennstofftyp anstelle eines anderen verwendet wird, wenn die Nachfrage in dem einen Sektor – und nicht in einem anderen – reduziert oder aus einem Bündel möglicher Technologien oder staatlicher Maßnahmen eine ganz bestimmte herausgegriffen wird.

Umweltsorgen und aus ihnen resultierende staatliche Aktionen zur Gewährleistung des Umweltschutzes waren das auslösende Moment für Innovationen bei den Umweltschutztechnologien, nachdem die Unternehmen erkannt hatten, daß sich hier ein großer Wachstumsmarkt für neue Produkte auftut. Industrie und Staat haben damit begonnen, bei ihren energierelevanten Forschungs-, Entwicklungs- und Demonstrationsprogrammen für die entsprechenden Energiebereiche ihre Anstrengungen zumindest teilweise auf solche Technologien zu konzentrieren, die für den Energiesektor wie für die Umwelt in vieler Hinsicht von Nutzen sind. Im Vordergrund stehen dabei Technologien, die eine größere Energieeffizienz versprechen, die Verwendung erneuerbarer Energiequellen erlauben, sowie „sauberere" Energietechnologien.

Es ist unerläßlich, daß die nationalen und internationalen Anstrengungen auf dem Gebiet der energiebezogenen Forschung, Entwicklung, Demonstration und Verbreitung fortgesetzt werden. Diese Bemühungen sind notwendig, um die Effizienz, Wirtschaftlichkeit und Umweltverträglichkeit der bis zum Jahr 2005 anzuwendenden Energietechnologien nach und nach zu verbessern und das technologische Fundament zu legen für umweltverträgliche Energiepolitiken und -programme nach dem Jahr 2005. Die internationale Zusammenarbeit auf dem Gebiet der Energietechnologien, wie sie sich gegenwärtig unter dem Dach der IEA vollzieht, ist in dieser Hinsicht außerordentlich nützlich.

Wegen der Vielschichtigkeit und der Reichweite der heutigen wie der künftigen Umweltanliegen werden zur beratenden Unterstützung der Entscheidungsträger in wachsendem Maße Sachverständigengutachten und -analysen (zusammen mit verläßlichen Informationen) gebraucht. Parallel hierzu ist es deshalb auch wichtig, Programme zu finanzieren, die zu

einem besseren wissenschaftlichen Verständnis der globalen Umweltveränderungen führen. Dieses Verständnis ist eine wesentliche Voraussetzung für die Feststellung der Risiken und die Festlegung zweckmäßiger Lösungsstrategien, gleichviel, ob diese der Minderung oder der Anpassung dienen. Wegen des Ausmaßes bestimmter Umweltrisiken haben es die Regierungen vielfach für notwendig befunden, Umweltschutzmaßnahmen zu empfehlen oder zu ergreifen, obgleich sie nur lückenhafte, wenn freilich auch überzeugende Informationen zur Hand hatten. Mit verbesserten Forschungs- und Analysemethoden wird es leichter fallen, bei Entscheidungen nicht mehr zuerst von politischen Kriterien, sondern verstärkt von wissenschaftlichen Erkenntnissen und ausgewogenen Bewertungen auszugehen.
Die Bedeutung internationaler Übereinkünfte für die Koordinierung von Umweltlösungen dürfte künftig noch zunehmen, wenn es darum geht, grenzüberschreitende und globale Umweltprobleme zu lösen. Je stringenter die ergriffenen Maßnahmen sind, um so notwendiger wird es auch sein, die kostenwirksamsten Strategien für die Verwirklichung der Umweltziele (oder zumindest die Auswirkungen bei den relativen Kosten) zu ermitteln.

Bereiche für weitere Arbeiten

In dem auf den Ergebnissen der Studie fußenden Abschnitt „Schlußbetrachtungen" werden zahlreiche Bereiche für weitere Arbeiten vorgeschlagen, die von den einzelnen Ländern und internationalen Organisationen durchgeführt werden könnten. Um eine bessere Politikkoordinierung und eine bessere Analyse der staatlichen Maßnahmen zu fördern und so etwa auftretende negative Konsequenzen für die Energieversorgungssicherheit zu mildern, sind als besonders wichtige Arbeitsaufgaben in das Arbeitsprogramm der IEA für 1990 aufgenommen worden:

- vergleichende Analysen des gesamten Spektrums von Lösungen für alle Endverwendungssektoren, beginnend mit dem Verkehrssektor und Stromendverbrauch, mit dem Ziel, Strategien für die Minderung von Umweltbelastungen zu entwickeln, die ein Höchstmaß an Flexibilität, Gewißheit und Kostenwirksamkeit bieten;
- Untersuchung der staatlichen Instrumente unter dem Gesichtspunkt der Anwendbarkeit und Effektivität und im Hinblick auf die Evaluierung spezifischer Umweltprobleme und die Quantifizierung der voraussichtlichen Auswirkungen der Anwendung dieser Instrumente auf Energieverbrauch, Energieeffizienz und -intensität, Vielfalt der Energieverbrauchsstruktur, Energiekosten sowie generell den hierdurch entstehenden Gesamteffekt auf den Energiesektor;
- Untersuchung der Möglichkeiten und der Effektivität ganz spezifischer Schritte zugunsten solcher Aktionen zur Verbesserung der Energieeffizienz, die optimal zum Umweltschutz beitragen;
- Untersuchung der Verfügbarkeit von Brenn- und Treibstoffen, von Nebenwirkungen sowie sonstiger mit dem Einsatz staatlicher Instrumente im Bereich der Brenn- und Treibstoffsubstitution verbundener Auswirkungen;
- Entwicklung einer Strategie, die die Vergrößerung des Marktanteils „sauberer" Energietechnologien erlaubt, welche noch nicht ganz marktreif sind, aber ein großes Potential besitzen;
- besseres Verständnis der Vielschichtigkeit des Entscheidungsprozesses, soweit er die Verbindungen der Bereiche Energie und Umwelt betrifft, und insbesondere Klärung der Frage, inwieweit die Wirtschaft in der Lage ist, marktorientierte Instrumente zu nutzen;
- Entwicklung besserer methodischer Ansätze für die Entscheidungsträger, damit diese den gesamten Brennstoffzyklus sowie multiple Schadstoffe umfassende, Mehrfachlösungen vorsehende Strategien prüfen und planen können;

- Unterstützung für eine effektive prioritäre Behandlung und die Konzipierung von Aktivitäten im Bereich von F+E, Demonstration und Verbreitung, einschließlich der Integration solcher Aktivitäten und zugehörigen staatlichen Instrumente in Energiepolitik und internationale Kooperationsbemühungen mit dem Ziel, zu akzeptablen Kosten ein umweltverträgliches Energiesystem zu schaffen;
- Prüfung von Aktionen, die (vor dem Jahr 2005) unternommen werden könnten und erhebliche, über das Jahr 2005 hinausreichende Wirkungen versprechen, z.B. CO_2-Scrubbing, Photovoltaik, Verwendung anderer erneuerbarer Energiequellen sowie Kernfusion.

I. Einleitung

Die regionalen und lokalen Umweltwirkungen menschlicher Aktivitäten sind in den Mitgliedstaaten schon seit mindestens zwei Jahrzehnten Gegenstand eingehender politischer Überlegungen. Es wird zunehmend erkannt, daß manche Umweltprobleme globaler Natur sind und folglich ihre Konsequenzen für die technische, industrielle und ökonomische Entscheidungsfindung im Wege der internationalen Zusammenarbeit erforscht werden müssen. Für den Energiesektor gilt dies in besonderem Maße. Die vorliegende Studie bietet eine umfassende Analyse der politischen Konsequenzen für die Beziehungen zwischen Energie und Umwelt.

Der Energiesektor, der über alle Wirtschaftsbereiche der Industrieländer ein Netz vielschichtiger Aktivitäten spannt, ist in diese Entwicklung eingebunden. Umweltziele und Umweltschutzinstrumente spielen bei der Gestaltung mancher unserer Handlungsoptionen im Energiebereich bereits eine erhebliche Rolle. Zunehmend setzt sich bei den Entscheidungsträgern die Erkenntnis durch, daß Umweltprobleme und Maßnahmen zu ihrer Entschärfung in den kommenden Jahren noch größere Bedeutung erlangen werden. Deshalb ist es wesentlich, daß Lösungen geprüft werden, die den Zielen sowohl im Bereich der Energieversorgungssicherheit als auch auf dem Gebiet des Umweltschutzes gerecht werden können.

Wie der IEA-Verwaltungsrat auf seinen Ministertagungen von Juli 1985, im Mai 1987 und dann nochmals besonders nachdrücklich auf der Tagung im Mai 1989 erklärt hat, sind Lösungen für die mit Energie verbundenen Umweltprobleme eine Grundvoraussetzung für die Aufrechterhaltung einer angemessenen, diversifizierten, rentablen und sicheren Energieversorgung. Die Minister unterstrichen daher, daß es wichtig ist, die Energie- und Umweltziele miteinander in Einklang zu bringen, und erklärten ihre Entschlossenheit, in ihrer Energiepolitik aktiv Handlungslinien zu verfolgen, die beides zugleich fördern. Aufgrund dieser Beschlüsse hat die IEA als erstes eine vorwiegend der Emissionsminderung bei der Stromerzeugung und in der Industrie gewidmete Studie verfaßt, die 1988 veröffentlicht worden ist [1][1]. Bei der Diskussion über die Folgemaßnahmen zu dieser Studie wurde Priorität einer breit angelegten Untersuchung der grundsätzlichen Aspekte gegeben, die sich aus den langfristigen Auswirkungen bestehender und vorgeschlagener Umweltschutzmaßnahmen auf die Energieversorgungssicherheit ergeben, sowie von vielleicht notwendigen bzw. geeigneten staatlichen Handlungsoptionen und Instrumenten, mit denen energie- und umweltpolitische Ziele zugleich in der bestmöglichen Weise verwirklicht werden könnten.

Kapitel II enthält als Einführung einen Rückblick auf die Entwicklungstendenzen der Umweltreglementierung im nationalen und internationalen Bereich. Diese Tendenzen bei Umweltpolitik und Umweltmanagement entstehen gewöhnlich als Reaktion auf eine wachsende Besorgnis der Öffentlichkeit sowie in der Folge wissenschaftlicher und technischer Entwicklungen verbunden mit wirtschaftlichen Erwägungen. Kapitel III gibt einen Überblick über besonders wichtige Bereiche, in denen Umweltsorgen bereits bestehen oder neu auftreten, sowie über die Rolle energiebezogener Aktivitäten in elf dieser Bereiche. Kapitel IV

---

[1] Die Zahlen in eckigen Klammern beziehen sich auf die am Ende der Studie in Anhang 3 aufgeführten Hinweise und Quellenangaben

enthält eine Typologie der Umweltschutzlösungen und -instrumente, die bereits angewendet werden, um viele dieser Probleme in den Griff zu bekommen. Kapitel V untersucht die Frage, wie diese Umweltschutzlösungen auf Energieaktivitäten Anwendung finden. Die ausführlichere Darstellung der Brennstoffzyklen in Anhang 1 gibt Aufschluß über die Reichweite der gegenwärtig angewendeten oder in Erwägung gezogenen Umweltschutzlösungen von der Energieerzeugung bis zu Endverwendungen.

Als nächstes geht es in der Studie um eine detaillierte Feststellung und Beurteilung der Primär- und Sekundäreffekte bereits praktizierter und neu entwickelter Umweltschutzlösungen auf Energieaktivitäten und die Konsequenzen für die Energieversorgungssicherheit. In Kapitel VI wird zunächst der Begriff der Energieversorgungssicherheit definiert und seine Schnittstelle mit dem Umweltschutz betrachtet. Anschließend werden die mit Umweltschutzlösungen verbundenen Primär- und Sekundärwirkungen auf die Energieaktivitäten sowie daraus resultierende Tendenzen und mögliche künftige Auswirkungen aufgezeigt. Kapitel VII enthält eine Beurteilung der für die Energieversorgungssicherheit erwachsenden Konsequenzen im Hinblick auf Energieintensität, Verhältnis zwischen Angebot und Nachfrage, Energieverbrauchsstruktur und Erdölsubstitution. Ferner behandelt es allgemeinere Fragen der Diversifiziertheit und Flexibilität, Auswirkungen für die Nutzung heimischer Energieträger, für Technologieoptionen, für die Abhängigkeit von Energieversorgungsquellen außerhalb des IEA-Raums und für den Energiehandel.

Untersucht werden außerdem Lösungen und Handlungsoptionen für die Zeit bis 2005 unter dem Gesichtspunkt der Möglichkeiten und der bestehenden Zwänge sowie Themen für künftige Analysen. Kapitel VIII enthält einen konzeptuellen Rahmen für eine ausgewogene und integrierte Entscheidungsfindung im Energie- und Umweltbereich. Kapitel IX behandelt die verschiedenen zur Verfügung stehenden oder denkbaren Lösungen: Umweltschutz mit Hilfe nachgeschalteter Technologien, Steigerung der Energieeffizienz, Brenn- und Treibstoffsubstitution sowie „saubere" Energietechnologien. Hauptthema von Kapitel X sind die Politikinstrumente und deren mikro- und makroökonomische Auswirkungen. Kapitel XI untersucht die Möglichkeiten für eine bessere Politikgestaltung in den drei Schlüsselbereichen Flexibilität und Effektivität, Verbesserung der Entscheidungsprozesse sowie internationale Harmonisierung und Koordinierung. Das letzte Kapitel enthält eine zusammenfassende Betrachtung und die wichtigsten Schlußfolgerungen der Studie und gibt Anregungen für weitere u. U. notwendige Schritte, um die Konzipierung und Anwendung geeigneter umweltpolitischer Lösungen und Instrumente zu vervollkommnen und zu fördern.

Die Studie dient in erster Linie dem Zweck, einen Überblick über die Vielschichtigkeit der Fragen zu geben, die sich bei der Verwirklichung energie- und umweltbezogener Ziele stellen. Während darauf verzichtet wird, ganz bestimmte Strategien zu empfehlen, macht die Analyse deutlich, wie wichtig es ist, die verschiedenen Lösungsmöglichkeiten und Instrumente zu beurteilen und miteinander zu vergleichen. Von daher kann die Studie als Referenz dienen und als ein Ansatzpunkt betrachtet werden, von dem aus die politischen Entscheidungsträger jeweils einen spezifischen, auf die Bedingungen in den einzelnen Mitgliedsländern zugeschnittenen energiepolitischen Bezugsrahmen entwickeln können.

II. Tendenzen der Umweltorientierung im Energiesektor

1. Die Entwicklung einer Politik zum Schutz der Umwelt

Der heutige Stand der Umweltschutzpolitik spiegelt die Entwicklungen der letzten 20–30 Jahre wider. In diesem Zeitraum haben das Auftreten von Umweltproblemen, das Umdenken in der Öffentlichkeit, ökonomische Faktoren sowie nationale und internationale Entwicklungen die umweltpolitischen Orientierungen sehr nachhaltig beeinflußt. Ein Blick auf die energierelevante Entwicklung der Umweltpolitik in den letzten zwei Jahrzehnten läßt das veränderte Gewicht von Einzelentscheidungen erkennen, und die zutage tretenden Tendenzen geben Anhaltspunkte dafür, in welche Richtung die weitere Entwicklung gehen wird.

2. Art und Verständnis der Umweltprobleme

Die drohenden und die realen Umweltbelastungen sind deutlicher sichtbar geworden. Die wachsende Einsicht in Umweltprobleme ist einer ganzen Reihe von Faktoren zuzuschreiben. In den letzten 20–30 Jahren haben sich die anthropogenen Umweltwirkungen allein schon wegen des Wachstums der Weltbevölkerung, des steigenden Konsums und der zunehmenden industriellen Aktivitäten drastisch verstärkt. Wenn die Belastung auch in manchen Bereichen reduziert werden konnte, so haben viele Umweltbelastungen doch über das Maß hinaus zugenommen, von dem an ihr schädlicher Einfluß auf die menschliche Gesundheit oder die Ökosysteme nicht mehr übersehen werden kann. Allgemein hat die Wissenschaft ihre Möglichkeiten, Entstehung und Wirkungen potentiell gefährlicher Substanzen zu identifizieren und zu messen, wesentlich verbessert. Während der siebziger Jahre galten die Umweltanalysen und die Rechtsinstrumente für den Umweltschutz meistens den klassischen Schadstoffen, für die Belastungsgrenzwerte festgelegt wurden (d.h. für Schwefeloxid (SO_x), Stickoxide (NO_x)-Partikel und Kohlenmonoxid (CO)). Seither sind die Umweltschutzbemühungen im Bereich der Luftreinhaltung auch auf Minderung der Emissionen von Mikropartikeln und gefährlichen Schadstoffen ausgedehnt worden, wobei es sich gewöhnlich um auch in kleiner Dosis giftige chemische Substanzen handelt, sowie auf Schadstoffe von globaler Bedeutung, wie z.B. CO_2. Während so einerseits Fortschritte auf dem Gebiet der Umweltwissenschaften erzielt worden sind, hat andererseits die Entwicklung industrieller Prozesse und Strukturen neue Umweltprobleme entstehen lassen. So haben im Energiesektor die deutliche Schwerpunktverlagerung beim Industriegütertransport auf die Straße und die zunehmende Pkw-Benutzung zu einem Anstieg des Straßenverkehrsaufkommens geführt. Damit sind auch die Wirkungen und Quellen von NO_x- und VOC-Emissionen stärker ins Blickfeld gerückt. Ein verbesserter Kenntnisstand und wachsende Sorgen führten zu einer Intensivierung der Umweltpolitik, was sich in einer Ausweitung und zunehmenden Verfeinerung des ordnungsrechtlichen Rahmens niederschlug. Gewöhnlich besteht ein politischer Imperativ, Grundsatzentscheidungen zu treffen und Vorschriften zu erlassen, auch wenn die wissenschaftlichen Fragen noch nicht endgültig geklärt sind. Mit der Weiterentwicklung der Methoden zur Risikofeststellung ist die Liste der als umweltschädlich betrachteten Schadstoffe und Substanzen inzwischen um ein Mehrfaches länger geworden. Hingegen sind die Folgen, Wechselwirkungen und akzeptable Grenzwerte für Umweltbelastungen und Schadstoffkonzentrationen vielfach noch nicht eindeutig geklärt. Die Entscheidungsträger müssen anhand des jeweiligen wissenschaftlichen Kenntnisstands vernünftige Entscheidungen treffen oder zuweilen auch abwarten, bis zusätzliche wissenschaftliche Erkenntnisse vorliegen. Der Entscheidungsprozeß ist aber nun einmal mit Unsicherheiten behaftet und zwingt dazu, das von der Wissenschaft vorgelegte Material zu interpretieren. Manche Umweltrisiken sind so beschaffen, daß einfach nicht zugewartet werden kann, bis vollständige wissenschaftliche Ergebnisse zur Verfügung stehen. Infolgedessen sehen sich die Entscheidungsträger bei wachsendem Druck der Öffentlichkeit wegen bestimmter Umweltrisiken u.U. zu Maßnahmen veranlaßt, für die es nur ein teilweise wissenschaftlich abgesichertes Fundament gibt.

Zudem stehen die Entscheidungsträger zunehmend vor der schwierigen Aufgabe, mögliche Umweltbeeinträchtigungen durch Vorbeugemaßnahmen abzuwehren. Oft wird deshalb von ihnen erwartet, daß sie Maßnahmen ergreifen, die nicht nur darauf abzielen, bereits aufgetretene Umweltbelastungen zu minimieren, sondern auch das Auftauchen neuer Umweltprobleme zu verhüten, was präventive statt kurativer Umweltschutzlösungen erfordert. Solche vorausschauenden Entscheidungen müssen bei z.T. großer wissenschaftlicher und technischer Ungewißheit getroffen werden, denn die Lösung, die heute für ein gegebenes Umweltproblem gewählt wird, kann morgen selbst zum Problem werden. So genügt es nicht mehr, die Entwicklung einer Brennstoff- oder Energietechnologie zu fördern, die wirksame Emissionsminderungen erlaubt, wenn mit eben dieser Technologie oder Brennstoffverwendung ein nicht zu bewältigendes Entsorgungsproblem entsteht, sich die Schadstoffanteile lediglich verschieben oder neue Umweltrisiken hervorgerufen werden.

3. Bewußtseinsbildung in Öffentlichkeit und Politik

Während einzelne Länder sich schon seit vielen Jahren nachdrücklich um die Lösung von Problemen etwa im Bereich der durch das Wachstum der Städte verursachten Luftverschmutzung bemühen, brachten im OECD-Raum als Ganzem die sechziger und siebziger Jahre eine rasche Zunahme des allgemeinen Umweltbewußtseins. Diese Bewußtseinsbildung fand ihren Niederschlag in der erweiterten Rolle der Umweltpolitik und der Umweltschutzvorschriften. Als Meilensteine dieser Entwicklung sind etwa zu nennen: das National Environmental Policy Act von 1970 in den Vereinigten Staaten, das Umweltschutz-Rahmengesetz von 1967 in Japan, das Erste Umwelt-Aktionsprogramm der EG von 1973 und die Umwelt-Konferenz der Vereinten Nationen (Stockholm 1972). Dies sind nur einige wenige Beispiele für die Entwicklungen, an denen sich in den OECD-Ländern die Reaktion der Umweltpolitik auf die Sorgen der Öffentlichkeit ablesen läßt [2].

Inzwischen hat sich die „Umweltbewegung" zu einer politischen Kraft entwickelt, und als solche nimmt sie effektiv Einfluß auf allgemeine politische Orientierungen wie auch auf die Ergebnisse von Einzelprojekten. Die zunehmende Entwicklung umweltorientierter Bürgerinitiativen und politischer Parteien erwies sich als Hebel für die unabhängige Datenerfassung, Analyse und Positionierung in umweltpolitischen Schlüsselfragen und hat dazu beigetragen, das Spektrum der Umweltinformationen zu verbreitern. In vielen Fällen ist die Beteiligung dieser Gruppierungen heute bei den Mitgliedsregierungen wie auch bei einigen internationalen Organisationen fester Bestandteil des Entscheidungsprozesses.

Die Regierungen der IEA-Länder sind sich der Probleme der Umweltqualität bewußt und setzen sich ernsthaft mit der Frage der Umweltwirkungen von Energieaktivitäten auseinander. Deshalb war der umweltpolitische Kurs der verschiedenen Länder während der achtziger Jahre durch die Tendenz gekennzeichnet, im nationalen Rahmen verstärkt präventive statt

kurativer Maßnahmen zu ergreifen. In der internationalen Umweltpolitik fällt auf, daß die
Koordinierung und Harmonisierung der Umweltschutzbemühungen einen höheren Stellenwert erhalten hat. In letzter Zeit ist auch die Frage diskutiert worden, welche umweltfördern-
den Schritte in Theorie und Praxis als „tragfähig" betrachtet werden sollten, wie insbesondere
aus dem Bericht der World Commission on Economic Development „Our Common Future"
hervorgeht [3]. Somit haben die zunehmenden Umweltprobleme, der wachsende Fundus an
wissenschaftlichen Erkenntnissen und die öffentliche Bewußtseinsbildung die umweltpolitischen Entscheidungsträger veranlaßt, sich nachdrücklicher um die Festlegung regionaler und
internationaler Schwellenwerte für die langfristige Entwicklung der Umweltqualität zu bemühen.
Auch die Wirtschaft nimmt inzwischen konsequent und konstruktiv am umweltpolitischen
Entscheidungsprozeß teil. In den letzten Jahrzehnten trafen die immer zahlreicher und
komplexer werdenden Umweltschutzauflagen für Energieaktivitäten häufig auf den Widerstand der Industrie, die sich Problemen wie der Auflage erheblicher Umweltschutzinvestitionen, steigenden Betriebskosten, Verzögerungen bei Bau- und Betriebsgenehmigungen und
ordnungsrechtlichen Unsicherheiten gegenübersah. Gewöhnlich ging die Industrie mit der
pragmatischen Frage an diese Probleme heran, ob die zusätzlichen Umweltschutzkosten
gemessen an der erreichten Minderung der Umweltbelastungen gerechtfertigt waren. Inzwischen hat sich in der Industrie aber die Erkenntnis durchgesetzt, daß es besser ist, voraus-
schauend selbst zu handeln und mitzuwirken, als sich von Umweltschutzauflagen überraschen
zu lassen oder sich in Oppositionsstellung zu begeben. Ein gutes Beispiel hierfür ist die
Schaffung von CONCAWE, eine Einrichtung, durch die große Ölgesellschaften in Europa
ihre Aktivität auf die Umweltforschung ausdehnen. Wenn die Meinungen auch in einzelnen
Fragen noch auseinandergehen, so ist doch insofern ein bemerkenswerter Wandel eingetreten, als die energiebezogene Umweltdebatte jetzt offener und auf breiterer Basis geführt wird.

4. Ökonomische Gesichtspunkte

Ökonomische Erwägungen waren lange Zeit der Prüfstein für die Festlegung akzeptabler
Umweltschutzgrenzwerte. Wo solche Schwellen angehoben werden, steigen die marginalen
Umweltschutzkosten gewöhnlich erheblich an. Auch wenn die Schadstoffemissionen rein
technisch gesehen um 90–100% verringert werden könnten, ist der Versuch, dieses Ziel zu
erreichen, oft in wirtschaftlicher Hinsicht unrealistisch. Die Entscheidungsträger müssen
daher Kosten und Nutzen von Umweltschutzmaßnahmen abwägen, um die Frage beantworten zu können, was als akzeptables Umweltschutzniveau betrachtet werden darf.
Theoretisch sind Kosten-Nutzen-Analysen wohl der sinnvollste Ansatz für die Evaluierung
ökonomischer Faktoren, doch wird dessen praktischer Wert sehr stark dadurch gemindert,
daß der „Nutzen" von Maßnahmen zum Schutz der Umweltqualität sich schwer quantifizieren
läßt. Die Zugrundelegung sehr unterschiedlicher Annahmen kann für ein bestimmtes Regu-
lierungsniveau zu erheblich abweichenden Kosten-Nutzen-Relationen führen. Wo Kosten-
Nutzen-Rechnungen als Entscheidungsgrundlage verwendet werden, läßt sich dann je nach
dem bezogenen Standpunkt die Auffassung vertreten, daß die getroffenen Maßnahmen
entweder zu lax oder aber zu stringent sind. Andere Ansätze sind entwickelt worden, um
die Kosten-Nutzen-Analyse zu ergänzen. Einer von ihnen sind Evaluierungen zur Ermittlung
der kostengünstigsten Optionen alternativer Strategien für die Erreichung eines bestimmten
Umweltschutzziels. Statt darauf abzustellen, daß der Nutzeffekt einer Maßnahme größer
ist als ihre Kosten, wird mit diesem Ansatz bezweckt, daß der kostenoptimale Weg zur
Verwirklichung bestimmter Ziele gefunden wird. Die Tendenz bei den Kostenevaluierungen
geht dahin, über die Option bloßer nachgeschalteter Technologien hinaus nach Anwendungs-

möglichkeiten eines Systemmanagements zu forschen. Das Instrumentarium für die Anwendung solcher Systemlösungen auf die Minimalkostenanalyse wird gegenwärtig zugleich mit der jeweils notwendigen Datenbasis noch entwickelt. In der ökonomischen Diskussion hat sich das Gewicht deutlich von der Quantifizierung der positiven Umwelteffekte auf die sorgfältigere Ermittlung der Kosten und der mikro- und makroökonomischen Wirkungen von Umweltverbesserungsstrategien verlagert.

5. Internationale Tendenzen

Auch auf internationaler Ebene finden die Umweltprobleme zunehmende Beachtung, und der fruchtbare Ideenaustausch über Strategien für das Umweltmanagement vollzieht sich auf immer breiterer Basis. Die Gemeinsamkeit bei den internationalen Denkansätzen tritt in der Tendenz zutage, die nationalen Umweltpolitiken der Industriestaaten zu koordinieren. Zunehmend befassen sich internationale Foren mit der Ermittlung und Bearbeitung von Aspekten grenzüberschreitender und z.T. auch globaler Umweltprobleme, wie z.B. die OECD, die UN-Wirtschaftskommission für Europa (ECE), das Umweltprogramm der Vereinten Nationen (UNEP), die Weltorganisation für Meteorologie (WMO), das Zwischenstaatliche Gremium für Klimaveränderungen (IPCC) und die Europäische Gemeinschaft (EG).

Die internationalen Entwicklungen im Umweltbereich haben sich bisher für den Energiesektor vor allem bei Fragen der Luft- und Wasserqualität, der Bekämpfung der Meeresverschmutzung und in letzter Zeit der Entsorgung gefährlicher Abfälle ausgewirkt. Das Völkerrecht und internationale Verträge sind entwickelt worden, um die Ausrichtung der nationalen Politiken auf ein internationales Ziel zu ermöglichen. Wo solche Übereinkommen spezifische Grenzwerte für Umweltqualität festlegen, wird gewöhnlich nicht vom rein wissenschaftlichen Kenntnisstand im Umweltschutz, sondern vom politisch Erreichbaren ausgegangen. Deshalb kann es sein, daß Länder, die besonders energisch an Umweltprobleme herangehen, die in internationalen Übereinkommen festgelegten Grenzwerte schon vorher erfüllt oder übererfüllt haben. Oft sind es gerade diese Länder, die derartige internationale Übereinkommen am nachdrücklichsten befürworten.

Die Umweltaktivitäten der Europäischen Gemeinschaft unterscheiden sich von denen anderer internationaler Gremien dadurch, daß die EG für alle ihre Mitgliedstaaten verbindlich Recht setzen kann. Die Gemeinschaft setzt ihre Umweltpolitik in der Weise um, daß sie für ihre Mitgliedsländer bindende Richtlinien beschließt und im Rahmen der Gemeinschaftspolitik in einzelnen Bereichen bestimmte Verpflichtungen für jeden Mitgliedstaat festlegt. In den meisten Fällen enthalten diese Richtlinien detaillierte Grenzwerte und einen Terminkalender für deren Erreichung. Ihre Umsetzung wird den einzelnen Regierungen überlassen, die ihrerseits die notwendigen Maßnahmen bestimmen und beschließen. Die EG ist seit 1973 umweltpolitisch tätig und hat Richtlinien in einer großen Anzahl von Bereichen umgesetzt, von denen besonders die Luft- und Wasserverschmutzung, die Lärmbekämpfung, die Abfallentsorgung und -wiederverwertung sowie Umweltschutzmechanismen und -verfahren (einschließlich Umweltverträglichkeitsprüfungen und Umweltinformationssystemen) zu nennen sind.

Saure Niederschläge sind ein Beispiel für ein grenzüberschreitendes Umweltproblem, das den Anstoß für internationale Aktionen zur Bekämpfung der Luftverschmutzung in Europa gegeben hat [4]. Ende der sechziger Jahre wurden Nachweise über Versauerung in Skandinavien erbracht, was verstärkte Aktivitäten zur Analyse und Erforschung der Wirkungen der Säureablagerung und Luftverschmutzung auf das Ökosystem zur Folge hatte. Die Stockholmer Umweltkonferenz von 1972 befaßte sich vornehmlich mit dem Problem der sauren

Niederschläge und - was noch bemerkenswerter ist - mit der Frage einer notwendigen internationalen Zusammenarbeit zur Lösung von Umweltproblemen. Das Umweltbewußtsein der Öffentlichkeit wurde geschärft durch Meldungen über Umweltschäden durch sauren Regen, wie die Versauerung von Seen und das Absterben von Fisch- und Waldbeständen. Dies führte zu Bemühungen um eine regionale Lösung, um der politischen Notwendigkeit zu entsprechen, die als Vorverursacher des Versauerungsproblems ermittelten Emissionen zu verringern.

Das von der ECE 1979 vorgelegte Übereinkommen über weiträumige grenzüberschreitende Luftverunreinigungen führte 1985 zur Unterzeichnung des ECE-Protokolls über SO_x, demzufolge bis 1993 eine Emissionsminderung von 30% gegenüber dem Niveau von 1980 erreicht werden soll [5]. Im Rahmen desselben Übereinkommens konnte die ECE 1988 ein Protokoll über die NO_x-Reduzierung vorlegen, das von 24 Ländern unterzeichnet wurde, die vereinbarten, die Emissionen bis 1995 auf den Stand von 1987 zu begrenzen. Ferner erklärten zwölf dieser Länder ihre feste Absicht, ihre nationalen NO_x-Emissionen bis spätestens Ende 1994 um 30% zu verringern. Ein ganz besonderes Merkmal des NO_x-Protokolls besteht darin, daß bei der Festsetzung internationaler Grenzwerte die von den Ländern bereits vorher durchgeführten Maßnahmen zur Emissionsminderung angerechnet werden. Durch diese Anrechnung im Protokoll wurde der Tatsache Rechnung getragen, daß Umweltschutzmaßnahmen mit steigenden Grenzkosten verbunden sind, und eine Benachteiligung der Länder vermieden, die schon frühzeitig in einseitigem Vorgehen entsprechende Maßnahmen ergriffen hatten. Seit 1987 werden weitere flankierende Arbeiten durchgeführt, um Vorschläge für ein Protokoll über VOC zu erarbeiten und das ursprüngliche SO_x-Protokoll zu verstärken. Außerdem hat die EG vor kurzem eine Richtlinie über die Begrenzung der Schadstoffemissionen von Großfeuerungsanlagen (SO_x- und NO_x-Emissionen) beschlossen.Unter der Ägide von UNEP und WMO wurde unlängst das Zwischenstaatliche Gremium für Klimaveränderungen (IPCC) geschaffen, das gemeinsame analytische Arbeiten über alle Aspekte der Klimaveränderungen (wissenschaftliche Erkenntnis, sozioökonomische Wirkung, Lösungsstrategien usw.) fördern soll. Hierbei handelt es sich um eine notwendige Voraussetzung für die Ausarbeitung einer etwaigen internationalen Übereinkunft über Treibhausgase und Klimaveränderung.

6. Tendenzen im nationalen Bereich

Die umwelt- und energiepolitischen Entwicklungen im nationalen Bereich entspringen entweder der Notwendigkeit, Lösungen für ein festgestelltes nationales oder regionales Problem zu finden, oder sie ergeben sich aus der Notwendigkeit, auf ein in einem internationalen Übereinkommen festgelegtes Ziel hinzuarbeiten. Wie schon erwähnt, hat die internationale Dimension in den letzten Jahren wegen des politischen Drucks, bei grenzüberschreitenden oder globalen Umweltproblemen einen internationalen Konsens herzustellen, zunehmend an Bedeutung gewonnen.

Die Struktur der nationalen Politik setzt in den OECD-Ländern gewöhnlich bei den verschiedenen Umweltmedien (wie Luft, Wasser oder Boden) an, wobei als Orientierungsrahmen dienende Kriterien für die Erhaltung der Umweltqualität im Blick auf den Schutz der Gesundheit und die Vermeidung von Ökoschäden aufgestellt werden. In zweiter Linie wird auch das Ziel verfolgt, materielle Güter vor schädlichen Umwelteinflüssen zu schützen. In der letzten Zeit sind vor allem Überlegungen über geeignete Lösungsansätze angestellt worden, mit denen die langfristigen Wirkungen gemildert werden können, die von allmählichen Umweltveränderungen wie Ozonabbau und Klimaveränderung auf die Wirtschaft, den Handel und die Gesellschaft überhaupt ausgehen.

Im nationalen Rahmen werden die Wechselbeziehungen zwischen der Umweltpolitik und anderen Wirtschaftssektoren immer eingehender geprüft. Der makroökonomische Effekt von Umweltschutzmaßnahmen, das Verursacherprinzip und das generelle Problem, Umweltkosten von vornherein in die Energiekosten einzubeziehen, sind Beispiele für Bereiche, die für derartige Analysen in Frage kommen. Auch andere Grundsatzfragen, etwa im Bereich Wirtschaftsentwicklung und Energie, werden von den nationalen Umweltschutzzielen her beurteilt. Bei der Mittelverteilung muß das Umweltmanagement mit anderen prioritären staatlichen Aufgaben konkurrieren.Wieviel Mittel für Umweltschutzprogramme bereitgestellt werden, richtet sich im allgemeinen nach der Einschätzung von Umweltrisiken und -problemen. In vielen Ländern lassen die erhöhten Mittelbereitstellungen für die Forschung über umweltfreundliche Energietechnologien erkennen, daß das umweltpolitische Engagement stärker geworden ist.

Da viele Umweltprobleme lokaler und regionaler Natur sind, ist es nur natürlich, daß Auslegung und Umsetzung nationaler Maßnahmen u.U. dezentralen Verwaltungsebenen überlassen bleiben und dabei so ausgestaltet werden, wie es die spezifischen regionalen Gegebenheiten erfordern. Zum Beispiel sind in den Vereinigten Staaten, Australien, Deutschland und Japan die regionalen Luftreinhaltungsmaßnahmen bisweilen stringenter als die landesweit geltenden Vorschriften. In diesen Fällen dienen die nationalen Rechtsvorschriften als Richtschnur für die Ausarbeitung regionalspezifischer Regelungen. In den Vereinigten Staaten sind zuweilen nicht nur die bundesstaatlichen Regelungen stringenter als die nationalen, sondern auch die Auslegung der Vorschriften ist in den einzelnen Bundesstaaten sehr unterschiedlich. Das entscheidende Motiv für auf Energieaktivitäten einer gegebenen Region abzielende Umweltschutzmaßnahmen sind somit u.U. ganz spezifische Merkmale dieser Region in bezug auf Umwelt, Wirtschaft oder Politik.

Aber auch wo den regionalen oder lokalen Behörden nicht viel Auslegungsspielraum belassen wird, können sie auf Energieprojekte unmittelbar durch die Beurteilung von Umweltverträglichkeitsprüfungen bei der Standortwahl für Energieerzeugungsanlagen Einfluß nehmen. Außerdem haben die Gebietskörperschaften oft die Zuständigkeit für die Verkehrs- und Flächennutzungsplanung, wodurch sie energiepolitische Entscheidungen direkt oder indirekt beeinflussen können.

III. Umweltpolitische Problembereiche

Die Umweltprobleme erstrecken sich auf eine ständig wachsende Zahl von Schadstoffen, Gefahren und Störungen der Ökosysteme, und ihr Einzugsbereich dehnt sich immer weiter aus – z.B. auf lokaler, regionaler und globaler Ebene. Einige dieser Probleme können durch genau feststellbare, chronische Auswirkungen u.a. auf die menschliche Gesundheit bedingt sein, während andere mit der Furcht vor den Gefahren einer möglichen unbeabsichtigten Freisetzung gefährlicher Stoffe zusammenhängen können. Eine nicht unerhebliche Zahl dieser umweltpolitischen Probleme ist an die Erzeugung, die Umwandlung und den Endverbrauch von Energie geknüpft, wobei diese Aktivitäten einer unter mehreren Bestimmungsfaktoren oder aber die Hauptursache für die jeweiligen Probleme sein können. Es lassen sich elf große umweltpolitische Problembereiche definieren, bei denen die Energie u.U. eine wichtige Rolle spielen kann:

- Größere Umweltunfälle,
- Gewässerverschmutzung,
- Meeresverschmutzung,
- Flächennutzungs- und Standortwahl-Effekte,
- Strahlungen und Radioaktivität,
- Beseitigung fester Abfälle,
- gefährliche Luftschadstoffe,
- Luftqualität,
- Säureablagerungen,
- Abbau der stratosphärischen Ozonschicht,
- globale Klimaveränderungen.

Die Wechselbeziehungen zwischen Energie und Umwelt sind vielschichtig und einem ständigen Wandel unterworfen. Die wachsende Einsicht in die Umweltfolgen wirtschaftlicher Tätigkeiten im allgemeinen und Energieaktivitäten im besonderen erklärt, weshalb viele umweltpolitische Problembereiche erst seit relativ kurzer Zeit als solche erkannt worden sind. Deshalb dürfte die Kenntnis von den durch die Auswirkungen dieser Aktivitäten in Gang gesetzten Mechanismen noch lückenhaft sein und in einigen Fällen nur auf Vermutungen beruhen. In diesem Kapitel werden für die einzelnen großen umweltpolitischen Problembereiche die Schadstoffe und die dadurch hervorgerufenen Gefahren sowie die Kausalbeziehungen dargestellt, die zwischen Energieaktivitäten, Schadstoffen und Umwelteffekten ermittelt worden sind. Die Bedeutung der Energieaktivitäten für die Erzeugung der wesentlichen Schadstoffe ist in der nachstehenden Tabelle 1 zusammengefaßt *[6, 7, 8, 9, 10, 11]*

1. Größere Umweltunfälle

Die Risiken im Zusammenhang mit industriellen Tätigkeiten werden zunehmend zum Gegenstand breiter öffentlicher Debatten, wobei die Besorgnis über die Umweltfolgen von größeren Unfällen in jüngster Zeit zum Hauptanliegen geworden ist. Das verstärkte Umweltbewußtsein der Öffentlichkeit ist der Tatsache zuzuschreiben, daß sowohl die Größe der Produktionseinheiten als auch der Umfang des Handels mit gefährlichen Substanzen im Zuge der

Tabelle 1 **Beitrag der energiewirtschaftlichen Aktivitäten zum Entstehen von Luftschadstoffen**

Schadstoff	Anthropogene Schadstoffe in % der Gesamtemissionen	Energiesektor		Anteile in % an den im Energiesektor freigesetzten Schadstoffen
		in % der Gesamtemissionen	in % der anthropogenen Quellen	
SO_2	45 (3)	40 (3)	90 (3)	• Kohleverbrennung: 80 (1) • Mineralölverbrennung: 20 (1)
NO_x	75 (3)	64 (3)	85 (3)	• Verkehr: 51 (1) • Stationäre Quellen: 49 (1)
CO	50 (3)	15–25 (3)	30–50 (3)	• Verkehr: 75 (1) • Stationäre Quellen: 25 (1)
Blei	100 (3)	90 (3)	90 (1)	• Verkehr: 80 (2) • Verbrennung in stationären Quellen (einschließl. Veraschung): 20 (2)
Partikel	11,4 (3)	4,5 (3)	40 (1)	• Verkehr: 17 (1) • Kraftwirtschaft: 5 (1) • Holzverbrennung: 12 (1)
VOC	5 (1)	2,8 (3)	55 (1)	• Mineralölindustrie: 15 (1) • Erdgasindustrie: 10 (1) • Mobile Quellen: 75 (1)
Radionuklide	10 (3)	2,5 (3)	25 (3)	• Uranerzabbau und -verhüttung: 25 (2) • Kernkraftwerke und Kohleverbrennung: 75 (2)
CO_2	4 (4)	2,2–3,2 (3)	55–80 (3)	• Erdgas: 15 (1) • Mineralöl: 45 (1) • Feste Brennstoffe: 40 (1)
N_2O	37–58 (3)	24–43 (3)	65–75 (3)	• Fossiler Brennstoffeinsatz: 60–75 (3) • Biomasseverbrennung: 25–40 (3)
CH_4	60 (3)	9–24 (3)	15–40 (3)	• Erdgasverluste: 20–40 (3) • Biomasseverbrennung: 30–50 (3)

Anmerkungen:
1. Schätzungen für die OECD-Länder
2. Schätzungen für die USA
3. Globale Schätzungen
4. Die globalen Schätzungen des Beitrags anthropogener CO_2-Quellen zum Anstieg der CO_2-Konzentrationen und zur globalen Erwärmung sind weit höher.

Quellen:
Environmental Trends Associated with the 5th National Energy Plan, Argonne National Laboratory, 1986 (für das United States Department of Energy).
"A Primer on Greenhouse Gases", D. J. Wuebbles, J. Edmonds, 1988 (für das United States Department of Energy).
"The Greenhouse Issue", Environmental Resource Ltd., 1988 (für die Kommission der Europäischen Gemeinschaften).
"Carbon Dioxide Emissions and Effects", IEA Coal Research, 1982.
"The Greenhouse Effect, Climatic Change, and Ecosystems", B. Bolin, B. Döös, J. Jäger, R. Warrick, 1986 (für SCOPE-ICSU).

Entwicklung industrieller Strukturen zugenommen haben. Die wachsende Verstädterung und die demographische Konzentration haben ferner dazu beigetragen, daß die Schwere der größeren Unfälle unter dem Gesichtspunkt der Verluste an Menschenleben wie auch der gesundheitlich geschädigten oder aus ihrem normalen Lebensumkreis vertriebenen Menschen zugenommen hat [5]. Zwar haben größere Unfälle in der Industrie letzten Endes nicht immer massive Umweltschäden zur Folge, doch ist die Gefahr wirklich katastrophaler ökologischer Unfälle (die eher die Ökosysteme als die menschliche Gesundheit beeinträchtigen) zunehmend ins Bewußtsein der Öffentlichkeit getreten.

Eine vollständige Auflistung aller relevanten energiebezogenen Aktivitäten wäre insofern sinnlos, als die Auffassungen nicht nur über wahrgenommene Risiken und effektive Unfälle, sondern auch darüber, ab welchem Punkt eine Gefahr bzw. ein eingetretener Unfall als signifikant zu betrachten sind, erheblich auseinandergehen. Zu den wichtigsten energiewirtschaftlichen Bereichen, in denen potentielle Risiken gesehen werden und/oder effektiv Unfälle eingetreten sind, gehören folgende:

- Onshore- und Offshore-Ölaustritte, -Explosionen und -Brände als Folge der Förderung und Verarbeitung sowie des Transports und der Verwendung von Öl und Erdgas, wie z.B. Brände bei Raffinerien, Ölbohrinseln, Erdgasspeichern, Pipeline-Explosionen usw.;
- Meeresverschmutzung infolge von Öltankerunfällen sowie Boden- und Wasserbelastung durch Ölaustritte bei Schienen- und Straßentankfahrzeugen;
- Freisetzung radioaktiver Stoffe infolge von Kernkraftunfällen, zu denen es bei der Kernenergieerzeugung oder dem Transport, der Bearbeitung und der Lagerung radioaktiver Stoffe (Brenn- oder Abfallstoffe) kommen kann;
- Dammbrüche bei Wasserkraftwerken, die Überflutungen und Erdrutsche zur Folge haben;
- Bodensenkungen und Erdrutsche infolge von Abbautätigkeit oder Schlagwetter in Bergwerken;
- Selbstverbrennung bei Kohlevorräten oder Abraumhalden sowie Explosionen infolge von Methanansammlungen in Abraumhalden und Kohlebergwerken.

Diese Liste könnte natürlich noch um eine ganze Reihe von Unfällen verlängert werden, die bei den verschiedensten Energieaktivitäten auftreten und von einem Schaden an einem Windgeneratorflügel über einen Brand in einem photovoltaischen Kraftwerk, durch das toxische Aerosole bei der Verbrennung der Zellkomponenten freigesetzt werden, bis zu PCB-Austritten bei elektrischen Transformatoren reichen können.

2. Gewässerverschmutzung

Sowohl die Qualität als auch die Quantität des Wassers gewinnt zunehmend an Bedeutung. Das gilt namentlich für das Grundwasser, was sich schon allein aus dessen Rolle bei der Wasserversorgung für Trinkwasser- und Bewässerungszwecke erklärt. Abgesehen von den diffusen Gewässerverschmutzungsquellen, wie z.B. der Landwirtschaft (Pflanzenschutzmittel), konnte die Belastung der Oberflächengewässer in den IEA-Ländern insgesamt beträchtlich verringert werden. Im Verhältnis zu anderen Wirtschaftstätigkeiten dürften die Energieaktivitäten heute nicht mehr die Hauptursache für Güteprobleme der Oberflächengewässer sein [12]. Es sind Anstrengungen unternommen worden, um diese Probleme in den Griff zu bekommmen, und diese Anstrengungen werden weiter fortgesetzt. Folgende energiebezogene Quellen tragen zur Gewässerbelastung bei:

- Kraftwerke und Raffinerien erzeugen Abwässer, die gefährliche Chemikalien wie z.B. Chlor und Metalle sowie verschiedene andere Schwebstoffe oder gelöste Stoffe enthalten;

- die Onshore-Ölgewinnung und die Erzeugung geothermischer Energie werfen das Problem
  der Salzsoleentsorgung auf; geothermische Flüssigkeiten unterscheiden sich zwar je nach
  den Eigenschaften des Lagers beträchtlich voneinander, können jedoch toxische Chemikalien wie z.B. Benzol, Arsen, Quecksilber und Borsäure enthalten und Gase wie z.B.
  Kohlendioxid und Methan freisetzen, die sich bei Druckverminderung abscheiden;
- Säuredrainage aus in Betrieb befindlichen oder stillgelegten Bergwerken und Kohleaufar-
  beitungsabfälle von Kohlewäschereien sowie Abfälle von Umweltschutzanlagen sind alle-
  samt potentielle Ursachen für die Kontamination oberirdischer Gewässer;
- thermische Umweltbelastungen durch die Abflüsse aus Kühlsystemen von Kraftwerken
  oder durch geothermische Anlagen können die Wasserfauna gefährden.

Zu Beginn der siebziger Jahre stellte die thermische Umweltbelastung angesichts der Zahl
der in Betrieb befindlichen Kraftwerke und der geplanten weiteren Zunahme eines der
wichtigsten Anliegen dar. Da sich das Tempo des Zubaus neuer Anlagen aber danach
verlangsamt hat, ist dieser Bereich heute eher Gegenstand von Untersuchungen als von
Kontrollen.
Im Bereich der Grundwasserbelastung herrscht immer noch weithin ein beträchtlicher Mangel an Informationen und im Zusammenhang damit Ungewißheit über den Grad der Belastung und die verantwortlichen energiewirtschaftlichen Quellen. Die meisten weiter oben
bei der Verschmutzung der Oberflächengewässer erwähnten Energieaktivitäten sind auch
als potentielle Kontaminierungsquellen für das Grundwasser anzusehen, obwohl die Wirkungen hier häufig weniger direkt sind und mit größeren Verzögerungen eintreten. Ölaustritte
aus unterirdischen Lagertanks sind in vielen IEA-Ländern für eine beträchtliche Grundwasserbelastung verantwortlich. Die Abfallbeseitigung trägt ebenfalls in wachsendem Maße zur
Grundwasserverschmutzung bei. Auch werden Befürchtungen laut, daß die Bemühungen
um Luftreinhaltung eine zunehmende Wasser- und Bodenbelastung zur Folge haben könnten,
da Verfahren zur Bekämpfung der Luftverschmutzung, die Abfälle wie z.B. Rauchgasent-
schwefelungsschlamm erzeugen, immer breitere Anwendung finden.

3. Meeresverschmutzung

Die Meeresverschmutzung infolge bedeutender unfallbedingter Ölaustritte ist zu einem wichtigen Anliegen geworden. Die Hauptursache der Meeresbelastung ist jedoch nach wie vor
die Schiffahrt. Laut Schätzungen wird je 1000 t auf dem Seeweg transportierten Öls 1 Tonne
Öl in das Meer abgelassen [8]. Trifft dies zu, so sind jährlich 1,1 Mio t der gesamten
Ölbelastung der Meere das Ergebnis des regelmäßig von den Schiffen ins Meer eingeleiteten
Öls. Der Rest von rd. 400 000 t ist auf Tankerunfälle zurückzuführen. Die Bohrinseln sind
weltweit betrachtet keine wichtige Quelle der Ölverschmutzung, obwohl die Offshore-Ölför-
derung gegenwärtig ein Viertel der Welterzeugung ausmacht.
Ölaustritte können ernste Umweltfolgen in Buchten, Ästuargebieten oder Binnenmeeren
oder -seen haben, so z.B. im Golf von Mexiko oder in der Nordsee, wo die Küstengewässer
für die Fischerei, den Fremdenverkehr oder die Industrie von großer Bedeutung sind. Es
gibt keine umfassenden Schätzungen über die Schäden, die die marinen Ökosysteme insgesamt erlitten haben. Es müssen noch viele Untersuchungen durchgeführt werden, um die
Auswirkungen von Ölaustritten auf den Meeren mit größerer Genauigkeit evaluieren zu
können.

4. Flächennutzung und Standortwahleffekte

Der von wirtschaftlichen Tätigkeiten auf den Flächenbedarf ausgehende Druck gibt Anlaß zu der Befürchtung, daß für die Landwirtschaft, den Wohnungsbau oder natürliche Ökosysteme besonders gut geeignete Flächen verlorengehen könnten. Im Energiebereich haben hier die Bergwerksgebiete (einschließlich der Flächen oberhalb der noch in Betrieb befindlichen Untertagegruben, wo es zu Bodensenkungen kommen kann) sowie die Stauseen der Wasserkraftwerke die Aufmerksamkeit der Öffentlichkeit am stärksten auf sich gezogen. Besorgnis wurde auch geäußert über den großen potentiellen Flächenbedarf für die großtechnische Nutzung regenerativer Energiequellen, wie z.B. Wind- und Solarenergie oder auch Biomasse (Holz, Torf, Stroh oder Zuckerrohr), die mit anderen Möglichkeiten der Flächennutzung konkurrieren.
Andere energiebezogene Aktivitäten, die umfangreiche Anlagen oder komplexe industrielle Prozesse voraussetzen, wie z.B. die Raffination oder die Stromerzeugung, werfen zuweilen nicht nur Probleme der Flächennutzung auf, sondern sind u.a. auch Gegenstand umweltpolitischer Standortdiskussionen. In vielen Fällen erklärt sich der Widerstand gegen die Standortwahl eines spezifischen Projekts (das sogenannte „NIMBY"-Syndrom – „Not in my backyard") aus einer Vielzahl von Befürchtungen hinsichtlich Flächennutzung, Umweltbelastung und Unfällen, die sich nicht leicht voneinander trennen und evaluieren lassen. Während die Energiewirtschaft seit jeher mit Standortproblemen konfrontiert war, z.B. bei Kraftwerken oder Raffinerien, treten nun auch zunehmend Probleme bei der Standortwahl von Anlagen für die Entsorgung fester Abfälle auf, von den bei der Bekämpfung der Umweltverschmutzung anfallenden Stoffen bis hin zu hochaktiven Abfällen, die langlebige Radionuklide enthalten.
Alle energiebezogenen Aktivitäten sind zwangsläufig mit gewissen Standorteffekten verbunden, und der Grad der Akzeptanz ändert sich hier ständig. So bestehen z.B. Kontroversen über die Wirkungen, die elektromagnetische Felder im Zusammenhang mit der Übertragung von Spannungen bis zu 800 kV auf Menschen und Tiere ausüben. Zwar konnten solche negativen Auswirkungen bisher nicht hinreichend belegt werden, doch sind die Aussichten (namentlich in Nordamerika) für die Planung großer neuer Transmissionsprojekte durch die Versorgungsbetriebe nicht sehr gut. Ein anderes, noch recht neues Problem, das sich schwer abschätzen läßt, betrifft die visuelle Luftqualität, wie z.B. die Rauch- und Nebelbildung in Nationalparks und anderen landschaftlich reizvollen Gebieten. Die Messung der Sichtweite, die Ermittlung der Faktoren, die zur Dunstentwicklung beitragen, und die Konzipierung von Abhilfemaßnahmen stellen, wie sich zeigt, ein schwieriges Problem dar [13].

5. Strahlungen und Radioaktivität

Strahlenbelastungen sind zu rd. 90% auf natürliche Ursachen zurückzuführen. Gleichwohl geben die zusätzlichen anthropogenen Strahlungen Anlaß zu beträchtlicher Besorgnis. Die Energiewirtschaft hat einen Anteil von rd. 25% an der gesamten durch den Menschen hervorgerufenen Radioaktivität (d.h. von rd. 2% der gesamten Strahlungsbelastung). Zwar werden auch beim Einsatz fossiler Brennstoffe Radionuklide freigesetzt, doch geht es in der aktuellen Debatte über die anthropogenen Strahlungen im Zusammenhang mit energiewirtschaftlichen Aktivitäten hauptsächlich um den Kernbrennstoffzyklus und seine verschiedenen Phasen.
Uranerzabbau und -verhüttung setzen Radon und Radontochternuklide frei, die Berufskrankheiten hervorrufen können. Daneben fallen Prozeßabwässer und Erzabfälle an, die das Grundwasser kontaminieren können. Diesen Aktivitäten ist ungefähr ein Viertel der

energiebezogenen Radioaktivität zuzuschreiben, wobei dieser Anteil allerdings lediglich rd. 0,5% der gesamten Strahlenbelastung entspricht. Radon und Radontöchter sind in der Natur vorkommende Gase, die in weit stärkeren Konzentrationen auftreten können als im Zusammenhang mit Kernenergieaktivitäten (einschließlich Uranerzabbau).

Der normale Reaktorbetrieb erzeugt schwach radioaktive Emissionen, die als unschädlich erachtet werden. Die größten Befürchtungen gelten nach wie vor dem potentiellen Risiko eines Betriebsversagens und den Umweltfolgen unbeabsichtigter Lecks, obwohl große Anstrengungen unternommen worden sind, um nachzuweisen, daß die Sicherheit beim Betrieb von Kernkraftwerken gewahrt ist und bleibt und weiter verbessert wird. Dieser Problemkreis hat in den vergangenen zehn Jahren eine neue Dimension erhalten und erstreckt sich heute über die Reaktorsicherheit und Unfallverhütung hinaus auch auf Fragen der Katastrophenplanung und der Kraftwerksstillegung. Mit wachsender Einsicht der Öffentlichkeit und der politischen Entscheidungsträger in die grenzüberschreitenden Risiken von Kernkraftwerksunfällen erhielten diese Probleme auch eine stärkere internationale Ausrichtung.

Die Entsorgung der Kernkraftwerksabfälle birgt je nach den Eigenschaften der Abfälle – unabhängig davon, ob sie in die Umwelt eingebracht oder von der Biosphäre isoliert werden – Gefahren unterschiedlichen Grades in sich. Die Meinungen über das Gefährdungspotential wie auch der entsprechende Grad der Besorgnis sind je nachdem, ob es sich um schwach aktive Abfälle handelt, die kurzlebige Radionuklide enthalten, oder um hochaktive Abfälle mit einem beträchtlichen Anteil an langlebigen Radionukliden, die Tausende von Jahren isoliert werden müssen, sehr verschieden.

Die Stillegung von Kernkraftwerken betraf bislang hauptsächlich Forschungsreaktoren. Den gegenwärtigen Prognosen zufolge werden bis zum Ende des Jahrhunderts in Westeuropa und in Nordamerika lediglich 61 kommerziell genutzte Kernreaktoren stillgelegt werden. Bis zum Jahr 2030 dürfte sich ihre Zahl auf 404 erhöhen. Derzeit werden die durch die Stillegung von Kernkraftwerken hervorgerufenen Umweltprobleme noch analysiert. Es werden zunehmend Befürchtungen darüber geäußert, daß während der gesamten Zerlegungsphase der Komponenten, namentlich des Reaktorbehälters, ein hohes Strahlenbelastungsrisiko bestehen könnte.

6. Entsorgung fester Abfälle

Die Entsorgung fester Abfälle kann zweierlei Arten von Umweltproblemen aufwerfen. Wird der Abfall erstens als gefährlich klassifiziert, d.h. wird in ihm eine potentielle Gefährdung der Gesundheit oder der Umwelt gesehen (wobei die Definitionen des Begriffs „gefährlich" stark variieren), so kann er u.U. gefährliche Schadstoffe freisetzen und so zu Luft-, Wasser- und Bodenbelastungen führen, die schon für sich genommen große Probleme darstellen. Der größte Teil der als gefährlich angesehenen festen Abfälle entsteht bei der chemischen Industrie und den Metallindustrien. Auf energiebezogene Aktivitäten entfielen 1983 in den Vereinigten Staaten rd. 12% dieser Abfälle [6]. Zweitens können Abfälle, auch wenn sie nicht als gefährlich erachtet werden, allein aus Raumgründen und wegen der Frage des geeigneten Einschlusses Entsorgungsprobleme nach sich ziehen. Zu den festen Abfällen, die durch energiewirtschaftliche Tätigkeiten hervorgerufen werden, gehören z.B. die Ascherückstände von Kraftwerken, die gewöhnlich nicht gefährlich sind.

Eine wichtige Abfallquelle, die mehr und mehr an Bedeutung gewinnt, ist als Begleiterscheinung der Luftreinhaltungsmaßnahmen entstanden. Schlämme aus Rauchgasentschwefelungsanlagen und die von Partikel-Kontrollvorrichtungen gesammelte Flugasche enthalten Spurenelemente wie z.B. Arsen, Blei, Cadmium, Selen sowie Radionuklide, wobei der Konzentrationsgrad allerdings so gering ist, daß diese Abfallarten gewöhnlich nicht als gefährlich klassifiziert werden. Das trifft auf mehrere im Energiesektor anfallende Arten fester Abfälle zu, da infolge neuer Techniken, wie z.B. der Kohleverbrennung im Wirbelbettverfahren, Abfall entsteht, dessen Eigenschaften noch nicht hinreichend untersucht worden sind [14]. Es wird mit einer massiven Zunahme der in den nächsten Jahrzehnten anfallenden Scrubberschlamm- und Flugaschemengen gerechnet. In den Vereinigten Staaten erzeugen die meisten Naßwaschsysteme Abfälle, die der Entsorgung bedürfen. In Japan und Europa werden dagegen häufiger Kalkmilchverfahren angewendet; diese breiten sich im Vergleich zu allen anderen Techniken am schnellsten aus. Der kommerziellen Verwendung der infolge von Umweltschutzmaßnahmen anfallenden Abfälle als Baustoffe oder Straßenbeläge sind vom Umfang des Markts her Grenzen gesetzt. Ihre Akkumulation könnte im Laufe der Zeit dazu führen, daß zu ihrer Ablagerung große Landflächen mit geeigneten Einschlußverfahren zur Vermeidung der Gewässerkontamination bereitgestellt werden müssen.

7. Gefährliche Luftschadstoffe

Gefährliche Luftschadstoffe werden gewöhnlich in kleineren (häufig lokal konzentrierten) Mengen emittiert als jene Schadstoffe, auf die sich die Besorgnis über die Belastung der Erdatmosphäre in erster Linie richtet. Dabei muß allerdings erwähnt werden, daß es keine einheitliche Definition der gefährlichen bzw. toxischen Luftschadstoffe gibt. So wird z.B. der Ferntransport bestimmter gefährlicher Luftschadstoffe zu einer immer größeren Umweltsorge, namentlich in den skandinavischen Ländern. Die Luftbelastung durch den Bleigehalt der Autoabgase stellt nun schon seit vielen Jahren ein chronisches Problem dar, und ihre Auswirkungen auf die Gesundheit sind hinreichend belegt. In einigen Ländern, wie z.B. den Vereinigten Staaten, wird Blei nicht als giftiger oder gefährlicher, sondern als gewöhnlicher Schadstoff eingestuft. Organische Verbindungen – und unter ihnen die Kohlenwasserstoffe – wurden lange Zeit wegen der Rolle, die sie bei der Bildung von Photooxidantien spielen, als gewöhnliche Luftschadstoffe angesehen. Jüngere Untersuchungen haben gezeigt, daß gewisse organische Verbindungen schädliche Auswirkungen auf die menschliche Gesundheit haben.
Bei einigen gefährlichen Luftschadstoffen wurden die Ursachen und Effekte des Dosis-Wirkungs-Verhältnisses erst jetzt nachgewiesen. Hierbei geht es um die angenommenen oder tatsächlich festgestellten Auswirkungen auf die Gesundheit, wobei allerdings das Datenmaterial noch lückenhaft ist. Die Zahl der mutmaßlich gefährlichen Schadstoffe ist sehr groß, und die Kenntnisse von Ursachen, Emissionen und Wirkungen entwickeln sich ständig weiter. Die Besorgnis gilt sowohl den flächenmäßig begrenzten Effekten am Ort der Freisetzung dieser Mikroschadstoffe als auch den regionalen Auswirkungen der giftigen Schadstoffe, wie z.B. Cadmium, Blei sowie möglicherweise polyzyklische aromatische Kohlenwasserstoffe und Quecksilber, die über große Entfernungen hinweg transportiert werden. Ein bedeutendes potentielles Problem bei der Überwachung bestimmter Spurenelemente hängt damit zusammen, daß keine klare Einigung über einen zumutbaren Konzentrationsschwellenwert zustande kommt.
Verschiedene energiebezogene Aktivitäten sind die Ursache gefährlicher Luftschadstoffemissionen:

- Kohlenwasserstoffe wie Benzol, die in leichtflüchtiger Form bei der Öl- und Erdgasförderung und -verarbeitung auftreten. Der Anteil der einzelnen Kategorien von Emissionsquellen ist von Land zu Land recht unterschiedlich, und die Bestandsaufnahmen müssen noch vervollständigt werden.
- Die Verwendung und Verbrennung von Benzin und Dieselkraftstoff im Verkehrssektor verursacht Emissionen von Kohlenwasserstoffen (einschließlich polyzyklischer aromati-

scher Kohlenwasserstoffe, PAH) und Dioxin. Sie sind als die wichtigste Quelle der energie-
bezogenen toxischen Luftschadstoffe anzusehen. Mobile Quellen hatten in den Vereinigten
Staaten 1980 noch einen Anteil von 87% an den Bleiemissionen, was weitgehend auf die
Verwendung bleihaltiger Treibstoffe in älteren Kraftfahrzeugen zurückzuführen war [6].
Dieser Anteil dürfte sich bis Anfang der neunziger Jahre mit der Anwendung der Umwelt-
vorschriften für bleiarme Treibstoffe drastisch verringern und dann nur noch wenige
Prozent betragen. Ähnliche Anstrengungen zur Verringerung des Bleigehalts von Treib-
stoffen bzw. zur Einführung unverbleiten Benzins sind in den meisten IEA-Mitgliedstaaten
im Gange.
- Kleine Mengen von Arsen, Quecksilber, Beryllium und Radionukliden können bei der
Verbrennung von Kohle und schwerem Heizöl in Kraftwerken und Großfeuerungsanlagen
freigesetzt werden. Bei diesen Substanzen handelt es sich um Spurenbestandteile von
Kohle und schwerem Heizöl, die während des Verbrennungsprozesses in die Luft gelangen
[15].
- Quecksilber-, chlorierte Dioxin- und Furan-Emissionen (um nur einige zu nennen), wie
sie bei den kommunalen Müllverbrennungsanlagen anfallen, geben in zunehmendem Maße
Anlaß zu Besorgnis. In einer Reihe von IEA-Ländern werden Untersuchungen durchgeführt, um den Kontaminationsgrad im Nahfeldbereich dieser Anlagen festzustellen. Wie
sich zeigt, ist indessen nur schwer zu beurteilen, ob sie wirklich eine ernste Gefahr für
die menschliche Gesundheit darstellen.

8. Luftqualität

Die Besorgnis über die Luftqualität betrifft zwei Kategorien von Schadstoffen:

- Schadstoffe, die unmittelbar in die Erdatmosphäre ausströmen, d.h. hauptsächlich SO_x,
NO_x, Partikel, VOC sowie CO;
- Schadstoffe, die in der Atmosphäre durch photochemische Reaktion (d.h. Einwirkung
des Sonnenlichts) aus Vorläuferstoffen der Luftemissionen gebildet werden, wobei die
wichtigsten VOC und NO_x sind, die zur Ozon- und Peroxyacetylnitrat-Bildung (PAN)
führen.

Eine übermäßige Schadstoff- und Ozonkonzentration wirkt sich nachweislich auf die Gesundheit, das Wohlbefinden und die Umwelt aus und ist mit Belästigungen (z.B. Gerüche,
verminderte Sichtweite) verbunden, die sich gewöhnlich auf lokaler, zuweilen aber auch auf
regionaler Ebene bemerkbar machen [16]. Bei Untersuchungen sind VOC und NO_x als
Urheber des „Photo-Smogs" erkannt worden, wie er z.B. im Los-Angeles-Becken anzutreffen ist. In einigen Fällen können auch eng begrenzte oder abgelegene ländliche Gebiete
durch überwiegend windgetragene Emissionen und Ferntransporte photochemischer Vorläufer und Stoffe, namentlich Ozon und Partikel, beeinflußt werden.
Luftschadstoffe und Vorläufer von Photooxidantien werden von zahlreichen stationären und
mobilen brenn- und treibstoffverbrauchenden Quellen emittiert; energiebezogene Aktivitäten tragen in beträchtlichem Umfang zum Entstehen sämtlicher vorgenannten Schadstoffe
bei. So zeigen z.B. jüngste Schätzungen, daß stationäre Feuerungsanlagen eine bedeutende
Quelle von SO_2- und NO_x-Emissionen sind. Auf mobile Quellen (Kraftfahrzeuge) entfällt
in den OECD-Ländern ein Anteil von 75% an den CO-Emissionen.
Anders als SO_2 oder NO_x, die hauptsächlich beim Verbrennungsprozeß anfallen und nur
wenige Verbindungen umfassen, hat der VOC-Eintrag zahlreiche Quellen; zudem handelt
es sich hierbei um eine Vielzahl von Verbindungen mit sehr unterschiedlichen Eigenschaften
bezüglich Toxizität, Reaktivität, Emissionsrate usw. Was die anthropogenen VOC (ohne

Methan) betrifft, so ist der Verkehrssektor in Europa nach der Lösemittelindustrie (40%) die zweitwichtigste Quelle, wobei der Anteil der Kfz-Abgase 25% und der der Verdunstungsemissionen 12% beträgt [17]. Mit fortschreitender Bestandsaufnahme der VOC-Quellen hat sich herausgestellt, daß bei den Maßnahmen zur Verringerung des Ozongehalts auch der Beitrag der natürlichen Quellen (Boden und Vegetation) zum VOC-Eintrag in die Atmosphäre berücksichtigt werden muß, da lediglich rd. 5% der gesamten VOC-Emissionen aus allen Quellen auf menschliche Tätigkeiten zurückzuführen sein dürften. Dieser Anteil ist allerdings in einigen Gebieten vermutlich weit höher. So liegt z.B. in den Niederlanden der Anteil der anthropogenen VOC bei über 90%. In Westeuropa entfallen auf energiebezogene Aktivitäten 55% der durch Menschen verursachten Emissionen, die sich zu gleichen Teilen auf mobile und stationäre Quellen (Öl- und Erdgasindustrie) verteilen. Es lassen sich nur schwer allgemeingültige Angaben über die Art und Weise zusammentragen, wie VOC- und andere Emissionen zur Ozonbildung beitragen. Das liegt an der Nichtlinearität des Verhältnisses zwischen Vorläufern und Photooxidantienbildung sowie an den mangelnden Daten über VOC-Emissionen und ihre chemische Zusammensetzung [18].

Dem Verkehrssektor sind 13% der anthropogenen Partikel-Emissionen in den OECD-Ländern zuzuschreiben; 20% werden von stationären Feuerungsanlagen ausgeschieden [8]. Da bei der Verminderung der Partikel-Emissionen aus diesen Quellen und namentlich bei großen, zusammenlaufenden stationären Feuerungsanlagen relativ große Fortschritte erzielt wurden, schienen sie bis vor kurzem weniger Anlaß zu Besorgnis zu geben. In den Vereinigten Staaten z.B. sind die Partikel-Emissionen zwischen 1970 und 1980 um 54% zurückgegangen [6]. Dagegen werden die Emissionen infolge von Transportaktivitäten zu einem immer größeren Problem. Das trifft insbesondere auf die Gesundheitsgefährdung zu, die von der Eignung zum Einatmen der von leistungsstarken Dieselmotoren ausgeschiedenen Partikel sowie deren bodennaher Präsenz in dicht bevölkerten Gebieten ausgeht. Zudem hat sich jetzt herausgestellt, daß die Partikel, die durch die bei Großfeuerungsanlagen angewendeten hocheffektiven Umweltschutztechniken nicht vollständig beseitigt werden, gerade die kleinsten sind und somit besonders leicht eingeatmet werden können. Sie bieten ferner eine große Oberfläche zur Bindung giftiger Substanzen, womit erneut Besorgnis über sämtliche Quellen von Partikel-Emissionen aufgebrochen ist.

Bei der Luftbelastung von Innenräumen durch energiebezogene Aktivitäten handelt es sich um folgende Emissionen: CO von Petroleumheizöfen, Holzöfen, unbelüfteten Gasöfen; NO_x von Petroleumheizöfen und unbelüfteten Gasöfen; Partikel und VOC von Haushaltsgeräten, die mit Holz oder fossilen Brennstoffen befeuert werden. Die Sorge über die in Innenräumen anzutreffenden Luftschadstoffe, die die menschliche Gesundheit gefährden könnten, nimmt zu, namentlich im Fall von Radon, aber auch bei Formaldehyd, CO, NO_x, Partikeln und VOC. Zur Verbesserung der Luftqualität von Innenräumen können sowohl die richtige Wahl der Energieträger als auch eine rationellere Energieverwendung einen wichtigen Beitrag leisten. Durch gewisse Maßnahmen zur Steigerung des Energiewirkungsgrads in Wohngebäuden ist der Luftaustausch tendenziell verringert worden, was zu einer stärkeren Konzentration der betreffenden Schadstoffe geführt hat. Diese Probleme können durch bessere Belüftungstechniken behoben werden. Die Kenntnis des Dosis-Wirkungs-Verhältnisses in bezug auf die in Innenräumen anzutreffenden Schadstoffe ist derzeit noch lückenhaft. Mit fortschreitenden Forschungsarbeiten dürfte indessen auch die Einsicht in die Notwendigkeit zusätzlicher Strategien zur Schadstoffminderung in Innenräumen zunehmen.

9. Säureablagerungen

Zu sauren Ablagerungen kommt es nachweislich hauptsächlich im Zusammenhang mit SO_2- und NO_x-Emissionen. Diese Schadstoffe haben in der Vergangenheit – weitgehend wegen ihrer gesundheitlichen Folgen – lediglich lokal begrenzten Anlaß zu Besorgnis gegeben. Mit der besseren Kenntnis ihres Beitrags zu dem regionalen und grenzüberschreitenden Problem des „sauren Regens" haben sich die Bedenken inzwischen aber auch gegen andere Substanzen gerichtet, wie z.B. VOC, Chlorid, Ozon und Spurenmetalle, die wahrscheinlich an den komplexen chemischen Reaktionen in der Atmosphäre beteiligt sind, welche zu den sauren Ablagerungen und der Bildung anderer regional auftretender Luftschadstoffe führen. Zwar konnte bisher weder der genaue Zusammenhang zwischen den Emissionen und den festgestellten Schäden noch der Grad dieser Schäden eindeutig geklärt werden, doch werden den sauren Ablagerungen zahlreiche Umweltfolgen zugeschrieben. Zudem können sich ihre Auswirkungen aufgrund des Ferntransports der betreffenden Schadstoffe auf große Gebiete erstrecken. Zu den am häufigsten genannten Folgen zählen:

- die Versauerung von Seen, Gewässern und Grundwasser, was Schäden für die Fische und die sonstige Wasserfauna zur Folge hat [19];
- Schäden an Wäldern und zuweilen Agrarkulturen, die in der Regel als allgemeine Folgen der Luftverunreinigung eingestuft werden, zu der der „saure Regen" beitragen dürfte;
- Beschädigungen an vom Menschen hergestellten Gegenständen, wie z.B. an Gebäuden, Metallstrukturen und Geweben.

Energiebezogene Aktivitäten zählen zu den Hauptquellen der wichtigsten bisher ermittelten Vorläufer für Säureablagerungen:

- Auf Kraftwerke, Kleinfeuerungsanlagen in Haushalten und industrielle Energienutzung entfallen 80% der SO_2-Emissionen, davon allein auf Kohle rd. 70%. Zu den anderen Quellen gehört die Sauergasbehandlung, bei der H_2S freigesetzt wird, das in Verbindung mit Luft in SO_2 umgewandelt wird.
- Der Straßenverkehr ist eine wichtige Quelle für NO_x-Emissionen: auf ihn sind 48% der Gesamtemissionen in den OECD-Ländern zurückzuführen [20]. Der Rest rührt hauptsächlich vom Einsatz fossiler Brennstoffe in stationären Anlagen her.
- Wie bereits in dem Abschnitt über die Qualität der Erdatmosphäre erwähnt, werden VOC – die zahlreiche, sehr unterschiedliche Verbindungen umfassen – durch viele Quellen verursacht.

10. Abbau der stratosphärischen Ozonschicht

Die Störungen des Ozongleichgewichts und der regionale Abbau der stratosphärischen Ozonschicht sind weltweite Umweltprobleme, die nachweislich durch Fluorchlorkohlenwasserstoff- (FCKW), Halon- und N_2O-Emissionen hervorgerufen werden. Der Abbau der Ozonschicht kann zur Folge haben, daß die Intensität der schädlichen ultravioletten Strahlungen wächst, was eine Zunahme von Hautkrebs und Augenschäden sowie die Gefährdung zahlreicher biologischer Arten zur Folge haben könnte.
Diese Emissionen sind nur zum Teil (unmittelbar oder mittelbar) auf energiewirtschaftliche Tätigkeiten zurückzuführen. Zwar haben diese Aktivitäten (Einsatz fossiler Brennstoffe und Energiegewinnung aus Biomasse) einen Anteil von 65–75% an den anthropogenen N_2O-Emissionen, doch spielen die FCKW beim Ozonabbau die weitaus wichtigste Rolle. Die hauptsächlichen energiebezogenen Quellen sind die als Kälteträger beim Transport und

beim Bau von Klimaanlagen und kältetechnischen Ausrüstungen bzw. als Treibmittel bei der Schaumstoffherstellung verwendeten FCKW. Der auf diese Anwendungsbereiche entfallende Anteil beläuft sich auf rd. 60% des gesamten FCKW-Einsatzes.

11. Globale Klimaveränderungen

Die Besorgnis über globale Klimaveränderungen infolge übermäßiger Konzentrationen von Treibhausgasen ist das wichtigste Umweltproblem, das gegenwärtig im Zusammenhang mit der Energie in den Vordergrund zu treten beginnt. Zu den Treibhausgasen werden derzeit Kohlendioxid, Methan, Wasserdampf, Stickstoffmonoxid, Ozon, FCKW, Halon und PAN gezählt. Diese Gase sind durchlässig für kurzwellige Strahlungen, lassen aber deren langwellige Abstrahlung nur unvollständig in den Weltraum hinaus. Das Bevölkerungswachstum und die menschlichen Aktivitäten erhöhen die Konzentrationen von CO_2 und anderen Spurengasen in der Atmosphäre. Ihre Klimawirksamkeit wie auch das Zeitprofil dieser Veränderungen sind jedoch Fragen, auf die es vom wissenschaftlichen Standpunkt aus gesehen noch keine befriedigenden Antworten gibt. Klimatologen verweisen darauf, daß die zunehmenden Konzentrationen dieser Gase zu einer globalen Erwärmung der unteren Erdatmosphäre führen könnten, die wiederum eine globale Temperaturerhöhung, eine Veränderung der Niederschlagsverteilung und des jahreszeitlichen Wechsels sowie einen Anstieg des Meeresspiegels zur Folge haben könnte. Solche Veränderungen würden die menschlichen Aktivitäten auf der gesamten Erdoberfläche in vielerlei Hinsicht beeinflussen. Aktuellen Schätzungen zufolge sind CO_2-Emissionen mit etwa der Hälfte am anthropogenen Treibhauseffekt beteiligt. Die Rolle der verschiedenen Treibhausgase ist – dem gegenwärtigen Wissensstand entsprechend – in Tabelle 2 zusammengefaßt [21].
Energieaktivitäten sind von großer Bedeutung für die Freisetzung von anthropogenen Treibhausgasen:

- Der Einsatz fossiler Brennstoffe hat einen Anteil von rd. 75% an den anthropogenen CO_2-Gesamtemissionen; der Restbetrag rührt hauptächlich von der Entforstung und der dadurch hervorgerufenen Oxidation der exponierten Böden her.
- Die Energiegewinnung aus fossilen Brennstoffen und Biomasse ergibt zusammengenommen einen Anteil von 65–75% an den anthropogenen N_2O-Emissionen;
- Ozon ist das Produkt von Reaktionen, an denen Schadstoffe beteiligt sind, die beim fossilen Brennstoffverbrauch freigesetzt werden (hauptsächlich NO_x und VOC). Dasselbe gilt für Aldehyd-Emissionen (ebenfalls ein Treibhausgas), die zur Bildung von PAN – d.h. eines Gases mit Treibhauseffekt – führen. Einige alternative Brennstoffe, wie z.B. Methanol, verringern zwar die Kohlenmonoxidbelastung, bewirken aber eine Zunahme der Aldehyd-Emissionen.
- Der Methaneintrag ist hauptsächlich auf die Fermentation organischer Stoffe zurückzuführen. Die Verteilung und Verwendung von Brennstoffen, hauptsächlich Erdgas, könnte einen Anteil von 10-30% an den Gesamtemissionen haben. Es gibt kaum präzise Daten über die Gasverluste, zu denen es zwischen dem Zeitpunkt der Gewinnung und der Verwendung kommt. In den IEA-Energiebilanzen werden die durchschnittlichen Entweichungen im gesamten IEA-Raum für 1987 mit 2,1% veranschlagt, wobei allerdings der Ventilation keine Rechnung getragen wurde. Die effektiven Verluste bei den Gasleitungssystemen schwanken erheblich je nach Alter und Zustand der Pipelines. Zudem wird Methan auch bei der Kohleförderung freigesetzt.

Zur globalen Erwärmung der Erdatmosphäre dürften auch mehrere andere Schadstoffe mittelbar beitragen. Das wichtigste Reagenz für den Methanabbau sind die Hydroxyl-Radikale, deren Konzentration in der Atmosphäre mit Zunahme des Kohlenmonoxids abnimmt. Es gilt immer mehr als gesichert, daß sich die atmosphärische Kohlenmonoxidkonzentration in den letzten Jahrzehnten beträchtlich erhöht hat, und Modellstudien deuten darauf hin, daß sich die festgestellte Methanzunahme (CH_4) großenteils aus einem entsprechenden Kohlenmonoxidanstieg erklärt. Der Verkehrssektor ist der bedeutendste Einzelfaktor für anthropogene CO-Emissionen.

Tabelle 2 **Beitrag der verschiedenen Gase zum Treibhauseffekt**

Gas	A	B	C	D	E	F
CO_2	1	275	346	0,4 %	71 %	50 ± 5 %
Methan	25	0,75	1,65	1 %	8 %	15 ± 5 %
Fluorkohlenstoffe 12	20 000	0	0,0004	5 %	2 %	13 ± 3 %
Fluorkohlenstoffe 11	17 500	0	0,00023	5 %	1 %	
N_2O	250	0,25	0,35	0,2 %	18 %	9 ± 2 %

Schlüssel:
A. Fähigkeit zur Absorption infraroter Strahlungen im Vergleich zu CO_2
B. Vorindustrielle Konzentration (in ppm)
C. Gegenwärtige Konzentration (in ppm)
D. Jährliche Zuwachsrate
E. Beitrag anthropogener Quellen zum Treibhauseffekt
F. Beitrag anthropogener Quellen zur Zunahme des Treibhauseffekts.

Quelle:
"Scientific and Technical Arguments for the Optimal Use of Energy", B. Aebischer, B. Giovannini und D. Pain, Genf, Oktober 1989

IV. Typologie der Umweltschutzmaßnahmen

Der Umweltschutz umfaßt Aktionen zum Schutz oder zum Management der Umwelt unter Rückgriff auf ordnungspolitische Instrumente wie Rechts- und Verwaltungsvorschriften oder ökonomische Instrumente. In der Regel sind sie nicht speziell auf die Kontrolle der Umwelteffekte energiebezogener Aktivitäten zugeschnitten. Sie können vielerlei verschiedene Formen annehmen, wenn es auch einige klassische Formen gibt, die in den meisten OECD-Ländern anzutreffen sind. Die direkten ordungsrechtlichen Instrumente, die auch als „Steuerungs- und Überwachungsmechanismen" bezeichnet werden, bestehen aus gesetzlich vorgeschriebenen Kontrollen oder Regulierungen umweltrelevanter Aktivitäten. Hierunter fallen Vorschriften betreffend die Umweltqualität (Luft, Wasser, Boden), die Brenn- und Treibstoffqualität sowie den Brenn- und Treibstoffeinsatz, Emissionsstandards, nationale Emissionszielwerte (in Verbindung mit im Verhandlungswege vereinbarten Maßnahmen), verbindliche Technologiestandards, Genehmigungs- und Raumordnungsverfahren sowie verschiedene Durchsetzungsmechanismen. Ein anderer Lösungsansatz ist bei den ökonomischen Instrumenten gegeben. Zu den für die Energieaktivitäten relevantesten ökonomischen Instrumenten gehören Abgaben und Subventionen sowie die Schaffung von Märkten (Handel mit Emissionsrechten, Haftpflichtversicherung und Haftungsübertragung). Auch Information und Konsultation sind geeignete Instrumente zur Unterstützung von Umweltschutzmaßnahmen.

Beim Umweltschutz handelt es sich um eine dem Wandel unterworfene Aufgabe unter sich dynamisch weiterentwickelnden Rahmenbedingungen. Vielfach werden dort, wo bereits Umweltschutzmaßnahmen bestehen und insbesondere dort, wo die Ergebnisse früherer Maßnahmen als unzureichend betrachtet werden, striktere Lösungen oder Grenzwerte eingeführt. Auch werden bereits geltende Vorschriften auf (z.B. kleinere) Belastungsquellen ausgedehnt, die bis dahin wegen der damit verbundenen ordnungsrechtlichen Schwierigkeiten unreguliert waren. Spezifische Umweltauflagen werden aufgehoben, ergänzt oder ersetzt, wenn sie für unzureichend befunden werden, um bestimmten Umweltbelastungseffekten zu begegnen (z.B. Auflagen für die Schornsteinhöhe), oder wenn die Weiterentwicklung der wissenschaftlichen Erkenntnisse und Verfahren eine bessere Anpassung der jeweiligen Lösung an die Problemstellung erlaubt. Es gibt weder einen universell gültigen Lösungsansatz noch ein universell anwendbares Instrument für den Umweltschutz. Vielmehr müssen die Lösungen auf die jeweiligen Ursachen zugeschnitten werden. Daher müssen oft mehrere einander ergänzende und sich verstärkende Instrumente miteinander kombiniert werden, um eine erhöhte Effizienz zu gewährleisten. Alles in allem bestehen bei den eingesetzten Instrumenten, den festgelegten Grenzwerten und deren Geltungsbereich immer noch ganz erhebliche Unterschiede zwischen den einzelnen Ländern, ja sogar innerhalb der einzelnen Länder. Schließlich zieht die Einsicht in die Wechselwirkungen, die zwischen vielen Schadstoffen bestehen, sowie in die Tatsache, daß diese jeweils zu mehr als nur einem Umwelteffekt beitragen, die Entwicklung integrierter (statt isolierter) Lösungsansätze zur Kontrolle von Umweltbelastungen nach sich.

Bei regionalen oder weltweiten Umweltproblemen werden auch regionale oder internationale Lösungen bzw. koordinierte Lösungsansätze angestrebt, bei denen sehr viel stärker auf die Entwicklung und Umsetzung von Schutzmaßnahmen über internationale Vereinbarungen bilateraler oder multilateraler Art abgestellt wird. Gegenwärtig werden die umweltpolitischen

Instrumente im Hinblick auf ihren Einsatz unter internationalen Rahmenbedingungen einer Überprüfung unterzogen. Darüber hinaus werden neue Instrumente vorgeschlagen oder angewendet, die darauf abzielen, die Finanzierung regionaler Maßnahmen zur Emissionsminderung, zur Beseitigung von Umweltschäden und zur Vorsorge – namentlich soweit diese mit grenzüberschreitenden Effekten verbunden sind – zu erleichtern.

Für die Sachdiskussion über die spezifischen Auswirkungen, die die Entwicklungen im Umweltbereich für die Energieversorgungssicherheit nach sich ziehen, ist es nützlich, sich mit den verschiedenen Arten umweltpolitischer Lösungsansätze vertraut zu machen, die den Energiesektor berühren. Nachstehend werden Kurzbeschreibungen dieser Lösungsansätze und Beispiele für ihre Anwendung auf spezifische energiebezogene Umweltprobleme in den Mitgliedstaaten gegeben. Auf die Wirksamkeit dieser Politikinstrumente wird ausführlicher in Kapitel X eingegangen.

1. Direkte ordnungsrechtliche Instrumente

(a) Umweltqualitätsstandards

Zweck der Umweltqualitätsstandards ist der Schutz der menschlichen Gesundheit bzw. der Schutz von Ökosystemen. „Qualitätsindikatoren" sind präzise definiert als die zulässige Durchschnittskonzentration eines gegebenen Schadstoffs in einer bestimmten Region während eines spezifischen Zeitraums. Diese Standards beruhen für gewöhnlich auf wissenschaftlichen Dosis-Wirkungs-Relationen, d.h. auf der voraussichtlichen gesundheitlichen Reaktion auf eine gegebene Schadstoffdosis. In einigen Ländern werden die kritischen Depositionsraten als Basis für die Definition von Umweltqualitätsstandards verwendet. Diese Standards beziehen sich auf die kombinierten Effekte aller Quellen am jeweiligen Bezugspunkt, d.h. am Standort des zu schützenden Rezeptors. Die Schadstoffkonzentration des Rezeptors muß in irgendeiner Form überwacht werden. Die Übertretung von Umweltqualitätsnormen liefert jedoch noch keinen unmittelbaren Hinweis auf die gebotenen Aktionen, sondern stellt lediglich das Signal dar, daß der Rezeptor einer überhöhten Schadstoffbelastung ausgesetzt ist.

Die Umweltqualitätsnormen umfassen Luft- oder Wassergütestandards wie auch biologische und Expositionsstandards. Für einige Schadstoffe gibt es ein ganzes Spektrum von Umweltqualitätsstandards [22]. Zum Beispiel sehen die EG-Richtlinien für den Schutz gegen Bleiverunreinigungen biologische Standards in Form von Bleiwerten vor, die im menschlichen Blutkreislauf nicht überschritten werden dürfen, bzw. Expositionsstandards in Form der maximal zulässigen Bleikonzentration im Trinkwasser. Darüber hinaus definiert eine Wassergütenorm die maximal zulässige Konzentration einer Reihe von Schadstoffen einschließlich Blei in den Oberflächengewässern, aus denen das Trinkwasser gewonnen wird. Die üblichste Form der Umweltqualitätsvorschriften sind jedoch die Luft- oder Wassergütestandards. Nahezu alle OECD-Länder verwenden Luftgütestandards zur Überwachung der wichtigsten Luftschadstoffe (überwiegend SO_2, NO_x, CO, Blei, Partikel), und diese Standards werden zunehmend dazu verwendet, gefährliche Luftschadstoffe sowie VOC zu überwachen. Einige OECD-Länder arbeiten mit Zielwerten für die Luftgüte, die zwar nicht rechtlich erzwingbar sind, aber angestrebt werden. Die meisten Mitgliedsländer verwenden auch Wassergütestandards, die einen der Hauptpfeiler ihrer Wasserschutzstrategien darstellen. Diese Standards werden für die Luft- und Wasserverschmutzung gleichermaßen auf nationaler, regionaler und zuweilen lokaler Basis definiert. Im Falle der Oberflächengewässer können die Standards je nach den betreffenden Fluß-, Flußmündungs- oder Küstengewässern unterschiedlich definiert sein.

(b) Vorschriften für die Brenn- und Treibstoffqualität (Produktstandards)

Im Rahmen umfassender ordungsrechtlicher Lösungsansätze legen viele Länder, die Luftgütestandards eingeführt haben, zugleich auch Emissionsgrenzen (siehe weiter unten) und Produktstandards fest. Bei den Brenn- und Treibstoffen gliedern sich letztere nach den verschiedenen Arten der verwendeten Brenn- und Treibstoffe (z.B. Kohle, diverse Mineralölprodukte, Treibstoffe); ihre Grenzen werden durch die technischen Möglichkeiten sowie durch die Kosten der Reinigungsprozesse für die verschiedenen Stoffe bestimmt.
Derzeit existieren in fast allen OECD-Ländern verschiedene Arten von Standards für die Brenn- und Treibstoffqualität. Spannweite und Stringenz der Standards sind unterschiedlich; einige der striktesten Begrenzungen gelten für den Schwefelgehalt von leichtem und mittlerem Heizöl (in einigen Mitgliedstaaten z.B. höchstens 0,2%) sowie für schweres Heizöl (in der Regel maximal 1%). Auch der Geltungsbereich der Normen ist breitgespannt und erstreckt sich bis zur Ebene der privaten Haushalte bei den Vorschriften für die Kohleheizung in Deutschland (höchstzulässiger Schwefelgehalt 1%) wie auch in Großbritannien (1,3%). Die Qualitätsnormen für Verkehrstreibstoffe umfassen Grenzwerte für Benzol, Bleigehalt oder Flüchtigkeit. Die Normen für den Bleigehalt von Vergasertreibstoffen richten sich in der Tendenz an dem niedrigsten Niveau aus, das noch mit den bisherigen, nicht für den Betrieb mit unverbleitem Benzin ausgelegten Motoren vereinbar ist, und schreiben vor, daß neue Motoren mit bleifreiem Benzin betrieben werden. Viele Länder haben bereits die schrittweise Abschaffung der Bleiverwendung beschlossen, in anderen ist dies inzwischen geplant. Zusätzlich zu diesen Bestimmungen haben die besonderen Merkmale bestimmter Umweltprobleme, z.B. im Zusammenhang mit dem Ozongehalt, zum Erlaß saisonabhängiger Vorschriften geführt, so beispielsweise in den Vereinigten Staaten, wo in den Sommermonaten die Verwendung weniger leichtflüchtiger Benzinsorten vorgeschrieben ist.

(c) Vorschriften für den Brenn- und Treibstoffeinsatz

Die Überwachung des Brenn- und Treibstoffeinsatzes dient als Strategie zur Minderung der Luftverunreinigung oder zur Berücksichtigung allgemeiner umwelt- und gesundheitsrelevanter Anliegen, und zwar entweder auf permanenter Basis oder, wie im Falle saisonaler Luftverunreinigungsprobleme, zeitlich begrenzt. In bestimmten Gebieten mit hochgradiger Belastung, wie z.B. Ankara, ist der Kohleeinsatz namentlich im Winter Restriktionen unterworfen. Im South Coast Air Quality Management District in Kalifornien wird eine Politik des Brenn- und Treibstoffeinsatzes betrieben, die auf die Einhaltung strikter Luftqualitätsstandards in bezug auf den Ozongehalt gerichtet ist. Auch kann die Verwendung bestimmter Mineralölprodukte sowie der Einsatz von Holzkohle in den Haushalten begrenzt werden. Der Erlaß von Vorschriften für den Brenn- und Treibstoffeinsatz schlägt sich teilweise in regelrechten Verboten nieder, wenn diese Verbote auch gewöhnlich nur zeitweilig und lediglich für bestimmte Perioden besonders hoher Luftbelastung in genau bezeichneten Gebieten gelten.

(d) Emissionsstandards

Emissionsstandards finden breite Anwendung in Luft-, Wasser- und Abfallbewirtschaftungsstrategien, wo sie normalerweise mit anderen ordnungsrechtlichen Instrumenten wie Luft- und Wassergütestandards kombiniert sind. Mit diesen Normen wird die höchstzulässige Rate des Schadstoffausstoßes für alle großen Verursacherquellen (Verkehr, Kraftwirtschaft, Industrie) nach Schadstoffkategorien festgelegt. Zwischen den verschiedenen Arten von punktuellen Quellen wird ferner nach Brenn- und Treibstoffen sowie oft auch nach Technologien unterschieden. In der Regel wird bei diesen Standards den jeweiligen Umweltschutzkapazitäten und -kosten Rechnung getragen, was darin zum Ausdruck kommt, daß für ältere und kleinere Anlagen (z.B. stationäre Quellen) weniger strikte Standards gelten. Die breiteste Anwendung einheitlicher Technologiestandards ist bei Neuanlagen zu beobachten; in den Vereinigten Staaten bestehen beispielsweise seit 1972 derartige Standards für Kraftwerke. In vielen Ländern werden Emissionsstandards von neuen auf bereits vorhandene Anlagen ausgedehnt. So hat auch die EG unlängst eine Richtlinie betreffend die SO_2-, NO_x- und Partikel-Emissionsgrenzwerte für Großfeuerungsanlagen erlassen, durch die die Standards für Neuanlagen in den Mitgliedstaaten auf ein einheitliches Mindestniveau gebracht werden sollen, indem für alle neuerstellten Anlagen im gesamten EG-Raum die gleichen Emissionsgrenzwerte für SO_2, NO_x und Partikel festgesetzt werden. Für Altanlagen werden globale Zielwerte für die allmähliche, stufenweise Reduktion der gesamten jährlichen SO_2- und NO_x-Emissionen festgesetzt (die in Prozent ausgedrückten Zielwerte für die Emissionsminderung sind hingegen länderspezifisch). Analog dazu finden in den OECD-Ländern auch auf breiter Basis Grenzwerte für die Emissionen des Verkehrssektors Anwendung.

Emissionsstandards werden meistens auf der Basis der verfügbaren Umweltschutztechnologien und neuen „saubereren" Prozeßtechnologien unter Berücksichtigung der jeweiligen Kostenwirksamkeit definiert. Da sie also eng mit der betreffenden Technologie zusammenhängen, werden sie oft als Technologiestandards bezeichnet, obgleich sie in Wirklichkeit nicht den Einsatz einer bestimmten Technologie vorschreiben.

Die Auflagen „Beste verfügbare Technologie" (BAT) oder „Beste praktikable Lösung" (BPM) stellen eine Variante der Emissionsgrenzwerte/Technologiestandards dar. Die gesetzlich vorgeschriebenen BAT- oder BPM-Standards, die in der Regel für bestimmte Kategorien von umweltbelastenden Anlagen oder bestimmte Arten von Störfällen gelten (z.B. für Großfeuerungsanlagen), können je nach Interpretation der Gesetzestexte mehr oder weniger streng gehalten sein als die Emissionsstandards. So gab es z.B. in Großbritannien bis vor kurzem keine spezifischen Luftemissionsstandards, sondern nur die Auflage des Einsatzes bestimmter BPM-Umweltschutzverfahren, mit denen keine präzise Emissionsrate festgesetzt wurde, sondern bei denen die betreffenden Begriffe nach den Umweltschutz-Rahmengesetzen von den zuständigen Behörden auszulegen waren.

Ähnlich liegen die Dinge in den Vereinigten Staaten, wo in den Luft- und Wasseremissionsvorschriften der Begriff der BAT verwendet wird und die Behörden bei der Definition dieses Begriffs auch Kriterien der Kostenwirksamkeit in Rechnung stellen. Diese BAT-Standards müssen jedoch mindestens so streng gefaßt sein wie der landeseinheitliche Technologiestandard. Das Umweltschutzamt ist gehalten, Emissionsgrenzwerte festzusetzen, darf dabei jedoch lediglich von den verfügbaren Technologien ausgehen. Alle OECD-Länder haben mittlerweile Emissionsgrenzwerte für neue Großfeuerungsanlagen für die hauptsächlichen Luftschadstoffe (SO_2, NO_x, Partikel) festgesetzt bzw. werden dies bis spätestens 1990 tun. Einige Länder haben sich für das BAT- bzw. BPM-Konzept entschieden (z.B. Großbritannien, Neuseeland und Norwegen), was in der Praxis der Emissionsstandard-Regelung gleichkommt bzw. im Falle der Vereinigten Staaten die Wirkung einer ergänzenden, strengeren Vorschrift hat.

(e) Verbindliche Technologiestandards

Die starrste Form von Umweltschutzvorschriften ist der verbindliche Technologiestandard, d.h. eine präzise Definition der in einem gegebenen Fall anzuwendenden Umweltschutztechnologie oder -methode. Derartige Standards werden wegen des ihnen eigenen Mangels an Flexibilität nur selten verwendet, sind aber gleichwohl implizit in einer Reihe von Luft- und Wassergütevorschriften enthalten, wo sie als Emissionsgrenzwerte ausgedrückt sind. So bedeuten beispielsweise strenge Grenzwerte für NO_x-Emissionen von Kraftfahrzeugen, daß zu deren Einhaltung Dreiwegekatalysatoren erforderlich sind.

(f) Genehmigungsverfahren

Es gibt zwei Arten von Genehmigungen, nämlich erstens Genehmigungen für den Bau bzw. Betrieb von Anlagen und zweitens Vertriebsgenehmigungen. Die Genehmigungsverfahren stellen zusammen mit Umweltverträglichkeitsprüfungen ein Schlüsselkriterium für die Standortwahl von Neuanlagen dar. Bei stationären Quellen sind in der Regel Genehmigungen für die Inbetriebnahme der betreffenden Anlage erforderlich. Eine Vorbedingung für die Genehmigungserteilung kann die Durchführung einer Umweltverträglichkeitsprüfung sein, die einen erheblichen Aufwand an Zeit und Mühe erfordern kann. Eine Genehmigung kann widerrufen werden, wenn die entsprechenden Werte unter ein bestimmtes Niveau absinken. Der Mechanismus des Genehmigungsverfahrens stellt also nicht nur einen Ausgangspunkt für den Umweltschutz dar, sondern dient auch als Mittel zur Gewährleistung der kontinuierlichen Einhaltung anderer Arten von Umweltschutzmaßnahmen, wie Emissionsgrenzwerte oder Sicherheitsvorschriften.
Theoretisch könnte die Genehmigung des Vertriebs bestimmter Produkte auf alle Arten von energieverbrauchenden Gütern – von Kraftfahrzeugen bis hin zu Kühlschränken – ausgedehnt werden. In Wirklichkeit werden solche Genehmigungen jedoch hauptsächlich für Kraftfahrzeuge erteilt – wobei ein gewisses Mindestniveau im Hinblick auf die Umwelteigenschaften zur Bedingung gemacht wird. Die Genehmigung des Vertriebs eines bestimmten Kfz-Modells ist von der Demonstration technischer Leistungen abhängig, die normalerweise unter Laborbedingungen nachzuweisen sind. Derartige Genehmigungen werden ferner auch dazu benutzt, die Emissionswerte bereits zugelassener Fahrzeuge durch zwingend vorgeschriebene Tests im Abstand von einem oder von zwei Jahren zu kontrollieren, um auf diese Weise bestimmte Anforderungen an die Kfz- und Technologieeffizienz durchzusetzen. Die Vereinigten Staaten bedienen sich zur Umsetzung des Montreal-Protokolls des Instruments derartiger Genehmigungsverfahren für handelbare Rechte zur Herstellung und zum Verbrauch von FCKW.

(g) Raumordnungsvorschriften

Die Raumordnungsvorschriften erstrecken sich hauptsächlich auf die Standortwahl für ortsfeste Anlagen durch geographische Eingrenzung des Ansiedlungsgebiets von Industrieanlagen. Zu diesem Zweck müssen die betreffenden Anlagen zunächst eine Betriebsgenehmigung einholen und damit ihre Fähigkeit unter Beweis stellen, ausgewählten Umweltkriterien gerecht zu werden. Beide Instrumente können auf diese Art und Weise miteinander kombiniert werden. Die industrielle Entwicklung wird durch Raumordnungsvorschriften hin zu weniger umweltgefährdeten geographischen Standorten gelenkt, und durch die Genehmigungsverfahren wird sichergestellt, daß bestimmte Umweltschutznormen eingehalten werden. Die Raumordnung oder Flächennutzungsplanung ist seit langem ein Mittel zur Kontrolle der Umwelteffekte bei der Erstellung energiebezogener Großanlagen. Die Raumordnungsauflagen erlauben auch die Anwendung differenzierter Umweltstandards, die auf die besonderen Merkmale der jeweiligen Region zugeschnitten sind.

(h) Sicherheitsvorschriften

Die Sicherheitsvorschriften dienen dazu, die Gefahren im Zusammenhang mit energiewirtschaftlichen (oder sonstigen) Aktivitäten auf ein Minimum zu begrenzen, und zwar sowohl

die Berufsrisiken als auch die Risiken für die Öffentlichkeit. Maßnahmen, die spezifisch
auf die Begrenzung von Berufsrisiken abgestellt sind, bleiben in dieser Untersuchung unbe-
rücksichtigt. In vielen Fällen werden die allgemeinen Sicherheitsvorschriften aber sowohl
die innerhalb der jeweiligen Anlage tätige Belegschaft als auch Außenstehende betreffen.
Ebenso kann es zu Überschneidungen zwischen dem Verbraucherschutz dienenden Gesund-
heits- und Sicherheitsvorschriften (auch wenn diese nicht ausdrücklich als Instrumente des
Umweltschutzes definiert sind) und gezielteren Umweltvorschriften kommen.
Die meisten energiebezogenen Aktivitäten, insbesondere im Zusammenhang mit der Energiegewinnung und -umwandlung, unterliegen Sicherheitsvorschriften, mit denen große
Umweltunfälle vermieden werden sollen. Die Kernkraftindustrie z.B. ist eine Energieaktivität, bei der das Ineinandergreifen von Sicherheits- und Umweltschutzanliegen einen umfassenden Komplex von Kontrollvorschriften hat entstehen lassen. Ebenso haben die Brand-
und Explosionsrisiken in der Mineralöl- und Erdgaswirtschaft zur Entwicklung strenger
Sicherheitsvorschriften geführt. Auch bei den meisten Arten von direkten ordnungsrechtlichen Instrumenten wie der Genehmigungspflicht für Neuanlagen oder den Anforderungen
an die Überwachungs- und Wartungsverfahren für Altanlagen sind Sicherheitsvorschriften
mitberücksichtigt.

(i) Durchsetzungsmechanismen

Durchsetzungsmechanismen sind von grundlegender Bedeutung für den Bestand und die
Wirksamkeit von Umweltvorschriften. Die praktischen Vollzugsmaßnahmen umfassen eine
Vielzahl von gesetzlichen Instrumenten, die vom Genehmigungsentzug bis zur strafrechtli-
chen Verfolgung reichen. Oft haben diese Maßnahmen neben dem ordnungsrechtlichen
Aspekt auch eine wirtschaftliche Komponente. Im Falle der „Normenüberschreitungs"-
Gebiete in den Vereinigten Staaten – hierzu gehören z.B. die Gebiete, in denen der Ozonge-
halt durchgehend weit über den vom Bund festgesetzten Grenzwerten liegt – sehen die
Sanktionen auch den Entzug der Bundesfinanzhilfen für bestimmte Arten staatlicher Projekte vor. Nichteinhaltungsgebühren werden z.B. erhoben, wenn die Emittenten bestimmte
Vorschriften nicht respektieren. Die Höhe der zu entrichtenden Gebühren hängt in der
Regel von den Gewinnen ab, die durch die Nichteinhaltung der Vorschriften erzielt worden
sind. Auch in den OECD-Ländern sind Nichteinhaltungsgebühren und Geldstrafen durchweg Teil der Umweltschutzprogramme. Beispiele für derartige Gebühren existieren in Australien, Finnland, Norwegen, Schweden und den Vereinigten Staaten. In den USA ist vor
einiger Zeit im Zusammenhang mit gefährlichen Abfällen eine stringentere Art von Nichtein-
haltungsgebühr eingeführt worden. Die Gebührenhöhe ist so berechnet, daß sie alle Kosten
und Schäden aufgrund „der verbotenen Einbringung gefährlicher Abfälle in die Umwelt"
deckt.

2. Ökonomische Instrumente

Ökonomische Instrumente werden von den Ländern normalerweise zur Verstärkung von
Vorschriften im allgemeinen Rahmen des Umweltschutzes verwendet [23]. Das Spektrum
dieser Instrumente reicht von Emissionsabgaben und gestaffelten Steuern bis hin zu Haft-
pflichtversicherungsauflagen. Die ältesten und noch immer gebräuchlichsten Anwendungsbereiche betreffen den Gewässerschutz. Während ökonomische Instrumente auch beim
Lärmschutz und bei der Abfallbeseitigung eingesetzt werden, sind sie im Bereich der Luftverunreinigung infolge von Meß- und Durchführungsschwierigkeiten weniger üblich. Die betreffenden Instrumente dienen oft dem Zweck, Anreize zur Überwachung bzw. Minderung

umweltbelastender Aktivitäten zu geben. Ökonomische Instrumente werden in der Regel nicht getrennt von anderen ordnungsrechtlichen Mitteln, sondern parallel dazu eingesetzt, um die globale Effizienz des Umweltschutzes zu verbessern. Insofern bilden sie ein wichtiges Bindeglied zwischen Marktgeschehen und Ordnungspolitik.

(a) Abgaben (Steuern)

Die Abgaben umfassen eine Vielzahl ökonomischer Instrumente, die auf breiter Basis zum Schutz gegen Umweltschäden eingesetzt werden: Emissionsabgaben, Nutzerabgaben, Produktabgaben und Steuern. Es folgt eine kurze Darstellung der verschiedenen Kategorien von Abgaben mit Beispielen für ihre Anwendung.

Die *Emissionsabgaben* beruhen auf der Quantität bzw. Qualität der an die Umwelt abgegebenen Schadstoffe. Die *Nutzerabgaben* sind ein verwandter Begriff, außer daß hierunter direkte Zahlungen für die Kosten der kollektiven oder öffentlichen Entsorgung zu verstehen sind. Die Tarife können einheitlich festgelegt oder aber nach der Menge der behandelten Emissionen gestaffelt sein. Emissions- und Nutzerabgaben finden breite Anwendung im Bereich des Gewässerschutzes, sind jedoch von geringerer Bedeutung für Energieerzeugung und -verwendung. In Frankreich und Japan gibt es eine Emissionsabgabe für Luftverschmutzung.

Produktabgaben werden auf den Preis von Produkten aufgeschlagen, die in der Herstellungs- oder Konsumphase umweltschädigende Wirkungen haben oder für die ein Entsorgungssystem existiert. Produktabgaben können entweder auf bestimmten Produktmerkmalen beruhen (z.B. Abgabe auf den Schwefelgehalt von Mineralöl) oder auf dem Produkt als solchem (z.B. Mineralölabgabe). Produktabgaben sind in der Energiewirtschaft ein wohlbekanntes Instrument. Zum Beispiel sind Schmieröle seit langem Gegenstand einer EG-Richtlinie (1975) über das Recycling von Abfallöl. Alle EG-Mitgliedstaaten (außer Dänemark) wenden ebenso wie andere Länder (z.B. Finnland) Produktabgaben auf Schmieröle an.

Steuern und Steuerdifferenzen werden als Anreize besonders häufig im Verkehrssektor verwendet, wobei stärker umweltverschmutzende Fahrzeuge mit höheren Steuern belegt werden. 1985 und 1986 wurde in Deutschland, den Niederlanden und Schweden eine Autosteuer so ausgestaltet, daß der Kauf „saubererer Autos" stimuliert wurde. Auch Japan wird voraussichtlich gestaffelte Steuern einführen, mit denen der Kauf von Fahrzeugen gefördert werden soll, die neuen NO_x-Standards entsprechen. In vielen OECD-Ländern werden Steuern auch zur Differenzierung der Benzinpreise verwendet, wobei verbleites Benzin höher besteuert wird. Zusammen mit dem erweiterten Angebot an unverbleitem Benzin haben diese Steuern effektiv den Verkauf von unverbleiten Treibstoffen gefördert.

(b) Subventionen

Der Begriff „Subventionen" wird hier für finanzielle Hilfen gebraucht, die als Anreiz für Verhaltensänderungen seitens der Verursacher von Umweltbelastungen wirken sollen oder die solchen Firmen gewährt werden, die bei der Einhaltung der festgelegten Standards mit Problemen zu kämpfen haben.

Die *Investitionshilfen* an die Industrie sind in der Regel als Überbrückungshilfen für die Übergangszeit nach Einführung neuer, strikterer Emissionsstandards gedacht. Subventions- oder Finanzhilfeprogramme, wie sie in den meisten OECD-Ländern existieren, dienen hauptsächlich zur Anschaffung der erforderlichen Ausrüstungen, doch werden in einigen Ländern auch Schulungskurse für das Personal bzw. Umweltprüfungen subventioniert. Die häufigsten Anwendungsbereiche betreffen die Wasser- und Abfallwirtschaft, erstrecken sich daneben aber auch auf die Luftreinhaltung. Die wichtigsten Arten von Subventionen sind Zuschüsse, vergünstigte Kredite (bei denen die Zinsen unter den Marktsätzen liegen) sowie Steuerfreibeträge.

Die meisten Mitgliedstaaten stellen im Rahmen einer Vielzahl von Programmen *Finanzhilfen für FE+D* zur Entwicklung von Umweltschutztechnologien zur Verfügung. Schweden z.B. unterstützt vor allem die Entwicklung neuer „sauberer" Energietechnologien; diese Hilfen werden über die Einnahmen aus den Umweltabgaben finanziert. Auch die Niederlande und die USA stellen direkte Hilfen für die Demonstration „sauberer" Energietechnologien zur Verfügung. Die Vereinigten Staaten fördern das Programm „Saubere" Kohletechnologien, zu dessen Finanzierung Staat und Privatwirtschaft zu gleichen Teilen beitragen und das die Entwicklung potentiell stark umweltfreundlicher Kohleverbrennungstechnologien zum Gegenstand hat. Auch in Kanada stellt der Staat auf Kostenteilungsbasis Finanzhilfen für privatwirtschaftliche Anstrengungen auf dem Gebiet der Technologieentwicklung zur Verfügung.

(c) Schaffung von Märkten

Es besteht die Möglichkeit, Märkte zu schaffen, auf denen die Marktteilnehmer „Anrechte" auf die effektive oder potentielle Emission von Schadstoffen kaufen bzw. ihre eigenen „Emissionsrechte" in bezug auf Prozeßrückstände (Recycling-Stoffe) verkaufen können. Hier gibt es mehrere Arten von Märkten.

Der *Handel mit Emissionsrechten* ist eine Alternative zu und in vielerlei Hinsicht ein Ersatz für den Einsatz von Umweltabgaben. Bei diesem Konzept entsprechen die Emissionsgrenzwerte in ihrer Art denen der normalen Umweltschutzprogramme, außer daß eine Nettoaufrechnung der erzielten Ergebnisse stattfindet. Bleibt ein Umweltbelastungen verursachendes Unternehmen unterhalb der zulässigen Grenzwerte, so kann es mit der Differenz zwischen seinen effektiven und zulässigen Emissionen handeln bzw. diese an eine andere Firma verkaufen, die dann das Recht hat, über die ihr eigentlich vorgeschriebenen Grenzwerte hinaus Schadstoffe zu emittieren. Dieser Handel kann innerhalb eines Werks, einer Firma oder zwischen verschiedenen Firmen stattfinden.

Die Vereinigten Staaten sind bisher das einzige Land, das den Handel mit Emissionsrechten als Teil seiner Luftreinhaltungsstrategie in vollem Umfang zuläßt. Da die Politik der USA zur Verminderung der Luftverunreinigung auf der Einhaltung von Luftgütestandards durch Anwendung je nach Industrietyp oder Emissionsquelle unterschiedlicher Emissionsstandards beruht, stellt der Handel mit Emissionsrechten eine Möglichkeit dar, in ein ansonsten starres System eine gewisse Flexibilität hineinzubringen. Ein solcher Handel ist in begrenzterem Maße auch in Deutschland für umgerüstete Anlagen eingeführt worden oder zwecks Genehmigung von Neuanlagen in einem Gebiet, wo die Standards nicht eingehalten, in demselben Gebiet aber anderweitig Emissionsminderungen vorgenommen werden.

Dieser Handel kann in den Vereinigten Staaten vier Formen annehmen: Es gibt „Bubble"-, Bestandsabgleichs-, Kompensations- und Bankensysteme. „Bubble"-Systeme gestatten eine Umverteilung von Emissionsgrenzwerten zwischen verschiedenen Emissionsquellen, wobei die Gesamtemissionen innerhalb der „Blase" konstant bleiben müssen. Der Bestandsabgleich ist definitionsmäßig dem Bubble-System verwandt, findet aber Anwendung auf geänderte oder umgerüstete punktuelle Emissionsquellen, die normalerweise strengeren Standards unterliegen. Das Kompensationssystem erlaubt die Installierung neuer punktueller Quellen in Gebieten, in denen die Luftgüte-Grenzwerte überschritten worden sind (sogenannte „Normenüberschreitungs"-Gebiete), sofern die zusätzlichen Emissionen durch Minderungen an anderer Stelle ausgeglichen werden. Das Bankensystem gestattet das Speichern überschüssiger (d.h. über die Anforderungen hinausgehender) Emissionsminderungen in Form von „Emissionsminderungsgutschriften" (Emission Reduction Credits-ERC). ERC können in Bubble-, Bestandsabgleichs- und Kompensationssystemen Anwendung finden oder an andere Firmen verkauft bzw. für den Verkauf an andere Firmen gespeichert werden.

Mit der *Haftpflichtversicherung* wird ein Markt geschaffen, auf dem das Risiko von Geldstrafen für Umweltschäden von den einzelnen Industrieunternehmen oder öffentlichen Stellen auf Versicherungsgesellschaften verlagert wird. Die Versicherungsprämien werden so berechnet, daß sie die voraussichtliche Größenordnung der Schäden (Geldstrafen) und die Wahrscheinlichkeit des Schadenseintritts widerspiegeln. Ein Anreiz ist dadurch gegeben, daß die Möglichkeit einer Prämiensenkung besteht, wenn die industriellen Prozesse sicherer werden oder wenn sie bei Unfällen weniger Schäden hervorzurufen drohen. Die wichtigsten Beispiele für den Einsatz der Haftpflichtversicherung im Energiebereich finden sich in den Vereinigten Staaten, wo an Kernkraftwerke wie auch an alle anderen Großfeuerungsanlagen sehr weitreichende Anforderungen gestellt werden. In Deutschland wird außerdem die Frage untersucht, ob nicht für alle industriellen Prozesse, die Umweltbelastungsprobleme aufwerfen könnten, eine Umweltversicherung zur Auflage gemacht werden sollte. Dieses Instrument wird derzeit auch in Finnland und den Niederlanden erörtert bzw. entwickelt.

Die *Übertragung der Haftpflicht* für Umweltschäden beim Transfer von Vermögenswerten ist eine Praxis, die in den Vereinigten Staaten bereits fest etabliert ist und sich nunmehr auch in einigen europäischen Ländern herauszubilden scheint (z.B. in Deutschland und den Niederlanden). Die hervorstechendsten Beispiele für dieses Konzept betreffen den Eigentumstransfer. Hierbei obliegt die Verantwortung für die Reinigung eines umweltbelasteten Standorts dem neuen Eigentümer, selbst wenn der schadstoffbelastete Abfall vom vorherigen Eigentümer erzeugt worden ist. Ebenso ist es der ursprüngliche Abfallverursacher, der für die zur Beseitigung weitergeleiteten Abfälle haftet. Die Haftung kann dem Verursacher also zeitlich folgen, und sofern die einschlägigen Vorschriften erst später in Kraft treten, kann der Verursacher noch rückwirkend dafür haftbar gemacht werden. Die Befürchtungen im Zusammenhang mit dieser Haftung haben in verschiedenen Bundesstaaten der USA zum Erlaß von Vorschriften für die Übertragung von Industriegrundstücken geführt, bei der der Nachweis dafür erbracht werden muß, daß das zu verkaufende Eigentum nicht schadstoffbelastet ist.

3. Information und Konsultationen

(a) Informationsprogramme

Die für das breite Publikum oder enger definierte Zielgruppen (bestimmte Verbraucherkategorien oder Branchen) ausgelegten Informationsprogramme dienen zur Unterstützung eines breiten Spektrums von Umweltschutzmaßnahmen und zur Verbreitung technischer Informationen. Sie sind besonders nützlich, wenn der Umweltschutz mit bestimmten Verhaltensweisen zusammenhängt (Abfallbeseitigung, Haushaltsführung und Wartungspraktiken). Auch Informationskampagnen wie das Europäische Umweltjahr werden dazu eingesetzt, die Aufmerksamkeit der Öffentlichkeit stärker auf bestimmte Umweltprobleme und ihre allgemeinen Konsequenzen zu lenken.

(b) Im Verhandlungswege vereinbarte Maßnahmen

Umweltschutzziele wie landesweite oder örtliche Zielwerte für die Gesamtemissionen werden zuweilen auf Jahresbasis festgesetzt, und die zu ihrer Verwirklichung notwendigen Mittel werden sodann zwischen Emittenten und staatlichen Stellen ausgehandelt und ggf. in Gesetzesbestimmungen umgemünzt. In Japan treffen die nachgeordneten Gebietskörperschaften Absprachen mit der Industrie, um sicherzustellen, daß bestimmte Umweltrisiken aufgrund industrieller Aktivitäten auf ein Minimum begrenzt werden. Die vereinbarten Emissionsgrenzwerte liegen oft beträchtlich unter den gesetzlichen Standards. In Kanada finden Mehrparteien-Konsultationen statt, bei denen unterschiedliche Ebenen und Sektoren der öffentlichen Verwaltung und der Privatwirtschaft wie auch nationale und lokale Interessengruppen vertreten sind. Dieser Prozeß ist im Rahmen von Beschlüssen über die verschiedensten Energievorhaben, einschließlich der Ausbeutung neuer Öl- und Erdgasfelder, angewandt worden.

Die in den Mitgliedstaaten eingeführten umfassenderen Konsultationsverfahren spiegeln einen deutlichen Trend zu einer stärkeren Beteiligung der Öffentlichkeit und der Nicht-Fachwelt am administrativen und ordnungspolitischen Prozeß der Standortwahl, des Baus und des Betriebs von Energieanlagen namentlich im Hinblick auf die Sicherheits- und Umweltschutzaspekte wider. Ziele und Verfahren der öffentlichen Untersuchungen oder Anhörungen sind je nach Mitgliedsland sehr verschieden. Die entsprechenden Untersuchungen beruhen in der Regel auf Umweltverträglichkeitsprüfungen des betreffenden Vorhabens. Ihr Zweck kann sich auf die reine Öffentlichkeitsarbeit beschränken, doch können sie darüber hinaus auch als Forum für ein breites Spektrum von Problemen dienen, die es zu erörtern und ggf. zu lösen gilt. In einigen Fällen sind solche zwingend vorgeschriebenen öffentlichen Untersuchungen effektiv ein ausschlaggebender Faktor für den Entscheidungsprozeß.

V. Auswirkungen des Umweltschutzes auf den Brennstoffzyklus

Um die Auswirkungen von Umweltschutzmaßnahmen auf Energieaktivitäten und die Energieversorgungssicherheit in ihrer ganzen Reichweite ermessen zu können, müssen die großen Umweltbelange im Kontext des Brennstoffzyklus – von der Erzeugung bis zum Endverbrauch – gesehen werden. Diese Betrachtungsweise empfiehlt sich deshalb, weil viele dieser Fragen, wie an anderer Stelle dieser Studie bei der Beschreibung der energierelevanten Umweltsorgen bereits aufgezeigt wurde, miteinander verknüpft sind. Probleme wie weltweite Klimaveränderungen, saure Niederschläge und photochemischer Smog haben bestimmte Schwellenschadstoffe und auch eine Reihe der nachgewiesenen Quellen miteinander gemein (namentlich die Verfeuerung fossiler Brennstoffe) [24]. Die entsprechenden Umweltschutzmaßnahmen werfen daher letztlich die gleichen wissenschaftlichen, technischen und wirtschaftlichen Probleme auf, auch wenn diese vielleicht auf anderen Ebenen (global, regional oder lokal) und nicht im selben Milieu (Boden, Wasser, Luft) angesiedelt sind. Es wurde darauf verzichtet, eine Liste der in den einzelnen Phasen des Brennstoffzyklus jeweils auftretenden Umwelteffekte aufzustellen, da sie irreführend wäre, solange nicht das Ausmaß dieser Effekte quantifiziert werden könnte. Im Kernpunkt der hier durchgeführten Analyse stehen vielmehr Umweltwirkungen, für deren Behebung entsprechende Maßnahmen getroffen werden oder werden dürften, sowie die Frage, wie die Umweltschutzinstrumente bisher eingesetzt wurden bzw. wie sie z.Z geplant werden.

Der Umweltschutz bei Energieaktivitäten entwickelt sich ständig weiter, so daß nach Möglichkeit unterschieden werden muß zwischen:

- laufenden Umweltschutzmaßnahmen gegen Belastungen mit bekannten Quellen und Auswirkungen, bei denen sich bestimmte umweltpolitische Lösungsansätze als relativ wirksam erwiesen haben, wenngleich das Problem vielleicht noch nicht in allen Mitgliedsländern unter Kontrolle gebracht werden konnte;
- neue Bereiche des Umweltschutzes, bei denen z.Z. Ursprung und Auswirkungen ermittelt und Umweltschutzansätze erprobt oder in Erwägung gezogen, aber noch nicht auf breiter Front akzeptiert sind und umgesetzt werden.

Die letztgenannte Kategorie umfaßt Umweltschutzbereiche, in denen eine starke Tendenz besteht, die bereits existierenden Überwachungsmaßnahmen in dem Maße zu verschärfen oder auf neue Umweltbelastungsquellen auszudehnen, wie neue oder verbesserte wissenschaftliche Informationen verfügbar werden und das Umweltbewußtsein der Öffentlichkeit und der politischen Entscheidungsträger zunimmt. Zu dieser Kategorie gehören auch neue Umweltprobleme, z.B. das Auftreten bestimmter Schadstoffe, bei denen Umweltwirkungen vermutet werden, über die entsprechenden Gegenmaßnahmen jedoch allgemein noch Ungewißheit besteht.

Mit der Untersuchung der Umweltschutzmaßnahmen in Anhang 1 soll aufgezeigt werden, wie und auf welche Weise sie sich gegenwärtig oder künftig auf die Energieaktivitäten auswirken, wobei diese folgendermaßen untergliedert wurden:

- Öl-, Gas-, Kohle- und Kernkraft-Brennstoffzyklus,
- erneuerbare Energiequellen,
- Stromerzeugung,
- Endverbrauch im Verkehrssektor, im Sektor Haushalte und Kleinverbraucher sowie in der Industrie.

Eine Übersicht über diese Untersuchung enthält Tabelle 3.

Ölförderung und Öltransport vollziehen sich in einem Rahmen relativ umfassender Überwachungsmaßnahmen, die im wesentlichen darauf abzielen, Unfallsituationen – von der Explosion auf Ölbohrinseln bis hin zur Umweltkatastrophe durch auslaufende Tanker – zu verhüten bzw. zu bewältigen. Größere Anstrengungen gelten z.Z. noch den weniger spektakulären Formen von Umweltschäden, wie z.B. dem Austritt kleinerer Mengen Öl beim Schiffstransport, die man durch Geldstrafen und Schadensersatz in den Griff zu bekommen sucht. Für die Erdölraffineriewirtschaft gelten immer stringentere Luft- und Wassergütevorschriften. Während sich einige Mitgliedstaaten bereits einem Stadium nähern, wo ihre Vorschriften für SO_2- und NO_x-Emissionen „technologieerzwingenden" Standards gleichkommen, muß die Raffineriewirtschaft in anderen Mitgliedsländern diesen technologisch und finanziell aufwendigen Prozeß erst noch durchlaufen. Die Maßnahmen zur Reduzierung der VOC-Emissionen sind einstweilen noch begrenzt, werden jedoch demnächst vor allem im Bereich Öltransport und -verteilung verstärkt werden müssen.

Auf Gasförderung und -transport haben Umweltschutzmaßnahmen relativ geringere Auswirkungen. Sicherheits- und Umweltbelastungsprobleme, die während der Erzeugung, Aufbereitung und Lagerung auftreten können, sind in den Mitgliedsländern bereits geregelt worden. Die in jüngster Zeit aufgekommene Besorgnis um den Beitrag von Methan-Emissionen zum Treibhauseffekt (durch Undichtigkeiten und Entlüftung) haben sich bisher nicht in Umweltschutzmaßnahmen niedergeschlagen. Anlaß zur Besorgnis gibt auch das Freiwerden von Methan bei Entlüftungsvorgängen in der Mineralölförderungsindustrie und im Kohlenbergbau.

Für den Kohlenbergbau gelten verschiedene Vorschriften über Standortwahl, Betriebsführung und bauliche Gestaltung, die die Sicherheits- und Umweltrisiken verringern sollen. Es liegt auf der Hand, daß man trotz dieser Anstrengungen vor allem in dichtbesiedelten Gebieten bei der Standortbestimmung und der Errichtung neuer Kohlebergwerke auf große Schwierigkeiten stößt und weiterhin stoßen wird. Da die Überwachungsmaßnahmen für die Säure-Grubenwasserlösung noch erheblich erweitert werden können und stringente Maßnahmen nicht einheitlich von allen Mitgliedstaaten angewendet werden, ist mit einer Verschärfung der entsprechenden Bestimmungen zu rechnen. Dasselbe gilt für die Vorsichtsmaßregeln bei der Beförderung und Lagerung von Kohle. Bei Aufbereitungs- und Reduktionsprozessen wird die Abgabe gasförmiger und flüssiger Stoffe überwacht. Freilich dürfte die Weiterentwicklung neuerer Verfahren, wie z.B. die Kohlevergasung, die Entsorgungsprobleme noch vergrößern und schließlich verschärfte Bestimmungen für die Praktiken bei der Anlage von Deponien und Teichen nach sich ziehen [25].

Aus Sicherheitsgründen gelten für den Kernbrennstoffzyklus schon seit langem strenge Vorschriften. Grundlage der umweltpolitischen Lösungsansätze für Probleme, die von der Überwachung des Uranabbaus bis hin zur Entsorgung nuklearer Abfälle reichen und eine Reihe komplexer nationaler und internationaler Verfahren einschließen, sind nach wie vor die Standortbestimmung und Genehmigungs- und Überwachungsverfahren [26]. Der institutionelle Rahmen ist zwar von Land zu Land verschieden, doch hat er die Dauer des Genehmigungsverfahrens und die Vorlaufzeiten in der Regel recht erheblich verlängert. Zudem reichte er in manchen Fällen nicht aus, um den Widerstand der Öffentlichkeit zu überwinden und die Standortprobleme zu lösen. Zwei weitere Faktoren, die bei der Genehmigung neuer

Tabelle 3 **Bereits bestehende und neue Umweltschutzbereiche**

Brennstoffzyklus	Exploration Erzeugung	Transport, Lagerung und Verteilung	Behandlung	Stromerzeugung	Endverbrauch (Verkehr)	Endverbrauch (Industrie)	Endverbrauch (Haushalte und Kleinverbraucher)
Kohle	*Bereits bestehend:* • Standortwahl, Senkung, Nutzung und Wiederinstandsetzung des Bodens • Wassergüte und Säuregrubenentwässerung • Sicherheit • Abfallbeseitigung • Methan-Emissionen	*Bereits bestehend:* • Standortwahl, Staubschutz *Neu:* • Abwasser aus Kohlenschlamm-Rohrleitungen	*Bereits bestehend:* • Abwasser- u. Luftschadstoffe (SO_x, NO_x, Partikel) *Neu:* • Methanolerzeugung. • SO_x-, NO_x-, Partikel-Emissionen • Bei der Vergasung entstehendes CO_2 • Beseitigung der bei der Vergasung entstehenden Abfälle	*Bereits bestehend:* • Standortwahl • Partikel-, SO_x-, NO_x-Emissionen neuer u. bereits vorhandener Anlagen. • Thermische Pollution *Neu:* • Strengere Luftverschmutzungsüberwachung • Beseitigung der bei der Rauchgasentschwefelung und Kohleverbrennung im Wirbelbettverfahren entstehenden Abfälle • CO_2-Emissionen • Optische Luftqualität • Ausstoß von Radionukliden und Schwermetallen.		*Bereits bestehend:* • Partikel-, SO_x-, NO_x-Emissionen neuer und bereits vorhandener Großanlagen *Neu:* • CO-, SO_x-, NO_x-Überwachung vorhandener Kleinanlagen • Beseitigung der bei der Rauchgasentschwefelung u. Kohleverbrennung im Wirbelbettverfahren entstehenden Abfälle • CO_2-Emissionen • Optische Luftqualität	*Bereits bestehend:* • Brennstoffgütenormen *Neu:* • Luftbelastung in Innenräumen • SO_x-, NO_x-Partikel-Emissionen von Kleinfeuerungsanlagen

Tabelle 3 (Fortsetzung)

Brennstoffzyklus	Exploration Erzeugung	Transport, Lagerung und Verteilung	Behandlung	Stromerzeugung	Endverbrauch (Verkehr)	Endverbrauch (Industrie)	Endverbrauch (Haushalte und Kleinverbraucher)
Erdöl	*Bereits bestehend:* • Ölabfälle • Sicherheit • Sole-Beseitigung • Freiwerdendes H_2S • Standortwahl *Neu:* • Bei der Belüftung freiwerdendes Methan	*Bereits bestehend:* • Meerwasser-Ölverschmutzung *Neu:* • VOC-Emissionen von Lagereinrichtungen und Verteilungsrohrauslässen • Lecks an unterirdischen Lagerbehältern	*Bereits bestehend:* • Flüssige Emissionen • SO_x-, NO_x-, Partikel-und CO-Emissionen von Raffinerien *Neu:* • Strengere Emissionsüberwachung	*Bereits bestehend:* • SO_x-, NO_x-Emissionen • Standortwahl • Thermische Pollution *Neu:* • Durch Umweltschutzmaßnahmen entstehende Abfälle, Rauchgasentschwefelungsschlamm, Entsorgung von NO_x-beseitigenden Katalysatoren • CO_2-Emissionen	*Bereits bestehend:* • CO-, NO_x, HC-Emissionen • Bleigehalt *Neu:* • Partikel-Emissionen • Strengere Überwachung der NO_x/VOC-Konzentration zur Begrenzung des O_3 • Aldehyd-Emissionen • CO_2-Emissionen	*Bereits bestehend:* • SO_x-, NO_x-Partikel-Emissionen für neue Großanlagen *Neu:* • SO_x-, NO_x,-Emissionen vorhandener Kleinanlagen • CO-Überwachungsanlagen • Durch Umweltschutzmaßnahmen entstehende Abfälle • CO_2-Emissionen	*Bereits bestehend:* • Brennstoffgütenormen *Neu:* • Luftbelastung in Innenräumen • NO_x-, SO_x-Emissionen von Kleinfeuerungsanlagen

Tabelle 3 (Fortsetzung)

Brennstoffyklus	Exploration Erzeugung	Transport, Lagerung und Verteilung	Behandlung	Stromerzeugung	Endverbrauch (Verkehr)	Endverbrauch (Industrie)	Endverbrauch (Haushalte und Kleinverbraucher)
Gas	*Bereits bestehend:* • Gasaustritt • Sicherheit • Standortwahl	*Bereits bestehend:* • Rohrleitung-verlauf • Aus undichten Stellen austretendes Methan • Sicherheit *Neu:* • Methan-Emissionen schwacher Konzentration	*Bereits bestehend:* • SO_2-Emissionen von sauren Gasen • NO_x-, Partikel-Emissionen • Sicherheit von Flüssigerdgas-Anlagen *Neu:* • Überwachung von VOC-Emissionen	*Bereits bestehend:* • Standortwahl • NO_x-Emissionen • Thermische Pollution *Neu:* • CO_2- und Methan-Emissionen	*Bereits bestehend:* • Aldehyd- und Methan-Emissionen von komprimiertem Erdgas, Flüssigerdgas und Gas auf Methanol-basis	*Bereits bestehend:* • NO_x-Emissionen von Großanlagen.	*Bereits bestehend:* • An undichten Stellen austretendes Methan • Sicherheit
Erneuerbare Energieträger	*Bereits bestehend:* • Standortwahl • Geothermische Luft- und Wassergütevorschriften • Thermische Pollution	*Bereits bestehend:* • Übertragungsleitungen u. Standortwahl		*Bereits bestehend:* • Biomasse: Partikel-, CO- und NO_x-Emissionen neuer Großanlagen • RDF: toxische Luftschadstoffe	*Neu:* • VOC-Emissionen von Alkohol-Kraftstoffen aus Biomasse	*Bereits bestehend:* • Biomasse: Partikel-, CO- und NO_x-Emissionen neuer Großfeuerungsanlagen	*Bereits bestehend:* • Partikel-Überwachung bei mit Holz betriebenen Heizgeräten

Tabelle 3 (Fortsetzung)

Brennstoffzyklus	Exploration Erzeugung	Transport, Lagerung und Verteilung	Behandlung	Stromerzeugung	Endverbrauch (Verkehr)	Endverbrauch (Industrie)	Endverbrauch (Haushalte und Kleinverbraucher)
Kernenergie	*Bereits bestehend:* • Standortwahl • Radon-Emissionen • Prozeß-Emissionen, Radionuklide abgebende Siebrückstände	*Bereits bestehend:* • Kontamination, Strahlung	*Bereits bestehend:* • Standortwahl • Gasförmige oder flüssige Fluor-Emissionen • Freigabe von Radionukliden	*Bereits bestehend:* • Standortwahl, Freisetzung von Radioaktivität während des Betriebs • Abfälle mit geringer oder mittlerer Radioaktivität, Entsorgung u. Lagerung • Thermische Pollution *Neu:* • Durch Stillegung bedingte Strahlung • Endlagerung hochradioaktiver Abfälle	•		

Anmerkung:
Die mit „Bereits bestehend" und „Neu" gekennzeichneten Umweltschutzbereiche beschreiben die Situation bei der Mehrzahl der Standorte im OECD-Raum.

Quelle: IEA-Sekretariat

Anlagen eine immer wichtigere Rolle spielen werden, dürften diese Probleme noch vergrößern: Es handelt sich um die Stillegung und die Entsorgung. Da in den kommenden Jahrzehnten wahrscheinlich immer mehr Kernkraftwerke stillgelegt werden müssen und in wachsender Menge langfristig aktive Radionuklide enthaltender Atommüll anfallen wird, so daß ganz spezifische Entsorgungsstätten gefunden und überwacht werden müssen, dürften diese Probleme zunehmend Aufmerksamkeit beanspruchen.

Mit Ausnahme der Wasserkraft, für die strenge Standortauflagen gelten, und der geothermischen Energie, bei deren Erzeugung Luft- und Wassergütestandards einzuhalten sind, haben erneuerbare Energieträger bei Umweltschutzmaßnahmen im Energiesektor bislang keine wesentliche Rolle gespielt. Die Energieerzeugung aus Biomasse, Windkraft und Sonneneinstrahlung kann in bezug auf Raum und Standort ganz spezifische, mit anderen Land- und Bodennutzungsmöglichkeiten konkurrierende Anforderungen stellen. Da zunehmend auf diese Energiequellen zurückgegriffen wird und sich folglich das Spektrum der möglichen Umweltwirkungen verbreitet, könnte es zu einer Verschärfung der Umweltschutzbestimmungen kommen. Alles in allem ist das Datenmaterial über die weitreichenden Auswirkungen dieser Energiequellen (einschließlich des Endverbrauchs) unzureichend, und bisher sind noch keine entsprechenden Umweltschutzkonzepte entwickelt worden. Wie bei den neueren Technologien (etwa der Kohlevergasung) kann man sich auch hier nicht ohne weiteres zur Anwendung strenger Vorschriften entschließen, die die Entwicklung u.U. unnötig hemmen würden.

Heute ist die Stromerzeugung in Wärmekraftwerken meistens an Standortauflagen gebunden. Einige Probleme, wie z.B. die thermische Pollution, sind inzwischen durch entsprechende Vorschriften geregelt, andere dagegen nach wie vor ungelöst. Dies gilt beispielsweise für Hochspannungsleitungen, über deren Auswirkungen bislang noch spekuliert wird, oder die Besorgnis über die Sichtigkeit und optische Qualität der Luft, Probleme also, die zwar nicht auf die Stromerzeugung beschränkt sind, u.U. aber weitere Emissionsminderungsmaßnahmen nach sich ziehen können. Die große Unbekannte bei der Zusammenstellung der für die Stromerzeugung eingesetzten Energieträger ist und bleibt in den Mitgliedstaaten die Eindämmung des CO_2-Ausstoßes von Kraftwerken.

Für den stationären Endverbrauch (in Kraftwerken und Industrie) müssen fossile Brennstoffe in Anlagen verschiedenster Größe verfeuert werden. Am schärfsten überwacht wird dabei der SO_2-Ausstoß, vor allem bei neuen Großanlagen. Bei kleineren und bereits vorhandenen Feuerungsanlagen werden die Grenzwerte laufend heraufgesetzt und auf immer breiterer Basis angewendet. Vor allem für Kleinfeuerungsanlagen schreiben diese Standards Öl oder Kohle mit niedrigem Schwefelgehalt vor, d.h. Energieträger, deren Einsatz wohl letztlich aufgrund ihrer begrenzten Verfügbarkeit und der anfallenden Entschwefelungskosten Grenzen gesetzt sein dürften. Trotz der internationalen Harmonisierung (z.B. im Rahmen der EG) sind die Umweltschutzbestimmungen, vor allem was Industrieanlagen betrifft, in den einzelnen Ländern unterschiedlich. Der Trend zu strengeren Standards kann dazu führen, daß Rauchgasentschwefelungsanlagen errichtet und neue Technologien, wie beispielsweise die Kohleverbrennung im Wirbelbettverfahren und der integrierte Zyklus für Synthesegasherstellung, eingesetzt werden oder auf Erdgas umgestellt wird. Noch größere Unterschiede bestehen hinsichtlich der Bestimmungen über den NO_x-Ausstoß, gegen den im allgemeinen erst seit kurzem entsprechende Maßnahmen getroffen werden. In Grenzen halten sich auch nach wie vor Bestimmungen über die klassischeren, von kleineren Anlagen abgegebenen Schadstoffe wie Partikel und CO. Wenn die Höchstgrenze für NO_x-Emissionen, wie in Deutschland geplant, auf weniger als 200 mg/Nm³ festgesetzt wird, müßten selbst bei gasbefeuerten Anlagen, die von den Maßnahmen zur Bekämpfung der Luftverunreinigung bislang vergleichsweise sehr wenig betroffen waren, Brenner mit selektiver katalytischer Reduktion oder niedrigem NO_x-Ausstoß eingebaut werden. Stärker beachtet werden neuerdings auch die bei Umweltschutzmaßnahmen in größeren Mengen anfallenden Feststoffabfälle.

In zahlreichen Mitgliedstaaten ist eine Verschärfung der Grenzwerte für SO_2-, NO_x- und Partikel-Emissionen neuer Großanlagen geplant, während in anderen bereits Standards für vorhandene Anlagen eingeführt worden sind. Über die Frage, ob für ältere und kleinere Anlagen strengere Anforderungen gelten sollen, wird in einigen Mitgliedstaaten noch debattiert. Überlegungen im Zusammenhang mit Kosten und Durchführbarkeit großangelegter Nachrüstungsprogramme werden zunehmend von Lösungsansätzen bestimmt, die auf die Verwirklichung globaler Emissionsminderungsziele gerichtet sind. Es wird mehr und mehr erkannt, daß das größte Potential für die Erhöhung der Luftqualität beim vorhandenen Bestand an Feuerungsanlagen, einschließlich der kleineren Anlagen in der Industrie, sowie im Sektor Haushalte und Kleinverbraucher zu finden ist.

Sowohl in den bereits aktiv berücksichtigten Umweltschutzbereichen (SO_2-, NO_x-, CO- und Partikel-Emissionen sowie Oberflächenwasserverschmutzung) wie auch auf neuen Gebieten des Umweltschutzes (Abfallbeseitigung, Grundwasserverunreinigung und Treibhausgas-Emissionen) sind die Probleme bei Kohle schwerer zu lösen als bei Gas und Öl. Doch selbst Heizöl ist wohl nicht länger von drastischen Maßnahmen zum Schutz der Umwelt, wie z.B. Verwendungsverboten, ausgenommen, denn es erscheint immer schwieriger, eine Lösung für das Luftverschmutzungsproblem (vor allem hinsichtlich der Ozonschicht) zu finden; und auch bei Erdgas dürften die Umweltbestimmungen verschärft werden – allerdings erst auf längere Sicht.

Was den Endverbrauch von Mineralölprodukten im Transportsektor betrifft, so sind bei den Bemühungen um bleifreies Benzin Fortschritte zu verzeichnen. Angesichts dieses Erfolgs sollte nicht vergessen werden, daß die schädlichen Auswirkungen des Bleis bereits vor 50 Jahren, als dem Benzin erstmals Blei zugesetzt wurde, erkannt worden waren. Fest steht, daß die für Kraftfahrzeuge geltenden Grenzwerte für die NO_x-, CO- und Partikel-Emissionen und die Bleiabgabe ebenso wie die für andere wichtige in Fahrzeugabgasen enthaltenen Schadstoffe auf nationaler Ebene und/oder im Wege internationaler Regelungen, wie z.B. der neuen EG-Richtlinie („Luxemburger Grenzwerte"), weiter verschärft werden. Mit anderen Worten werden Technologien wie der Dreiwege- und der Oxidationskatalysator – ob ihr Einsatz nun zwingend vorgeschrieben ist oder nicht – immer breitere Anwendung finden und sich bei sämtlichen Arten von Benzinfahrzeugen durchsetzen. Schwebstoffemissionsgrenzwerte werden zunehmend auch für Dieselfahrzeuge vorgeschrieben werden, wovon als erstes auf Leichtfahrzeuge abgezielt wird. Aus Sorge über den Ozonabbau könnten die Vorschriften für NO_x- und VOC-Emissionen national wie international verschärft werden. Ganz abgesehen davon liegt die Schadstoffkonzentration aber schon allein wegen der zurückgelegten Fahrtstrecke (die Zahl der in den Mitgliedstaaten verkauften Personenkraftwagen stieg im Zeitraum 1970-1986 um 71%) nach wie vor hoch. Kraftstoffbeschränkungen oder Fahrverbote (zumindest für besonders umweltbelastende Fahrzeuge in Stadtgebieten) werden immer mehr zu einer Realität. Um eine weitere Umweltbeeinträchtigung (z.B. durch einen Beitrag zur Erwärmung der Erdoberfläche) zu vermeiden, muß bei Überlegungen über den Einsatz alternativer Energieträger oder von elektrisch getriebenen Kraftfahrzeugen auch der Brennstoffzyklus berücksichtigt werden.

VI. Auswirkungen von Umweltschutzmaßnahmen auf Energieaktivitäten Identifizierung und Bewertung

1. Energieversorgungssicherheit und Umweltschutz

Zwar ist und bleibt die Energieversorgungssicherheit in den Mitgliedstaaten ein zentrales Element der Energiepolitik, doch ändern sich die politischen, wirtschaftlichen und sozialen Rahmenbedingungen der Energieaktivitäten ständig. Nicht jede Veränderung hat kurzfristig gesehen (positive oder negative) Auswirkungen auf die Energieversorgungssicherheit. Anlaß zur Besorgnis über die Energieversorgungssicherheit sollten nur die Einflußfaktoren geben, die die Vielfalt der verfügbaren Energiequellen und die Verläßlichkeit und Flexibilität des Energieversorgungssystems auf Dauer nennenswert beeinträchtigen. Längerfristig betrachtet haben bestimmte Veränderungen erheblichen Einfluß auf die Energieversorgungssicherheit und wirtschaftliche Faktoren allgemeinerer Art. Dieses Kapitel schafft mit der Definition des Begriffs Energieversorgungssicherheit zunächst einmal die für die Analyse notwendige Ausgangsbasis, wobei insbesondere auf Umweltschutzbelange eingegangen wird. Auf diese einleitenden Ausführungen folgen dann eine Untersuchung der bereits beobachteten und für die Zukunft möglichen Auswirkungen von Umweltschutzmaßnahmen auf Energieaktivitäten und eine Analyse der Konsequenzen, die sich aus einigen dieser Auswirkungen für die Energieversorgung der Mitgliedstaaten ergeben.

Voraussetzung für eine gesicherte Energieversorgung ist die physische Verfügbarkeit bestimmter Energiemengen zu Marktpreisen, die eine dauerhafte wirtschaftliche Entwicklung ermöglichen. Die wichtigsten Elemente für die Sicherung der Energieversorgung sind:

- das konkrete Vorhandensein von Rohstoffressourcen und Produktions-, Transport-, Verarbeitungs- und Verteilungskapazitäten, die ausreichen, um die Nachfrage für absehbare Zeit zu decken;
- die Fähigkeit, auf spezifische kurz- oder mittelfristige Energieversorgungsstörungen zu reagieren;
- die Fähigkeit, die Verwundbarkeit von Energiesystemen langfristig auf kosteneffektive Weise zu vermindern durch:
- die Erhöhung der Energieeffizienz und wirkungsvolle Energiesparmaßnahmen;
- Diversifizierung des Energieangebots, darunter auch der Energieformen und der Bezugsquellen;
- aktive Exploration und Entwicklung rentabler mineralischer
- rechtzeitige Errichtung von Anlagen für die Nutzung nichtmineralischer Ressourcen und Bereitstellung von Transport-, Verarbeitungs- und Verteilungssystemen;
- Entwicklung neuer Energietechnologien;
- Marktstrukturen auf dem Energiesektor und in anderen Bereichen, darunter auch Preisbildungsmechanismen, die die Umsetzung der entsprechenden Strategien erleichtern.

Als nicht energierelevante Faktoren, die die Energieangebots- und -nachfragebedingungen und damit auch die Verfügbarkeit von Energie und den Energiepreis positiv oder negativ beeinflussen können, sind zu nennen:

- außenpolitische Entwicklungen;
- makro- und mikroökonomische Entwicklungen in den nicht energiebezogenen Bereichen, insbesondere das Wirtschaftswachstum ganz allgemein, Industriestrukturen, Finanzpolitik, Entwicklungen auf den internationalen Finanz- und Geldmärkten und die Wirtschaftsentwicklung in den Nichtmitgliedstaaten;
- Welthandel;
- allgemeiner technologischer Fortschritt;
- demographische Entwicklungen und individuelle Lebensführung;
- allgemeine politische und soziale Probleme, insbesondere soweit sie für den Umweltschutz und die Energieversorgungssicherheit von Belang sind.

Umweltschutz- und Sicherheitsauflagen wirken sich immer stärker auf die Entwicklung des Energiesektors aus, wenn sich ihr relatives Gewicht auch mit der Zeit ändern kann. Ob ganz konkret genügend Energie zur Verfügung steht und auch genutzt werden kann, hängt zunehmend davon ab, ob es möglich ist, Energie umweltverträglich bereitzustellen und zu verwenden. Eine Politik, die sowohl den energie- als auch den umweltrelevanten Erfordernissen gerecht wird, ist also eine wichtige Voraussetzung dafür, die Energieversorgungssicherheit zu verwirklichen und auf Dauer zu erhalten. Umweltschutzmaßnahmen können sich auf Energieaktivitäten sowohl positiv als auch negativ auswirken. Zum einen können sie Anstöße geben für die Diversifizierung des Energieangebots, die Entwicklung neuer Technologien und die Verbesserung der Energieeffizienz. Zum anderen können sie, zumal wenn sie nicht gut durchdacht sind, die Entwicklung im Energiesektor nachteilig beeinflussen, Kosten und finanzielle Risiken erhöhen und sogar bestimmte Optionen völlig ausschließen.
Angesichts der Vielzahl der möglichen Ursachen und der Art und Dauer von Marktstörungen sowie der äußerst komplexen und sich häufig ändernden Wechselbeziehungen als langfristige Bestimmungsfaktoren von Angebot und Nachfrage wäre jeder Versuch sinnlos, das kurzfristige oder langfristige Niveau der Energieversorgungssicherheit irgendwie quantifizieren zu wollen. Die Antwort auf die Frage, welches der beste Weg zur Sicherung der Energieversorgung ist, hängt von Faktoren ab, die von einem Land zum anderen verschieden sind, so daß bei Entscheidungen jeweils die besonderen nationalen Gegebenheiten zu berücksichtigen sind. Indessen ist die Energieversorgungssicherheit eines einzelnen Landes unweigerlich mit den Entwicklungen am Weltenergiemarkt verknüpft. Eine effektive multilaterale Zusammenarbeit und Koordination, vor allem im Rahmen der IEA, ist daher für die Energieversorgungssicherheit der Mitgliedstaaten von wesentlicher Bedeutung. Auch die Anerkennung der Tatsache, daß die Entwicklung von Angebot und Nachfrage sowie nichtenergierelevante Einflußfaktoren in Nichtmitgliedstaaten Auswirkungen haben, dürfte allgemein zur Verbesserung der Energieversorgungssicherheit beitragen.

2. Mögliche Auswirkungen des Umweltschutzes auf Energieaktivitäten

Die wesentlichen Bestimmungsfaktoren von Energieaktivitäten sind einmal die materiellen und technischen Möglichkeiten und zum anderen die wirtschaftlichen und finanziellen Gegebenheiten. Somit gibt es grob gesehen zwei Primärwirkungen, die Umweltschutzmaßnahmen auf Energieaktivitäten ausüben können:

- materielle Beschränkungen für die Entwicklungs- und Durchführungsmöglichkeiten von Energieaktivitäten, wie z.B. Brennstoffbeschränkungen und Standortauflagen,
- Veränderung der bei Energieversorgung und -einsatz anfallenden Kosten.

Jede Veränderung des konkreten Energieangebots oder der Energienachfrage schlägt sich auf Kosten und Preise nieder. Dies gilt für die hiervon betroffenen Energieträger und deren unmittelbare Substitute wie auch für konkurrierende Energieformen und -verwendungszwecke. Dieser Kosten-Preis-Effekt ist es letztlich auch, der bei Erzeugern und Verbrauchern Reaktionen auf veränderte Marktbedingungen auslöst. Darüber hinaus haben sowohl Umweltschutzmaßnahmen wie auch Veränderungen der Energieaktivitäten makroökonomische Auswirkungen, die ihrerseits Rückkoppelungseffekte hervorbringen können. Zum Beispiel haben Umweltschutzvorschriften und -ausgaben Einfluß auf die Einkommensverteilung, die Wirtschaftsleistung und die industrielle Aktivität, die sich wiederum auf Energiebedarf, Energieintensität, technologische Entwicklung, Energieforschungsausgaben usw. auswirken. Zwar muß Klarheit darüber bestehen, daß Energie- und Umweltfragen nicht getrennt voneinander, sondern als Faktoren betrachtet werden sollten, die in einen größeren ökonomischen Kontext eingebunden sind, den sie beeinflussen und von dem sie beeinflußt werden, doch würde eine detaillierte Untersuchung derartiger Wechselbeziehungen den Rahmen dieser Studie sprengen. Von diesen Primäreffekten können die verschiedensten Sekundäreffekte auf die vielen Faktoren ausgehen, die bei Energieaktivitäten eine Rolle spielen. Dabei kann es sich u.a. handeln um:

- Veränderungen des Angebots,
- Veränderungen der Nachfrage,
- Einflüsse auf die Wahl der Energieträger und deren Wettbewerbsposition,
- Einflüsse auf die Wahl von Technologien und die Prioritäten bei Forschung und Entwicklung.

Natürlich sind diese Kategorien nicht gegeneinander abgeschottet, sondern sie sind vielmehr miteinander verzahnt und haben gemeinsame Rückkoppelungseffekte. Gleichwohl empfiehlt es sich, bei Fragen der Energieversorgungssicherheit zwischen Primär- und Sekundäreffekten zu unterscheiden.
Da Umweltschutzmaßnahmen nur einer der vielen Faktoren sind, die sich auf die Energieversorgungs- und -verbrauchsstruktur auswirken, werden die Kausalzusammenhänge häufig durch das Zusammenwirken mehrerer Faktoren verwischt. Überdies wirken sich Umweltschutzmaßnahmen in manchen Fällen lediglich dahingehend aus, daß sie Umfang oder Tempo der Energieaktivitäten verändern. Wegen der in den Mitgliedstaaten gegebenen Vielfalt der Energieversorgungssituationen und Umweltstrategien dürfte ein bestimmter Effekt selten gleichzeitig in allen Ländern bedeutsam sein. Gleichwohl ist an sich jede durch Umweltschutzmaßnahmen bedingte Veränderung der Energieaktivitäten für die Energieversorgungssicherheit von Bedeutung, wenn sie für die Zukunft weiterreichende Wirkungen signalisiert.

3. Identifizierung von Primäreffekten auf Energieaktivitäten

(a) Materielle Hemmnisse für Entwicklung und Durchführung von Energieaktivitäten

Laufende Auswirkungen von Umweltschutzmaßnahmen. Am direktesten, schnellsten und sichtbarsten wirken sich Umweltschutzmaßnahmen immer dann auf Energieaktivitäten aus, wenn sie speziell darauf abgestellt sind, die Entwicklung bzw. den Ablauf eines ganzen Brennstoffzyklus oder eines Teils davon zu bremsen oder zu unterbinden. Kurzfristig gesehen kann eine Umweltmaßnahme dann besonders weitreichende Auswirkungen haben, wenn sie am Beginn des Brennstoffzyklus ansetzt. Produktionsbeschränkungen (wie z.B. bei der Erdölexploration und -bohrung) haben unmittelbare Auswirkungen auf alle Phasen des Brennstoffzyklus und werden folglich als besonders restriktiv empfunden. Langfristig gesehen können sich auch weniger weitreichende Endverbrauchsbeschränkungen (wie z.B. das Verbot, Braunkohle für Wohnungsheizzwecke zu verwenden) im ganzen Brennstoffzyklus bemerkbar machen und indirekte Wirkungen haben, die auf andere Bereiche übergreifen und sämtliche nachgeordneten Energieaktivitäten berühren.

Zu den Umweltschutzinstrumenten, von denen Primäreffekte auf Energieaktivitäten ausgehen können, gehören Vorschriften für den Einsatz von Brennstoffen (die Brennstoffe betreffenden Auflagen, Beschränkungen oder Verbote), Genehmigungsverfahren und Zonierung (Standortauflagen) sowie umweltpolitische Maßnahmen allgemeinerer Art, die darauf abzielen, Energieaktivitäten im Zuge der nationalen Energieplanung im Projektplanungsstadium zu stoppen, auslaufen zu lassen oder zu verzögern. Auf Maßnahmen zur Beschränkung der Brennstoffverwendung wird gewöhnlich in zwei Fällen zurückgegriffen:

- kurzfristig oder lokal, in Zeiten starker Umweltbelastung oder in besonders exponierten Gebieten, häufig auch in Notstandssituationen;
- auf Dauer dann, wenn die zwingende Vorschrift und Anwendung nicht einmal der modernsten verfügbaren Technologie ausreicht, um die Umweltqualitätsziele zu erreichen, oder wenn flexiblere ordungspolitische Regelungen oder privatwirtschaftliche Umweltschutzmaßnahmen zu kostspielig bzw. nicht realisierbar sind.

Immer zahlreicher sind die Fälle, in denen auf derartige Instrumente zurückgegriffen wird, weil das Ausmaß und die Schwierigkeit, zeitweilig oder auf Dauer bestehende Umweltprobleme zu lösen, deutlicher zutage treten.

Starker Widerstand regt sich nach wie vor bei der Standortwahl für verschiedenste großtechnische Energieaktivitäten, wenngleich es für die einschlägigen Auflagen noch etliche andere Gründe als Umweltschutzmaßnahmen geben dürfte. Maßnahmen wie z.B. öffentliche Untersuchungen oder Umweltverträglichkeitsprüfungen sollen sicherstellen, daß innerhalb des durch Genehmigungsvorschriften und Zonierung festgelegten Ordnungsrahmens die geeigneten Standorte gewählt werden. Dies allein reicht aber vielleicht nicht aus, um Interessengegensätze aufzuheben und den Widerstand der Öffentlichkeit zu überwinden. Wenn außer den für einen bestimmten Energiewirtschaftsbereich charakteristischen Bedingungen (Wasserverfügbarkeit, geologische Besonderheiten, Zugänglichkeit usw.) mehr und mehr Umweltschutzauflagen gemacht werden, so kann dies u.U. zwei Situationen entstehen lassen:

- Ist eine Fortsetzung von Energieaktivitäten aufgrund von Standortauflagen nicht möglich, so werden die entsprechenden Projekte aufgegeben bzw. für unbestimmte Zeit auf Eis gelegt.
- Können Energieaktivitäten nur mit erheblicher Verzögerung und unter der Voraussetzung wesentlicher Änderungen an dem ursprünglichen Projekt fortgesetzt werden, so schlägt sich das in den Projektkosten nieder.

Die energiebezogenen Aktivitäten, die aus umweltpolitischen Gründen im Stadium der Standortwahl reduziert, verzögert und/oder wesentlich geändert wurden, sind sehr unterschiedlicher Art: Kohle- und Uranförderung, Entwicklung von Systemen zur Nutzung von Wasserkraft, Erdöl- und Erdgasbohrungen im Onshore- und Offshore-Bereich, Flüssigerdgaseinrichtungen, Anlagen für die Herstellung synthetischer Kraftstoffe, Erdölraffinerien, Kernkraft- und Kohlekraftwerke, verschiedene energieintensive Endverbrauchseinrichtungen sowie Abfallbeseitigung und -lagerung. Das Ausmaß der beobachteten Wirkung ist je nach Aktivität und Land recht unterschiedlich. Zum Beispiel stießen Projekte für Stromhochspannungsnetze und Gasrohrleitungen in Nordamerika anfangs auf heftigen Widerstand, doch konnten die Arbeiten dann doch vonstatten gehen, wenngleich auch durch Verzögerungen, Ortswechsel, Rechtsstreitigkeiten usw. zusätzliche Kosten entstanden. Da die Standortwahl lokal fast immer erhebliche Auswirkungen haben kann, lehnt sich bei Energieentwicklungsprojekten, die einem viel breiteren Bevölkerungskreis zugute kommen, häufig die unmittelbar benachbarte Wohnbevölkerung wegen der lokal auftretenden Ungelegenheiten gegen das Vorhaben auf. Die größten Schwierigkeiten bereitet gerade diese Art Widerstand, vor allem dann, wenn es sich um großangelegte Energieaktivitäten handelt, die speziell an den jeweiligen Standort gebunden sind, was in den Anfangsphasen des Brennstoffzyklus oft der Fall ist. So haben z.B. Kanada und die Vereinigten Staaten für mehrere Offshore-Erdölbohrungsprojekte Moratorien erklärt. Aufgrund von Standortproblemen wurden bereits zahlreiche Wasserkraftprojekte wie auch die Anlage einiger großer Windanlagenparks noch im Planungsstadium aufgegeben. Wenngleich bei weniger standortabhängigen Aktivitäten, wie beispielsweise bei Kernkraft- und Kohlekraftwerken, hinsichtlich des Standorts mehr Wahlmöglichkeiten bestehen, haben (sogar auf lokaler Ebene aufgetretene, z.B. durch das „NIMBY"-Syndrom – „Not in my backyard" – bedingte) Standortprobleme in einigen Ländern in der Praxis landesweit zu einer Reduzierung der geplanten installierten Kapazitäten geführt.

Neue oder bereits existierende Energieaktivitäten können durch Umweltschutzmaßnahmen auch mittels zeitweiliger oder endgültiger Stillegung von Anlagen beschränkt werden. Hierbei sind zwei Situationen möglich:

- Stillegungen können verfügt werden, wenn der Anlagenbetreiber die bestehenden Umweltauflagen (die z.B. während des Genehmigungsverfahrens festgelegt worden sein können) nicht erfüllt. In diesem Fall handelt es sich um eine Strafmaßnahme für die Nichteinhaltung von Vorschriften, die wieder aufgehoben werden kann, sobald die hierfür geeigneten Maßnahmen getroffen worden sind.
- Der weitere Betrieb einer Anlage kann sich aufgrund neuer wissenschaftlicher Erkenntnisse über Umweltrisiken oder -schäden oder des Erlasses strengerer Vorschriften als nicht vertretbar erweisen. Soweit keine finanziell tragbaren neuen technischen Lösungen gefunden und umgesetzt werden, gibt es u.U. keinen anderen Weg als die Stillegung der Anlage.

Die Auswirkungen von Brennstoffbeschränkungen und -verboten reichen weiter als je zuvor. Alle Arten des Endverbrauchs sind von diesen direkten Effekten betroffen. Wenngleich die Brennstoffverwendung bislang in der Regel nur in bestimmten Bereichen in Zeiten starker Umweltverschmutzung als Notmaßnahme beschränkt bzw. verboten wird, werden Beschränkungen des Endverbrauchs im Transportsektor immer häufiger beschlossen. Dies ist bereits in einer ganzen Reihe von Großstädten geschehen, wo die Atmosphäre mit zunehmender Regelmäßigkeit und vor allem im Sommer oder bei einem Temperaturumschwung hohe CO- oder NO_x-Konzentrationen aufweist oder photochemischer Smog auftritt. Die Liste der von solchen Brennstoffbeschränkungen betroffenen Großstädte wird immer länger, da der Verkehr in den meisten städtischen Verdichtungsräumen ständig zunimmt. Die markantesten Beispiele hierfür sind aufgrund der örtlichen geographischen Gegebenheiten Los Angeles, Mailand und Athen. Bei befristeten Umweltschutzmaßnahmen kann der Brennstoffverbrauch unterschiedlich stark eingeschränkt werden: Hier reicht die Skala vom selektiven Verbot bestimmter Technologien (z.B. bei den Smog-Bekämpfungsgesetzen in mehreren deutschen Bundesländern, in denen nur „saubere" Wagen gefahren werden dürfen) bis hin zu partiellen Fahrverboten für Personenkraftwagen (Verkehrsbeschränkungen während der Stoßzeiten in Los Angeles). In Zeiten starker Umweltverschmutzung kann außerdem vorgeschrieben werden, daß der Betrieb ortsfester Feuerungsanlagen erheblich reduziert wird. In Großstädten mit starker Rauchbelastung im Winter, wie z.B. Dublin oder Ankara, wurde der Einsatz von Fettkohle bzw. Braunkohle für die Wohnraumheizung vor kurzem zum ersten Mal beschränkt. Diese Beschränkungen gehen nicht so weit, wie dies in einigen Fällen im Transportsektor geschieht. Es wurden Gebiete bestimmt, in denen die Rauchentwicklung überwacht wird und nur spezifische Brennstoffe (rauchfreie Kohle oder rauchfreies Gas) verfeuert werden dürfen. Um die Luftverschmutzung in Grenzen zu halten, wird in Großbritannien schon seit vielen Jahren der Einsatz von Kohle in bestimmten städtischen Ballungsgebieten eingeschränkt.

Hieraus resultierende Tendenzen bei den Energieaktivitäten. Mit Maßnahmen zur Beschränkung der Energieerzeugung und -verwendung können hohe soziale und ökonomische Kosten verbunden sein. Ihre Anwendung ist in manchen Fällen ein Zeichen dafür, daß andere ordnungspolitische Instrumente bei der Verhinderung bzw. Minderung von Umweltschäden versagt haben. Restriktionsmaßnahmen sind Notlösungen und zeitlich befristet, führen jedoch im Energiebereich u.U. zu länger fortbestehenden Veränderungen, so z.B. in der Wahl der Brennstoffe oder von Technologien, die möglicherweise längerfristige strukturelle Ansätze erfordern. So hat man z.B. in Ankara eingesehen, daß die Energieversorgungssituation angesichts der einseitigen Ausrichtung auf die Braunkohleverfeuerung strukturelle Änderungen notwendig macht. Die nötigen Vorkehrungen zur Umstellung der Brennstoffbasis für die Wohnraumheizung sind bereits im Gange. Die Beschickung der Heizkessel soll von Braunkohle nach und nach auf schwefelarme Kohle umgestellt werden, während für das kommende Jahrzehnt eine Erweiterung des Gasversorgungsnetzes vorgesehen ist (vgl. den folgenden Abschnitt über Sekundäreffekte).

Gleichwohl sind dem Rückgriff auf verläßliche und rentable alternative Energiequellen durch deren Verfügbarkeit und das Fehlen bewährter Umweltschutztechnologien Grenzen gesetzt. Sind die von alternativen Energiequellen und Umweltschutztechnologien gebotenen Möglichkeiten erschöpft und gilt das Ausmaß der Umweltverschlechterung (bzw. das Risiko einer solchen Verschlechterung) weiterhin als unannehmbar groß, so ist damit zu rechnen, daß wieder andere Maßnahmen (wie z.B. der Beschluß, ganze Brennstoffzyklen auslaufen zu lassen) sich wesentlich nachhaltiger auf die Energieaktivitäten auswirken. Die Besorgnis der Öffentlichkeit über die Sicherheit des Kernbrennstoffzyklus hat teilweise politische Grundsatzentscheidungen zur Folge, daß die Kernkraftwerke nach und nach stillgelegt werden (so beispielsweise in Schweden, wo dieses Programm bis zum Jahr 2010 landesweit beendet werden soll) oder daß bereits im Bau befindliche Anlagen nie fertiggestellt oder, wie dies in manchen Fällen geschieht, noch vor der Inbetriebnahme abgerissen werden. Der kumulative Effekt lokaler, voneinander relativ unabhängiger Standortauflagen ist mit den Auswirkungen vergleichbar, die von nationalen Restriktionsmaßnahmen oder einem allgemeinen Stopp ausgehen. Da die Besorgnis über andere Phasen des Brennstoffzyklus (z.B. Stillegung und Entsorgung) im Stadium des Kraftwerksgenehmigungsverfahrens eine immer wichtigere Rolle spielt, dürfte sich dieser Trend noch verstärken. Der Ablauf des Kohlebrennstoffzyklus könnte zunehmend beeinträchtigt werden durch die in sämtlichen Phasen des Zyklus getroffenen Umweltschutzmaßnahmen – zumal wenn zu Maßnahmen übergegangen wird, mit denen globale Klimaveränderungen begrenzt werden sollen. Sogar in Ländern ohne eigene Kohlevorkommen, wie z.B. Schweden, erweist sich die Standortwahl selbst für „saubere Kohle" einsetzende Anlagen als immer schwieriger, und in Fällen wie beim Kraftwerk in Oxelösund ist sie geradezu unmöglich.

Künftige Auswirkungen von Umweltschutzmaßnahmen. Von verschiedenen Umweltproblemen können erhebliche Primäreffekte auf Energieaktivitäten und vollständige Brennstoffzyklen ausgehen, die viel weiter reichen als die Auswirkungen von Standortauflagen und zeitweiligen Beschränkungen des Brennstoffverbrauchs. Dies gilt z.B. für die Überwachung der Ozonschicht, denn wie wissenschaftliche Untersuchungen gezeigt haben, ließe sich die Einhaltung der zulässigen Höchstwerte u.U. vielfach nicht einmal dann sicherstellen, wenn zur Minderung der NO_x- und VOC-Emissionen die besten verfügbaren Technologien eingesetzt würden. Maßnahmen zur Überwachung der Ozonwerte dürften sich auf alle Aktivitäten auswirken, bei denen fossile Brennstoffe erzeugt, transportiert und verwendet werden und namentlich Industriezweige wie die Raffineriewirtschaft betreffen, in der VOC und NO_x an die Luft abgegeben werden. Als Hauptquelle für VOC- und NO_x-Emissionen steht der Transportsektor hier im Mittelpunkt des Interesses, und die in Erwägung gezogenen Maßnahmen nehmen sich insofern immer besonders drastisch aus, als die Kraftstoffsubstitution schwer realisierbar ist und das Verkehrsaufkommen zunimmt. In den Niederlanden und z.T. auch in den Vereinigten Staaten erwägen nationale bzw. lokale Behörden gegenwärtig die Verwirklichung von Plänen, die in bezug auf Kraftstoffverbrauch und Verkehrsaufkommen ganz erhebliche Veränderungen bewirken würden. Mit den Bundesstaaten Texas und Kalifornien werden im folgenden zwei Beispiele für diese Entwicklung angeführt:

Vom Parlament des Bundesstaats Texas wurde eine Vorlage der Staatsbodenverwaltung (State Land Office) verabschiedet, derzufolge der Fuhrpark der öffentlichen Dienststellen sowie die Busse der Schulzweckverbände und städtischen Verkehrsbetriebe auf andere Kraftstoffe mit geringeren Schadstoffemissionen als bei Benzin und Dieselkraftstoff umgestellt werden müssen, was im Zeitraum 1989-1998 stufenweise geschehen soll. Mit größter Wahrscheinlichkeit dürften hierfür im Sinne des Gesetzes Druck-Erdgas (CNG), Propan und Methanol verwendet werden. Der State Air Control Board ist ermächtigt, die geforderte Umstellung auf alternative Kraftstoffe auf den kommunalen Fahrzeugbestand und den großen Fuhrpark des privaten Sektors in städtischen Gebieten, d.h. auf Fahrzeuge auszudehnen, bei denen die landesweit geltenden Luftgütestandards andernfalls nicht erreicht werden. Bei voller Anwendung der Gesetze könnten hiervon in Texas 1998 über 600 000 Fahrzeuge betroffen sein.

In Kalifornien haben die Kommunalverwaltungen im Los-Angeles-Becken vor kurzem ein Programm beschlossen, demzufolge die klassischen schrittweise durch „saubere“ Kraftstoffe und bei gewerblich genutzten Fahrzeugen durch Methanol oder elektrischen Strom ersetzt werden sollen. Außerdem wird in dem Programm die Forderung erhoben, bis Mitte der neunziger Jahre bei den meisten industriellen Zwecken und den Stromversorgungsunternehmen den Einsatz von Heizöl und Kohle einzustellen, so daß Erdgas und Methanol dann die einzigen zulässigen Brennstoffe sein werden.

Für die Verringerung der durch die Verbrennung fossiler Energieträger bedingten CO_2-Emissionen bieten sich kurzfristig zwar verschiedene begrenzte technologische Lösungen an, doch stehen Energiesparmaßnahmen und die Erhöhung der Energieeffizienz auf der einen und Brennstoffverwendungsbeschränkungen oder -verbote auf der anderen Seite ganz oben auf der Liste möglicher Strategien zur Verhütung globaler Klimaänderungen. Die potentiellen Auswirkungen solcher Maßnahmen sind um einige Dimensionen stärker als in jedem der vorgenannten Fälle, und wahrscheinlich erfordern sie bedeutende strukturelle Änderungen der Energiesysteme, wie wir sie kennen. Dies gilt für Kohle und mit Einschränkungen auch für Erdöl. Zwar wäre Erdgas von Maßnahmen zur Verringerung des CO_2-Ausstoßes weniger stark betroffen, doch wird das Problem des Methanaustritts bei bestimmten Erdgasversorgungsnetzen jetzt zunehmend beachtet. Besorgniserregend ist auch das Freiwerden von Methan bei Belüftungsvorgängen in der Mineralölwirtschaft und im Kohlenbergbau. Bei Strategien zur Begrenzung der Erdoberflächenerwärmung dürften sich Kernkraft und Wasserkraft und langfristig gesehen auch erneuerbare Energiequellen vorzugsweise als Lösungen anbieten. Beim Endverbrauch könnte es sich als notwendig erweisen, fossile Brennstoffe massiv durch nichtkohlenstoffhaltige Brennstoffe und Strom zu ersetzen. Zwar wird die Analyse energiepolitischer Optionen vorangetrieben und werden Lösungsansätze wie Steigerung der Energieeffizienz oder Wiederbewaldung abgewogen, doch wird es durch die Sorge um Klimaänderungen schwieriger, Entscheidungen über die Zukunft der Kohle zu fällen. Bei den übrigen Energiequellen wird es wohl eher darum gehen, welche Umweltprobleme gegen welche anderen eingetauscht werden sollen, als da sind: Treibhausgas-Emissionen, Ozonbelastung auf Bodenhöhe, saure Niederschläge oder Radioaktivität – Probleme also, die in der Vergangenheit ernst genug waren, um Entwicklung und Verwendung der Energieträger unmittelbar zu beeinflussen.

Laufende Auswirkungen von Umweltschutzmaßnahmen. Durch die Vielfalt der Umweltschutzmaßnahmen ändert sich die Kostenstruktur in sämtlichen Phasen der verschiedenen Brennstoffzyklen. Die nachstehende Liste, die keinen Anspruch auf Vollständigkeit erhebt, enthält Beispiele dafür, wie sich Umweltschutzmaßnahmen in der Vergangenheit auf die Kostengleichung neuer oder bereits bestehender Energieaktivitäten ausgewirkt haben, da Ausgaben für den Umweltschutz zu einem festen Bestandteil der Kostenstruktur von Energieprojekten geworden sind. In zahlreichen Fällen reflektieren die hier untersuchten Effekte die zunehmende Internalisierung von Umweltschutzkosten, auf die in Kapitel X näher eingegangen wird.

Genehmigungsbestimmungen und ganz allgemein Standortauflagen können sich auf verschiedene Art auf die Investitions- und Betriebskosten auswirken. Im Rahmen des Genehmigungsverfahrens ist in der Regel der Nachweis zu erbringen, daß eine etwaige Umweltverschlechterung durch das betreffende Projekt in geeigneter Weise unter Kontrolle gebracht werden kann. Die Kosten, die durch die erforderlichen Nachforschungen und das Zusammenstellen des wissenschaftlichen, technischen, sozialen und ökonomischen Dokumentationsmaterials entstehen, sind vom Antragsteller zu tragen. Die verlangten Nachweise und Befunde können die verschiedensten Formen annehmen – von einer begrenzten Umweltverträglichkeitsbescheinigung bis hin zu einem umfassenden Gutachten über die Umweltaspekte eines Projekts und u.U. auch einer detaillierten Auflistung der zur Behebung etwaiger Umweltschäden vorgeschlagenen Maßnahmen. Ein Schlüsselfaktor ist bei Umweltverträglichkeitsprüfungen der Zeit- und Kostenaufwand für die Erstellung von Umweltbilanzen. Des weiteren können Standortauflagen zu erheblichen Änderungen des ursprünglich vorgesehenen Projekts führen. Hieraus ergeben sich dann u.U. wiederum Mehrkosten nicht nur auf der Planungs- und Konstruktionsstufe, sondern auch beim Betrieb der Anlage. So dauerte es mehrere Jahre und wurden nacheinander drei Standortvorschläge zurückgewiesen, bis ein Standort für das Pego-Kohlekraftwerk in Portugal gefunden war. Dabei war der schließlich genehmigte Standort weder im Hinblick auf die Entfernung zu den Laststationen noch für die Belieferung durch Kohle-Terminals an der Küste optimal.

Zu weiteren Kostensteigerungen kann es kommen, wenn das Genehmigungsverfahren sich in die Länge zieht. So dauert heute in Kanada die Vorlaufphase bei großen Wasserkraftprojekten insgesamt 7–10 Jahre, wovon ein Jahr durch die Berücksichtigung von Umweltfaktoren in Anspruch genommen wird. Zuweilen sind diese Fristen noch länger, so z.B. beim James'-Bay-Projekt (wo zusätzlich fünf Jahre benötigt wurden). Diese Verzögerungen fordern zwangsläufig ihren Preis, und in manchen Fällen kommt noch die Ungewißheit über den Ausgang des Genehmigungsverfahrens hinzu, wodurch sich das mit dem betreffenden Projekt verbundene finanzielle Risiko erhöht.

Umweltschutzmaßnahmen, wie z.B. Standards für die Luft- und Wassergüte und Grenzwerte für Punktquellen-Emissionen, spezifische überwachungstechnische Vorschriften oder der Einsatz der besten verfügbaren Technologie, können den Einbau von Umweltschutzvorrichtungen erforderlich machen. Hiervon sind sowohl bereits vorhandene (Nachrüstung) als auch Neuanlagen betroffen. Strenger sind die Vorschriften gewöhnlich bei Neu- und Großanlagen. Umweltschutzinvestitionen werden in folgenden Bereichen getätigt:

- nachgeschaltete Umweltschutztechnologien wie beispielsweise Vorrichtungen für die Rauchgasentschwefelung oder die selektive katalytische Reduktion bei ortsfesten Feuerungsanlagen, Katalysatoren für Verkehrsfahrzeuge und Systeme für die Abwasserbehandlung;

- ausrüstungs- oder verfahrenstechnische Änderungen, durch die bereits vorhandene Systeme umgerüstet oder ausgetauscht werden, wie z.B. die Ausrüstung von Öl- und Gasheizkesseln mit NO_x-armen Brennern oder die Umstellung auf weniger umweltbelastende Energieträger, die Veränderungen an den energieverbrauchenden Ausrüstungen erforderlich machen (Gasheizkessel, für den Betrieb mit bleifreiem Benzin geeignete Motoren usw.);
- „saubere" Technologien, wie z.B. der integrierte Zyklus für Synthesegasherstellung, mit denen niedrigere Emissionswerte und Energieeffizienzverbesserungen erzielt werden können und die bei Neuanlagen und -einrichtungen und (gelegentlich) auch bei der Nachrüstung bereits vorhandener Anlagen eingesetzt werden können (Änderung der installierten Leistung).

Ein Teil der Kosten kann zuweilen dadurch wieder hereinkommen, daß sich durch die Umweltschutzmaßnahmen der Rohstoffverlust verringert oder durch die Umrüstung auf neue Technologien die Energieeffizienz erhöht. Dies ist in der Raffineriewirtschaft der Fall, wo sich die Technik der Schwerkraftabscheidung und der nachträgliche Einbau von Abwasseraufbereitungssystemen zur Einhaltung der Wassergütenormen dank der Ölrückgewinnung als kostenwirksam erweisen. Auf der anderen Seite kann jedoch der Einsatz bestimmter Umweltschutztechnologien die Energieeffizienz um 1–6% verringern und einen entsprechenden Anstieg der Energiekosten bewirken.

Die nach endgültiger Stillegung und dem Abriß von Energieversorgungsanlagen am Standort auszuführenden Räumungs- und Sanierungsarbeiten, deren Zweck es ist, die Umweltbelastung zu begrenzen, werden jetzt oft schon im Genehmigungsverfahren festgelegt. Hierdurch ist es möglich, die entsprechenden Kosten bereits zum Zeitpunkt der Investition zu berücksichtigen. Bei zahlreichen Energieaktivitäten sind solche Räumungs- und Sanierungsauflagen noch relativ neu: Bei Altanlagen erfährt der Betreiber häufig erst dann, wenn er effektiv mit dem Problem konfrontiert ist, welche Umweltschutzmaßnahmen er zu ergreifen hat und was diese kosten. Die Erfahrungen im Kohlenbergbau lassen vermuten, daß die Standortrehabilitierung wegen der allgemeinen Tendenz zu stringenteren Vorschriften weiterhin teuer zu stehen kommen wird, und zwar vor allem in den Bereichen äußeres Erscheinungsbild sowie Boden- und Grundwasserkontamination. Die mit der Stillegung von Kernkraftwerken oder Offshore-Bohrinseln gemachten Erfahrungen sind noch begrenzt, so daß die entsprechenden Kosten schwer abzuschätzen sind.

Die umweltbezogenen Entsorgungsmaßnahmen sind in den letzten Jahren vielfältiger und komplizierter geworden. Daher muß heute bei zahlreichen Aktivitäten der Energieerzeugung und des Energieverbrauchs mit den Entsorgungskosten als einem wesentlichen Kostenfaktor gerechnet werden. Solche Kosten entstehen, wenn die bei Energieaktivitäten oder aufgrund von Umweltschutzmaßnahmen anfallenden Abfälle wiederverwertet, zwischen- oder endgelagert oder aufbereitet oder unaufbereitet vom Verursacher oder einem unabhängigen Entsorgungsunternehmen vernichtet werden (insbesondere Sondermüll). Ist eine Wiederverwertung möglich, so kann der Verkaufserlös die Entsorgungskosten kompensieren. Dies ist z.B. der Fall bei der Schwefelrückgewinnung durch Sauergasverfahren, bei der Ölrückgewinnung aus ölwirtschaftlichen Abfällen und dem Gipsanfall bei der Rauchgasentschwefelung, wenngleich die Absatzmöglichkeiten für diese Produkte begrenzt sind. Bei der Vernichtung (etwa durch Verbrennung) oder Endlagerung (z.B. Anlage von Deponien oder Teichen) schlagen sich die stringenteren Umweltschutzmaßnahmen und Standortauflagen in höheren Entsorgungskosten nieder.

Durch Umweltschutzmaßnahmen können sich die Kosten steigern, die im Zusammenhang mit der Versicherung und Haftung für Unfälle entstehen, welche die menschliche Gesundheit, wirtschaftliche Aktivitäten oder das Ökosystem betreffen. Die Betreiber von Energieanlagen dürften in immer stärkerem Maße zu Entschädigungszahlungen und/oder zur Deckung der bei Räumungsarbeiten anfallenden Kosten herangezogen werden. Das Risiko finanzieller Eventualverbindlichkeiten für Umweltschäden wird heute gewöhnlich durch Haftpflichtversicherungen abgedeckt, so z.B. in den Vereinigten Staaten bei Kernkraft- und Großfeuerungsanlagen. In den OECD-Ländern ist für Kernkraftwerke ausnahmslos der Abschluß einer Haftpflichtversicherung bei staatlich festgelegten Plafonds vorgeschrieben. Die Kraftwerkseigner sind schadenersatzpflichtig, unabhängig davon, ob ihnen Fahrlässigkeit nachzuweisen ist oder nicht. Da die für die Kernkraftwerke zumutbaren Haftungsbeträge bei schweren Unfällen, die freilich sehr selten sind, u.U. nicht ausreichen, ist die Mehrzahl der OECD-Länder bereit, innerhalb gewisser Grenzen zusätzliche Entschädigungszahlungen zu leisten. So wird in Deutschland, Finnland und den Niederlanden erwogen, Haftpflichtversicherungsleistungen zwingend vorzuschreiben. Für den Fall, daß der Schaden den Höchstbetrag, für den der Betreiber haftbar ist, überschreitet, gibt es in manchen Ländern eine staatliche Regelung, die eine Teilentschädigung vorsieht. Dies gilt für Betreiber von Kernkraftanlagen der Signatarstaaten der Pariser bzw. der Wiener Konvention über die zivilrechtliche Haftung für Kernkraft-Umweltschäden.

Eine Vielzahl weiterer ökonomischer Instrumente, die für Umweltschutzzwecke eingesetzt werden, wirken sich direkt auf die bei der Energieerzeugung und -nutzung anfallenden Kosten aus. Ein Beispiel hierfür sind Gebühren und Abgaben für Energieprodukte (namentlich differenzierte Steuerbehandlung), wie sie für Kohle und Öl je nach deren Schwefelgehalt und für Benzin entsprechend dem Bleigehalt erhoben werden.

Die genaue Berechnung der durch diese Umweltschutzmaßnahmen entstehenden Kosten wird durch eine Reihe von Faktoren erschwert, wie z.B.:

- Anteilige Umweltschutzkosten. – Oft ist es sehr schwierig, den Kostenanteil von Umweltschutzausrüstungen an den gesamten Produktionskosten zu ermitteln oder die Kosten von Investitionen, die aus anderen Gründen ohnehin getätigt worden wären (Energieeinsparung, konstruktionstechnische Veränderungen an Kraftfahrzeugen usw.), dem Umweltschutz zuzuordnen. Die Kosten „sauberer" Kohletechnologien, die zugleich die Emissionen verringern und die Energieeffizienz steigern können, lassen sich schwer mit denen nachgeschalteter Technologien vergleichen, da nicht eindeutig feststellbar ist, welcher Kostenanteil auf die Emissionsminderung entfällt.
- Berechnungsgrundlage für die durch den Umweltschutz bedingten Mehrkosten. – Es ist wichtig, eine Bezugsbasis für die Berechnung der Emissionsminderungskosten festzulegen, denn je nach dem Ausgangspunkt (z.B. Situation vor und nach Erfolgen der Maßnahmen) ergibt sich ein recht unterschiedliches Kostenbild.
- Systemweite Effekte. – Die Ermittlung der Umweltschutzkosten beschränkt sich oft auf die anlageinternen Kosten. Wichtig ist jedoch, daß auch die Entsorgungskosten und die durch den Verkauf von Nebenprodukten erzielten Einsparungen berücksichtigt werden. So fallen z.B. außer den Mehrkosten für umweltschutztechnische Maßnahmen an jedem Neuwagen auch Kosten bei der Kraftstoffversorgung und Wartung des gesamten Kraftfahrzeugparks an, sowie aufgrund von Veränderungen der Umwelteigenschaften der verwendeten Ausgangsstoffe und des von den Raffinerien benötigten „Produktmix".
- Nachrüstung. – Aufgrund bereits gegebener anlagen- oder standortspezifischer Faktoren sind Umweltschutzmaßnahmen in Altanlagen oft erheblich teurer als bei neuen, „auf der grünen Wiese" errichteten Anlagen.
- Zeitabhängige Kostenveränderungen. – Die Kosten einzelner Umweltschutztechniken, wie z.B. der Rauchgasentschwefelung mit Kalkmilch, haben sich mit der Zeit nachweislich in dem Maße verringert, in dem der technische Fortschritt für Altanlagen genutzt wird und die Kenntnis der verfahrenstechnischen Erfordernisse verbessert worden ist. Deshalb müssen für Kostenschätzungen stets die neuesten Daten zugrunde gelegt werden.

– Internationale Kostenvergleiche. – Es ist schon oft festgestellt worden, daß Kostenschätzungen für ein und dieselbe Technologieanwendung in den gleichen Anlagen bei Ländervergleichen unterschiedlich ausfallen. Da diese Differenzen weitgehend durch unterschiedliche wirtschaftliche und technische Gegebenheiten und unterschiedliche Grundannahmen bedingt sind, müssen die entsprechenden Kostendaten mit der nötigen Vorsicht erfaßt und interpretiert werden. Letztlich bleiben zwischen den einzelnen Ländern dennoch gewisse Unterschiede bestehen, was sich aus den Differenzen bei den relativen Kosten von Material und Arbeit, der Arbeitsproduktivität und der Diskontsätze erklärt.

Hieraus resultierende Tendenzen der Energiekosten und -preise. Trotz der Schwierigkeiten bei der Quantifizierung machen die jüngsten Sektorstudien deutlich, daß sich der Anteil der Umweltschutzausgaben (für Verhütungs-, Schutz- und Behebungsmaßnahmen) an den gesamten Investitions- und Betriebskosten von Energieaktivitäten vergrößert, da immer umfangreichere und stringentere Umweltbestimmungen erlassen werden. Die Ausgaben für Umweltschutz- und Sicherheitsmaßnahmen können sich, besonders in Ländern, in denen der Anteil der Kohle und/oder Kernenergie am gesamten Energiemix hoch ist, in erheblichem Maße auf die Stromerzeugungskosten auswirken. Was Großfeuerungsanlagen für die Stromerzeugung und industrielle Zwecke betrifft, so wurde im Rahmen einer IEA-Studie [1] kürzlich festgestellt, daß Schätzungen zufolge 30-35% der Investitionskosten neuer Kohlekraftwerke auf die Emissionsminderung zahlreicher Schadstoffe (z.B. SO_2, NO_x- Partikel, Flüssigkeits-Emissionen) entfallen. Einrichtungen für die Rauchgasentschwefelung und die selektive katalytische Reduktion machen zusammen 21% der Investitionskosten aus. Über die durch die Nachrüstung von Altanlagen bedingten Mehrkosten wurden bislang nur wenige Daten gesammelt, doch werden für Rauchgasentschwefelungseinrichtungen gewöhnlich Investitionsmehrkosten von 10–40% angesetzt und für Einrichtungen für die selektive katalytische Reduktion bis zu 50%. Die Debatte über die Nachrüstungskosten ist noch nicht abgeschlossen; für die Frage, ob der Geltungsbereich der Standards für SO_2- und NO_x-Emissionen auf Alt- (und Klein-)Anlagen ausgedehnt werden sollte, ist sie von zentraler Bedeutung. Die sich ergebenden durchschnittlichen Preissteigerungen hängen mithin im wesentlichen von Zinsstruktur und Steuerpolitik ab. So hat die britische Regierung der Elektrizitätswirtschaft empfohlen, die nach der Privatisierung erwarteten Kosten von 1,6 Mrd. £ für die Verringerung der SO_2-Emissionen von Kohlekraftwerken auf den EG-Standard nicht in voller Höhe auf die Verbraucher abzuwälzen. Hingegen wurde im Falle der (ebenfalls zur Privatisierung anstehenden) Wasserwerke beschlossen, daß die Verbraucher die Kosten der Wasserreinigung tragen sollen.

Beim Endverbrauch im Transportsektor sind für Kostensteigerungen gleichzeitig mehrere Faktoren verantwortlich: Kraftstoffe, Fahrzeuge (Nachrüstung und schadstoffärmere Motoren) sowie Energieeffizienzverluste. Bei Benzinmotorfahrzeugen müssen die Kostenberechnungsmethoden und Kostenansätze zwar noch eingehender analysiert werden, aber den derzeitigen Schätzungen zufolge liegen die Kosten für Fahrzeuge, die den geltenden US-Standards entsprechen, zumeist bei 800 $ (± 200 $) [27]. Die durchschnittlichen Kosten für Fahrzeuge, die den vorgeschlagenen EG-Standards entsprechen, liegen im allgemeinen um mehrere 100 $ niedriger, wenngleich die Zahlen wesentlich stärker voneinander abweichen: Zum Beispiel werden in Großbritannien die durch die Anwendung der EG-Standards entstehenden Kosten unter Berücksichtigung der am Motor vorzunehmenden Änderungen bei Einbau eines Katalysators auf 300-800 £ geschätzt[2]. Eine Rolle spielt hierbei u.a. die

---

[2] 570 $ bis 1 500 $ (Wechselkurs von 1989).

Tatsache, daß die vorgeschlagenen EG-Standards nach der Motorgröße gestaffelt sind. Auch werden alle Mehrkosten der Emissionsminderung zugeschrieben, aber nicht auf höheren Kraftstoffverbrauch oder Änderungen der technischen Leistung bezogen.

Die Raffineriewirtschaft ist ein gutes Beispiel für eine Energieversorgungsbranche, in der sich Umweltschutzmaßnahmen erheblich auf die Kosten auswirken können. Eine Verschärfung der Umweltschutzbestimmungen für die Raffineriewirtschaft ist in allen Ländern festzustellen. Doch da die nationalen Umweltschutzgesetze immer noch erheblich voneinander abweichen, sind auch die Raffineriekosten sehr verschieden hoch. Es gibt wenig allgemein anerkannte Daten darüber, wie sich die geltenden oder geplanten nationalen Gesetzesbestimmungen oder EG-Richtlinien auf die Betriebskosten der europäischen Raffinerien auswirken, d.h. die Einhaltung der Qualitätsstandards für Rückstandsöl, Benzin und Dieselkraftstoff sowie Immissionsstandards für gasförmige und flüssige Schadstoffe.

Das Kostengefälle bei den durch Umweltschutzmaßnahmen im Bereich von Energieerzeugung und -einsatz anfallenden Aufwendungen für Versicherungen ist ebenso groß wie das Spektrum und die Größenordnung der Umweltbelastungen. Nach Umweltkatastrophen, bei denen die Versicherungsgesellschaften sich sehr hohen Forderungen gegenübersehen, können die Versicherungskosten drastisch steigen. Wie sich Unfälle, wie z.B. die von Exxon Valdez in Alaska verursachte Ölkatastrophe, auf die Versicherungsprämien auswirken, hängt davon ab, welche Schadenersatzansprüche die Gerichte anerkennen. Das Beispiel der langwierigen Verhandlungen über die von der Amoco Cadiz 1978 verursachte Ölkatastrophe zeigt, wie lange Fristen solche gerichtlichen Entscheidungen beanspruchen können. Schätzungen der US-Umweltschutzbehörde zufolge sind 400 000 der unterirdischen Öltanks undicht, was die Wasserversorgung von 80% der auf Grundwasser angewiesenen US-Haushalte bedroht. In den Vereinigten Staaten entstehen dem Benzinhandel durch die in den neuen Umweltbestimmungen vorgesehenen Regelungen der finanziellen Haftung hohe Kosten. So soll jeder kommerzielle Eigentümer von Öltanks mindestens mit 1 Mio $ gegen Lecks haftpflichtversichert sein. Umsatzschwache Tankstellen in ländlichen Gebieten würden durch diese Versicherungsprämien so stark belastet, daß sie schließen müßten. In der Atomindustrie sind Zwischenfälle vergleichsweise selten. Beim Three-Mile-Island-Unfall erreichten die gerichtlichen Abfindungen insgesamt nur etwas mehr als 26 Mio $. Beim Tschernobyl-Unfall wurden die außerhalb des Unfallorts entstandenen Kosten von der sowjetischen Regierung auf rd. 8 Mrd. $ geschätzt (und die Gesamtkosten auf 14 Mrd. $). Selbst bei diesem hohen Kostenniveau wäre versicherungsmathematisch gesehen für einen 1 000 MW-Reaktor theoretisch nur eine Jahresprämie von 15 000 $ erforderlich, 100 Mio $ pro Jahr für Brennstoffbedarf und Betriebskosten [28]. Interessant ist schließlich auch der durch Stillegungskosten entstehende Effekt auf die Kosten der Stromerzeugung aus Kernkraft und auf die Strompreise. Zahlreiche Stromversorgungsunternehmen sind heute gezwungen, bereits im Stadium des Genehmigungsverfahrens Rückstellungen für die spätere Stillegung vorzusehen. Ebenso wie bei den ökonomischen Aspekten der meisten langfristigen Umweltschutzfragen werden die aktuellen Perspektiven durch die Abzinsungsberechnungen beeinflußt. Selbst starke Differenzen der Abzinsungssätze haben für die Vorausschätzung der von Stillegungen auf die Stromkosten ausgehenden Effekte nur minimale Bedeutung, da sie sehr langfristig anfallen. In Großbritannien verfolgt die Zentrale Stromerzeugungsbehörde (CEGB) bezüglich der Deckung der Stillegungskosten die Strategie, auf die Erzeugung aller Kernkraftwerke eine Gebühr zu erheben, die den geschätzten Stillegungskosten entspricht. Die so eingenommenen Mittel, die erwartungsgemäß die Kosten der Stillegung decken sollen, werden bis dahin als Rücklage geführt. Die zu diesem Zweck von der CEBG bisher vereinnahmten Mittel belaufen sich insgesamt auf 568 Mio £[3]. In den Vereinigten Staaten

---

[3] Rund 1 080 $ (Wechselkurs von 1989).

wurde 1988 von der Kernkraft-Aufsichtskommission eine Vorschrift erlassen, derzufolge von den Kernkraftwerken Stillegungs-Treuhandfonds zu bilden sind. Es wird erwartet, daß bis zum Fälligkeitstermin über 60 Mrd. $ in diesen Fonds eingezahlt sein werden.

Künftige Auswirkungen von Umweltschutzmaßnahmen. Durch Umweltschutzmaßnahmen bedingte künftige Veränderungen der bei Energieversorgung und -einsatz anfallenden Kosten können dadurch begründet sein, daß bestehende Umweltvorschriften verschärft oder Maßnahmen zur Lösung neuer Umweltprobleme ins Auge gefaßt werden. Im Hinblick auf die bereits bestehenden Vorschriften lassen sich die Kostensteigerungen in zwei große Kategorien einteilen. Zum einen könnten sich die Entsorgungspraxis und -kosten durch folgende Faktoren erheblich verändern:

- Durch das zunehmende Volumen der zu beseitigenden Abfälle und abzusetzenden Nebenprodukte werden die (aufgrund von Standortproblemen ohnehin nicht sehr zahlreichen) Deponien zunehmend beansprucht und die Aufnahmefähigkeit der Absatzmärkte für Nebenprodukte verringert sich;
- durch die Tendenz, den eigentlichen Verursacher für die Entsorgung der abgegebenen Abfälle haftbar zu machen und den Handel mit Abfällen, vor allem international, einzuschränken;
- durch die Anwendung stringenterer Luft-, Wasser- und Bodenschutzvorschriften bei der Abfallbeseitigung.

Auf der anderen Seite gewinnen Investitionen für die verschiedenartigen Umweltschutzeinrichtungen und -technologien bei neuen wie auch bei Alt- und Kleinanlagen in den meisten Umweltschutzbereichen zusehends an Bedeutung. Die meisten Mitgliedstaaten planen eine Verschärfung der Emissionsvorschriften für SO_2, NO_x, CO, Partikel und leichtflüchtige organische Verbindungen sowie zahlreiche Mikrosubstanzen und gefährliche Schadstoffe (z.B. Blei, Radon und Dioxin). Diese geplante Verschärfung wird durch internationale Abkommen flankiert, von denen die genannten Schadstoffe praktisch vollständig abgedeckt werden.

Was die neuen Umweltschutzbereiche betrifft, so wird deutlich, daß die Ozonwerte ein Problem besonderer Art darstellen. Die kombinierte Minderung von NO_x- und VOC-Emissionen würde für zahlreiche Energieaktivitäten die Umsetzung von Emissionskontrollmaßnahmen nach sich ziehen. Zwar würden sich die entsprechenden Kosten auf eine Vielzahl von Energieerzeugern und -verbrauchern verteilen, doch hätten die EG-Mitgliedstaaten insgesamt schätzungsweise 200 Mio ECU[4] aufzubringen, um die photochemischen Zwischenstoffe um 1% zu reduzieren. Um mit den Richtlinien der Weltgesundheitsorganisation zu vereinbarende Grenzwerte zu erreichen, würde der Kostenaufwand 0,2-0,4% des BSP aller EG-Länder entsprechen [29].

Über mögliche Strategien zur Begrenzung von Gas-Emissionen mit Treibhauseffekt wird noch beraten, doch solange geeignete Umweltschutztechnologien noch nicht verfügbar sind, dürften sich die Energiekosten stark erhöhen, da die für die Brennstoffumstellung notwendigen Ausrüstungen und Infrastrukturen bzw. die Anwendung ökonomischer Instrumente zur Reduzierung des Einsatzes von Brennstoffen und/oder Technologien mit starkem Treibhausgasanfall hohe Ausgaben verursachen.

---

[4] Rund 200 Mio $.

4. Ermittlung der Sekundäreffekte auf Energieaktivitäten

Physische Beschränkungen der Energieaktivitäten sowie Kostenveränderungen können ihrerseits Energieangebot und -nachfrage, die Brennstoffwahl oder die Technologienanwendung verändern und sich so letzten Endes auf die gesamte Wirtschaft auswirken. Art und Ausmaß dieser Sekundäreffekte werden u.a. von folgenden Fragen bestimmt:

- Sind die Kostenveränderungen von Energieangebot und -verbrauch gemessen an den Gesamtkosten der Versorgung und Verwendung erheblich bzw. groß genug, um Sekundäreffekte auszulösen, wie z.B. Veränderungen der Nachfrage, der Technologieanwendung oder der Brennstoffwahl?
- Wer (z.B. Energieerzeuger, Energieverbraucher und/oder Steuerzahler) trägt ganz oder teilweise die Kosten bzw. muß die Einsparungen erbringen, die sich aus Maßnahmen zur Einhaltung der Umweltbestimmungen ergeben? In der Marktwirtschaft spiegeln sich im Preis eines Erzeugnisses dessen Wettbewerbsfähigkeit wider, die Bereitschaft des Verbrauchers, diesen Preis zu zahlen, sowie die vom Erzeuger überwälzten Kosten. Mithin spiegelt der Endpreis für den Normalverbraucher die dem jeweiligen Erzeuger erwachsenden Kostenveränderungen vielleicht nicht genau wider.
- Reichen die standort- oder brennstoffspezifischen Beschränkungen einzeln oder insgesamt gesehen aus, um meßbare Effekte hervorzubringen, wie z.B. eine Abwanderung oder Verlagerung von Energieaktivitäten oder eine nennenswerte Verschiebung der Anteile der einzelnen Energieträger?

(a) Veränderungen des Energieangebots

Energieaktivitäten haben für viele Umweltprobleme eine zentrale Bedeutung. Infolgedessen haben sich die umweltspezifischen Anforderungen an Energieaktivitäten verschärft, was erhebliche, wenn auch unterschiedliche Auswirkungen auf die Standortmöglichkeiten, und in geringerem Maße auch auf die Produktionskosten hat.
Die Produktionskostenveränderungen erstrecken sich auf die großen Problemkreise der industriellen Standortverlagerung und des Handels. In den Industriestaaten wie den Entwicklungsländern herrscht Besorgnis darüber, daß sich die Produktionskosten in einem Land erhöhen, sobald die nationalen Umweltschutzbestimmungen verschärft werden, da hierdurch die Wettbewerbsfähigkeit gegenüber anderen Staaten mit weniger anspruchsvollen Umweltnormen geringer wird. Unter Umständen können sich die entsprechenden Aktivitäten dann in Länder mit weniger stringenten Umweltschutzgesetzen verlagern. Es könnte in der Tendenz auch zu einer geographischen Spezialisierung entsprechend dem Verschmutzungsgrad der Energieversorgungsbetriebe kommen.
Wie in den Kapiteln IV und V dargelegt wurde, gibt es im OECD-Raum hinsichtlich der Umweltstandards erhebliche Unterschiede und besteht eine starke Tendenz, die Bestimmungen zu verschärfen. Wenngleich auf nationaler und internationaler Ebene Anstrengungen unternommen werden, um allzu große Differenzen zwischen den nationalen Standards zu vermeiden, so sind doch für die ökonomischen Kosten, die durch die Einhaltung eines bestimmten Standards der Umweltqualität entstehen, u.a. der Industrialisierungsgrad, die Produktionsstruktur und Standortverteilung sowie eine Vielzahl materieller und klimatischer Bedingungen ausschlaggebend. Die ökonomisch bedingten Kosten von Energieversorgungsaktivitäten z.B. hängen von den Eigenschaften der verwendeten Energieressourcen ab. Ein Gefälle bei den Umweltschutzkosten ist daher unvermeidlich, die in manchen Fällen, besonders bei sich häufenden Umweltauflagen, recht hoch sein können. Der Anteil dieser Kosten an den gesamten Produktionskosten ist freilich nur gering, und die Tragfähigkeit eines

Projekts wird von anderen Faktoren bestimmt, die auch über die endgültige Standortwahl entscheiden.

In zahlreichen Mitgliedstaaten hatten Standortprobleme, wie sie bei den meisten großtechnischen Energieversorgungsaktivitäten auftreten, starke Auswirkungen auf die Entwicklung der Versorgungsinfrastruktur und führten zur Verlagerung oder Abwanderung der Produktion. So ist z.B. allgemein bekannt, daß Standortprobleme den Ausbau der Stromerzeugung aus Kernenergie in vielen Mitgliedsländern stark gehemmt haben. Eine bemerkenswerte Ausnahme ist hier Frankreich: Aufgrund einer leichteren Standortwahl und zahlreicher anderer Faktoren geht die Durchführung des Kernkraftprogramms weitgehend planmäßig vonstatten. Frankreich exportiert Strom, den es nicht selbst benötigt, in mehrere Nachbarländer. Zu dieser Art von „Spezialisierung" oder Konzentration kann es bei jeder Energieversorgungsaktivität kommen, für die es einerseits nur wenige mögliche Standorte gibt und die andererseits nicht unbedingt an einen bestimmten Standort gebunden ist (z.B. das Raffinieren von Erdöl im Vergleich etwa zum Kohlenbergbau).

(b) Veränderungen der Energienachfrage

Auswirkungen von Kostenveränderungen auf die Nachfrage. Zwar wirken sich Umweltschutzausgaben auf die Kostenrechnung der Energieerzeuger aus, sie erhöhen aber nicht unbedingt die Produktionskosten. Umweltschutzausgaben können auch Verfahrensverbesserungen oder eine effizientere Energierückgewinnung bzw. -nutzung zur Folge haben. Die Frage, ob Umweltschutzmaßnahmen das Niveau der Energienachfrage beeinflussen und wie groß dieser Effekt sein könnte, läßt sich deshalb schwer beantworten, weil es bisher kaum eindeutige Nachweise hierfür gibt. Wie gesagt, ist dies vor allem darauf zurückzuführen, daß eine genaue Quantifizierung der durch Umweltschutzmaßnahmen bedingten Kostenveränderungen schwierig ist [30]. Die Auswirkungen auf die dem Endverbraucher entstehenden *durchschnittlichen* Energiekosten halten sich zwar offenbar noch in Grenzen, doch könnten Umweltschutzmaßnahmen künftig weitere große Kostensteigerungen bewirken. Je nach der Preiselastizität der Nachfrage könnten aus einer starken Kostensteigerung resultierende höhere Energiepreise im Endeffekt die Energienachfrage dämpfen. Wie stark sich solche Effekte auswirken, kann nur durch Sektoranalysen geklärt werden.

Dasselbe gilt für eine Reihe im Rahmen von Umweltschutzmaßnahmen eingesetzter ökonomischer Instrumente. Die Erhebung von Steuern und Gebühren auf Energieprodukte beschränkte sich bisher größtenteils auf die unterschiedliche Behandlung konkurrierender Kraftstoffe, wie z.B. Benzin und Dieselöl oder Dieselöl und Flüssiggas. Das Ziel war hierbei weniger, die Gesamtverbrauchsmenge zu verändern, als vielmehr die Kraftstoffwahl zu beeinflussen. Das Motiv für die Einführung solcher Gebühren, Steuerzuschläge und Abgaben war in den Mitgliedsländern allgemein die Erhöhung der Staatseinnahmen. In einigen Mitgliedstaaten werden diese Erträge überdies speziell dazu verwendet, ganz oder teilweise Maßnahmen zur Behebung der durch die Verwendung solcher Kraftstoffe entstehenden Umweltbelastungen zu finanzieren. Wenngleich diese Abschöpfungen umweltpolitisch gesehen eindeutig regulierend wirken, dienen sie doch nicht etwa der Steuerung der gesamten Energienachfrage. Diese Wirkung würde nur dann erreicht, wenn diese Abschöpfungen beträchtlich angehoben würden. Höhere Steuern, für deren Bemessung z.B. der Ausstoß von Schadstoffen wie SO_2, NO_x oder CO_2 zugrunde gelegt würde, hätten auf das Verbraucherverhalten und die Gesamtnachfrage wesentlich mehr Einfluß, zumal hiervon eine größere Anzahl Energieprodukte als bisher betroffen wäre.

Energiemehrverbrauch aufgrund von Umweltschutzeinrichtungen. Die Anwendung konventioneller „nachgeschalteter" Umweltschutztechnologien geht normalerweise mit einem gewissen Energieeffizienzverlust einher (dem sogenannten „erhöhten Energieverbrauch aufgrund von Umweltschutzeinrichtungen"). Beim Einsatz von Rauchgasentschwefelungsanlagen wird Energie verbraucht (zum Pumpen, Versprühen, für Fördereinrichtungen, Wiederaufheizung usw.). Hierbei handelt es sich vor allem um elektrische Energie, wodurch sich die technische Effizienz der Anlage effektiv verringert. Zusätzlich kann begrenzt auch extern Energie benötigt werden (z.B. Gas zum Wiederaufheizen von Ofenabgasen). Wieviel Energie verbraucht wird, hängt vom Typ der Rauchgasentschwefelungsanlage ab. Vom amerikanischen Umweltamt wurde der Energieverbrauch mehrerer Rauchgasentschwefelungssysteme auf 0,75–2,7% der Bruttostromerzeugung geschätzt. Für die deutsche Industrie wurde ausgerechnet, daß der Energieverbrauch der in Deutschland eingesetzten Naßabscheider 1–1,5% der Bruttoproduktion entspricht. Werte dieser Größenordnung scheinen für die jüngsten Untersuchungen über die Leistungsstärke von Rauchgasentschwefelungsanlagen repräsentativ zu sein. Dagegen arbeiten Systeme für die selektive katalytische Reduktion mit minimalem Energieaufwand, denn das Verfahren basiert auf einer chemischen Reaktion in einem ortsfesten Katalysator, wobei die Ofenabgase nicht wieder aufgeheizt zu werden brauchen. Bei fortgeschritteneren Technologien (Verbrennung im Wirbelbettverfahren, integrierter Zyklus für Synthesegasherstellung) dürfte jegliche Erhöhung des Energieverbrauchs durch die höhere Energieeffizienz mehr als kompensiert werden.

Bei Fahrzeugen hängt der umweltschutzbedingte Kraftstoffmehrverbrauch davon ab, welche Technologien angewendet werden, um die geltenden Standards zu erfüllen. Der Kraftstoffverbrauch liegt bei nachgeschaltetem Dreiwegekatalysator um 5–10% höher als bei Betrieb ohne Katalysator, ist bei technisch verbesserten neuen Modellen dagegen u.U. sogar geringer. Bei schadstoffarmen Motoren verringern sich zwar Kraftstoffverbrauch und Schadstoffausstoß, doch dürfte diese Emissionsminderung nicht ausreichen, um die kürzlich von der EG für Kleinwagen beschlossenen Standards zu erfüllen.

Veränderungen aufgrund industrieller Standortverlagerungen. Mit dem Argument, die Entwicklungsländer hätten die „Selbstreinigungskapazität" ihrer Umwelt aufgrund ihres niedrigeren Industrialisierungsgrads (d.h. die Fähigkeit der Natur, Abfallbelastungen zu verkraften und in unschädlicher Weise zu „entsorgen") noch nicht ausgeschöpft, ist die Auffassung begründet worden, daß diese Länder umweltbelastenden Aktivitäten attraktive Standortmöglichkeiten bieten und ihre Umweltschutzstandards niedrig ansetzen könnten. In zahlreichen Wirtschaftsbereichen, auch bei energieintensiven Aktivitäten wie Verhüttung und Erdölraffination, dürfte der Anteil der Umweltschutzausgaben an den Produktionskosten nach wie vor gering sein. Bisher gibt es noch keine Anzeichen für eine massive Verlagerung von Kapazitäten in Gebiete außerhalb des OECD-Raums. Eine begrenzte Abwanderung ist zwar bei einer Reihe von Branchen mit umweltgefährdender Produktion (wie z.B. Verlagerung der Asbestspinnstoff-Herstellung und Erzeugung gewisser Baustoffe von den USA nach Mexiko) festzustellen, wobei aber weitgehend andere Faktoren als Maßnahmen zum Schutz von Gesundheit und Sicherheit am Arbeitsplatz oder Umweltschutzaufwendungen maßgeblich waren [31].

(c) Veränderungen bei Wahl und Wettbewerbsposition der Energieträger

Die Brennstoffwahl wird durch eine Reihe von Faktoren wie Preis, Verfügbarkeit, Technologie, Nutzungsfreundlichkeit, Nutzungskosten, Energie- und Umweltpolitik und Verbraucherentscheidungen bestimmt. Umweltschutzmaßnahmen können sich auf jeden dieser Faktoren auswirken. Konditionenveränderungen von Brennstoffangebot oder -verwendung verändern eher die Wettbewerbsfähigkeit der Energieträger als den Gesamtenergieverbrauch. In einigen Fällen, in denen die Umstellung auf einen anderen Energieträger technisch und wirtschaftlich gesehen möglich war, haben Umweltschutzmaßnahmen bereits zu beträchtlichen Umschichtungen im Endverbrauch geführt und derselbe Trend zeichnet sich auch bei einer Reihe von Energieaktivitäten ab.

Auswirkungen von Kostenveränderungen auf die Brennstoffwahl. Da jeder Energieträger andere Umweltwirkungen hat, sind auch die Kosteneffekte von Umweltschutzmaßnahmen bei den einzelnen Energieträgern verschieden. Diese Veränderungen schlagen sich letzten Endes bei den Verbraucherpreisen und der Nachfrage nieder. Da die Kosten der Umweltwirkungen durch die entsprechenden Umweltschutzmaßnahmen von vornherein einbezogen werden, erhöht sich wohl der Preis der am stärksten umweltbelastenden Energieträger (sofern die Kosten im Endeffekt auf den Verbraucher überwälzt werden). Infolgedessen kann der Preis sauberer, leicht verbrennbarer Energieträger durch die Nachfrage mit der Zeit so hoch getrieben werden, daß er dem eines weniger attraktiven Energieträgers plus den Technologiekosten entspricht, die erforderlich sind, um ihn umweltverträglich zu machen. Da die Kosten für die Verwendung eines gegebenen Energieträgers in beiden Fällen steigen, wird der Verbraucher dazu neigen, seinen Konsum jeweils zu reduzieren, oder sich nach Möglichkeit für einen anderen kostengünstigeren Energieträger entscheiden.

Das Beispiel der Stromerzeugung zeigt, wie durch veränderte Verwendungs- und Kostenbedingungen Schwerpunktverlagerungen bei der Brennstoffwahl entstehen. Die Stromversorgungsunternehmen der Mitgliedsländer evaluieren z.Z. die mit den jüngsten Umweltstandards für kohle- und ölbefeuerte Neu- und Altanlagen verbundenen Kosteneffekte. Zahlreiche Stromversorgungsunternehmen prüfen gegenwärtig noch die Handlungsoptionen, die sich für die künftige Schaffung von Kapazität bieten. So handelt es sich in Großbritannien bei den von der CEGB in Erwägung gezogenen Optionen um den Einsatz von (importierter) Kohle mit geringem Schwefelgehalt, ein Nachrüstungsgroßprogramm für die Rauchgasentschwefelung in kohlebefeuerten Altanlagen oder eine gesteigerte Erdgasverwendung. In Belgien muß die Industrie ihre SO_2-Emissionen bis 1995 insgesamt um 50% (gegenüber dem Niveau von 1980) reduzieren. Um dieses Ziel zu erreichen, müssen voraussichtlich ölbefeuerte Kraftwerke stillgelegt werden, während Kohlekraft-Altanlagen hiervon nicht betroffen sein dürften. In Kanada soll der SO_2- und NO_x-Ausstoß des Elektrizitätsversorgungsunternehmens Ontario Hydro bis 1994 auf jährlich maximal 215 000 t reduziert werden. Die hierfür in Erwägung gezogenen Optionen sind Rauchgasentschwefelung, Brenner mit geringem NO_x-Ausstoß, schwefelarme Kohle und ein höherer Anteil der Kernkraft an der Stromerzeugung.

Wenngleich sich die ökonomischen Bedingungen nicht so stark geändert haben, wie das in jüngster Zeit gestiegene Interesse am Erdgas vermuten lassen könnte, verweisen manche Beobachter doch darauf, daß sich die Einstellung der Stromversorgungsunternehmen zum Erdgas geändert hat. Bezeichnend hierfür ist die Diskussion über die Frage, ob die EG-Richtlinie, die eine Erdgasverwendung nur für prioritäre Zwecke vorsieht, weiter gelockert werden sollte, um die Stromerzeugung in erdgasbefeuerten Anlagen zuzulassen und zu fördern. Eine Rolle spielt bei diesen Überlegungen, daß Erdgas als umweltfreundlich bevorzugt wird und in Europa zudem bei diesem Energieträger gegenwärtig ein Angebotsüberhang besteht. Während die Umrüstung von Altanlagen auf Erdgas oder die Schaffung neuer für Erdgas geeigneter Kapazitäten eine längere Vorausplanung erfordern und sich deshalb auf die Angebots- und Nachfragestruktur nicht sofort auswirken, geht die Umstellung bei für duale Beschickung ausgelegten Anlagen rascher vonstatten. So wäre beispielsweise in den Vereinigten Staaten eine Substitution in Höhe von 10% des Gasbeschickungsvolumens von 1988 durch Restöl ohne weiteres möglich. Wenn einige Kraftwerke trotz der auf diese Weise erzielbaren Kostenersparnis nicht von Gas auf Öl umstellen, so erklärt sich dies aus den für ihre Region geltenden Luftqualitätsstandards. Durch ihren Einfluß auf die Brennstoffwahl tragen Umweltschutzvorschriften somit dazu bei, den relativen Preis des Erdgases gegenüber dem der Mineralölprodukte zu stützen.

Veränderungen der Brennstoffwahl aufgrund der Beschränkung von Energieerzeugung und -verwendung. Eine augenfällige Verlagerung in der Brennstoffwahl zeigt die Verschiebung der Anteile von Brennstoffen mit niedrigem und hohem Schwefelgehalt. Ganz eindeutig hat sich beim Heizöl die Nachfrage infolge der seit kurzem stringenteren Vorschriften auf schwefelarme Qualitäten verlagert. Im Jahre 1988 ist der Verbrauch von schwefelarmem schwerem Heizöl gestiegen, so daß die Ölvorräte mit hohem Schwefelgehalt international übermäßig zunahmen und die Preisdifferenz zwischen den beiden Qualitäten im Laufe des Jahres größer wurde. Desgleichen war die beobachtete Verlagerung zu schwefelarmer Kohle weitgehend darauf zurückzuführen, daß das Verfeuern von Kohle mit geringerem Schwefelgehalt für Anlagenbetreiber oft die einfachste Lösung ist, um SO_2-Emissionsauflagen möglichst umgehend zu erfüllen.

Von den Maßnahmen zur Beschränkung des Brennstoffverbrauchs haben sich die im wesentlichen nur befristet angewendeten auf den Energiemix als solchen nicht besonders stark ausgewirkt, wenn auch die Tendenz zu jahreszeitlichen Beschränkungen in städtischen Ballungsräumen die Entwicklung flexibler Energiesysteme, d.h. die Möglichkeit, alternative Brennstoffe einzusetzen (z.B. Methanol, Heizöl oder Benzin), fördert. Die Aussichten auf eine Änderung der Brennstoffwahl (wenn auch nicht unbedingt des Nachfragevolumens) dürften sich jedoch erheblich verbessern, wenn mehr auf Beschränkungen zurückgegriffen würde, wie sie z.B. im Los-Angeles-Becken verfügt worden sind. Dies hätte zur Folge, daß bestimmte Brennstoffe regional nach und nach durch andere ersetzt würden.

Standortauflagen haben sich insofern nachhaltig auf die Brennstoffwahl ausgewirkt, als von ihnen Effekte auf die möglichen Energieversorgungsoptionen und die Menge der effektiv genutzten oder erzeugten Energieträger ausgegangen sind. Bei substituierbaren Verwendungen von fossilen Brennstoffen und Strom (z.B. für die Wohnraumbeheizung) haben sich die verwendeten Anteile wahrscheinlich unter dem Einfluß von Schwierigkeiten beim Ausbau der Kernkraft-, Wasserkraft- und selbst Kohleverstromungskapazitäten verändert.

Weitere Auswirkungen auf die Brennstoffwahl. Auch Faktoren, die nicht in direktem Zusammenhang mit Preisdifferenzen oder der tatsächlichen Verfügbarkeit stehen und die ebenfalls von Umwelterfordernissen beeinflußt werden können, wirken sich auf die Brennstoffwahl aus. In der Vergangenheit hat sich die Ungewißheit über künftige Kosten und Verfügbarkeit als wichtiger Bestimmungsfaktor bei der Brennstoffwahl erwiesen. Immer neue Umweltprobleme und -risiken (Beispiel Klimaänderung) und die Ungewißheit darüber, welche Umweltschutzmaßnahmen zu ihrer Bewältigung ergriffen werden könnten, wirken sich zweifellos bereits insofern auf die Brennstoffwahl aus, als ökologisch „sicheren" Lösungen der Vorzug gegeben wird. Die Besorgnis über die Umweltverschlechterung kann auch den einzelnen Verbraucher dazu veranlassen, sich auf umweltfreundliche Energieträger umzustellen. Wenngleich solche Verbraucherpräferenzen nicht quantifizierbar sind bzw. sich nicht von anderen die Energieträgerwahl bestimmenden Faktoren absondern lassen, sollten sie zumindest nicht unterschätzt werden, weil sie im Falle wirtschaftlicher oder technischer Schwierigkeiten bei der Brennstoffwahl den Ausschlag geben können. Ähnlich liegen die Dinge, wenn sich Unternehmen ihres Images wegen für „sauberere" Energieträger entscheiden.

(d) Auswirkungen auf die Technologiewahl und F+E-Prioritäten

Umweltschutzmaßnahmen haben den Anstoß zur Innovation in der Umwelttechnologie gegeben, wenn die Unternehmen erkannten, daß für neue Produkte große Wachstumsmärkte vorhanden waren. Zu solchen Innovationen kam es sowohl im öffentlichen als auch im privaten Sektor (wo sie zuweilen mit öffentlichen Mitteln gefördert wurden). Da das Schwergewicht heute bei der Umwelttechnologie liegt, könnten sich die für andere technologische Entwicklungen (z.B. die für den Energiesektor) bereitgestellten Mittel verringern. Dabei ist jedoch zu beachten, daß die F+E-Mittel in den siebziger Jahren sowohl für umweltrelevante als auch für energiebezogene Aktivitäten aufgestockt worden sind. Die Aufwendungen für die Entwicklung von Umweltschutztechnologien sind insgesamt höher, als der Anteil der umweltrelevanten F+E-Mittel an den öffentlichen Ausgaben der OECD-Länder erkennen läßt (nämlich 1980 zwischen 0,6 und 2,9% der gesamten öffentlichen Mittel für umweltbezogene F+E-Aktivitäten der OECD-Länder, gegenüber 1,0 bis 23% für energierelevante F+E-Aktivitäten) [32]. Der Grund hierfür ist darin zu sehen, daß sich das Schwergewicht bei energiebezogenen F+E-Programmen deutlich zugunsten umweltfreundlicher bzw. „sauberer" Energietechnologien (z.B. sauberer Kohletechnologien) verlagert hat. Daher würde es sich empfehlen, dieses Zahlenmaterial weiter aufzuschlüsseln und zu aktualisieren.

Mit besonderem Nachdruck ist die Nachrüstung von Anlagen mit Umweltschutzeinrichtungen betrieben worden. Dies ist praktisch immer mit erheblichen Betriebs- oder Investitionskosten oder beidem verbunden, so daß sich die Erträge und somit auch die Mittel für andere Innovationen etwa im Bereich der Energieeffizienz oder verfahrenstechnischer Verbesserungen verringern. Gleichwohl haben diese Anstrengungen – vor allem, wo konstruktions- oder produktionstechnische Änderungen vorgenommen wurden – zuweilen auch Technologien entstehen lassen, deren Umweltschutzkosten insgesamt niedriger sind als die nachgeschalteter Technologien, und die außerdem noch andere Vorteile bieten, wie z.B. Energieeinsparungen. Im Abschnitt über die Nachfrage sind bereits Beispiele für Energieeinsparungen beschrieben worden. In den jeweiligen Energiesektoren durchgeführte private wie öffentliche F+E-Programme sind neuerdings zumindest teilweise auf diese „sauberen" Energietechnologien abgestellt, die energie- wie auch umweltpolitisch positiv zu bewerten sind.

Umweltschutzauflagen wirken sich je nach Art und Form auf die Entwicklung umweltbezogener Technologien und das Tempo ihrer Kommerzialisierung aus. So können beispielsweise die freilich nur selten angewandten „technologieforcierenden" Vorschriften innovationsfördernd wirken. In Deutschland waren die Vorschriften über NO_x-Emissionen derart stringent, daß nur eine japanische Technologie den Anforderungen gerecht wurde. Der Industrie blieb somit nur die Wahl, die japanische Technologie in Lizenz zu nehmen oder eine eigene zu entwickeln, was dann schließlich auch geschah. Eine ähnliche, wenn auch nicht ganz so drastische Anschubwirkung – aber auch einen Bremseffekt – können Standards haben, die die Anwendung bester verfügbarer Umweltschutztechnologien vorschreiben, und mithin je nachdem, wie sie interpretiert und angewandt werden, den technischen Fortschritt hemmen oder fördern.

VII. Abschätzung der Folgen für die Energieversorgungssicherheit

1. Auswirkungen auf Energieintensität und Gleichgewicht zwischen Angebot und Nachfrage

Die Nachrüstung von Anlagen zu Umweltschutzzwecken erfordert im allgemeinen zusätzliche Energiemengen für deren Betrieb und verringert damit die Energieeffizienz. Wie weiter oben in dem Abschnitt über die Energieverbrauchsveränderungen festgestellt wurde, ist die Verwendung von Umweltschutzausrüstungen mit einem erhöhten Energieeinsatz verbunden, dessen Volumen unterschiedlich, in der Regel aber relativ gering ist. Obwohl die bisherigen Umweltschutzaktivitäten einen beträchtlichen Umfang annehmen, haben sie sich in den IEA-Mitgliedstaaten noch nicht spürbar auf die Energieintensität ausgewirkt. Daß der erwartete Anstieg des Energieeinsatzes ausgeblieben ist, dürfte mehrere Ursachen haben. Deren wichtigste war wohl die, daß es im gleichen Zeitraum aus nicht umweltbezogenen Gründen zu einer Steigerung der Energieeffizienz und zu Strukturveränderungen gekommen ist, die in den siebziger und achtziger Jahren einen starken Abwärtstrend der Energieintensität ausgelöst haben (der ohne den durch die Umweltschutzausrüstungen bedingten erhöhten Energieeinsatz u. U. noch etwas stärker gewesen wäre).

Die Auswirkungen der Umweltschutzvorkehrungen auf den Energieverbrauch dürften sich jedoch längerfristig bemerkbar machen, sobald die Entscheidungen über die Einhaltung der unlängst in den einzelnen Ländern verabschiedeten Gesetze und der internationalen Vereinbarungen zur Begrenzung der SO_2- und NO_x-Emissionen umgesetzt werden. Die Einführung und verbreitete kommerzielle Anwendung verschiedener vielversprechender „sauberer" Energietechnologien könnte eine verbrauchsmindernde Wirkung haben. Die erst kürzlich eingeleiteten Umweltschutzinitiativen zur Begrenzung bzw. Verminderung der Emissionen von VOC, lungengängigen Partikeln und gefährlichen Luftschadstoffen können potentiell eine weitere Zunahme des Energiebedarfs (und der Kosten) des Umweltschutzes bewirken. Um den Umfang des zu erwartenden Energieverbrauchsanstiegs zu bestimmen, müßte die Wirkungsbreite dieser Initiativen und der voraussichtlichen großtechnischen Anwendung „sauberer" Technologien viel gründlicher analysiert werden.

Installation und Betrieb von Umweltschutzausrüstungen, die größeren Schwierigkeiten bei Standortwahl und Genehmigungsverfahren sowie Beschränkungen des Energieeinsatzes können einen Anstieg der Energieerzeugungskosten bewirken. Vielleicht werden diese Faktoren künftig bei der Energiepreisbildung allgemein stärker ins Gewicht fallen. So ist z.B. damit zu rechnen, daß Umweltschutzauflagen die Raffineriekosten, die Kohleverarbeitungskosten sowie die Kosten für den Einsatz von Öl, Erdgas und Kohle in Feuerungsanlagen weiter in die Höhe treiben werden. Durch diese Auflagen wird der Einsatz fossiler Brennstoffe der Tendenz nach weniger zweckmäßig und kostspieliger. Schließlich wird es zu einer ganz normalen Anpassung des Marktes kommen, und sämtliche Faktoren – Kosten, Verfügbarkeit, Zweckmäßigkeit und Präferenz – werden sich in den Verbraucherpreisen und in der Verbrauchsstruktur niederschlagen. Das könnte dann später eine Nachfrageverlagerung nach sich ziehen, d.h. eine Abkehr von den Energieträgern, die kostenaufwendige Umweltschutzmaßnahmen erfordern, und möglicherweise zu Versorgungsschwierigkeiten bei den aus Umweltschutzgründen bevorzugten Energieträgern führen. Da der Umweltschutz mehr und mehr als feste Größe in die internen Kostenberechnungen einbezogen wird, kann die Rücksichtnahme auf die Umwelt bedeutende Veränderungen der Kostenstruktur von Energieangebot und -verbrauch hervorrufen, was die Wahl der Energieträger entsprechend beeinflussen und eine globale Nachfragenivellierung bzw. -verringerung bewirken könnte.

Die vorgenannten Faktoren können das Gleichgewicht von Angebot und Nachfrage stören, wenn energie- und umweltbezogene Ziele nicht gleichermaßen berücksichtigt werden. Die energiepolitischen Maßnahmen, die erwogen werden könnten, um die Auswirkungen eventuell auftretender abrupter oder extremer Ungleichgewichte auf die Energieversorgungssicherheit abzuschwächen, müssen eingehender analysiert werden. Zum Beispiel hängt die Tragfähigkeit umweltfreundlicher energiepolitischer Optionen, wie die Verlagerung auf „sauberere" Brennstoffe, davon ab, ob die geeigneten Vorkehrungen getroffen werden für die Entwicklung und langfristige Verfügbarkeit alternativer Energieträger, wie z.B. Erdgas oder aus Erdgas gewonnenes Methanol, schwefelarmes Erdöl, Technologien zur Steigerung der Energieeffizienz oder für den Einsatz regenerativer Energieträger sowie Strom von mit nichtfossilen Brennstoffen befeuerten Kraftwerken. Da sich letzten Endes als notwendig erweisen kann, den Einsatz fossiler Brennstoffe einzuschränken, sollten auch umweltpolitische Lösungsansätze, die darauf abgestellt sind, Ausmaß und Wahrscheinlichkeit von Großunfällen zu verringern, eingehend untersucht werden. Schon allein durch ihr Vorhandensein könnten diese Ansätze dazu beitragen, den Widerstand gegen nach Meinung der Öffentlichkeit stark risikobehaftete Versorgungsalternativen abzubauen, so daß diese wieder an Bedeutung gewinnen könnten. Eingehender behandelt werden diese Fragen in den Kapiteln IX und X der vorliegenden Studie, die sich mit den Lösungsansätzen und den Politikinstrumenten befassen.

Von Umweltsorgen und Umweltschutzmaßnahmen zur Verminderung der Umwelteffekte von Energieaktivitäten gehen in mancher Hinsicht starke Anreize für die Durchführung von Maßnahmen zur Förderung der Energieversorgungssicherheit aus. Eine verbesserte Energieeffizienz und eine sparsamere Energieverwendung sowie die Förderung regenerativer Energiequellen und anderer Quellen nichtfossiler Brennstoffe sind vorrangige Umweltschutzoptionen, mit denen sich die Energieversorgungssicherheit der Mitgliedstaaten in starkem Maße positiv beeinflussen läßt.

2. Auswirkungen auf die Angebotsvielfalt und die Flexibilität von Angebot und Nachfrage

Die Anstrengungen, die die Mitgliedstaaten in den vergangenen 15 Jahren zur Verringerung ihrer Abhängigkeit von unsicheren Bezugsquellen für Importöl unternommen haben, werden durch die aus umweltpolitischen Gründen eingeleiteten Diversifizierungsbemühungen (z.B. Umstellung von Erdöl auf Erdgas bei Kraftfahrzeugen) unterstützt. Im Transportsektor gilt erhöhtes Augenmerk den F+E-Bemühungen, mit denen die Diversifizierung des Kraft- und Treibstoffeinsatzes gefördert werden soll, was wiederum die Umweltfreundlichkeit der Kraftfahrzeuge verbessern würde. Zu den alternativen Quellen, die vermutlich um die Jahrhundertwende einsatzfähig wären, zählen komprimiertes Erdgas, Methanol und Ethanol, zumal wenn der Übergang durch die gegenwärtig in der Entwicklung befindlichen Kraftfahrzeuge mit flexiblen Treibstoffsystemen erleichtert werden kann. Die bivalente und multivalente Stromerzeugung kann, wo sie rentabel ist, durch die so erzielte größere Flexibilität bei den Umstellungsmöglichkeiten auf andere Energieträger ebenfalls zur Versorgungssicherheit beitragen. Das zunehmende Interesse an umweltfreundlichen multivalenten Brennstoffsystemen (die z.B. eingesetzt werden, um saisonbedingten Umweltschutzauflagen zu genügen) und deren Entwicklung könnten eine derartige Flexibilität und damit auch die Energieversorgungssicherheit erhöhen.

Demgegenüber hat sich der Widerstand gegen die Standortwahl für Kohle-, Kernkraft- und Wasserkraftwerke sowie Müllverbrennungsanlagen in zahlreichen Ländern als ein großes Problem erwiesen. Die Unsicherheit über die zukünftige Stromversorgungsplanung ist hierdurch noch größer geworden. Diese Schwierigkeiten der Standortwahl und die für viele Versorgungsbetriebe ungewisse ordnungsrechtliche Situation sind in einigen Ländern eine Bedrohung für die Systemverläßlichkeit. Wegen der auf diese Weise verkürzten Vorlaufzeiten könnte dies beim Brennstoffeinsatz für die Stromerzeugung zu Verlagerungen führen, die dann mittel- bis langfristig Probleme der Versorgungssicherheit aufwerfen könnten.

Wie die Entscheidungen im Energiebereich werden auch die umweltbezogenen Entscheidungen oft zwangsläufig unter ungewissen Rahmenbedingungen getroffen. Es können Maßnahmen zur Abwendung einer Umweltgefährdung ergriffen werden, die sich im nachhinein vielleicht als nicht so gravierend erweist, wie zunächst angenommen worden war. In diesem Fall können die Umweltschutzmaßnahmen gemessen am effektiv entstandenen Schaden sehr teuer zu stehen kommen. Werden die Entscheidungen dagegen aufgeschoben, bis das genaue Ausmaß der drohenden Umweltbelastung bekannt ist, so muß u.U. rascher gehandelt werden, als dies der Fall gewesen wäre, wenn zu einem früheren Zeitpunkt vorbeugende Maßnahmen getroffen worden wären. Erweist sich z.B. die Umweltgefährdung später als sehr ernst, so bedarf es möglicherweise einer raschen Neuorientierung des Energiesektors. Wenn solche drastischen Schwerpunktverlagerungen erforderlich sind, kann die Wirkung für den Energiesektor und die Energieversorgungssicherheit alles in allem größer sein, als wenn zu einem früheren Zeitpunkt (d.h. vor dem wissenschaftlichen Nachweis des wirklichen Ausmaßes der Umweltgefährdung) vorbeugende Maßnahmen ergriffen worden wären. Die Kohle gilt als wichtiger Faktor bei der Verwirklichung sicherer Energiesysteme. Die OECD-Länder haben bei der Umstellung von Öl auf Kohle beträchtliche Fortschritte erzielt. Der Ablauf des Kohlezyklus wird jedoch durch die zahlreichen mit ihm verbundenen Umweltbelastungen (z.B. Säureablagerungen, lungengängige Partikel, Luftbelastung durch photochemische Oxidantien und als neuere Erscheinung globale Klimaänderung) immer mehr eingeengt, zumal solange die Debatte darüber, wie man diese Probleme am besten in den Griff bekommen kann, noch nicht abgeschlossen ist (das gilt vor allem für Probleme, für die es offenbar keine wirtschaftlich und technisch realisierbaren Lösungen gibt). Gegenwärtig greift man auf Beschränkungen des Brennstoffeinsatzes als letztes Mittel in spezifischen Bereichen zurück, in denen sich die Anwendung der besten verfügbaren Technologien und andere Ansätze für den Umweltschutz als unzureichend erwiesen haben. Diese Beschränkungen haben daher eine lokal nur sehr begrenzte und häufig lediglich saisonale Wirkung, und ihr Einfluß auf die Vielfalt des Energieangebots kann durch technologische Neuentwicklungen noch geschwächt werden. Im Zuge verstärkter Anstrengungen zur Schaffung eines Energiesystems, bei dem eine breite Palette umweltschonender Energieformen angeboten und verwendet wird, könnten umweltbedingte Präferenzen für bestimmte Energieträger das Angebot zumindest auf kurze Sicht einschränken, wodurch die Flexibilität und Vielfalt vermindert und auf mittlere bis lange Sicht Probleme der Versorgungssicherheit aufgeworfen würden. Solange bei der Standortwahl für Bergbauaktivitäten und Ölbohrungen auf befürchtete Umweltbelastungen Rücksicht genommen werden muß, dürften auch dem Ausbau der Energieversorgung aus heimischen Quellen Grenzen gesetzt sein. Die Nutzung aller in wirtschaftlicher Hinsicht interessanten und verfügbaren heimischen Energiequellen hat für die Energieversorgungssicherheit des IEA-Raums als Ganzem beträchtliche positive Auswirkungen, weil dadurch der Anstoß zur Entwicklung technologischer Lösungen von Umweltproblemen gegeben wird, die sich bei der Nutzung heimischer Energieträger ergeben. Diese Bemühungen werden voraussichtlich fortgesetzt, auch wenn es – wie bereits erwähnt – kostspielig und langwierig sein dürfte, annehmbare Lösungen für alle auftretenden Umweltprobleme zu finden.

3. Konsequenzen für den Energiehandel, die energiebezogenen Investitionen und die Abhängigkeit von unsicheren Versorgungsquellen

Der Trend zu einer internationalen Harmonisierung der Lösungsansätze für Umweltprobleme und andere Bestrebungen in dieser Richtung dürften zum Abbau etwa bestehender Ungleichheiten hinsichtlich der Wettbewerbsposition beitragen. Zwar zählte die mangelnde Harmonisierung nicht zu den Hauptursachen des im vergangenen Jahrzehnt beobachteten Strukturwandels, doch könnten die Tatsache, daß die Umweltschutzauflagen in den einzelnen Ländern verschieden streng sind, sowie die noch bestehenden bzw. weiter zunehmenden Schwierigkeiten bei der Standortwahl letztlich dazu führen, daß energieintensive Industrien, wie z.B. Raffinerien, aus den OECD-Ländern ausgelagert werden. Dabei kommt sicheren Raffineriekapazitäten im OECD-Raum selbst jedoch für die Energieversorgungssicherheit der Mitgliedstaaten erhebliche Bedeutung zu.
Wegen der sehr unterschiedlichen Struktur des Energiesektors in den IEA-Mitgliedstaaten ist der Energiehandel für die Versorgungssicherheit der einzelnen Länder wie des IEA-Raums insgesamt von großer und noch zunehmender Bedeutung. Da gleichzeitig auch der Handel zwischen den IEA-Ländern zugenommen hat, ist die Abhängigkeit von potentiell unsicheren Bezugsquellen in anderen Regionen geringer geworden. Soweit internationale Märkte existieren, wie dies bei Erdöl, Kohle und – mehr regional begrenzt – bei Erdgas und Elektrizität der Fall ist, bildet ein freizügiger Energiehandel eine wesentliche Voraussetzung für das einwandfreie Funktionieren dieser Märkte. Gleichwohl wird der Energiehandel immer noch durch die verschiedensten Hemmnisse beeinträchtigt, wenn diese auch in den letzten Jahren z.T. abgebaut worden sind. Umweltpolitische Maßnahmen können potentiell bedeutende Strukturveränderungen im Energiehandel und bei den Investitionsströmen hervorrufen, wenn hierfür auch bislang noch keine eindeutigen Anzeichen festzustellen sind. Mit den immer zahlreicheren Umweltschutzauflagen, namentlich für fossile Brennstoffe, könnte die Bevorzugung umweltschonender Energieträger einen zusätzlichen Anreiz zur Lockerung der einschlägigen Handelsrestriktionen schaffen. Zum Beispiel würde eine größere Nachfrage nach Erdgas die Explorations- und Erschließungsaktivitäten stimulieren. Ferner könnte sie Druck zugunsten einer weiteren Marktöffnung und zur Entwicklung der nötigen Infrastrukturen für zuvor schwer zugängliche Erdgasvorkommen ausüben, was zu Lasten der heimischen oder importierten Kohle ginge, so daß der Handel zwischen Mitglied- und Nichtmitgliedstaaten der IEA zunehmen und die Abhängigkeit von potentiell unsicheren Versorgungsquellen möglicherweise größer würde. Der Nachfragerückgang bei einigen vom Umweltschutz her weniger interessanten Energieträgern könnte lediglich marginal rentable Energieerzeugungsanlagen zur Aufgabe zwingen.
Die Wirtschaft gedieh während der Zeit, in der Umweltschutzmaßnahmen durchgeführt wurden, meistens prächtig. Auch die Energieversorgungssicherheit, die nach 1973 zu einem sehr vorrangigen Anliegen wurde, hat sich in diesem Zeitraum stark verbessert. Bislang sind die meisten Umweltschutzmaßnahmen so konzipiert und durchgeführt worden, daß bei den Zielvorgaben ein Gleichgewicht zwischen den Belangen der Energieversorgungssicherheit und des Umweltschutzes gefunden wurde. Es wurden Technologien und Techniken erarbeitet, die beiden Erfordernissen ohne größere Abstriche weder bei dem einen noch bei dem anderen Ziel gerecht wurden. Die Lösung zur Vermeidung von Abstrichen bei der Energieversorgungssicherheit aus umweltpolitischen Gründen könnte durchaus in der sorgfältigen Ausarbeitung eines „Durchführungskalenders" zu suchen sein, verbunden mit einer umfassenden und möglichst frühzeitigen Koordinierung der energie- und umweltpolitischen Belange. Um dieses Thema geht es in den letzten vier Kapiteln dieser Studie.

VIII. Ein Rahmen für den Energie- und umweltbezogenen Entscheidungsprozeß

Das vorliegende Kapitel untersucht die verschiedenen Maßnahmen, die getroffen werden könnten, um gleichzeitig Ziele des Umweltschutzes und der Energieversorgungssicherheit zu fördern. Insbesondere veranschaulicht es einen konzeptionellen Rahmen, innerhalb dessen an der Schnittstelle zwischen Energie und Umwelt grundsätzliche Entscheidungen getroffen werden könnten. Dabei wird unterstellt, daß ein Abwägen und Miteinanderverbinden von energie- und umweltbezogenen Zielen wünschenswert ist und sich erreichen läßt durch die Wahl von Lösungen, bei denen energiewirtschaftliche Aktivitäten in der umweltschonendsten und kostengünstigsten Weise durchgeführt werden. Der Inhalt der nachfolgenden Kapitel stützt sich vor allem auf die in den vorangegangenen Kapiteln dieser Studie enthaltenen Erkenntnisse, nämlich die Umweltwirkungen energiewirtschaftlicher Aktivitäten (Kapitel VI) und die Konsequenzen von Umweltschutzmaßnahmen für die Energieversorgungssicherheit (Kapitel VII).

Der vorgeschlagene „Handlungsrahmen" ist in Abbildung 1 dargestellt. Er veranschaulicht den Entscheidungsprozeß, der in Gang gesetzt werden könnte bei der Erwägung von Lösungen für Fälle, in denen eine oder mehrere Wechselwirkungen zwischen Energie und Umwelt auftreten, wie z.B. Säureablagerungen, Luftqualität in Städten oder globale Klimaänderungen. Der Handlungsrahmen ist zwar sehr stark vereinfacht und verquickt privatwirtschaftliche mit staatlichen Entscheidungen, hilft aber veranschaulichen, daß es eine ganze Reihe möglicher Maßnahmen gibt (z.B. Verbesserung der Effizienz des Kraftstoffverbrauchs, Substitution von Energieträgern, nachgeschaltete Umweltschutztechnologien, Verwendung „sauberer" Energietechnologien usw.), die sich bei dem Versuch, Energieversorgungs- und Umweltschutzziele gleichzeitig zu verfolgen, als mehr oder minder wirksam erweisen können. Bei diesem Schritt geht es also darum, die Wirksamkeit der verschiedenen Ansätze zu bestimmen sowie die Durchführbarkeit und Wirkungsmöglichkeiten grundsätzlicher Lösungsalternativen zu untersuchen; hierzu gehören auch deren Kosten, Terminierung, Hindernisse, Begrenzungen, Nebenwirkungen und Kehrseiten sowie der Bedarf an weiteren FE + D-Aktivitäten bei Neuentwicklungen in den Bereichen Technologie und Infrastruktur. Es ist hervorzuheben, daß die Technologien (und zwar sowohl die heute bereits vorhandenen als auch die neu entstehenden) zum Zweck der Beschreibung und der Diskussion der verschiedenen Lösungsmöglichkeiten als integraler Bestandteil der angewandten Lösung bzw. Maßnahmen behandelt werden. Jede Evaluierung in Zukunft erforderlicher Maßnahmen sollte u.a. ausgehend vom heutigen Stand aufzeigen, welche Technologien sich anbieten und welcher Weiterentwicklungsbedarf besteht.

Zweitens zeigt der Handlungsrahmen, daß nach Ermittlung einer geeigneten Lösung seitens der Verbraucher oder Erzeuger eine Reihe staatlicher Handlungsinstrumente (wie z.B. Informations-, Regulierungs- und „marktorientierte" ökonomische Instrumente) eingesetzt werden kann, die in bezug auf Zweckmäßigkeit und Wirksamkeit je nach erwogener Lösung unterschiedlich sein dürften. Wie meistens bei wichtigen Fragen ist es auch hier unwahrscheinlich, daß für ein bestimmtes energiebezogenes Umweltproblem eine ganz bestimmte „kostenoptimale" Lösung gefunden werden kann. Komplexe Fragen dieser Art können gewöhnlich erfolgreicher angegangen werden, wenn man die Lösungen und die entsprechenden Handlungsinstrumente miteinander verbindet. Schließlich wird bei dem Rahmen auch die Möglichkeit berücksichtigt, daß es durchaus Bereiche geben kann, in denen, nachdem ein Bündel von Lösungen und Politikinstrumenten als geeignete Strategie für die vorliegenden Probleme ausgewählt wurde, die bestehenden Maßnahmen verbessert oder neue Maßnahmen entwickelt werden könnten, um die Wirksamkeit des gewählten Maßnahmenbündels zu steigern. Die Untersuchung des voraufgegangenen Bestands an Aktionen muß nämlich der erste Schritt jedweder Analyse dieser Art sein, da in der Vergangenheit bereits eine Unzahl von Lösungen und Politikinstrumenten angewandt worden ist, um verschiedenste Ziele zu erreichen. Konkret muß sich jede Analyse nicht nur auf die Frage erstrecken, wie für die Zukunft bessere Lösungen gefunden werden können, sondern auch auf die Frage, wie bestehende, u.U. aber nicht mehr zweckmäßige Lösungen verbessert werden könnten. Darüber hinaus bedarf es zahlreicher Iterationen mit Hilfe des Handlungsrahmens bei immer weiter vorangetriebener Aufgliederung und Analyse, bevor eine Strategie beschlossen und umgesetzt werden kann.

In den folgenden Kapiteln über Lösungen (IX) und Politikinstrumente (X) wird versucht, eine vorläufige Darstellung der Gründe zu geben, die für die Verwendung solcher möglichen Lösungen und Politikinstrumente mit dem Ziel sprechen, ausgewogene, integrierte Energie-Umwelt-Strategien zu erarbeiten und eine Übersicht über ihre bisher bekannten Wirkungsmöglichkeiten zu geben. Dabei muß von vornherein Klarheit darüber bestehen, daß hier nicht die Absicht verfolgt wird, Empfehlungen darüber zu geben, welche Lösungen für diese oder jene Kombination von Wechselwirkungen im Bereich Energie und Umwelt gewählt werden sollen. Vielmehr geht es darum, den derzeitigen Kenntnisstand bezüglich des Wirkungspotentials der bekannten Lösungen und Politikinstrumente sowie das ganze Spektrum von Gesichtspunkten aufzuzeigen, die Gegenstand einer Analyse im Vorfeld politischer Entscheidungen sein müssen. Im Anschluß daran befaßt sich Kapitel XI eingehend mit einigen spezifischen Bereichen, in denen Möglichkeiten für eine Verbesserung des Entscheidungsprozesses bestehen, und umreißt verschiedene wichtige Gebiete, denen die IEA weitere Arbeiten widmen könnte.

Der hier zur Diskussion gestellte und zur Veranschaulichung wiedergegebene Entscheidungsrahmen ist sehr stark vereinfacht und macht nicht deutlich, daß die Lösungen für die Probleme im Bereich Energie und Umwelt unbedingt ausgewogen und aufeinander abgestimmt sein müssen. In der Praxis sind oft mehrere oder gar viele Entscheidungsträger am Werk. Die vom Staat verfolgten Ziele werden im Rahmen der Dynamik des Marktgeschehens in erster Linie vom privaten Sektor und den Einzelverbrauchern realisiert. So gut wie immer gibt es zahlreiche Ziele (in den Bereichen Energie, Umwelt, Wirtschaftsentwicklung, Sicherheit usw.), die divergieren, aber auch komplementär sein können und gleichzeitig alle Entscheidungsträger beeinflussen. Die verschiedenen in Tabelle 4 gezeigten Lösungsmöglichkeiten sind nicht wirklich eigenständig, sondern überlappen sich meistens. Bestimmte Lösungskombinationen sind vielleicht die kostengünstigsten (und dabei konform mit dem Umweltschutzziel), können aber doch durch andere Anforderungen eingeschränkt sein, die zur Verwirklichung des einen oder anderen der übrigen Ziele gestellt werden. Somit ist es selten ein leichtes Unterfangen, Entscheidungen über die Wirksamkeit und die komparativen Kosten bzw. Vorteile der vorhandenen Lösungsmöglichkeiten zu treffen. Im folgenden werden vereinfachte Beispiele gegeben, um einige der komplexen Merkmale der Entscheidungsfindung in diesem Bereich zu beleuchten.

So wird der Betreiber einer kohlebefeuerten industriellen Stromerzeugungsanlage, der neuen Anforderungen bezüglich der Emissionsminderung klassischer Schadstoffe wie SO_2 und NO_x gerecht werden muß, Lösungsmöglichkeiten im Zusammenhang mit sehr vielen Faktoren in Erwägung ziehen, wie z.B. Art und Zweck der Betriebsvorgänge, Besonderheiten der Anlage, Budget, Verfügbarkeit von Finanzmitteln für etwa notwendige betriebliche

Erster Schritt:
Feststellung von Wechselwirkungen zwischen Energie und Umwelt

Zweiter Schritt:
Feststellung von Lösungsmöglichkeiten

| Größere Energieeffizienz | Nachgeschaltete Umweltschutztechnologien | Andere Maßnahmen[1] |

| Brenn- und Treibstoffsubstitution und Flexibilität[2] | „Saubere" Energietechnologien[3] |

Prüfung von: – Anwendbarkeit, potentiellen Auswirkungen, Kosten, Terminierung
– Hindernissen (politischen oder institutionellen), Begrenzungen, Nebenwirkungen und Weiterungen
– Bedarf in den Bereichen F + E, Demonstration, Verbreitung oder Infrastruktur

Dritter Schritt:
Feststellung potentieller Instrumente

| Information | Reglementierung[4] | Ökonomische Instrumente[5] |

Prüfung von: – Anwendbarkeit, Effektivität, Verbraucherverhalten, mikro- und makroökonomischen Folgen

Vierter Schritt:
Entwicklung eines Strategiepakets:
Maßnahmen und Instrumente

Prüfung von: – Möglichkeiten für Anschlußarbeiten zur Ausgestaltung der Strategie
– Bereichen für eine Verbesserung der Entscheidungsfindung

Abbildung 1 Bezugsrahmen für Entscheidungsfindung im Bereich Energie und Umwelt

1. Diese sonstigen Maßnahmen würden überwiegend außerhalb des Energiebereichs liegen und sich beispielsweise auf Strukturveränderungen in Wirtschaftssystemen erstrecken.
2. Die Substitution erstreckt sich auf Veränderungen der Qualität oder der Art des Brenn- oder Treibstoffs (z.B. Substitution fossiler Brennstoffe durch regenerative Energien) oder aber auf eine zeitweilige Umstellung auf einen anderen Energieträger zur Minimierung saisonaler oder kurzfristiger Umweltwirkungen (z.B. Substitution von Benzin durch Erdgas).
3. Unter „sauberen" Energietechnologien werden hier solche verstanden, die energieeffizientere Prozesse oder Abläufe mit einem geringeren Schadstoffanfall verbinden, ohne daß dabei unbedingt ein Wechsel der verwendeten Energieform notwendig wird.
4. „Reglementierung" schließt hier auch die Funktion „Steuerung und Kontrolle" sowie damit verbundene Maßnahmen ein, die beim Umweltschutz eingesetzt werden (von Emissionsstandards bis zu Kriterien von Umweltverträglichkeitsprüfungen) sowie alle auf die Energieversorgungssicherheit abzielenden Maßnahmen (von Effizienzstandards für die Endverwendung bis zum Vorschreiben von Brenn- bzw. Treibstoffen für bestimmte Sektoren).
5. Zu den ökonomischen Instrumenten gehören die großen Bereiche Steuern, Abgaben, Subventionen und Preispolitik, gleichviel, ob sie zur Verschärfung der geltenden Vorschriften eingesetzt werden und dadurch die Gesamtwirkung der mit ihnen bezweckten Umweltschutzmaßnahmen vergrößern, oder ob sie dazu dienen, mit zur Finanzierung von F+E-Aktivitäten, der Entwicklung und Demonstration neuer Umweltschutztechnologien oder „saubererer" Energietechnologien beizutragen.

Änderungen, ja sogar ganz allgemein die finanzielle Tragfähigkeit der Anlage. Der Betreiber wird vielleicht feststellen, daß sehr viele verschiedenartige Maßnahmen technisch möglich sind und entweder jeweils getrennt oder in Verbindung miteinander durchgeführt werden können. Die Verbrennungsanlage kann nachträglich mit Schadstoffrückhaltevorrichtungen versehen werden (z.B. Rauchgasentschwefelung oder Trockeneinspritzung von Sorptionsmitteln). Zur Brennstoffsubstitution könnte u.a. auf schwefelarme Kohle oder andere schwefelarme bzw. nicht schwefelhaltige Brennstoffe (wie z.B. Erdöl oder Erdgas) umgestellt werden. Eine Emissionsreduktion durch verminderten Brennstoffeinsatz ließe sich erreichen durch strafferes Energiemanagement, Prozeßsteuerung, Prozeßänderungen, Abwärmerückgewinnung oder Kraft-Wärme-Kopplung. Es könnten „saubere" Kohleverbrennungstechnologien mit von Natur aus geringeren SO_2-Emissionen eingesetzt werden, wobei die Möglichkeit bestünde, gleichzeitig Emissionsminderungen bei anderen Luftschadstoffen und eine höhere Energieeffizienz zu erreichen. Unter Umständen könnte der Entscheidungsträger die finanziellen Voraussetzungen dafür schaffen, daß die gleichen Maßnahmen andernorts bei anderen Anlagen durchgeführt werden, die den gewünschten Emissionsminderungseffekt kostengünstiger[5] sichern würden, oder er könnte die Anlage stillegen, anstatt sonst nötige Umrüstungen vorzunehmen.

Der einzelne Verbraucher kann durch Kaufentscheidungen über Agrarprodukte oder Industriewaren oder bestimmte Verhaltensweisen die Verwirklichung umwelt- und energiebezogener Ziele erheblich beeinflussen. Nimmt man z.B. das Problem des Ozonabbaus in städtischen Ballungsräumen, so kommt hierfür der gleiche Komplex allgemeiner Lösungen in Frage (d.h. Steigerung der Energieeffizienz usw.), doch sehen die Einzelmaßnahmen völlig anders aus. Die Versuche zur Verringerung der Schadstoffemissionen von Kraftfahrzeugen könnten sich u.a. erstrecken auf: den Kraftstoffwirkungsgrad, im Straßenverkehr die Substitution von Benzin durch Kraftstoffe auf Erdgasbasis, die Verwendung von Dreiwegekatalysatoren, intermodulare Verlagerungen auf Massenverkehrsmittel oder Fahrräder, ein besseres Verkehrsmanagement und den Einsatz computerunterstützter Systeme zur Verkehrsentflechtung. Alle diese Lösungen hängen bis zu einem gewissen Grad von individuellen Entscheidungen ab, während einige von ihnen darüber hinaus auch Interventionen von Staat oder Wirtschaft erfordern (Beispiel: Schaffung der nötigen Infrastruktur oder Vorschreiben von Katalysatoren).

Wie in den nächsten Kapiteln noch an spezifischen Lösungsansätzen gezeigt wird, sind es Wirtschaftlichkeitsfaktoren, Vorhandensein von Technologien und Informationsstand hierüber sowie ein hinreichendes Maß an Flexibilität, Motivation und Tatkraft, die letztlich die Kombination der Lösungsmöglichkeiten bestimmen, für die sich der Entscheidungsträger (ob Privatperson oder Leiter einer Anlage/Einrichtung) entscheidet. Jeder dieser Faktoren kann zu einem Hindernis dafür werden, daß das kostenoptimale Maßnahmenbündel gewählt wird. Manche Optionen dürften wegen zu gewichtiger negativer Begleitumstände von vornherein ausgeschaltet werden. Soweit die Begrenzungen von bestehenden Vorschriften oder anderen die jeweiligen Anlagen betreffenden staatlichen Maßnahmen herrühren, wird zu prüfen sein, ob sie mit den neuen Umweltschutzauflagen vereinbar sind.

Die Regierungen untersuchen die Reichweite der für sie bestehenden Energie- und Umweltprobleme und bilden sich ein Urteil über die verschiedenen Akteure und die Zweckmäßigkeit der sich bietenden Lösungsansätze, um unter den gegebenen Umständen zu dem bestmöglichen Ergebnis zu gelangen. Zuweilen intervenieren sie, um auf ein erwünschtes Resultat hinzuwirken. Für die Regierungen sollten die von Einzelpersonen oder Unternehmen getroffenen Entscheidungen keine Rolle spielen, solange sie einigermaßen sicher sein können,

---

daß ihre wesentlichen Ziele in dem jeweiligen Bereich – in diesem Fall auf dem Gebiet Energie und Umwelt – verwirklicht werden. Diese Beschränktheit der Wahlmöglichkeiten kann höhere Kosten erfordern, ohne daß dem entsprechende Vorteile gegenüberstehen. In dem Bemühen um Produktivitätssteigerungen werden die Regierungen u.U. versuchen, unnötig kostensteigernde hemmende Faktoren nach Möglichkeit auszuschalten.

Zum Beispiel könnten bei sauren Niederschlägen und bei Kohlekraftwerken die für letztere bereits geltenden Vorschriften und Standards die mögliche Anwendung energieeffizienterer Prozesse oder der Kraft-Wärme-Kopplung von vornherein ausschließen. In einigen Ländern werden Kraft-Wärme-Anlagen und die Einspeisung der dort erzeugten Wärme in Fernwärmesysteme als Mittel zur Sicherung sowohl energie- als auch umweltbezogener Vorteile bei der industriellen Energieverwendung und der Wohnraumbeheizung subventioniert oder anderweitig gefördert. Jedoch kann das kostenmäßige Handikap, das durch die (faktische) Auflage des Einsatzes nachgeschalteter Technologien entsteht, die kommerzielle Nutzung dieser weniger fest etablierten, aber vom Umweltschutz her günstigeren Technologie verzögern. Zusätzlich gebremst wird die Einführung von Kraft-Wärme-Kopplung bzw. Fernwärme durch stringente Standards für kleinere Kraft-Wärme-Anlagen, nach denen auf Rauchgasentschwefelung und selektive katalytische Reduktion zurückgegriffen werden muß. Eine Regierung, die sich ein abgewogenes und das Ganze beachtendes Urteil gebildet hat, würde vielleicht zu dem Ergebnis kommen, daß ihr Eingreifen in der einen oder anderen Form gerechtfertigt wäre, wenn sie zu der Auffassung gelangte, daß ein Ausbau der Kraft-Wärme-Kopplung bzw. der Fernwärme wichtig ist, dem aber Umweltschutzbestimmungen entgegenstehen. Auch hinsichtlich der genauen Form eines solchen Eingreifens bieten sich Handlungsoptionen an, wie Neufestsetzung von Emissionsstandards, Förderung von F+E-Aktivitäten zugunsten bestimmter Technologien oder Teilübernahme von Investitionskosten. Auf die konkreten Beschränkungen bei der Wahl optimaler Lösungen und die Notwendigkeit, bei der Erfüllung der Umweltauflagen zwar genügend, jedoch in vertretbaren Grenzen Flexibilität einzubauen, wird in Kapitel XI näher eingegangen.

Oft wird die Effektivität staatlicher Entscheidungsprozesse aber auch noch durch andere Schwierigkeiten eingeschränkt. In vielen Ländern sind Verantwortlichkeiten und Zuständigkeiten stark aufgesplittert. Zum Beispiel sind u.U. ganz verschiedene Stellen auf lokaler oder nationaler Ebene für die Verkehrszeichenverwaltung, die Festlegung der Kfz-Emissionsstandards, den Schutz der Luftqualität in Städten und die Entwicklung öffentlicher Verkehrssysteme zuständig. Bisweilen fehlt es an einer Instanz für die Wahrnehmung neuer Aufgaben oder die Koordinierung verschiedenartiger Stellen mit Teilkompetenzen für ein gegebenes Problem. Diese Zersplitterung kann bei der Umsetzung bestimmter Strategien, etwa im Bereich städtischer Verkehrsprobleme, zu erheblichen Schwierigkeiten führen. Ebensosehr ins Gewicht fallen können Verbraucherentscheidungen und der Druck umweltbewußter Bürgerinitiativen. In Kapitel XI wird herausgearbeitet, wie wichtig es ist, Verbraucherinformation zu betreiben, Ursachen und Wirkungen von Verbraucherentscheidungen in Verbindung mit energie- und umweltbezogenen Zielen verstehen zu lernen, Entscheidungsprozesse zu integrieren und die F+E-Aktivitäten zu koordinieren. Im allgemeinen wächst die Zahl der Komplikationen mit der Zahl der zu einem bestimmten Zeitpunkt ins Auge gefaßten politischen Ziele, und das gilt auch für die miteinander verzahnten Fragen im Bereich Energie und Umwelt.

Eine Garantie für die Verwirklichung der Umweltziele ist wichtig, bereitet jedoch Schwierigkeiten, wenn es darum geht, eine Vielzahl von Umweltproblemen in den Griff zu bekommen oder gar nicht erst entstehen zu lassen. Analysen über multiple Schadstoffe sind kompliziert und zeitraubend, aber notwendig, um die Möglichkeiten zu ermitteln, von denen man sich die besten Lösungen versprechen kann. Andernfalls könnte es sein, daß eine Methode, der bei der Bewältigung eines bestimmten Umweltproblems der Vorzug gegeben wird, ein anderes Problem noch verschärft, oder die separate Lösung von zwei Umweltproblemen könnte viel höhere Kosten verursachen, als wenn die beiden Probleme gleichzeitig gelöst würden. Desgleichen erfordert die Lösung grenzüberschreitender Umweltprobleme häufig bilaterale oder multilaterale Anstrengungen auf Regierungsebene in ganz neuen Kooperationsbereichen. Wie sich immer deutlicher zeigt, werden die klassischen Mechanismen staatlicher Intervention, die für die Bewältigung örtlich umgrenzter Umweltprobleme entwickelt wurden, von manchen Umweltproblemen überfordert. Dies begann klar zu werden, als das Problem der sauren Niederschläge akut wurde, wird aber noch offenkundiger angesichts der Gefahren einer globalen Klimaänderung. Die Zulänglichkeit der vorhandenen internationalen Mechanismen bei der Suche nach globalen Umweltproblemen wird in Kapitel XI ausführlicher behandelt.

Zusätzlich kompliziert werden die Dinge durch Dimension und Reichweite eines Umweltproblems bei der Analyse und Entwicklung von Strategien. Die möglicherweise erforderlichen Emissionsminderungen bei Treibhausgasen lassen erkennen, daß Strategien erwogen werden müssen, die ungeachtet der Problemursache das vollständige Spektrum der vorhandenen Lösungsmöglichkeiten einbeziehen. Wenn es keine Reduktionsverfahren für CO_2-Emissionen gibt, verringert sich der etwaige energiebezogene Beitrag zur Energieeffizienz und Brennstoffsubstitution, die zusammengenommen möglicherweise nicht genügen, um das gewünschte Ergebnis sicherzustellen. Somit ist es u.U. möglich und auch notwendig, auf nicht energiebezogene (etwa mengenorientierte) Maßnahmen und auf das Konzept der „Emissionskompensation" zurückzugreifen, das sich mit dem des Handels mit Emissionsrechten vergleichen läßt, aber eine globale Dimension hat. Bei der Analyse der Lösungsmöglichkeiten für Klimaänderungen würde somit systematisch auch die Frage untersucht werden, ob eine gegenüber anderen Bereichen verminderte Einschaltung des Energiesektors bei den Bemühungen zur Lösung des Klimaänderungsproblems tatsächlich dazu führen würde, daß in manchen Fällen erheblich kostengünstiger die gleiche Wirkung erzielt werden könnte.

Zur gleichzeitigen Verwirklichung mehrerer Ziele muß praktisch immer eine gute Kombination von Lösungsmöglichkeiten gefunden werden. Indessen hat jede Lösung auch ihre Kehrseiten, ob es sich dabei nun um die zusätzliche Energiemenge zur Erzeugung eines höherwertigen Brenn- bzw. Treibstoffs oder um die Zunahme der festen Abfälle handelt, die bei der Luftreinhaltung durch bestimmte nachgeschaltete Technologien entstehen. Die Qualität des Ergebnisses ist also wegen der erwähnten Komplikationen wohl immer schwer vorherzusagen. Besteht Ungewißheit über die Umweltfolgen, ist die Integration der umwelt- und energiebezogenen Entscheidungsfindung mit dem Ziel, den Entscheidungsträgern die unterschiedlichen Standpunkte zur Kenntnis zu bringen, wohl der beste Weg, um sicherzustellen, daß die zu erwartenden Weiterungen bei jeder Maßnahme angemessen berücksichtigt werden. Der Lösungsansatz für energie- und umweltbezogene Ziele sollte mit einer Verständigung über die Vielzahl von Kriterien beginnen, die bei der Entscheidungsfindung zugrunde gelegt werden. Und da sich die Faktoren, die die optimale Maßnahmenkombination bestimmen, ihrerseits im Laufe der Zeit verändern, muß jede Analyse auch die innere Dynamik des Energiesystems zum Ausdruck bringen.

Hält man sich vor Augen, wie komplex die Lösungsmöglichkeiten für viele der verschiedenen Umwelterfordernisse sind, so wird auch klar, daß es entscheidend auf ausgewogene, integrierte Lösungen ankommt, die soweit wie irgend möglich sowohl Energie- als auch Umweltziele einbeziehen. Um solche integrierten Lösungen zu realisieren, müssen Analyse und Gegenüberstellung des ganzen Spektrums möglicher energierelevanter und sonstiger Maßnahmen fest in den Prozeß der Formulierung politischer Konzepte eingebaut werden. Es besteht die Hoffnung, daß auf diese Weise bestens ausgewogene und integrierte Lösungen (d.h. kostenoptimale, maximal emissionsmindernde und die Energieversorgungssicherheit steigernde Lösungen) gefunden werden können. Verschiedene Länder sowie die IEA entwik-

Tabelle 4 **Richtwertmatrix für Wirkungen und Lösungsstrategien** (bis zum Jahr 2005)

Umweltproblem	Effizienz (1)	Nachgeschalteter Umweltschutz	Substitution (2)	Saubere Energie-technologien	Sonstige (nichtenergetische) Faktoren
Standort	+	+	0	+	
Feste Abfälle	+	–	+	–	verwendbare Nebenprodukte
Treibhausgas	+	?	+	+	Wiederaufforstung
Radionuklide	+	?	+	+	
Saure Niederschläge	+	+	+	+	Kalkgruben und -abflüsse
VOC/Ozon	+	+	+	0	„Kontrolle" der natürlichen Quellen
Gefährliche Luftschadstoffe	+	+	+	0	Neue Materialien

Erklärung: 0 = keine Wirkung, + = gewisse potentielle Wirkung, – = negative Wirkung (d.h. umweltschädlich), ? = nicht bekannt, d.h. Technologien noch nicht marktreif

Anmerkungen:
1. Bei entsprechender Zielsetzung könnte die Energieeffizienz eine erheblich größere Wirkung haben.
2. Die Wirkung der Brennstoffsubstitution kann nur bei Richtwertfestsetzung entsprechend groß sein, wird aber im Falle des nachgeschalteten Umweltschutzes durch die Wiederbeschaffungsrate für Altanlagen begrenzt.

Quelle: IEA-Sekretariat

keln z.Z. methodologische Instrumente, die den Entscheidungsträgern dabei helfen können, nationale und internationale Analysen über den vollen Brennstoffkreislauf sowie über Mehrfachbelastungen der Umwelt und Mehrfachzielsetzungen durchzuführen. Zweck dieser Analysen ist die Ermittlung „solider" Energie- und Umweltschutzsysteme und -technologien mit der größten Hebelwirkung für die Realisierung von Zielkombinationen. Solche neuen und überprüften Ansätze, die vielleicht automatisch mehr Flexibilität bringen, ohne Umweltzielen Abbruch zu tun, werden gegenwärtig entwickelt und sollten gefördert werden.

Sorgfältig beachtet werden müssen auch die Verfahrensaspekte des Entscheidungsprozesses, zumal soweit dieser die Verwirklichung energie- und umweltbezogener Ziele betrifft, um sicherzustellen, daß diese Integrierung auch wirklich stattfindet. Bei der Entwicklung fundierter Strategien kommt es ebensosehr auf die Einführung und laufende Überprüfung von Politiken wie auf neue Technologien an. Dadurch könnten die bestehenden Grenzen zurückgedrängt und die volle Ausschöpfung der vorhandenen Optionen zur Verwirklichung der optimalen Lösungen ermöglicht werden. Auch die weniger überschaubaren Verbraucherreaktionen und -entscheidungen wären in Betracht zu ziehen, da sie einen nachhaltigen und bisweilen unvorhersehbaren Einfluß auf die Lösungsmöglichkeiten im Bereich Energie und Umwelt haben dürften. Solche Reaktionen sind mitverantwortlich dafür, daß nicht durchweg vollständig integrierte Lösungen in bezug auf den energie- und umweltrelevanten Entscheidungsprozeß realisiert worden sind. Während eigentlich anzunehmen wäre, daß Individuen und Institutionen ihre Entscheidungen aus rationalen, ökonomischen oder technischen Gründen treffen, können in Wirklichkeit menschliche und institutionelle Verhaltensreaktionen auf Risiko- und Unsicherheitsfaktoren die Umsetzung von Strategien behindern, bei denen ausschließlich rationale Verhaltensweisen unterstellt werden. Bei dem für die Entscheidungsfindung verwendeten analytischen Rahmen sollte das menschliche Verhalten stets gebührend berücksichtigt und als feste Größe einbezogen werden, vor allem was Lösungen – wie z.B. in bezug auf Energieeffizienz und Brennstoffsubstitutionen – angeht, bei denen es sehr stark auf Entscheidungen des einzelnen Verbrauchers ankommt.

IX. Energie- und umweltpolitische Optionen

Die Wahl der Maßnahmen im Energie- und Umweltbereich wird weitgehend durch die technischen Lösungen bestimmt, die bereits existieren oder bei denen die Wahrscheinlichkeit besteht, daß sie zur Verringerung der Umweltfolgen von Energieaktivitäten beitragen, ohne daß hierdurch die Deckung des Energiebedarfs gefährdet wird. Diese technischen Optionen lassen sich grob wie folgt unterteilen:

- Umweltschutzmaßnahmen auf der Basis nachgeschalteter Technologien,
- Steigerung der Energieeffizienz,
- Brenn- und Treibstoffsubstitution,
- „saubere" Energietechnologien,
- sonstige Maßnahmen, wie z.B. Strukturänderungen der Wirtschaftssysteme.

Diese Liste macht deutlich, daß wir uns bei der Wahl der Kategorien weitgehend vom Sinn und Zweck der vorliegenden Studie haben leiten lassen und daß wir uns an bekannte Konzepte gehalten haben, auch wenn es hierfür unterschiedliche Definitionen und Begriffsinhalte gibt, wie z.B. bei den „sauberen" Technologien. Zudem sind gewisse Überschneidungen unvermeidbar, da „sauberere" Technologien häufig eine gewisse Steigerung der Energieeffizienz oder sogar eine teilweise Substitution voraussetzen und andererseits nicht selten mehrere Optionen gleichzeitig in die engere Wahl gezogen werden. Bei einem gegebenen energiebezogenen Umweltproblem mag das Spektrum der möglichen Lösungen, die für Alt- oder Neuanlagen in Frage kommen, über die hier beschriebenen Optionen hinausgehen. Mit Ausnahme des letzten obengenannten Punktes werden die möglichen Lösungen weiter unten mehr im einzelnen erörtert. Gleichzeitig wird auf die mit ihnen bereits erzielten Erfolge sowie auf ihre voraussichtlichen zukünftigen Möglichkeiten eingegangen, und es werden die für ihre Weiterentwicklung und Umsetzung noch verbleibenden Hindernisse erläutert. Dabei liegt das Schwergewicht weitgehend auf solchen Aktionen, die in der nahen Zukunft (d.h. bis zum Jahr 2005) unternommen werden können. Die Kategorie der „übrigen" Maßnahmen könnte für die Änderung der Umweltbedingungen oder der Energieversorgungssicherheit oder auch für beide Ziele von großer Bedeutung sein. Ihre Erörterung würde jedoch den Rahmen dieser Studie sprengen. Sie sollten aber bei allen derzeitigen Politikanalysen und Entscheidungsprozessen berücksichtigt werden.

1. Umweltschutzmaßnahmen auf der Basis nachgeschalteter Technologien

(a) Entwicklung und Anwendung nachgeschalteter Umweltschutztechnologien

Bei nachgeschalteten Umweltschutztechnologien handelt es sich um technische Systeme, die – ohne wesentliche Änderungen der Betriebs- oder Produktionsprozesse – darauf abgestellt sind, die Umweltfolgen (z.B. die Luft- oder Wasserbelastung) energiewirtschaftlicher Aktivitäten zu verringern. Die meisten, aber nicht alle nachgeschalteten Technologien setzen auf der Prozeßendstufe an. Die Zahl dieser zur Reduzierung der Umweltbelastungen bestimmten Verfahren, die bereits bestehen oder noch entwickelt werden, ist beträchtlich. Die wichtigsten

Beispiele für Technologien zur Begrenzung der Emissionen mobiler und stationärer Quellen sind in Tabelle 5 aufgeführt. Wie daraus ersichtlich, sind nachgeschaltete Technologien zwar normalerweise für neue Ausrüstungen und Anlagen bestimmt, doch können damit fast immer auch bereits bestehende Anlagen – wenngleich vermutlich kostenaufwendiger – nachgerüstet werden. Gerade hier existiert ein bedeutendes Anwendungspotential für Emissionsminderungen.

Nachgeschaltete Technologien finden in sämtlichen Mitgliedstaaten beim Umweltschutz breite Anwendung. In den Vereinigten Staaten waren im Zeitraum 1973–1980 80% der Investitionen in Umweltschutzmaßnahmen für solche Techniken bestimmt. In Dänemark entfielen von den Ausgaben zur Begrenzung der industriellen Emissionen zwischen 1975 und 1980 nicht weniger als rd. 70% nicht etwa auf die Umstellung von Produktionsverfahren, sondern auf nachgeschaltete Technologien [32]. Leider sind keine aktuelleren Daten oder vergleichbaren Statistiken für andere Länder oder Sektoren verfügbar, doch darf mit gutem Grund angenommen werden, daß im allgemeinen immer noch mehr auf nachgeschaltete Technologien als auf andere Maßnahmen zur Verminderung der Luftbelastung zurückgegriffen wird. Bei den meisten Altanlagen stellt die Nachrüstung denn auch die wichtigste Option zur Emissionsminderung dar.

Nachgeschaltete Technologien werden erst seit relativ kurzer Zeit auf breiter Basis eingesetzt. Zur Begrenzung beispielsweise des SO_2-Ausstoßes stationärer Quellen bestehen Techniken zur Verminderung des Schwefeldioxidanteils der Abgasemissionen bereits seit geraumer Zeit und werden in einigen Kraftwerken effektiv seit den dreißiger Jahren angewendet. Der Einsatz solcher Umweltschutzvorkehrungen in großem Stil hat aber erst 1971 eingesetzt. Laut der Coal Research-Datenbank der IEA über die weltweiten Systeme zur Begrenzung der SO_2-Emissionen sind derzeit 434 kohlebefeuerte Einheiten mit einer Gesamtkapazität von über 400 GW mit solchen Minderungstechniken ausgerüstet [33]. Die Ausstattung von Kraftfahrzeugen mit Dreiweg-Katalysatoren begann in den siebziger Jahren in den Vereinigten Staaten und in Japan, nachdem diese Länder Luftreinhaltebestimmungen eingeführt hatten. Mittlerweile sind fast alle neu zugelassenen Autos in Nordamerika und Japan mit Dreiweg-Katalysatoren ausgerüstet. Die EG-Standards wurden vor kurzem dahingehend geändert, daß Pkw mit großem Hubraum bis 1992 mit Dreiweg-Katalysatoren und Mittelklasse- sowie Kleinwagen ebenfalls bis zu diesem Datum mit Oxidationskatalysatoren ausgestattet sein müssen. Dementsprechend verfügen über 40% aller in den OECD-Ländern zugelassenen neuen Pkw über einen katalytischen Umformer, und dieser Anteil wird in naher Zukunft noch drastisch steigen [34].

Die Anwendung nachgeschalteter Technologien leitet sich im wesentlichen aus den auf Emissionsstandards beruhenden Umweltauflagen ab. In den meisten Rechtsvorschriften wird mehr oder weniger auf bestimmte Technologien Bezug genommen, teils auch implizit oder unter Verwendung komplizierter, nicht immer eindeutiger Begriffe, wie z.B. „gegenwärtiger Stand der Technik" oder „bestverfügbare Technik" [32]. Zwar unterscheiden sich die Begriffsinhalte und die Art, in der die Emissionsstandards definiert werden, von Land zu Land wie auch von Fall zu Fall, doch wurde der massive Einsatz nachgeschalteter Technologien zur Belastungsminderung durch die Art und Weise gefördert, in der das Regelwerk der Umweltschutzbestimmungen gestaltet wurde. So stellen z.B. Standards für anlagenspezifische Emissionen, die in bezug zum Energieeinsatz oder als Schadstoffkonzentration von Abgasen ausgedrückt werden, keinen Anreiz zum Rückgriff auf Lösungen dar, die auf eine höhere Energieeffizienz abzielen.

Unter den ökonomischen Instrumenten des Umweltschutzes haben Subventionen zuweilen entscheidend zur Entwicklung und Anwendung nachgeschalteter Technologien beigetragen. Aus einer in den OECD-Ländern durchgeführten Untersuchung [23] geht hervor, daß speziell zur Förderung klassischer nachgeschalteter Technologien, namentlich zwecks Verminderung der Luft- und Wasserbelastung, zahlreiche Programme auf der Basis von Zuschüssen, zinsverbilligten Darlehen und Steuererleichterungen entwickelt und umgesetzt worden sind. In einigen Mitgliedstaaten sind solche Hilfen als zeitlich befristete, flankierende Maßnahmen zu den ordnungsrechtlichen Bestimmungen zur rascheren Lösung spezifischer Umweltprobleme eingeführt worden. Wie in der Studie festgestellt wird, deuten gewisse Anzeichen darauf hin, daß sich das Schwergewicht heute teilweise von der Unterstützung von in der Prozeßendstufe ansetzenden Technologien auf die Entwicklung und den Einsatz neuer „sauberer" Technologien verlagert. So gibt es denn in der Tat Hinweise dafür, daß die Finanzhilfen für klassische nachgeschaltete Technologien zur vorschriftsmäßigen Nachrüstung von Anlagen auf mittlere Sicht beträchtlich eingeschränkt bzw. abgeschafft werden.

(b) Die Grenzen nachgeschalteter Umweltschutztechnologien

Den nachgeschalteten Technologien sind zahlreiche technische und wirtschaftliche Grenzen gesetzt. Für den Betreiber stellt die Nachrüstung eine nichtproduktive, vielfach betriebskostensteigernde Investition dar. Ein besonders hervorstechender Sachzwang ist in der Tat der Kostenfaktor, und zwar namentlich bei vergleichsweise kleineren Anwendungen. Bei den Maßnahmen zur Reduzierung der Luftbelastung existiert diese kostenmäßige Begrenzung für stationäre wie auch für mobile Quellen. Technische Grenzen haben sich auch in dem Maße bemerkbar gemacht, wie die Vorschriften verschärft und auf eine größere Zahl von Schadstoffen und Emissionsquellen ausgedehnt wurden. Die verfügbaren nachgeschalteten Technologien werden wegen der Vielzahl der ihnen anhaftenden Zwänge mit diesem Trend in bezug auf Verläßlichkeit und Wirksamkeit nicht unbedingt Schritt halten können.
Häufig verändern sich die Kosten nachgeschalteter Technologien nicht proportional zur Größe der nachzurüstenden Anlage, so daß sie für kleinere Einheiten u.U. eine schwere Belastung darstellen. Zwar können die in Großanlagen verwendeten Technologien im Prinzip für den Einsatz in Kleinanlagen angepaßt werden, doch sind dieser Möglichkeit von den hohen Kosten her Grenzen gesetzt. Im Verkehrssektor hat die jüngste Debatte über die Verschärfung der EG-Emissionsstandards für Kraftfahrzeuge das Augenmerk auf die kostenmäßige Benachteiligung gelenkt, die für kleinere Autos bei der Ausrüstung mit Dreiweg-Katalysatoren entsteht. So reichen die entsprechenden Kosten von 4% für Autos mit großem Hubraum bis zu 20% für kleinere, weniger teure Pkw [27].
Ob bestimmte nachgeschaltete Technologien für sämtliche Standorte und alle Anwendungszwecke wirklich langfristig und nachweislich zuverlässig ihren Zweck erfüllen, muß erst noch bestätigt werden. Inzwischen hat die Verschärfung der Umweltauflagen den obligatorischen Einsatz solcher Technologien beschleunigt. Die Umsetzungsfrist, d.h. der vorgegebene Zeitraum, der zwischen dem Beschluß eines Standards und seinem Inkrafttreten liegt, spielt bei der Wahl der Umweltschutzmaßnahmen eine große Rolle. So trug in der Bundesrepublik Deutschland die Kürze der zulässigen Frist für die Nachrüstung der Kraftwerke mit Rauchgasentschwefelungsanlagen zur beschleunigten flächendeckenden Einführung solcher Minderungsverfahren bei. Es sollte eine Verhältnismäßigkeit der eingesetzten Mittel angestrebt werden, um sicherzustellen, daß das durch die Entwicklung fortschrittlicherer nachgeschalteter Technologien gebotene Potential zur Belastungsminderung genutzt wird, ohne die Anwender technischen Risiken auszusetzen.
Abgesehen von den Einschränkungen, die u.U. im Hinblick auf die Zuverlässigkeit noch nicht genügend erprobter nachgeschalteter Technologien gemacht werden müssen – wobei diese Vorbehalte aber letzten Endes ausgeräumt werden dürften –, stellt sich die Frage nach der Wirksamkeit der betreffenden Technologien unter dem Gesichtspunkt des Umweltschutzes. Bei der Verminderung der Benzinabgasemissionen ist die Grenze bereits in Sicht. Bei den neuesten, in den USA hergestellten Automodellen sind die von den Motoren emittierten

88

Schadstoffe um bis zu 96% geringer als bei den Modellen, die vor der erstmaligen Einführung bundesweiter Kontrollmaßnahmen im Jahre 1972 im Verkehr waren. Die Ausschaltung der noch verbleibenden unverbrannten Kohlenwasserstoff-, CO- und NO_x-Emissionen wäre mit einem untragbaren kostenmäßigen und technischen Aufwand verbunden. In bestimmten Gebieten, wo Katalysatoren und andere Umweltschutzvorkehrungen bereits Vorschrift sind, genügt dies jedoch nicht zur Eingrenzung des gesamten Belastungsgrads, da dieser vor allem eine Folge des wachsenden Fahrzeugparks und der zunehmenden Fahrleistung ist. Besonders augenfällig ist dies im Großraum Los Angeles, wo die weltweit schärfsten Emissionsstandards für Kraftfahrzeuge gelten.

Da heute immer mehr Schadstoffe Gegenstand von Umweltschutzplänen werden und den Wechselwirkungen zwischen ihnen zunehmende Aufmerksamkeit gewidmet wird, erweist sich die Tatsache, daß die meisten nachgeschalteten Technologien gewöhnlich nur auf einen einzigen Schadstoff bzw. eine Emittentengruppe abzielen, als Nachteil. Bei einer milieuübergreifenden Betrachtung der Umweltgefährdung wurde in Kapitel V festgestellt, daß bei vielen nachgeschalteten Technologien Abfall entsteht, der Entsorgungsprobleme hervorrufen kann. Während einige dieser Probleme (z.B. die Entsorgung der Katalysatoren zur Reduktion von NO_x-Emissionen) noch nicht akut zu sein scheinen, sind andere, wie die Behandlung des Klärschlamms von Rauchgasentschwefelungsanlagen nach dem Kalk-/Kalksteinwaschverfahren in Gebieten mit begrenzten Entsorgungskapazitäten bereits sehr real. Da bei der Verwendung von Kalziumkarbonat als SO_2-Lösemittel CO_2 freigesetzt wird, können Wäscher den CO_2-Ausstoß eines Kraftwerks um bis zu 4% erhöhen.

Mithin kann der Einsatz bestimmter nachgeschalteter Umweltschutztechnologien den Bemühungen um Verminderung der CO_2-Emissionen zuwiderlaufen. Zu erwähnen ist ferner, daß der CO_2-Ausstoß – wie weiter unter im Abschnitt über die „sauberen" Technologien ausgeführt wird – auch durch die Verwendung von Kalkstein als Absorptionsmittel bei den fortgeschrittenen Technologien erhöht werden kann.

Schließlich werfen die meisten nachgeschalteten Technologien auch die Frage nach dem dadurch bedingten größeren Brenn- und Treibstoffverbrauch auf. Dies ist aber weitgehend ein Mengenproblem, das gegenwärtig in vielen Fällen wohl noch keine große Bedeutung hat. Jedoch sind der vermehrte Einsatz fossiler Brennstoffe und der somit zwangsläufig erhöhte CO_2-Ausstoß Faktoren, denen bei der Erwägung alternativer Umweltschutzstrategien Rechnung getragen werden muß.

(c) Künftige Entwicklung nachgeschalteter Umweltschutztechnologien

Bereits bestehende wie auch in der Entwicklung befindliche nachgeschaltete Technologien dürften auch künftig einen signifikanten Beitrag zur Verminderung der Luft- und Wasserbelastung leisten. Der OECD-weite Trend zur Anwendung technisch fortschrittlicher Verfahren zur Verminderung der Emissionen zahlreicher stationärer und mobiler Quellen schreitet zur Zeit noch voran. Mehrere Länder haben erst kürzlich Emissionsstandards eingeführt bzw. diese verschärft. Andere haben verschärfte Standards festgelegt, die zu einem späteren Zeitpunkt umgesetzt werden sollen, oder werden noch bestimmte Umweltschutzmaßnahmen einführen müssen, um den im Rahmen internationaler Übereinkommen eingegangenen Verpflichtungen nachzukommen (so wurden z.B. für das Inkrafttreten der EG-Richtlinie über Großfeuerungsanlagen die Jahre 1990, 1993, 1998 bzw. 2003 festgesetzt). Zwar können einige Energienutzer, um gewisse Umweltauflagen zu erfüllen, auch auf andere Mittel wie z.B. Energiesubstitution zurückgreifen, doch gibt es auf zahlreichen Anwendungsgebieten in den Bereichen Industrie, Stromerzeugung und Verkehr einen umfangreichen und zuweilen monopolistisch strukturierten Markt für nachgeschaltete Technologien. Dieser ist nicht nur für den Nachrüstungsmarkt von großer Bedeutung, sondern nachgeschaltete Technologien sind häufig auch in gewissen Teilbereichen, wie z.B. bei Kraftfahrzeugen, immer noch das einzige Mittel, mit dem die erforderlichen Emissionsverminderungen ohne Änderungen der Verbrauchsstrukturen oder Lebensgewohnheiten realisiert werden können. Zudem werden auch zahlreiche Neuanlagen mit nachgeschalteten Technologien ausgerüstet. Zwar sind die Standards für neue Ausrüstungen und Anlagen gewöhnlich schärfer als für Altanlagen, doch können auch diese normalerweise noch mit Hilfe klassischer Endstufen-Technologien nachgerüstet werden, so daß keine bedeutenden Konstruktions- oder Prozeßänderungen notwendig werden.

Abgesehen von den Märkten für die Anwendung schon existierender Technologien, wie z.B. Rauchgasentschwefelungsanlagen oder Dreiweg-Katalysatoren, lassen sich mindestens zwei andere Gründe dafür anführen, weshalb der Einsatz nachgeschalteter Technologien wahrscheinlich weiter expandieren wird. Die immer schärferen Bestimmungen, namentlich hinsichtlich der Luftbelastung, könnten zur Folge haben, daß selbst die sogenannten „sauberen" Energietechnologien oder die kombinierten Technologien (select-use technologies) [die in dem entsprechenden Abschnitt weiter unten behandelt werden] den Einsatz zusätzlicher Minderungsvorkehrungen erfordern. Bis vor kurzem war man der Ansicht, daß die Fortschritte bei der Verbrennungstechnik eines Tages den Einbau von Kfz-Katalysatoren überflüssig machen würden. Die jüngsten Erfahrungen haben jedoch gezeigt, daß der Einsatz schadstoffarmer Verbrennungsverfahren nicht genügt, um bei normaler Verkehrsleistung ein niedriges Niveau der Kohlenwasserstoff- und NO_x-Emissionen sicherzustellen. Magermotoren reichen heute nicht mehr aus, um den neuen EG-Bestimmungen über die Luftbelastung durch Kraftfahrzeuge zu entsprechen. Die Forschung hat sich nunmehr den Möglichkeiten einer Kombination von Magermotoren mit nachgeschalteten Technologien, wie z.B. Katalysatoren, zugewandt. Erforscht werden muß auch noch, inwieweit alternative Treibstoffe (z.B. Methanol) nachgeschaltete Umweltschutzverfahren erforderlich machen werden.

Ferner wächst auch das Potential der gegenwärtig noch in der Forschungs- und Entwicklungsphase befindlichen nachgeschalteten Technologien. Tabelle 5 enthält Beispiele zukunftsträchtiger Technologien, die größtenteils bereits gut erprobt sind bzw. die Demonstrationsphase erreicht haben. Ferner befaßt sich die Forschung gegenwärtig mit der verstärkten Emissionsminderung, mit Schutzmaßnahmen gegen neue Schadstoffe oder Schadstoffquellen sowie mit der Effizienzsteigerung nachgeschalteter Technologien zwecks Kostensenkung. Derzeit existieren bereits Prozesse zur CO_2-Abscheidung aus Gasen (und Flüssigkeiten) wie z.B. das Kaliumkarbonat-Naßwaschverfahren, der Einsatz von Lösemitteln auf Alkanamin-Basis sowie das Tieftemperatur-Abscheidungsverfahren. Die erforderlichen Energie- und Kapitalinvestitionen sind sehr erheblich, und die Möglichkeiten für die Endlagerung und Entsorgung von CO_2 dürften äußerst begrenzt sein. Es ist zu hoffen, daß es durch entschlossene F+E-Vorstöße zu bahnbrechenden technologischen Neuerungen kommt, durch die sich die Gesamtkosten senken lassen.

2. Steigerung der Energieeffizienz

(a) Beitrag zum Umweltschutz

Der Begriff der Energieeffizienz erstreckt sich im weiteren Sinne auf Maßnahmen in sämtlichen Phasen der verschiedenen Brennstoffzyklen. Unter einer Verbesserung der Energieeffizienz werden hier alle Initiativen verstanden, einschließlich der Energieeinsparung, die Erzeuger oder Verbraucher von Energieprodukten zwecks Reduzierung etwaiger Energieverluste ergreifen. Zu einer Steigerung der Energieeffizienz kann es also nicht nur bei der Umwandlung in verschiedene Formen der Endenergie, sondern auch bei der Primärenergie-

Tabelle 5 **Beispiele nachgeschalteter Technologien zur Minderung der Luftbelastung**

	Hauptschadstoff (1)	Wirkung auf die Energieeffizienz (2)	Derzeitiger Stand (3)
1. Ortsfeste Quellen			
Feuerungsanlagen für fossile Brennstoffe			
• Brenner mit geringem NO_x-Ausstoß	NO_x	Unterschiedlich	Marktreif
• Katalytische Verbrennung	NO_x, CO	+	F + E
Feuerungsanlage mit Absorptionsmitteleinspritzung	SO_2	Unterschiedlich	Demonstrationsreif
• Nichtstöchiometrische Techniken	NO_x	Unterschiedlich	Marktreif
• Abgasentschwefelung (Naßwasch- oder Sprühtrocknungsverfahren)	SO_2	–	Marktreif
• Kombinierte SO_2-/NO_x-Abgasreinigungsverfahren	SO_2, NO_x	–	Marktreif
• Selektive katalytische Reduktion	NO_x	–	Marktreif
• Elektrostatische Abscheider	Partikel	–	Marktreif
• Stoffbeutelfilter	Partikel	–	Marktreif
Andere ortsfeste Einrichtungen			
• Schwimmabdeckungen oder Dächer für Lagertanks, Abwasserabscheidenischen	VOC	+	Marktreif
• Dampfrückgewinnung beim Umfüllen von Mineralölprodukten	VOC	+	Marktreif
2. Ortsveränderliche Quellen			
Benzinfahrzeuge			
• Reduktionskatalysator	NO_x	–	Marktreif
• Oxidationskatalysator	HC, CO	–	Marktreif
• Dreiweg-Katalysator	NO_x, HC, CO	–	Marktreif
• Thermischer Reaktor	HC, CO	–	Marktreif
• Motoreinregelung (Zündungszeit, Luft-/ Kraftstoffverhältnis und Mischungsvorbereitung)	HC, NO_x, CO	–	Marktreif
• Auspuffgas-Rezirkulation	NO_x	–	Marktreif
Dieselfahrzeuge			
• Klappensystem	Partikel/PAH	Unterschiedlich	Marktreif
• Klappen-Oxidationssystem	Partikel/PAH	Unterschiedlich	Demonstrationsreif

Anmerkungen:
1. Hauptschadstoff, auf den die Minderung hauptsächlich abzielt
2. Wirkung auf die Energieeffizienz: Positiv (+) oder negativ (–)
3. Derzeitiger Stand: Die Technologien wurden hier nach folgenden Kriterien eingestuft: a) noch Forschungs- und Entwicklungsarbeit (F + E) erforderlich, b) in bestimmten Gebieten erprobt (demonstrationsreif), c) in bestimmten Gebieten bereits auf dem Markt (marktreif).

Quelle: IEA-Sekretariat.

gewinnung oder der Transformation in Zwischenprodukte oder Endenergie kommen. Die Bemühungen um Erhöhung des Wirkungsgrads können also auf sämtlichen Stufen der verschiedenen Brennstoffzyklen ansetzen und sich z.B. in Hardware-Verbesserungen dank technologischen Fortschritts, in Initiativen auf Software-Ebene, wie Verbesserung des Energiemanagements und der Betriebspraktiken, oder auch in einer Kombination aus beiden ausdrücken.

Die meisten Maßnahmen zur Wirkungsgradverbesserung bringen auf zweierlei Art unmittelbare, positive Umwelteffekte hervor. Erstens kann sich hierdurch der erforderliche Energieeinsatz je Produkteinheit verringern, was in der Regel wiederum die je produktiver Arbeitseinheit verursachte Schadstoffmenge reduziert. Die auf diese Art durch Steigerung der Energieeffizienz unmittelbar erzielten positiven Umwelteffekte variieren je nach Art der eingesparten Energie (da die Schadstoffe je nach Energieträger unterschiedlich sind), aber auch nach dem Umfang des Effizienzgewinns und dem Typ des Energieprozesses. Der wichtigste Bestimmungsfaktor für die Minderung des Belastungsgrads ist dabei der jeweilige Schadstoff. Während einige Schadstoffe – wie z.B. CO_2 und SO_2 – brennstoffabhängig sind (d.h. der Emissionsgrad schwankt mit dem Umfang des Energieeinsatzes), sind andere – wie z.B. NO_x, CO oder VOC – technologieabhängig. Das heißt, die Beziehung zwischen Emissionsniveau und eingesetzter Energiemenge ist nicht linear, sondern im wesentlichen eine Funktion der angewandten Technologie. So kann es vorkommen, daß zwar weniger Energie verbraucht wird (z.B. beim Zurücklegen einer gegebenen Fahrtstrecke mit einem kleineren Auto), die hervorgerufene Belastung aber höher ist.

Zweitens hat eine Steigerung der Energieeffizienz gewöhnlich auch insofern sekundär positive ökologische Wirkungen, als der geringere Energieeinsatz für den gesamten Brennstoffzyklus und letztlich für das gesamte Energiesystem überhaupt mit Vorteilen verbunden ist. Aus der Untersuchung des Brennstoffzyklus in Anhang 1 geht hervor, daß der Energieendverbrauch lediglich einen Aspekt der Umweltwirkungen von Energieaktivitäten darstellt. Indem Wirkungsgradverbesserungen verschiedene andere energiebezogene Tätigkeiten teilweise überflüssig machen, kann ihr kumulativer Effekt auf das Gesamtvolumen der Energieaktivitäten und damit auf alle u.U. dadurch verursachten Umweltbelastungen bedeutend sein. So können z.B. Maßnahmen zur effizienten Energieverwendung die Notwendigkeit zur Erschließung neuer Energieressourcen und Auffindung entsprechender Standorte für Transport- und Umwandlungseinrichtungen hinausschieben, was wiederum eine zusätzliche Belastung der Umwelt verhindert. Zahlreiche Maßnahmen zur Steigerung des Wirkungsgrads wirken sich auf beiderlei Art positiv auf die Umwelt aus. Schädliche Umwelteffekte hängen häufig mit einer gewissen Vergeudung von Rohstoffen, z.B. Energie, zusammen. So reduziert eine verbesserte Wärmerückgewinnung und -nutzung nicht nur den erforderlichen Energieeinsatz (wodurch die Schadstoffemission gemindert wird), sondern sie kann auch zur Behebung der Probleme im Zusammenhang mit der thermischen Umweltbelastung beitragen.

Tabelle 1 in Kapitel III enthält eine Aufstellung der wichtigsten energiebezogenen Quellen für die Emission von Schadstoffen. Diese Tabelle könnte zur Ermittlung der Bereiche herangezogen werden, in denen Effizienzsteigerungsmaßnahmen einen besonders großen Beitrag zur Minderung bestimmter Umweltprobleme in verschiedenen Stadien des Brennstoffzyklus leisten würden. So ist z.B. ein höherer Wirkungsgrad der Erdgasverbrennung aus ökologischer Sicht weniger bedeutend als eine Effizienzsteigerung der Kohleverbrennungsprozesse, weil im erstgenannten Fall lediglich ein großes Problem der Luftbelastung unmittelbar angegangen würde, während die zweite Maßnahme direkte Nutzeffekte für die Lösung von vier oder fünf wichtigen Problemen der Luftverunreinigung haben könnte. Ähnliche Untersuchungen für die Bereiche Transport und Industrie zeigen, daß eine Steigerung der Energieeffizienz hier ebenso nachhaltige, unmittelbare Umweltwirkungen nach sich ziehen würde. In bezug auf die CO_2-Emissionen wird die rationellere Verwendung von Brennstoffen auf Kohlenstoffbasis als ein wesentliches Element von Strategien zur Minderung der Treibhausgase angesehen. Nach ersten Untersuchungen über die Reduzierung des CO_2-Ausstoßes auf der Basis des MARKAL-Modells bildet eine größere Energieeffizienz in der Tat die Voraussetzung für eine signifikante Verringerung der Emissionen.

Um jene Bereiche zu ermitteln, in denen eine Steigerung des Wirkungsgrads einen wesentlichen Beitrag zur Lösung spezifischer Umweltprobleme leisten könnte, muß der Anteil der verschiedenen Endverbraucher an den wichtigsten Emittentengruppen näher analysiert werden. So läßt zum Beispiel der in Großbritannien im Vergleich zu anderen Ländern, wie z.B. Norwegen, hohe Anteil der Kohle an der Stromerzeugung darauf schließen, daß spezifische Stromverwendungszwecke (z.B. Beleuchtung oder elektrische Geräte) in erheblichem Umfang zum landesweiten CO_2-Ausstoß beitragen. Wie dieses Beispiel zeigt, muß eine Analyse der Maßnahmen zur Effizienzsteigerung länder- und sektorspezifisch angelegt sein; solche Untersuchungen werden denn auch in mehreren Mitgliedstaaten durchgeführt. In vielen Fällen sind diese aber noch ergänzungsbedürftig, vor allem was die noch relativ neuen Probleme, wie Treibhausgase oder photochemische Oxidantien und deren Ausgangsstoffe, betrifft. Die neu gewonnene Einsicht, daß Bemühungen um Steigerung der Energieeffizienz den Umweltschutzzielen förderlich sind, macht auch eingehende methodologische Analysen notwendig, damit sichergestellt ist, daß derartige Anstrengungen auf verläßlichen, kohärenten Einschätzungen basieren und der potentielle Beitrag, den Verbesserungen der Energieeffizienz zum Umweltschutz zu leisten imstande sind, maximiert wird.

Im Gegensatz zu den meisten nachgeschalteten Umweltschutztechnologien kann eine Steigerung der Energieeffizienz die Kosten des Umweltschutzes beträchtlich verringern. Energieeinsparungen sind auch insofern nutzbringend, als Ausgaben zur Erhöhung der Energieeffizienz Kapitalerträge entstehen lassen können. Infolgedessen könnten Umweltschutzstrategien auf der Basis von Maßnahmen zur sparsamen Energieverwendung besonders kostenwirksam sein, namentlich wenn die durch die höhere Energieeffizienz erzielte Emissionsminderung vergütet werden kann. Ausschlaggebend hierfür kann der gesetzliche Rahmen der Umweltschutzbestimmungen sein (wegen einer eingehenderen Erörterung dieser Frage vgl. Kapitel XI, „Flexibilität und Effektivität im Umweltschutz").

Zu erwähnen ist, daß sich die Verbesserung der Energieeffizienz in einigen Fällen nicht uneingeschränkt positiv für die Umwelt auswirkt. Gewisse Maßnahmen können negative Nebenwirkungen hervorrufen, wie z.B. Belüftungsprobleme und Radonbildung in verstärkt isolierten Gebäuden, Abscheidung schädlicher Gase durch Harnstoff-Formaldehyd-Schaumstoffisolierstoffe, lokal begrenzte Lärmprobleme durch Wärmepumpenkompressoren in Privathäusern, größere Umweltbelastung durch Entwicklung und Herstellung energieeffizienter Produkte sowie Verwendung umweltschädlicher Materialien, wie z.B. FCKW in Kühlschränken mit verbesserter Isolierung. In fast allen Fällen sind Korrekturmaßnahmen möglich, so daß derartige negative Effekte bei zukünftigen Initiativen durch bessere Planung, Konzeption, Material- und Standortwahl verringert bzw. vermieden werden können.

(b) Möglichkeiten und Grenzen der Effizienzsteigerungen

Die über den Markt bzw. die staatliche Energiepolitik seit Anfang der siebziger Jahre erzielte beträchtliche Steigerung der Energieeffizienz hat sehr positive Umweltwirkungen gehabt oder hat doch zumindest eine deutliche Verschlechterung der Umweltbedingungen infolge des zunehmenden Energieverbrauchs verhindert. Inwieweit Effizienzsteigerungen zur Verwirklichung umweltpolitischer Ziele beitragen können, hängt nicht nur von der effektiven Belastungsminderung dank eines erhöhten Wirkungsgrads ab, sondern auch vom Umfang der künftigen Effizienzverbesserungen. Die vorliegende Analyse befaßt sich daher hauptsächlich mit der Frage, wieweit Energiesparverfahren bisher den Markt erobert haben und weshalb sie eingeführt wurden; daraus lassen sich nützliche Hinweise für die potentielle Markteinführung künftiger effizienzsteigernder Maßnahmen mit oder ohne Rückgriff auf Instrumente der Energiepolitik ableiten.

Maßnahmen zur Effizienzsteigerung wurden bislang offenbar meistens als Reaktion auf einen Anstieg der Energiepreise oder eine damit verbundene Zunahme des Wettbewerbsdrucks getroffen, besonders dann, wenn technologische Innovationen den Weg für derartige

Maßnahmen bereitet hatten. Das heißt, den effektiv festgestellten Verbesserungen der Energieeffizienz lag größtenteils ein Kostenanstieg oder aber die Erwartung zugrunde, daß es zu Preiserhöhungen oder zu einer Energieknappheit kommen würde. So ist z.B. die Energieintensität der Industrie in den OECD-Ländern zwischen 1979 und 1985 um jährlich 3,9% zurückgegangen, während diese Rate im Zeitraum 1986–1988 nur jährlich 1,6% betragen hatte. Die erstgenannte Periode war in den meisten IEA-Ländern durch relativ hohe Energiepreise gekennzeichnet, während die Preise im letztgenannten Zeitraum beträchtlich sanken. Diese Entwicklung scheint wiederum den Anreiz für die Anwendung neuer Techniken des Energiemanagements wie auch für Investitionen in kostspieligere, aber effizientere Technologien verringert zu haben. Zwar werden langfristige Anlageinvestitionen als Reaktion auf niedrigere Betriebskosten selten rückgängig gemacht, doch könnten schon erzielte Einsparungen bis zu einem gewissen Grad dort wieder zunichte gemacht worden sein, wo gesunkene Energiekosten den Anreiz für ein dauerhaft energiebewußtes Verhalten (z.B. in den privaten Haushalten) gedämpft haben mögen. Zu erwähnen ist ferner, daß die Bemühungen um Steigerung der Energieeffizienz bei unverändertem Stand der Technologie dem Gesetz abnehmender Grenzerträge folgen, das von der Preisentwicklung weitgehend unabhängig ist und tendenziell dazu führt, daß weitere Energiesparinvestitionen im Laufe der Zeit immer größere Kosten verursachen. Die – z.B. durch Standards und ordnungsrechtliche Bestimmungen oder staatlich finanzierte Forschungs- und Entwicklungsprogramme geförderte – Entwicklung neuer Technologien spielt eine wichtige Rolle für die immer breitere Erschließung des Energiesparpotentials.

Leider haben die Hausse der Energiepreise und andere damit zusammenhängende Entwicklungen zahlreiche Initiativen gleichzeitig ausgelöst, die nichts bzw. nur wenig mit Energieeinsparungen zu tun hatten. In einigen energieintensiven Industrien wurden Anlagen stillgelegt, während in anderen Branchen mit geringerem Energieverbrauch neue Kapazitäten geschaffen wurden. Dieser Strukturwandel und die Veränderungen in bezug auf Produktionsniveau und Brennstoffsubstitution in der Industrie fielen mit Effizienzsteigerungen bei Energiegewinnung, -transport und -verwendung zusammen. All diese Faktoren können einander kompensierende und zuweilen gegensätzliche Wirkungen nach sich gezogen haben, die sich in den einzelnen Ländern unterschiedlich stark bemerkbar machen (vgl. hierzu das Beispiel Japan in den nachfolgenden Ausführungen über den industriellen Sektor). Deshalb sind Energieindikatoren wie die weiter oben erwähnten allmählichen Veränderungen der Energieintensität in der Industrie zwar aufschlußreich, aber zu allgemein, um Rückschlüsse auf die Wirkungen eines einzelnen Faktors (wie die in der Vergangenheit getroffenen Energiesparmaßnahmen) zuzulassen.

Es läßt sich nicht mit Genauigkeit feststellen, inwieweit die mit der Anwendung effizienterer Technologien und Techniken des Energiemanagements erzielten Ergebnisse auf staatliche Eingriffe zurückzuführen sind. Wie aus den Tabellen 6, 7 und 8 [36] hervorgeht, haben die Regierungen im Rahmen ihrer Programme zur Förderung der Energieeffizienz auf zahlreiche Interventionen verschiedenster Art zurückgegriffen. Zu Analysezwecken müßten die Wirkungen dieser staatlichen Maßnahmen im Idealfall von anderen Bestimmungsfaktoren wie z.B. Preisveränderungen getrennt werden. Das läßt sich jedoch in der Praxis nur äußerst schwer verwirklichen, besonders wenn sich bei einer später vorgenommenen Analyse zeigt, daß nicht die notwendigen Vorkehrungen für eine entsprechende Evaluierung getroffen worden sind. Da sich diese Faktoren für den Energieproduktions- und -verbrauchssektor zwangsläufig recht stark voneinander unterscheiden, müssen zunächst der relative Umfang und die relative Bedeutung der einzelnen Faktoren in jedem dieser beiden Sektoren festgestellt werden. Die nachstehend zusammengefaßten IEA-Analysen lassen gewisse Rückschlüsse auf die unterschiedliche sektorale Bedeutung dieser Faktoren zu.

Tabelle 6 **Überblick über die Informationsprogramme**

Maßnahmen/Programme	Hauptziel	Zu behebende Marktunvollkommenheiten	Umsetzungsbedingungen	Allgemeine Schlußfolgerungen
Werbe-Kampagnen	– Bewußtseinsbildung	– Mangelnde Information – Mangelnde Transparenz	– Gewöhnlich in Perioden massiver Preiserhöhungen – In vielen Ländern ständig angewendet	– Nützlich für die Bewußtseinsbildung
Energieverbrauchskontrollen im Sektor Haushalte und Kleinverbraucher	– Bewußtseinsbildung – Motivierung	– Mangelnde Information – Mangelnde Transparenz	– In Perioden massiver Preiserhöhungen	– Nützlich zur stärkeren Sensibilisierung der Verbraucher und zur Unterrichtung über kostenwirksame Optionen – Problematisch: Kosteneffizienz einer umfassenden Energieverbrauchserfassung
Energieverbrauchskontrollen in der Industrie	– Bewußtseinsbildung – Motivierung	– Mangelnde Information – Mangelnde Transparenz	– Ursprünglich in Perioden massiver Preiserhöhungen	– Nützlich für die Bewußtseinsbildung – Probleme hinsichtlich des technischen Niveaus der Gründlichkeit der durchgeführten Kontrollen
Geräte-Kennzeichnung	– Bewußtseinsbildung – Motivierung – Vermittlung sachlicher Informationen als Hilfe für die Kaufentscheidung	– Mangelnde Information – Mangelnde Transparenz	– Ursprünglich in Perioden massiver Preiserhöhungen	– Stärkste Wirkung bei der verarbeitenden Industrie – Kostenwirksames Mittel zur Erzielung von Energieeinsparungen – Funktioniert gut als Programm auf freiwilliger Basis
Aufklärung über Treibstoffeffizienz im Verkehrssektor	– Bewußtseinsbildung – Motivierung – Vermittlung sachlicher Informationen als Hilfe für die Kaufentscheidung	– Mangelnde Information – Mangelnde Transparenz	– Ursprünglich in Perioden massiver Preiserhöhungen	– Allgemein stark sensibilisierende Wirkung – Probleme hinsichtlich der Glaubwürdigkeit der Bewertung des Treibstoffverbrauchs

Quelle: Auf der Basis von "Energy Conservation in IEA Countries", IEA, 1987

Tabelle 7 **Überblick über finanzielle Anreizprogramme**

Maßnahmen/Programme	Hauptziel	Vom Markt nicht hinreichend erfüllte Funktionen	Umsetzungsbedingungen	Allgemeine Schlußfolgerungen
Industrie				
• Zuschüsse	– Stimulierung gezielter Investitionen zur Energieeinsparung	– Finanzielle Attraktivität und Kapitalzugang – Vertrauensbildung – Information	– Vor allem zwischen den beiden Preiserhöhungen der siebziger Jahre – Bei Einsetzen der Preisbaisse z.T. abgeschafft	– Erweiterung und Beschleunigung der Investitionen – Einführung neuer Technologien – Größere finanzielle Attraktivität – Gutes Kosten-Nutzen-Verhältnis, selbst bei der jüngsten Preisbaisse – Induzierung zahlreicher zusätzlicher Investitionen – Erfolgreich bei der Bewußtseinsbildung – Verwaltungstechnisch komplex
• Steuerliche Anreize	– Stimulierung gezielter Investitionen zur Energieeinsparung	– Finanzielle Attraktivität – Vertrauensbildung	– Vor allem zwischen den beiden Preiserhöhungen der siebziger Jahre – Bei Einsetzen der Preisbaisse z.T. abgeschafft	– Einfache Umsetzung – Erfolgreich bei der Bewußtseinsbildung – Relativ einfache Anwendung für die Unternehmen – Geringer Nutzen für Nichtsteuerzahler
• Darlehen	– Stimulierung gezielter Investitionen zur Energieeinsparung	– Kapitalzugang – Vertrauensbildung	– Vor allem zwischen den beiden Preiserhöhungen der siebziger Jahre – Bei Einsetzen der Preisbaisse z.T. abgeschafft	– In der Praxis geringe Marktbeeinflussung, hauptsächlich Vereinfachung der Kapitalaufnahme (für Unternehmen mit schlechter Finanzlage)

Tabelle 7 (Fortsetzung)

Maßnahmen/Programme	Hauptziel	Vom Markt nicht hin- reichend erfüllte Funktionen	Umsetzungsbedingungen	Allgemeine Schlußfolgerungen
Sektor Haushalte und Kleinverbraucher • Zuschüsse	– Stimulierung gezielter Investitionen zur Energieeinsparung	– Finanzielle Attraktivität und Kapitalzugang – Information – Vertrauensbildung – Trennung von Ausgaben und Nutzen	– Vor allem zwischen den beiden Preiserhöhungen der siebziger Jahre – Bei Einsetzen der Preisbaisse Anfang der achtziger Jahre z.T. abgeschafft	– Beliebt, mit sichtbaren Vorteilen verbunden – Erfolgreiche Bewußtseinsbildung – Erfolgreich bei der Verbraucheraufklärung – Bessere finanzielle Attraktivität – Beitrag zur Entwicklung von Dienstleistungsbranchen, die auf die Energieeinsparung spezialisiert sind – Schlechte Ergebnisse auf dem Mietwohnungsmarkt – Schlechteres Kosten-Nutzen-Verhältnis als bei den Zuschußprogrammen für die Industrie – Verwaltungstechnisch komplex
• Steuerliche Anreize	– Stimulierung gezielter Investitionen zur Energieeinsparung	– Finanzielle Attraktivität und Kapitalzugang – Information – Vertrauensbildung – Trennung von Ausgaben und Nutzen	– Vor allem zwischen den beiden Preiserhöhungen der siebziger Jahre	– Geringes Maß an staatlicher Intervention – Wird hauptsächlich von den höheren Einkommensgruppen in Anspruch genommen

Tabelle 7 (Fortsetzung)

Maßnahmen/Programme	Hauptziel	Vom Markt nicht hin- reichend erfüllte Funktionen	Umsetzungsbedingungen	Allgemeine Schlußfolgerungen
• Darlehen	– Stimulierung gezielter Investitionen zur Energieeinsparung	– Finanzielle Attraktivität und Kapitalzugang – Information – Vertrauensbildung – Trennung von Ausgaben und Nutzen	– Vor allem zwischen den beiden Preiserhöhungen der siebziger Jahre	
Energieumwandlungssektor				
• Zuschüsse, steuerliche Anreize und Darlehen	– Stimulierung der Investitionen zur Erzeugung von Fernwärme aus Kraft-Wärme-Kopplung	– Finanzielle Attraktivität		– Effektive Verringerung der Investitionsrisiken durch die Subventionen – Ähnliches Kosten-Nutzen-Verhältnis wie bei den Programmen für die Industrie – Relativ starke Progressivität – Häufig unzureichende Zusammenarbeit der Elektrizitätswirtschaft

Quelle: Auf der Basis von „Energy Conservation in IEA Countries", IEA, 1987.

Tabelle 8 **Überblick über Bestimmungen und Standards**

Maßnahmen/Programme	Hauptziel	Zu behebende Marktunvollkommenheiten	Umsetzungsbedingungen	Allgemeine Schlußfolgerungen
Bauvorschriften	– Effizienzsteigerung beim Neubaubestand	– Mangelnde Transparenz des Verbrauchs – Mangelnde Information – Trennung von Ausgaben und Nutzen	– Nach den massiven Preiserhöhungen Erweiterung der vorhandenen Bauvorschriften um den Aspekt der Energie-effizienz – Auch in Perioden rückläufiger Energiepreise beibehalten	– Sehr effizient bei der Überwindung von Marktunvollkommenheiten – Geringer Kostenaufwand für die Verbesserung der Wärmedämmung beim Neubaubestand – Langfristige Signalwirkung – Einfach an regionale/lokale Bedingungen anzupassen
Leitungsnormen für Haushaltsgeräte	– Effizienzverbesserung bei neuen Geräten	– Mangelnde Transparenz des Verbrauchs – Mangelnde Information – Trennung von Ausgaben und Nutzen	– Ursprünglich eingeführt während der Energiepreishausse	– Informationsmangel läßt keine Schlußfolgerungen zu – In den meisten Ländern größeres Interesse an Programmen für die Gerätekennzeichnung als an Leistungsnormen
Treibstoffeinsparungs-normen für Neuwagen	– Effizienzsteigerung bei Neuwagen	– Mangelnde Information	– Ursprünglich bei steigen-den Energiepreisen für einen befristeten Zeitraum eingeführt – Zum Teil auch nach dieser Frist beibehalten	– Für Hersteller und Importeure bestimmt – Flankierende Maßnahmen zu Verkehrsinformationspro-grammen – Wirkungen schwer fest-stellbar, doch Fortsetzung der Bemühungen um Effizienzsteigerung auch bei sinkenden Energiepreisen – Zielvorgaben sowohl mit gesetzlich vorgeschriebenen als auch freiwilligen Programmen erreicht

Quelle: Auf der Basis von "Energy Conservation in IEA Countries", IEA, 1987

Industrie. Es ist zuweilen möglich, die durch Strukturanpassungen und Veränderungen des Produktionsniveaus bedingten Effekte – wenn auch nicht sehr präzise – zu isolieren, um sich auf diese Weise eine bessere Vorstellung von der relativen Wirkung von Effizienzsteigerungen in der Industrie zu verschaffen. Ein anschauliches Beispiel hierfür liefert die Abbildung 2, in der die japanische Industrie im Zeitraum 1979–1985 dargestellt wird [37]. Wie daraus hervorgeht, ist der in Japan festgestellte geringere Energieverbrauch auf das Zusammenwirken mehrerer Faktoren zurückzuführen, nämlich erstens auf Steigerungen des Wirkungsgrads, durch die sich der Energieverbrauch verringert hat, zweitens auf den industriellen Strukturwandel, der im Falle Japans einen Energienachfragerückgang bewirkt hat, weil die Industriestruktur weniger energieintensiv geworden ist, und schließlich auf Veränderungen der Industriekonjunktur (d.h. Veränderungen des Produktionsniveaus), die im Zuge der expandierenden Produktion eine wachsende Energienachfrage zur Folge hatten. So wurde im Falle Japans der globale Verbrauchsrückgang infolge von Effizienzgewinnen und Strukturveränderungen weitgehend durch eine Zunahme der Industrieproduktion kompensiert, so daß der industrielle Verbrauch zwischen 1979 und 1985 per saldo um rd. 17 Mtoe abnahm. Mit anderen Worten, die als Verhältnis PEV/BIP ausgedrückte Energieintensität ist in diesem Zeitraum um jährlich 3,7% zurückgegangen, doch ist es lediglich als Zufall zu werten, daß diese Rate mehr oder weniger der in dieser Periode erzielten Effizienzsteigerungsrate entsprach. Da der Strukturwandel und die Veränderungen der Industrieproduktion geringer gewesen sein bzw. sich sogar entgegengesetzt entwickelt haben könnten, zeigt dieses Beispiel, wie wichtig es ist, bei einer Analyse der Effizienzsteigerungen in der Industrie alle drei Faktoren zugleich zu berücksichtigen.

In einer unveröffentlichten Untersuchung, die die IEA kürzlich über die Industrie mehrerer Mitgliedstaaten durchgeführt hat, kommt diese zu dem Ergebnis, daß Effizienzsteigerungen die tendenziell rückläufige Entwicklung der Energieintensität im Zeitraum 1973–1985 stärker beeinflußt haben als der Strukturwandel. Insbesondere wird festgestellt, daß Produktionsveränderungen die globale Energieintensität verringern, die Stromintensität aber gleichwohl erhöhen dürften. Bei der Analyse der Ursachen für die eingetretenen Verlagerungen kommt

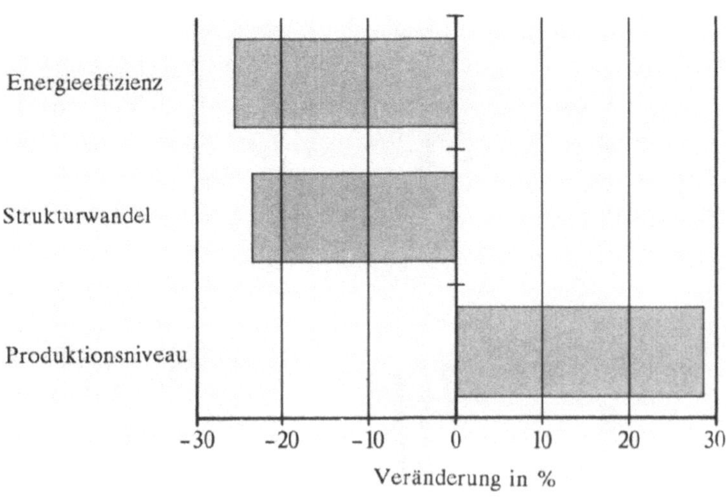

Abbildung 2 **Beispiel für die Veränderungen des industriellen Energieverbrauchs in Japan**
Quelle: IEA-Sekretariat

100

eine für die IEA durchgeführte Schätzung zu dem Schluß, daß im OECD-Raum rd. 10%
aller bis 1985 in der Industrie erzielten Einsparungen auf staatlich geförderte Energiesparprogramme zurückzuführen waren, was bedeutet, daß 90% über den Markt selbst zustande
kamen (z.B. über die Preismechanismen oder dank der jeweils verfügbaren Technologien).
Bei dem gegenwärtig niedrigeren Energiepreisniveau wäre jedoch ein erheblich größerer
Anteil von staatlich geförderten Programmen an Effizienzverbesserungen denkbar.
In ihrer Analyse kommt die IEA zu dem Ergebnis, daß der Mineralölverbrauch vermutlich
zunehmen wird, wenn die Ölpreise niedrig bleiben. Desgleichen dürften sich die Effizienzsteigerungen bei weiterhin moderatem Energiepreisniveau nicht im gleichen Rhythmus wie
bisher fortsetzen. Der Anwendung energieeffizienterer Technologien in der Industrie stehen
immer noch Hindernisse entgegen, obwohl die staatlichen Programme darauf abgestellt
sind, diese soweit wie möglich abzubauen. Zu diesen Barrieren gehören u.a.:

- die Tatsache, daß der Energieverbrauch und die entsprechenden Effizienzsteigerungen
  nur bei den größten Industrieunternehmen sichtbare Wirkungen haben;
- der Mangel an Informationen und technischen Qualifikationen, namentlich auf der Ebene
  der kleinen und mittleren Industriebetriebe;
- die Furcht vor Risiken bei der Einführung neuerer, innovativer Technologien oder Dienstleistungen;
- das Bestreben, Produktionsstörungen auf ein Mindestmaß zu begrenzen, und schließlich
- der Zugang zu dem nötigen Kapital für entsprechende Verbesserungen (sowie der Wettstreit um dieses Kapital).

Sollen gewisse Produktionsänderungen jedoch ohnehin vorgenommen werden, z.B. aus
Gründen der Kostenwirksamkeit und aus dem Wunsch heraus, die Produktqualität und die
Flexibilität des Produktionsprozesses zu verbessern, so bewirken sie in der Regel auch eine
Steigerung der Energieeffizienz, haben also einen geringeren Energieverbrauch je Produkteinheit zur Folge, als dies bei dem alten Produktionsprozeß der Fall war. So dürfte beispielsweise der immer häufigere Rückgriff auf Robotertechnik und EDV-gestützte Fertigungsverfahren den Wirkungsgrad der Produktion steigern und den globalen Energieverbrauch
verringern (obwohl die Stromnachfrage u.U. zunehmen wird). Man kann sicher sein, daß
solche „inhärenten" Energieeinsparungen – zumindest bei kräftiger Industriekonjunktur –
ebenfalls einen Beitrag zum Umweltschutz leisten werden.
Stromendverbrauch. Elektrizität erweckt den Anschein einer umweltfreundlichen Energie,
da bei seiner Verwendung nicht ersichtlich ist, welche Umwelteffekte – wenn überhaupt –
bei seiner Erzeugung entstehen. Gleichwohl ist der Stromendverbrauch ein Bereich mit
einem wahrscheinlich großen Einsparpotential, dessen Erschließung sich positiv auf die
Energieversorgungssicherheit wie auch auf die Umwelt auswirken würde, namentlich in
Anbetracht der ungebrochen kräftigen Zunahme des Stromverbrauchs in jüngster Zeit. Seit
1973 ist die Stromnachfrage in den OECD-Ländern um fast 50% gestiegen, was sich z.T.
aus den staatlichen Maßnahmen zur Förderung der Energiesubstitution erklärt, während
der Ölverbrauch im großen und ganzen unverändert geblieben ist. So hat sich die Stromintensität (d.h. das Verhältnis zwischen Stromverbrauch und BIP) denn auch praktisch nicht
verändert, während die Energieintensität insgesamt um 23% zurückgegangen ist. Infolgedessen hat die Elektrizitätserzeugung nunmehr einen Anteil von rd. 35% am Primärenergiebedarf. Schätzungen der IEA zufolge wird der Stromverbrauch bis zum Jahr 2005 jahresdurchschnittlich um rd. 2,3% zunehmen und damit etwas langsamer expandieren als das unterstellte
gesamtwirtschaftliche Wachstum.
In einer jüngst von der IEA veröffentlichten Untersuchung über die Effizienz des Elektrizitätsendverbrauchs [38] werden die bislang erreichten Ergebnisse bei der Erhöhung des
Wirkungsgrads sowie die Möglichkeiten für eine Verringerung des Wachstums der Strom-

nachfrage durch weitere Effizienzsteigerungen beim Endverbrauch untersucht. Es handelt sich dabei um eine Querschnittanalyse, in der sechs Techniken, auf die 65–71% des gesamten Stromverbrauchs entfallen, und sechs OECD-Länder mit den verschiedensten klimatischen, ökonomischen und elektrizitätswirtschaftlichen Merkmalen untersucht werden. Bei allen sechs Endverbrauchskategorien waren in den vergangenen 15 Jahren als Reaktion auf die Marktbedingungen sowie auf einige schon bestehende staatliche Programme beträchtliche Effizienzsteigerungen zu beobachten, obwohl – wie schon erwähnt – der gesamte Stromverbrauch in diesen Bereichen in der Regel gestiegen ist. In den meisten Ländern waren die Effizienzverbesserungen besonders augenfällig bei Kühlschränken, wo der durchschnittliche Stromverbrauch pro Einheit zwischen 1973 und 1986 um 10–20% gesenkt wurde, sowie bei Neubauten, wo die Wärmeverluste von Anfang der siebziger Jahre bis 1986 um 20–50% zurückgingen. Bei der Beleuchtung ist der Wirkungsgrad seit Beginn der siebziger Jahre vermutlich um rd. 10% gesteigert worden, bei Klimaanlagen in gewerblichen Bauten um über 10% und bei Industriemotoren um schätzungsweise maximal 5%. In Deutschland wurde der spezifische Stromverbrauch bei neuen Kühlschränken um 39% und bei Tiefkühlschränken um 28% je Einheit reduziert.

Bei allen sechs Endverbrauchskategorien wurde ein erhebliches Potential für weitere Einsparungen durch wirtschaftlich sinnvolle Effizienzverbesserungen festgestellt, die in der Größenordnung von 10–20% je Einheit liegen könnten. Die Tendenz zur Steigerung des Wirkungsgrads der einzelnen Geräte und die sich daraus ableitenden Stromeinsparungen bei neuen Ausrüstungen und Gebäuden dürften sich mit der Erneuerung des bestehenden Kapitalstocks fortsetzen, wenn auch zweifellos langsamer. Um dieses Potential voll auszuschöpfen, müßte das Gros des bestehenden Kapitalstocks ersetzt werden, was praktisch nur über einen Zeitraum von 20 Jahren oder mehr zu realisieren wäre. Trotz der erwarteten Verbesserungen stehen den Effizienzsteigerungen, wie in der Untersuchung nachgewiesen wird, verschiedene Hindernisse im Wege, was bedeutet, daß zusätzlich ein beträchtliches ökonomisches Potential für sogar noch größere Effizienzgewinne besteht, das aber mit den gegenwärtig unternommenen Anstrengungen allein wahrscheinlich nicht ausgeschöpft werden kann.

Die Hemmnisse für eine weitere Verbesserung des Elektrizitätswirkungsgrads sind den weiter oben für die Industrie beschriebenen weitgehend ähnlich. Zudem kann die Amortisationszeit (d.h. der implizit unterstellte Diskontsatz, der im Grunde die in der Vorstellung des Investors bestehenden Sachzwänge widerspiegelt) für die meisten Endverbraucher relativ kurz sein und mithin ihre Motivation für energieeffizienzsteigernde Investitionen dämpfen. Zudem stellt sich auch das Problem, daß der Nutzeffekt einer effizienzverbessernden Investition nicht immer dem Investor selbst zugute kommt. Als Beispiel hierfür seien die Beziehungen zwischen Wohnungseigentümer und Mieter genannt [39].

Es bleibt die Frage, ob zusätzliche vom Staat, von der Elektrizitätswirtschaft oder von sonstigen Institutionen getroffene, praktikable Maßnahmen möglich wären, die zur Beseitigung der noch verbleibenden Hemmnisse und zur weitergehenden Verwirklichung der genannten Ziele beitragen könnten. Betrachtet man das ganze Spektrum der von den Regierungen bzw. der Elektrizitätswirtschaft in den einzelnen IEA-Staaten durchgeführten Maßnahmen oder Programme zur Effizienzsteigerung beim Endverbraucher, so zeigt sich, daß einige von ihnen in der Tat positive Wirkungen gehabt haben, und zwar vor allem preispolitische Maßnahmen, Informationsprogramme, Anreize, ordnungsrechtliche Bestimmungen u.ä. Schließlich ist festzustellen, daß die Versorgungsbetriebe in einigen Ländern je nach den finanziellen und sonstigen Merkmalen der Stromversorgungssysteme dieser Länder eine wichtige Rolle gespielt haben. Eine enge Zusammenarbeit zwischen Staat und Elektrizitätswirtschaft hat sich als wesentliche Voraussetzung für Konzeption und Umsetzung wirksamer Maßnahmen zur Effizienzsteigerung im Endverbrauchssektor erwiesen.

In der IEA-Untersuchung sind Überlegungen darüber angestellt worden, welche spezifischen Maßnahmen geeignet wären, diesen Prozeß der Verbesserung des Wirkungsgrads beim Stromendverbrauch zu beschleunigen. Es wurde festgestellt, daß es eine Vielzahl von Maßnahmen gibt, die eine allgemeine Steigerung der Energieeffizienz bewirken können. Zwei der wichtigsten Initiativen, die im Bereich des Elektrizitätsendverbrauchs von den Regierungen eingeleitet werden könnten, würden darin bestehen:

- sicherzustellen, daß die Stromtarife (und die Abrechnungsverfahren) den Verbrauchern korrekte Marktsignale geben;
- das ordnungsrechtliche Regelwerk für die Versorgungsbetriebe so zu gestalten, daß diesen soweit wie möglich wirtschaftliche Anreize zur Förderung von Effizienzsteigerungen beim Endverbrauch geboten werden, sofern derartige Verbesserungen dem Stromversorgungssystem insgesamt zugute kommen, und zwar sowohl den betroffenen Unternehmen der Elektrizitätswirtschaft wie auch deren Kunden.

Kraftfahrzeugeffizienz. Dieser Bereich gibt natürlich für die Umwelt wie auch für die Energieversorgungssicherheit insofern Anlaß zu Besorgnis, als – anders als in anderen Wirtschaftssektoren der OECD-Länder (Industrie, private Haushalte und Kleinverbraucher sowie Elektrizitätswirtschaft) – der Ölverbrauch im Verkehrssektor zwischen 1973 und 1987 beträchtlich gestiegen ist. Diese Zunahme hatte zusammen mit dem gleichzeitig sinkenden Ölverbrauch der anderen Wirtschaftssektoren zur Folge, daß sich der Anteil des Verkehrssektors am gesamten Mineralöl-Endverbrauch der OECD-Länder zwischen 1973 und 1987 von 38 auf 57% erhöhte. Besorgniserregend ist vor allem der Straßenverkehr, der über 80% des gesamten Ölverbrauchs des Verkehrssektors auf sich vereinigt. Diesem Bereich gilt überdies auch beim Umweltschutz hohe Priorität, da er in beträchtlichem Maße zu den Problemen der Luftbelastung, des sauren Regens und der globalen Klimaveränderung beiträgt.
Eine vor kurzem von der IEA durchgeführte, unveröffentlichte Analyse untersucht und erklärt die Tendenzen und künftigen Aussichten im Hinblick auf die zahlenmäßigen Veränderungen des in Betrieb befindlichen Kfz-Parks, die durchschnittliche Fahrleistung je Auto und den durchschnittlichen Kraftstoffverbrauch, und zwar in drei repräsentativen Ländern, nämlich USA, Deutschland und Japan. Diese Analyse legt den Schluß nahe, daß die in einer IEA-Studie über die Effizienz von Pkw [40] bereits 1984 festgestellten Tendenzen heute sogar noch ausgeprägter sind als damals, d.h. die Rate der Verbesserung des Treibstoffverbrauchs hat weiter beträchtlich abgenommen. Bei den jüngeren Untersuchungen wurden zwei unterschiedliche Meßgrößen für den Treibstoffwirkungsgrad zugrunde gelegt: die Durchschnittseffizienz des gesamten Kfz-Bestands (d.h. der spezifische Kraftstoffverbrauch aller im Verkehr befindlichen Autos) und der durchschnittliche Kraftstoffverbrauch neuer Autos. In allen drei untersuchten Ländern, vor allem aber in den Vereinigten Staaten, wurde im Zeitraum 1973–1986 eine wesentliche Verbesserung des Treibstoffverbrauchs von Neuwagen festgestellt. Nach 1983 hat sich diese Entwicklung indessen in allen drei Ländern verlangsamt, und in Japan trat nach 1984 sogar eine Trendwende ein. Zu den zahlreichen unterschiedlichen Gründen für diese Verlangsamung zählen wahrscheinlich die mit weiteren Effizienzsteigerungen zunehmenden Kosten (da die kostenoptimalen Lösungen zuerst angewandt werden), die angesichts der niedrigeren Mineralölproduktpreise abnehmenden wirtschaftlichen Anreize sowie der wachsende Marktanteil großer, leistungsstarker Autos.
Hinsichtlich des spezifischen Kraftstoffverbrauchs des gesamten Pkw-Bestands wurden signifikante Fortschritte nur in den Vereinigten Staaten verzeichnet. Darin schlägt sich weitgehend die Tatsache nieder, daß die in den USA hergestellten Autos des Jahrgangs 1973 einen um 60% geringeren Treibstoffwirkungsgrad aufwiesen als die Pkw japanischer oder deutscher Herkunft. Mit dem Aufholen dieses Rückstands waren natürlich bedeutende Effizienzsteigerungen möglich, so daß sich der durchschnittliche Treibstoffverbrauch der Autoflotte

beträchtlich erhöhte. Nach Schätzungen einer für die IEA durchgeführten Untersuchung haben die staatlich geförderten Energiesparprogramme im OECD-Raum bislang Treibstoffeinsparungen im nordamerikanischen Verkehrssektor von nahezu 50% bewirkt (hauptsächlich dank der in den USA eingeführten Kfz-Verbrauchsnormen). Anders als in den Vereinigten Staaten wirkte sich der sparsamere Kraftstoffverbrauch der Neuwagen in Japan und Deutschland jedoch nicht in einer signifikanten Verbesserung des Treibstoffwirkungsgrads des Pkw-Bestands insgesamt aus, da diese Fortschritte durch andere Faktoren, wie z.B. die geänderten Fahrgewohnheiten, den Trend zum Kauf größerer Modelle und die zunehmende Verkehrsdichte kompensiert wurden.

Die seit 1973 steigende Tendenz des Pkw-Treibstoffverbrauchs dürfte sich fortsetzen, wobei demographische Faktoren und Sättigungseffekte diese Zunahme allerdings letzten Endes abschwächen könnten. Zwar wird es vermutlich weiterhin zu zahlreichen kleineren Effizienzverbesserungen beim Fahrzeug- und Motordesign kommen, doch werden diese wahrscheinlich weniger ins Gewicht fallen als der wachsende Kraftstoffverbrauch. In den Vereinigten Staaten besteht noch ein gewisses Potential für Verbesserungen der Treibstoffeffizienz des Pkw-Bestands. Allerdings ist ungewiß, wieweit dieses Potential effektiv ausgeschöpft werden kann. Im privaten Personenkraftverkehr ist der Treibstoffverbrauch 1986 und 1987 gestiegen, und der spezifische Treibstoffverbrauch neuer Autos stagniert seit etwa 1986. Die in Japan und Deutschland festgestellten Tendenzen könnten sich auch in den Vereinigten Staaten bemerkbar machen, sobald der Rückstand in der Automobilindustrie aufgeholt ist. Der jüngste Beschluß, den Durchschnittsverbrauch neuer Autos bei den 1990er Modellen auf 27,50 mpg (Meilen je Gallone)[6] zu erhöhen, dürfte gewisse positive Wirkungen haben.

In zahlreichen Studien der jüngsten Zeit ist versucht worden, das technische Potential für eine Steigerung der Kfz-Treibstoffeffizienz zu ermitteln. Nach Auffassung des amerikanischen Office of Technology Assessment könnte bei der künftigen Autoflotte bis zum Jahr 1995 ein spezifischer Kraftstoffverbrauch von durchschnittlich 33 mpg[7] erreicht werden, ohne daß dadurch die Leistung beeinträchtigt oder die Käufer zu einem Umstieg auf kleinere Autos gezwungen würden, sofern die Hersteller in größerem Umfang Technologien einsetzen, mit denen einige Automodelle bereits heute ausgerüstet sind. In einer kürzlich durchgeführten Untersuchung, der Daten des US-Energieministeriums zugrunde liegen, wird der Wirkungsgrad für 1995 auf derselben Basis auf 31,6 mpg[8] veranschlagt, wobei seitens der Verbraucher die Bereitschaft unterstellt wird, den entsprechenden Preis für den geringeren Treibstoffverbrauch zu zahlen [41]. Aber wenn diese Technologien auch kostenwirksam sein mögen, so sind sie für die Verbraucher vielleicht doch nicht attraktiv genug oder sie werden von den Autoherstellern möglicherweise erst nach Einführung zusätzlicher Anreize verwendet werden. Nach dieser Untersuchung zu urteilen, würde der Wirkungsgrad des neuen Pkw-Bestands ohne derartige Anreize nur um wenige Meilen je Gallone über dem 1987 gemessenen Ergebnis von rd. 27 mpg[9] liegen.

Bei der Beurteilung der potentiell positiven Umweltfolgen einer größeren Kfz-Treibstoffeffizienz müssen auch die oben erwähnten Faktoren berücksichtigt werden. Das heißt, die Tendenzen in bezug auf Fahrleistung und Autogröße sowie die Auswirkungen von Verkehrsstaus sind für die Bestimmung des Kraftstoffverbrauchs (und des Emissionsniveaus) dieses Sektors u.U. ebenso wichtig bzw. noch wichtiger. Um eine – auch nur annähernde – Schätzung des Beitrags aufzustellen, den dieser Sektor zur Verwirklichung der Umweltziele leisten könnte, müßte diese Analyse namentlich unter Heranziehung verläßlicherer und

---

[6] D.h. 8,5 1/100 km.
[7] D.h. 7,1 1/100 km.
[8] D.h. 7,5 1/100 km.
[9] D.h. 8,7 1/100 km.

umfassenderer Daten aktualisiert werden. Die gegenwärtig von der IEA durchgeführte Überarbeitung der Studie von 1984 über die Effizienz von Personenkraftwagen ist hierfür zweifellos nützlich. Auch ein Vergleich der Optionen für die Treibstoffsubstitution und eine Analyse der intermodalen Verlagerungen mit den verschiedenen Möglichkeiten zur Steigerung des Wirkungsgrads setzt eingehendere Untersuchungen voraus.

Haushalte/Kleinverbrauch (Endverbrauch ohne Strom). Abgesehen von den bereits weiter oben behandelten Möglichkeiten zur Stromeinsparung bei Geräten und Ausrüstungen besteht in diesem Sektor ein beträchtliches Potential für Effizienzsteigerungen wie z.B. Verbesserungen beim Rohbau oder bei Hochleistungsbrennern. Zahlreiche Faktoren könnten jedoch die volle Ausschöpfung des hier gegebenen ökonomischen Potentials behindern oder zumindest die Markteinführung der entsprechenden Maßnahmen verlangsamen. Zu den wichtigsten zählen die mangelnde Kenntnis der Verbraucher von den vorhandenen Einsparmöglichkeiten, die unzureichenden technischen Fachkenntnisse sowie die vom verfügbaren Einkommen her bestehenden Beschränkungen. In einigen Ländern bedeutet die Tatsache, daß der Wohnungseigentümer die für Investitionen in Energiesparmaßnahmen, der Mieter jedoch die mit dem Energieverbrauch verbundenen Betriebskosten zu tragen hat, immer noch ein Hindernis für die verbreitete Einführung energiesparender Ausrüstungen im Mietwohnungssektor. Bei den Kleinverbrauchern sind es mangelnde technische Qualifikationen, die die Anwendung effizienter Technologien verzögern; das gilt namentlich für Kleinbetriebe, die sich der möglichen Effizienzsteigerungen häufig gar nicht bewußt sind und bei denen die Energiekosten zumeist nur einen geringen Anteil an ihrem Betriebsaufwand darstellen. Im Sektor der privaten Haushalte wie auch der Kleinverbraucher besteht der aussichtsreichste Weg darin, die Energieeffizienz von Neubauten und Geräten zu steigern und Betriebsverfahren und -gewohnheiten zu ändern.

Stromumwandlungssektor. Die meisten Energieumwandlungsverluste vor dem Endverbrauch entstehen in der Elektrizitätswirtschaft. Die 1987 von der IEA durchgeführte Untersuchung über eine rationelle und sparsame Energieverwendung [36] weist ferner darauf hin, daß sich die Effizienz bei der Stromerzeugung nur sehr langsam verbessert hat. Hierfür gibt es zwei unmittelbare Ursachen. Da erstens Dampfturbinen das Hauptantriebsaggregat für Wärmekraftwerke sind, beschränkt sich der Wirkungsgrad der Stromerzeugung letzten Endes auf die Leistungsfähigkeit der Wärmekraftmaschine als solcher. Daher sind die Verluste größtenteils verfahrenstechnisch bedingt. Zweitens beträgt die durchschnittliche Lebensdauer eines herkömmlichen Dampfkraftwerks mit einem hochwertigen Wartungsprogramm 20 bis 30 Jahre. Die achtziger Jahre waren durch einen beträchtlichen Kapazitätsüberhang in zahlreichen Industrieländern gekennzeichnet, so daß die relativ niedrige Rate des Kraftwerkzubaus in den vergangenen 20 Jahren nicht zu einer signifikanten Steigerung des durchschnittlichen Wirkungsgrads der Dampfkraftwerke geführt hat. Der in diesem Zeitraum höhere Anteil der Kohlekraftwerke hat diese tendenzielle Verlangsamung, wie weiter unten erörtert wird, noch verstärkt. In den neuen hocheffizienten, mit fossilen Brennstoffen befeuerten, einstufigen Kraftwerken werden Erdgas oder Heizöldestillate verwendet, die unter optimalen Lastbedingungen einen thermischen Wirkungsgrad von rd. 40% aufweisen, während dieser bisher bei den leistungsstärksten neuen Kohlekraftwerken 33–35% beträgt. Die mit Braunkohle oder Torf befeuerten Dampfkraftwerke haben dagegen eine tendenziell geringere Effizienz. Kombikraftwerke können je nach Konfiguration und Funktion mit einem Wirkungsgrad betrieben werden, der von 45 bis zu über 50% reicht, häufiger aber bei 40–44% liegen dürfte. In den Kombikraftwerken, die für die Stromversorgung als Kraft-Wärme-Kopplungsanlagen eingesetzt werden, läßt sich je nach dem gewählten Kraft-Wärme-Verhältnis ein erheblich höherer Wirkungsgrad erreichen. Die Anwendung der Kraft-Wärme-Kopplung für die Fernwärmeversorgung kann unter geeigneten Lastbedingungen die Effizienz der Stromerzeugung wesentlich steigern.

Die Entwicklung und Demonstration neuer Konfigurationen und fortschrittlicher Konzepte für diese Technologien ist noch nicht abgeschlossen. Die davon zu erwartenden Effizienzsteigerungen sind jedoch insofern beschränkt, als sie sich bereits den theoretischen Grenzen nähern. So dürfte im Rahmen der weiter oben dargelegten Optionen mit einer allmählichen Erhöhung des Wirkungsgrads bei der Stromerzeugung in dem Maße zu rechnen sein, wie ältere Anlagen durch leistungsfähigere neue Einheiten ersetzt und die Kapazitäten zur Deckung der wachsenden Nachfrage schrittweise aufgestockt werden. Abbildung 3 veranschaulicht die bisherigen Ergebnisse und die erwartete Entwicklung des thermischen Wirkungsgrads der dänischen Wärmekraftwerke bis zum Jahr 2000. Da die Lebensdauer der meisten Kraftwerke 30–50 Jahre beträgt, werden sich die Auswirkungen der Ersatzinvestitionen nur allmählich bemerkbar machen, außer vielleicht in einigen Marktsegmenten, wo alle Anlagen ungefähr dasselbe Alter haben und infolgedessen zum selben Zeitpunkt ersetzt werden müssen. Wird die Verbesserung der installierten Leistung einer Altanlage dem Bau einer neuen Anlage vorgezogen, so wird es trotzdem zu einer Effizienzsteigerung kommen, wenn diese vielleicht auch nicht so groß ist wie beim Bau eines neuen Kraftwerks. Die Effizienz der Übertragungs- und Verteilungsnetze selber, bei denen in einem modernen System 8–14% des erzeugten Stroms verlorengehen, kann durch eine bessere Lastverteilung, den Einsatz von Hochspannungs-Gleichstromleitungen und eine verbesserte Standortwahl für die Anlagen erhöht werden. Dem Potential für die Erzielung derartiger Wirkungsgradsteigerungen sind indessen vom Tempo der Erneuerung und Erweiterung der Übertragungs- und Verteilungsnetze her Grenzen gezogen.
Neue Wege zur Stromerzeugung, wie z.B. Brennstoffzellen, hydromagnetische Generatoren (MHD) und andere direkte Umwandlungsmethoden, bei denen die thermischen oder mechanischen Phasen der Stromerzeugung übersprungen werden, bieten Möglichkeiten zur Steigerung des Wirkungsgrads und haben zugleich den Vorteil, daß die Emissionen an klassischen Luftschadstoffen – nicht aber unbedingt auch von CO_2 – merklich geringer sind oder überhaupt nicht mehr entstehen. Der Zeitpunkt ihrer Kommerzialisierung ist ungewiß, da sich diese Techniken noch auf der Entwicklungs- oder Demonstrationsstufe befinden. Der Einsatz erneuerbarer Energieträger zur Stromerzeugung wird im folgenden Abschnitt über die Brennstoffsubstitution erörtert.
Zusammenfassend läßt sich sagen, daß bei der Stromumwandlung, die sowohl hinsichtlich des Volumens als auch des Grads der Verluste die wichtigste Stellung im gesamten Energieumsetzungssektor einnimmt, gegenwärtig eine allmähliche, aber nur langsame Verbesserung der Umwandlungseffizienz zu beobachten ist. Die kommerziellen Vorteile, die sich schon aus geringen Effizienzsteigerungen dieser Systeme ergeben, sind groß genug, um einen hinreichenden Anreiz für die Betreiber darzustellen, jederzeit die beste Technik anzuwenden und leistungsfähigere neue Anlagen so rasch wie möglich in ihr System zu integrieren. Was die Aussichten für diesen Sektor betrifft, so wird sich sein relativer Umfang mit der weiteren Zunahme der Elektrizitätsintensität in den Volkswirtschaften der OECD-Länder wahrscheinlich vergrößern, doch wird es wohl kaum zu raschen Effizienzsteigerungen kommen. Vielmehr werden sich die Verluste entweder stabilisieren (infolge des weiter steigenden Kohleeinsatzes und des verbesserten Wirkungsgrads der Kraftwerke) oder geringfügig verringern (infolge der allmählichen Verlagerung von Kohle zurück auf Erdgas, Öl und Kernenergie sowie erneut dank der größeren Effizienz der Anlagen). Soweit die Stillegung unrentabler Altanlagen durch Maßnahmen zur Erhöhung der Lebensdauer hinausgezögert wird und dies die Inbetriebnahme leistungsfähigerer Neuanlagen verhindert, wären vielleicht gerade in diesem Bereich staatliche Anreize zugunsten effizienterer Alternativen zur Änderung der installierten Leistung besonders angebracht.

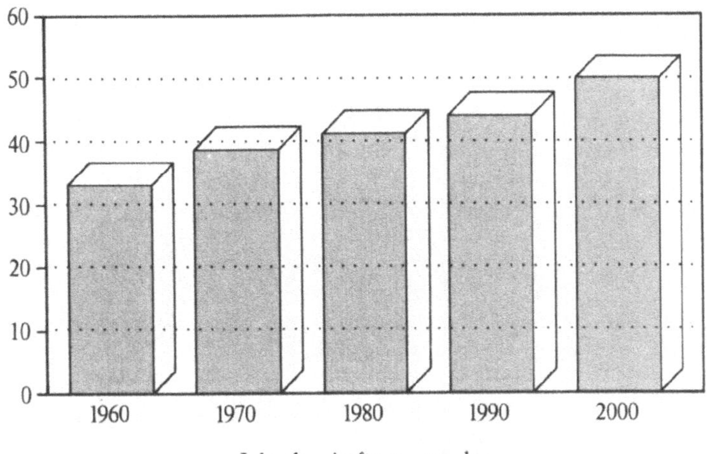

Abbildung 3 Thermische Nettoeffizienz in Prozent der dänischen Kraftwerke unter optimalen Lastbedingungen: Bisherige Entwicklung und Prognose
Quelle: Hostgaard-Jensen, 1989

(c) Die künftigen Aussichten für Effizienzsteigerungen

Wie aus Tabelle 9 hervorgeht, ist das technische Potential für Verbesserungen der Energieeffizienz in zahlreichen Sektoren noch beträchtlich. Vielversprechende Möglichkeiten bieten vor allem der Stromendverbrauch und der Verkehrssektor. Wenn jedoch die Nachfrage nach Strom wie auch der Treibstoffverbrauch im Verkehrssektor weiterhin im bisherigen Rhythmus zunehmen, werden alle etwaigen Effizienzgewinne in diesen Bereichen dadurch wieder aufgehoben. Die vorstehenden Ausführungen legen den Schluß nahe, daß eine wesentliche Beschleunigung der Effizienzsteigerungen vor allem von den Preisanreizen für die verschiedenen Verbrauchergruppen und Gerätehersteller sowie vom Tempo des technologischen Fortschritts abhängt. Auf kurze Sicht bieten sämtliche Sektoren Möglichkeiten zur raschen Einführung energiesparender Technologien. Im Bereich der Demonstration und Verbreitung energieeffizienter Technologien gibt es bereits nationale und internationale Kooperationsprogramme, die dergestalt erweitert werden könnten, daß den positiven Umwelteffekten neuer, rationeller Energietechnologien größeres Gewicht beigemessen wird.
Die Preistransparenz beeinflußt die Verbraucherentscheidungen hinsichtlich energiesparender Maßnahmen ganz wesentlich. Nach den in der Vergangenheit beobachteten Elastizitätskoeffizienten zu urteilen, müßten die Energiepreise allerdings weit über ihrem gegenwärtigen Niveau liegen, damit der globale Energieverbrauch bis zur Jahrhundertwende bei weiterhin mäßigem Wirtschaftswachstum konstant bliebe. Um zu ermitteln, bei welchen Preisanstiegsraten wahrscheinlich eine wesentliche Verringerung oder Stabilisierung des Energieverbrauchs und eine entsprechende Minderung bzw. Stabilisierung der Emissionen eintreten würden, sind noch detailliertere Analysen notwendig. Es wäre nützlich zu verifizieren, ob die Preise effektiv beträchtlich anziehen müßten, damit diese Wirkungen erzielt würden; denn dann läge der Schluß nahe, daß es politisch vielleicht nicht tragbar wäre, dieses Ziel allein über durch Preise herbeigeführte Effizienzsteigerungen erreichen zu wollen.

Zwar besteht weithin Übereinstimmung darüber, daß das Potential für wirtschaftlich sinnvolle Techniken zur Steigerung der Energieeffizienz in den Mitgliedstaaten selbst bei den derzeit niedrigen Energiepreisen groß ist, doch wird das Tempo, in dem diese Möglichkeiten genutzt werden, weitgehend durch die jeweiligen Amortisationszeiten bestimmt. Der vermutlich wichtigste Unterschied für die Entscheidungsträger bei ihrer Wahl zwischen angebots- und verbrauchsseitigen Investitionen liegt darin, daß die Rendite solcher Investitionen für die Verbraucher höher ist als die, mit der die energiewirtschaftlichen Unternehmen für ihre Investitionen in neue Anlagen rechnen. So arbeiten die Stromversorgungsunternehmen häufig mit Renditekriterien von 5–10%, während die in der Industrie zugrunde gelegten Amortisationszeiten und die von den normalen Verbrauchern unterstellten fiktiven Amortisationsperioden eine implizite Rendite von 15–40% zur Folge haben. Diese Differenz wirkt sich zwangsläufig und nachweislich auf die Investitionsentscheidungen aus.

Lösungsansätze auf der Basis einer kostenoptimalen Planung können einiges zur Überbrückung der Differenz zwischen den Kriterien beisteuern, nach denen angebots- oder nachfrageseitige Investitionsentscheidungen getroffen werden. Wenn ferner die positiven Umweltaspekte von Investitionen zur Steigerung der Energieeffizienz (wie Emissionsminderungen) mitberücksichtigt werden – z.B. durch ordnungsrechtliche Vorschriften – dann kann der Vergleich mit weniger kostengünstigen Strategien zur Belastungsminderung die Einstellung zu solchen Ausgaben merklich ändern. So sind einige der für die Auftragsvergabe zuständigen Stellen der amerikanischen Elektrizitätswirtschaft jetzt dazu übergegangen, die positiven Umwelteffekte der Effizienzsteigerungen durch angebotsseitige Maßnahmen dadurch anzuerkennen, daß sie diesen Vorteilen bei den Ausschreibungen für neue Elektrizitätsversorgungsbetriebe sowie bei der Kostenkalkulation neuer Programme zur Förderung einer rationellen Energieverwendung, die mit den Erträgen aus den Stromgebühren finanziert werden sollen, Rechnung tragen. Dadurch werden einige Vorhaben mit zuvor nur marginaler Kostenwirksamkeit nunmehr kosteneffizienter werden. Zudem dürften weitere Änderungen der Tarifstrukturen notwendig sein, um die gegenwärtigen Hemmnisse für die Umsetzung dieser Maßnahmen aus dem Weg zu räumen.

Niedrigere Preise schwächen die Motivation der Verbraucher, sich über Fragen der Energieeffizienz zu informieren und sich auch weiterhin um Energieeinsparungen zu bemühen. Der private Sektor fördert die für den Verbraucher besonders attraktiven Aspekte, unter denen die Energieeffizienz derzeit in der Regel gar keine bzw. nur eine kleine Rolle spielt. Es ließen sich z.T. gute Gründe für antizyklische Bemühungen anführen, die darin bestehen könnten, das Verständnis des Verbrauchers nicht nur für die Bedeutung eines besseren Energiewirkungsgrads zu vertiefen, sondern auch die damit verbundenen externen Effekte – wie z.B. die positiven Umweltfolgen – zu betonen und zu erklären. Jedoch ist die öffentliche Finanzierung von Programmen zur Förderung der Energieeffizienz aus zahlreichen Gründen ständig zurückgegangen. Dieser Trend könnte indessen mit wachsender Einsicht in die Umweltentlastungseffekte von Effizienzsteigerungen zum Stillstand kommen; so haben denn auch die Regierungen mehrerer Länder damit begonnen, ihre Programme zur Entwicklung und Verbreitung energieeffizienter Technologien dementsprechend neu auszurichten. Bislang haben jedoch erst wenige Regierungen ihre Ausgaben für Energiesparprogramme effektiv erhöht, um damit explizit den entsprechenden positiven Umweltfolgen Rechnung zu tragen.

Da die Analysen der Möglichkeiten, die die Verbesserung des Energiewirkungsgrads für die Minderung der Umweltbelastung bietet, in den meisten Fällen noch nicht abgeschlossen sind, bestehen die Maßnahmen gewöhnlich darin, den klassischen Technologien zur Effizienzsteigerung, die eigentlich die Energieversorgungssicherheit erhöhen sollen, neue Impulse zu verleihen. So hat die Regierung der USA vor kurzem beschlossen, im Rahmen des bereits bestehenden Regelwerks im Kraftfahrsektor („Corporate Average Fuel Efficiency") schärfere Standards für den Brenn- und Treibstoff-Wirkungsgrad als Beitrag zur Energieversorgungssicherheit und Umweltentlastung aufzustellen. Dänemark betreibt aktiv die Einführung der Kraft-Wärme-Kopplung zur Stromerzeugung und zur Versorgung des privaten, kommerziellen und industriellen Wärmemarkts, wobei als Argument angeführt wird, daß der höhere Wirkungsgrad dieses Systems sowohl zur Versorgungssicherheit als auch zur Schonung der Umwelt beiträgt. In den Niederlanden, wo Erdgas einen hohen Stellenwert für die Energieversorgung besitzt, werden jetzt aus umweltpolitischen Erwägungen ebensosehr wie aus Gründen der Energieeffizienz Kraft-Wärme-Kopplungsprogramme für industrielle Zwecke subventioniert.

Viele Regierungen haben eine Überprüfung ihrer Energiepolitik eingeleitet, wobei ihr Augenmerk namentlich der Frage gilt, wie die bestehenden Programme so umstrukturiert werden können, daß sie den neuen wirtschaftlichen (und umweltspezifischen) Gegebenheiten entsprechen. Die Regierungen sind sich der von einer größeren Energieeffizienz ausgehenden Umweltentlastungseffekte durchaus bewußt und haben deshalb in jüngster Zeit damit begonnen, ausdrücklich auf dieses Ziel abgestellte Maßnahmen zu entwickeln, um damit sowohl den Erfordernissen des Umweltschutzes wie auch der Energieversorgungssicherheit Rechnung zu tragen. Die schwedische Regierung strebt mit der Entwicklung eines effizienteren, umweltschonenden Energiesystems ein ehrgeiziges Ziel an. Im Hinblick hierauf hat sie ein breites Spektrum von Initiativen zur Steigerung der Energie- und Elektrizitätseffizienz eingeleitet, z.B. Neugestaltung der Stromtarife, umfassende Förderung von Forschung, Entwicklung und Demonstration hinsichtlich effizienterer Technologien sowie Erlaß von Bestimmungen für den rationelleren Energieeinsatz in Gebäuden [42]. Auch in den Niederlanden [43] und Norwegen sind vor kurzem nationale Umweltschutzprogramme aufgestellt worden, in denen die Erhöhung des Energiewirkungsgrads einen wichtigen Platz einnimmt. Ferner werden auch in mehreren Großstädten der IEA-Mitgliedstaaten Maßnahmen zur Effizienzsteigerung im Rahmen der Initiativen zur Linderung der immer gravierender werdenden Umweltprobleme erwogen. Ein Beispiel für diese Entwicklung sind die höheren Investitionen in energieeffiziente städtische Schienensysteme. Der kürzlich bekanntgegebene Plan zur Minderung der Schadstoffemissionen im Raum Los Angeles beruht weitgehend auf der Erhöhung des Wirkungsgrads beim Energieeinsatz, was durch zahlreiche steuerliche, ordnungsrechtliche und sonstige Maßnahmen gefördert werden soll.

Zur Ermittlung des technischen und wirtschaftlichen Potentials für besonders umweltfreundliche Effizienzsteigerungen (vor allem in den Bereichen Elektrizitätswirtschaft, Verkehr und Industrie) und zur Entwicklung von Programmen, mit denen Belastungsminderungen auf möglichst kostenwirksame Weise erzielt werden könnten, bedarf es eingehender Analysen, bei denen sowohl der unterschiedlichen Situation der einzelnen Staaten als auch den allgemeineren Effekten solcher Maßnahmen in allen Phasen der Brennstoffzyklen Rechnung getragen werden muß. Nützlich wäre hier auch eine detailliertere Untersuchung des Raffineriesektors sowie des Bereichs Stromleitung und -übertragung. Bei derartigen Analysen müssen schließlich Faktoren wie Kosten, Nutzen, Zeitpunkt der Implementierung, Nebeneffekte, Hemmnisse und Beschränkungen sowie der noch bestehende Forschungs- und Entwicklungsbedarf berücksichtigt werden. Ebenfalls geprüft werden sollten die relative Kostenwirksamkeit und die Komplementarität sonstiger Maßnahmen wie Brennstoffsubstitution oder Strukturveränderungen. Aktionen zur Effizienzsteigerung, die zur Begrenzung der Umweltbelastung durch eine bestimmte Anlage unternommen werden, haben zwar in der Regel positive Umweltwirkungen, bedürfen aber häufig einer Ergänzung durch Minderungstechnologien oder Brennstoffsubstitution. Steigerungen der Energieeffizienz können vor allem insgesamt gesehen einen bedeutenden Beitrag zum Umweltschutz leisten.

Schließlich sollte unter Berücksichtigung der Ausführungen im folgenden Kapitel, das sich mit den Politikinstrumenten und den damit bislang gesammelten Erfahrungen bei der Beschleunigung der Energieeffizienzsteigerung befaßt, in einer neuen Perspektive an die

Tabelle 9 **Energieeffiziente Technologien und wirtschaftliches Potential für Energieeinsparungen**

Energieendverbrauch/ Technologie	in % des PEV der IEA-Länder	Durchschnittseffizienz des vorhandenen Bestands (Einheiten)	Durchschnittseffizienz des neuen Bestands (Einsparungen in %)	Effizienz der besten verfügbaren Technologie	Beste verfügbare Technologie (Einsparungen in %)	Durchschnittliche Nutzungsdauer der Technologie
Private Haushalte	20–25 %					
– USA (sämtliche Stromanwendungen)		1 501 (Watt pro Kopf)		328	– 78 %	Über 30 Jahre
– Schweden (sämtliche Stromanwendungen		1 242 (Watt pro Kopf)		266	– 78 %	
Heizung und Kühlung	8–12 %					
– Thermischer Wirkungsgrad beim Rohbau						Über 30 Jahre
– USA (Winter)		160 (kJ pro m^2/ Heizgradtagzahl)	100 (– 37 %)	50	– 70 %	
– Schweden (Winter)		135 (kJ pro m^2/ Heizgradtagzahl)	65 (– 52 %)	35	– 74 %	
Heizung	8–12 %					
– Effizienz der Öl-/Gas-Systeme						10–20 Jahre
– USA		65–70 % (in Nutzwärme umgewandelter PEV-Anteil in %)	75–80 % (– 13 %)	84–94 %	– 23–26 %	
Kühlung	1–2 %					
– Zentrale Klimaanlagen						10–20 Jahre
– USA		7 (Energieeffizienzgrad)	9 (– 22 %)	14	– 50 %	
Kühlschränke/Tiefkühlgeräte	2 %					10–15 Jahre
– USA		1 500 (kWh/Jahr)	1 300 (– 13 %)	750	– 50 %	
– Deutschland		Rd. 400 (kWh/Jahr)	(– 20 %)		Mindestens – 20 %	
– Japan		35 (kWh/Monat)	28 (– 20 %)		Mindestens – 20 %	
Wasserheizung	3–5 %					15 Jahre
– USA		4 000 (kWh/Jahr)	3 600	1 700	– 57 %	

Tabelle 9 (Fortsetzung)

Energieendverbrauch/ Technologie	in % des PEV der IEA-Länder	Durchschnittseffizienz des vorhandenen Bestands (Einheiten)	Durchschnittseffizienz des neuen Bestands (Einsparungen in %)	Effizienz der besten verfügbaren Technologie	Beste verfügbare Technologie (Ein-sparungen in %)	Durchschnittliche Nutzungsdauer der Technologie
Gewerblicher Sektor	15–20 %					
Heizung und Kühlung	10–12 %					Mehr als 30 Jahre
– USA		1,31 (GJ pro m^2/ Jahr)	0,73 (– 44 %)	0,32	– 75 %	
– Schweden		1,04	0,76 (– 27 %)	0,25–0,46	– 55–75 %	
Große Bürogebäude	5 %					Über 30 Jahre
– USA		270 (KBtu/ft^2 pro Jahr)	200 (– 26 %)	100	– 63 %	
Beleuchtung	3–5 %					1–10 Jahre
– USA						
• Vorschaltgerät/Röhren		64 (Lumen/Watt)	73 (– 12 %)	86	(– 26 %)	
• Kontrollen					(– 20–30 %)	
• Insgesamt					– 40–50 %	
Verkehrssektor	20–25 %					
Kfz	10–13 %					10 Jahre
– USA		19,0 (Meilen je Gallone)	21,1 (– 34 %)	31,5	– 46 %	
– Japan		11 (km/l)	13 (– 15 %)			
Übriger Straßenverkehr	7–10 %					
Lufttransport	2–3 %	25 (Personenmeilen/ Gallone)	30 + (– 20 %)	40 +	– 40 %	15–30 Jahre
– Sämtliche Länder	2–3 %					
Schiene/Schiff/Sonstige Industrie	35–40 %					
Chemische Industrie	6–8 %					
– Großbritannien (Anorganische Chemie)					– 13 %	
Eisen und Stahl	5 %					
– USA/Janpan/Großbri-tannien/Niederlande		22–24 (GJ/t)	17–18 (– 20–25%)		Mindestens 20–25 %	10–30 Jahre
NE-Metalle	3 %					
– OECD-Länder (Aluminium)		15–17 (mWh/t)	13,5 (– 10–20 %)		Mindestens – 10–20 %	20–30 Jahre

Tabelle 9 (Fortsetzung)

Energieendverbrauch/ Technologie	in % des PEV der IEA-Länder	Durchschnittseffizienz des vorhandenen Bestands (Einheiten)	Durchschnittseffizienz des neuen Bestands (Einsparungen in %)	Effizienz der besten verfügbaren Technologie	Beste verfügbare Technologie (Einsparungen in %)	Durchschnittliche Nutzungsdauer der Technologie
Papier	3 %					
– Großbritannien (Papier-und Pappeherstellung)					30 %	
Steine, Ton und Glas	2 %					
– USA/Frankreich/ Schweiz/Großbritannien (Ziegel/Keramikwaren)		2,5 (MJ/kg)	1,5–2,0 (– 20–40 %)		Mindestens – 20–40 %	10–30 Jahre
– Frankreich/Großbritannien/Schweiz/Deutschland (Zement)		3,6–3,8 (MJ/kg)	3,3 (– 8–13 %)		Mindestens – 8–13 %	10–30 Jahre
Ernährung	1 %					
Raumheizung, Kühlung, Wasser, Heizung, Beleuchtung	2–3 %					
Sämtliche Sektoren						
Elektromotoren	20 %	75–90 % (in Triebkraft umgewandelter Anteil in %)	80–92 % (– 2–7 %)	85–93 %	– 15–30 %	10–20 Jahre
Zentral und vor Ort erzeugte Elektrizität	35 %					
– USA (Gasturbinen)		30 % (in Elektrizität umgewandelter Anteil in %)	35 % (– 15 %)	39–41 %	– 25 %	

Quelle: Auf der Basis von "Energy Conservation in IEA Countries", IEA, 1987

Frage herangegangen werden, von welchen Instrumenten in der gegenwärtigen Energie- und Umweltsituation die größten Wirkungen bei der Herbeiführung eines besseren Wirkungsgrads erwartet werden können. Besondere Aufmerksamkeit sollte den Funktionen und Grenzen der ökonomischen und namentlich der marktwirtschaftlichen Instrumente (die sehr unterschiedlich definiert werden), aber auch Konzepten wie der Internalisierung der externen Kosten geschenkt werden. Diese Analysebereiche stehen in engem Zusammenhang mit der Untersuchung der Möglichkeiten, die Effizienzsteigerungen für die Verwirklichung der Umweltziele bieten, wie auch mit einer besseren Kenntnis der Energieverbrauchstrends, z.B. durch die Entwicklung von Energiesparindikatoren.

3. Brennstoffsubstitution

Bei Verfolgung von Umweltzielen durch Brennstoffsubstitution sind folgende Aktionen denkbar:

- permanente Umstellung auf alternative Energieträger,
- temporäre Substitution zur Minimierung saisonaler oder kurzfristiger Umwelteffekte,
- Verwendung höherer (weniger umweltbelastender) Qualitäten ein und desselben Brennstoffs.

In diesem Abschnitt soll ein Überblick über die jüngsten Entwicklungen und Auswirkungen der Brennstoffsubstitution sowie über die Faktoren gegeben werden, die darüber entscheiden, inwieweit der Umweltschutz durch die Brennstoffsubstitution verbessert und gleichzeitig negative Effekte auf Energieversorgungssicherheit und Wirtschaftswachstum auf ein Mindestmaß beschränkt werden können. Behandelt werden ferner die qualitativen Aspekte einiger mit den verschiedenen Formen der Brennstoffsubstitution verbundenen Vorteile, Kosten und Risiken. Dagegen wird darauf verzichtet, Schlüsse auf daraus eventuell resultierende spezifische Kosten-Nutzen-Effekte zu ziehen oder einen Vergleich zwischen der Brennstoffsubstitution und anderen Methoden zur Verwirklichung derselben Ziele anzustellen. Die sich bietenden Möglichkeiten wurden für die Zeit bis 2005 untersucht. Dabei beschränkt sich die Darstellung auf mögliche langfristige Wirkungen der Substitution, während auf die möglichen Auswirkungen von radikaleren langfristigen Veränderungen der Energieversorgungssysteme oder Endverbrauchstechnologien nicht eingegangen wird.

(a) Rückblick auf die Entwicklung der Brennstoffsubstitution

Welche Verschiebungen früher und auch in jüngerer Zeit bei Primärenergiequellen, Brennstoffqualitäten und Energieendverwendungsformen eingetreten sind, ist aus den Abbildungen 4, 5 und 6 sowie aus Tabelle 10 ersichtlich. Die großen Veränderungen bei den Primärenergiequellen wurden durch eine ganze Reihe unterschiedlicher Faktoren ausgelöst, hatten jedoch vor allem wirtschaftliche und technologische Gründe. Die von den politischen Entscheidungsträgern im Hinblick auf Energieversorgungssicherheit und Umweltschutz ausdrücklich geförderten Ziele hatten Mitte der siebziger Jahre wichtige Veränderungen bei der Brennstoffwahl zur Folge. Zu den einschneidendsten Veränderungen dürfte es in der Elektrizitätswirtschaft gekommen sein (Abb. 5), nicht minder deutliche Verlagerungen waren aber auch bei der Brennstoffwahl für Heizungszwecke im Sektor Haushalte und Kleinverbraucher festzustellen (Beispiele hierzu in Tabelle 10). Weniger groß waren diese Umstellungen in der Industrie (Abb. 6), wo sie oft auf Strukturveränderungen und nicht auf der Brennstoffsubstitution beruhten. Es ist nicht hinreichend bekannt, wie sich in diesem Zeitraum staatliche Maßnahmen auf die Brennstoffsubstitution ausgewirkt haben.

Tabelle 10 **Hauptenergieträger für die Raumbeheizung**

Land Jahr	Wohnungen 10^6- Einheiten	Erdöl	Flüssiggas	Stadtgas	Strom	Fern-heizung	Kohle/Koks	Holz
				in % der Wohnungen				
Deutschland								
1960	15,4	14	(a)	1	0	1	84	(b)
1972	21,4	48	(a)	11	4	5	32	(b)
1978	23,4	53	1	15	7	5	19	1
1983/84	24,7	50	1	24	7	8	9	1
Schweden								
1963	2,8	57	0	1	1	4	13	24
1972	3,3	69	0	2	6	17	1	6
1978	3,6	57	0	1	15	24	0,5	4
1982	3,7	39	0	0,5	24	32	0,3	4
Vereinige Staaten								
1960	53,0	32	5	43	2	0	12	4
1973	69,3	25	6	55	10	0	1	1
1978	76,6	21	5	55	16	0	1	2,5
1981	83,1	17	5	55	17	(b)	1,7	6,4
1984	86,3	14	5	55	17	(b)	1,7	7,5
1987	90,3	14	5	55	20	(b)	1,3	5,6

Zeichenerklärung:
(a) Bereits in den Angaben für Stadtgas enthalten
(b) Bereits in den Angaben für Kohle enthalten.

Anmerkung:
Bei den USA beziehen sich die Angaben auf genutzte, bei Deutschland und Schweden auf sämtliche Wohnungen.

Quellen:
Lawrence Berkeley Laboratory, Berkeley, Kalifornien, auf der Basis öffentlicher und privater Erhebungen der drei Länder.

Die langfristig zu beobachtenden Veränderungen, darunter auch die Schwerpunktverlagerung auf elektrischen Strom, sind das Ergebnis der Brennstoffverfügbarkeit sowie technologischer und wirtschaftlicher Faktoren. Jedesmal war die neue Energiequelle oder -form reichlich und zu annehmbaren (zumeist sinkenden) relativen Kosten verfügbar. Dank dieser Verfügbarkeit sowie der Entwicklung von Technologien, die die Verwendung der neuen Energieträger gestatteten, war es möglich, die Betriebskosten zu senken, das Niveau der angebotenen Dienstleistungen beträchtlich anzuheben (und z.B. die Zuverlässigkeit oder Benutzerfreundlichkeit zu verbessern) oder ganz neue Leistungen anzubieten (wie z.B. das Fernsehen). Hierdurch entstanden starke wirtschaftliche Anreize für die Umstellung auf neue Energiequellen oder -formen. Auch dafür, daß in jüngster Zeit verstärkt Erdgas, Kernkraft oder Kohle zur Stromerzeugung eingesetzt werden, waren vor allem ökonomische Beweggründe ausschlaggebend. Begleitet wurden diese Umschichtungen von technischen Entwicklungen im Bereich der Stromerzeugung. Den stärksten Anstoß zu den Veränderungen gab in den siebziger Jahren der rasche Anstieg der Ölpreise – wenngleich die Entwicklung auch durch staatliche Maßnahmen gefördert wurde.

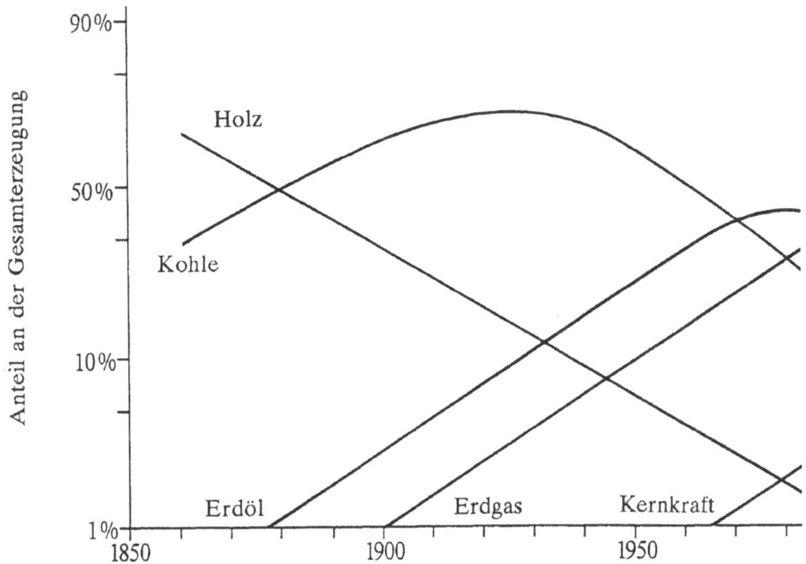

Abbildung 4 **Veranschaulichung der Brennstoffsubstitution anhand der globalen Entwicklung der Primärenergieverwendung**
Quelle: Als Grundlage diente eine von Cesare Marchetti angefertigte graphische Darstellung, die auf dem vom 12.–14. April 1989 veranstalteten IEA-Seminar über Energietechnologien zur Reduzierung von Treibhausgas-Emissionen vorgelegt wurde.

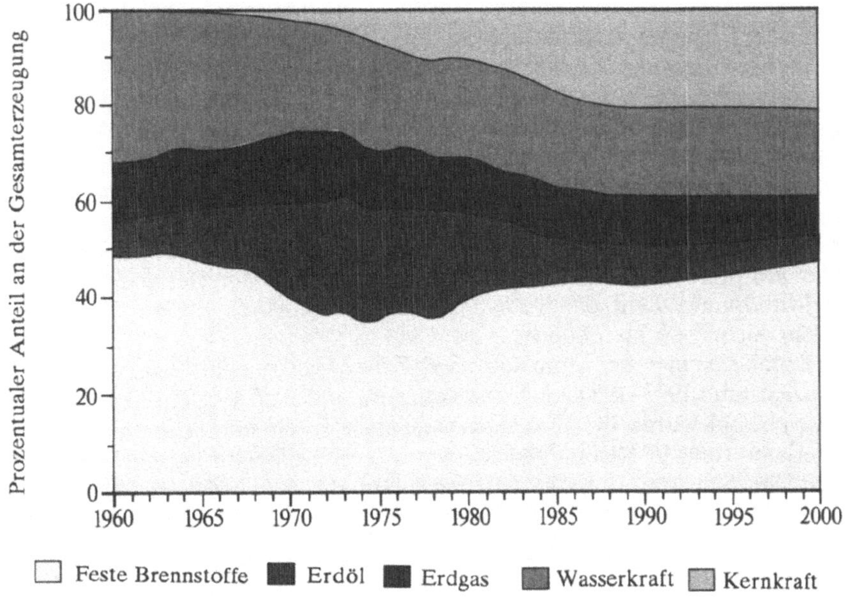

Abbildung 5 **Anteile der in den IEA-Ländern für die Stromerzeugung verwendeten Energieträger**
Quelle: IEA-Sekretariat

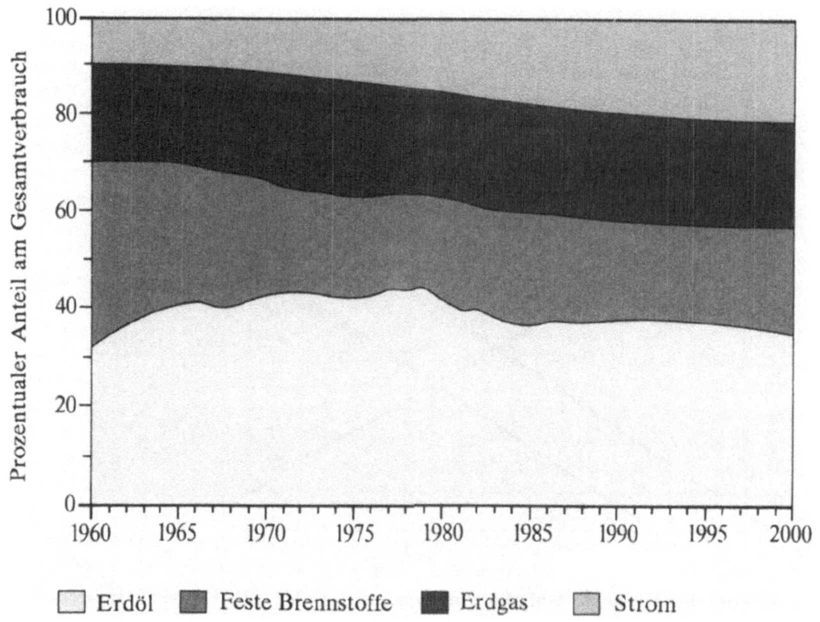

Abbildung 6 **Anteile am industriellen Energieverbrauch in den IEA-Ländern**
Quelle: **IEA-Sekretariat**

Natürlich wurden die erfolglos konkurrierenden Brennstoffe auch durch das Spiel der Marktkräfte verdrängt. Zu dem Ende der siebziger und Anfang der achtziger Jahre in den Vereinigten Staaten beobachteten Rückgang der Neubauaufträge für Kernkraftwerke hat vor allem
die Tatsache beigetragen, daß die Kosten für neue Atomkraftwerke stärker stiegen als die
für Kohlekraftwerke. Desgleichen waren die mit der industriellen Kohleverwendung verbundenen hohen Investitionskosten (vor allem für Lagerung und Umschlag) einer der Hauptgründe dafür, daß sich der Marktanteil der Kohle trotz drastischem Ölpreisanstieg nur
begrenzt wieder ausweitete.
Seit den siebziger Jahren verfolgen einzelne Länder und internationale Organisationen wie
die IEA eine Reihe von politischen Konzepten, um die Sicherheit der Energieversorgung
zu verbessern. Im Mittelpunkt steht dabei das Ziel, das Erdöl durch andere, reichlicher
vorhandene und mehr Sicherheit bietende Energieträger zu ersetzen. In den meisten Mitgliedsländern verließ man sich in erster Linie darauf, daß die Ölverbraucher durch die hohen
Weltmarktpreise im Zeitraum 1973–1985 zur Umstellung auf andere Energieträger veranlaßt
werden würden. Gleichwohl wurde die Ölsubstitution auch durch staatliche Maßnahmen
gefördert, wie steuerliche (und in Verbindung hiermit getroffene preispolitische) Maßnahmen, ordnungsrechtliche Schritte, Investitionsanreize und die Bereitstellung öffentlicher
Mittel für E+D-Projekte zur Entwicklung von alternativen Energiequellen-Verteilungssyste-
men. So wurde z.B. in den EG-Ländern und den Vereinigten Staaten der Einsatz von Öl
für die Stromerzeugung limitiert. Auf diese Maßnahmen wird in dem Kapitel über Politikinstrumente näher eingegangen.
Daß die Umweltprobleme und ihre Auswirkungen auf die Brennstoffwahl von den IEA-
Ländern zunehmend erkannt werden, wurde in den vorhergehenden Kapiteln bereits darge-

116

legt. Im Mittelpunkt der umweltspezifischen energiepolitischen Maßnahmen steht die Verbesserung der Brennstoffqualität, und zahlreiche staatliche Vorschriften verfügen die Verwendung höherwertiger Brennstoffe, wie z.B. von Öl und Kohle mit niedrigem Schwefelgehalt oder von bleifreiem Benzin. Es gibt auch einige aktuelle Beispiele für staatliche Umweltschutzmaßnahmen, bei denen der Einsatz alternativer „sauberer" Brennstoffe vorgeschrieben bzw. gefördert wird, wie etwa die versuchsweise Einführung nicht aus Erdöl gewonnener Kraftstoffe in Südkalifornien und Texas. Die unterschiedlichen Positionen der einzelnen IEA-Länder hinsichtlich der Nutzung von Kernenergie und Wasserkraft erklären sich weitgehend oder teilweise aus Umwelt- oder Sicherheitserwägungen. Einige Länder fördern die Beibehaltung oder noch intensivere Nutzung der Kernenergie, um die mit der Verwendung fossiler Brennstoffe verbundenen Schadstoffemissionen zu vermeiden, während andere sich für den allmählichen (oder vollständigen) Ausstieg aus der Kernenergie entschieden haben, um die beim Einsatz radioaktiven Brennmaterials auftretenden Umwelt- und Sicherheitsrisiken auszuschalten. In bezug auf die Nutzung der Wasserkraft waren die Hauptgründe zwar gewöhnlich Aspekte der Kosten, der Energieversorgungssicherheit oder der Regionalentwicklung, doch wurde von einigen Ländern auch die Umweltfreundlichkeit dieser Energiequelle hervorgehoben, bei der es nicht zu Schadstoffemissionen kommt. Andere Länder haben sich gegen den Bau neuer Staudämme entschieden, um Naturlandschaften, Agrarland oder Erholungs- und Freizeitgebiete zu erhalten. Von den verschiedenen Marktkräften und staatlichen Maßnahmen, die die Brennstoffsubstitution beeinflussen, sind mithin sowohl komplementäre als auch konträre Wirkungen auf die Erreichung der Umweltschutz- und Versorgungssicherheitsziele ausgegangen. Mit anderen Worten bestehen sowohl in als auch zwischen den Mitgliedsländern häufig Meinungsunterschiede darüber, welche Maßnahmen prinzipiell ergänzende oder gegensätzliche Wirkung haben, weil die mit den einzelnen Energiequellen verbundenen Umwelteffekte von verschiedener Warte aus beurteilt werden.

(b) Grenzen und Möglichkeiten der Brennstoffsubstitution

Ausgehend von der Fortsetzung der gegenwärtigen staatlichen Politik und von als realistisch betrachteten Annahmen für Wirtschaftswachstum und relative Energiepreise, werden im folgenden für die Zeit bis zum Jahre 2005 einige der voraussichtlichen Tendenzen bei Brennstoffwahl und -qualität beschrieben, um mögliche künftige Entwicklungen im Bereich der Brennstoffsubstitution aufzuzeigen.

Nach einem von der IEA aufgestellten Szenario [42], bei dem angenommen wird, daß sich der Rohölpreis von 17–18 $ je Barrel Ende der achtziger Jahre auf 30 $ je Barrel im Jahre 2005 (in konstanten US-Dollar von 1987) erhöht, wird der Energiebedarf der OECD-Länder bis 2005 um durchschnittlich 1,3% zunehmen. Es wird damit gerechnet, daß die Erdgaspreise in diesem Zeitraum etwas, die Kohlepreise dagegen wesentlich langsamer steigen werden als die Ölpreise. Die Nachfrage nach allen wichtigen Primärenergieträgern dürfte sich ausweiten, jedoch ohne daß es bei den Primärenergiequellen oder Endenergieformen zu wesentlichen Anteilsverschiebungen kommen wird. Durch die unterschiedlichen Wachstumsraten wird sich der Anteil des Erdöls an der Deckung des gesamten Energiebedarfs gegenüber 1987 nur geringfügig vermindern und der der festen Brennstoffe (vor allem der Kohle) und der Kernkraft leicht zunehmen.

Stark verändern wird sich dagegen der Endverbrauch. Hier wird der Strombedarf voraussichtlich weiterhin schneller zunehmen als die Nachfrage nach anderen Energieendverbrauchsformen. Folglich wird sich der Anteil der Stromerzeugung an der Deckung des Primärenergiebedarfs im Jahre 2005 auf rd. 41% belaufen, gegenüber 28% im Jahre 1973. Mit anderen Worten wird die Brennstoffwahl in der Elektrizitätswirtschaft sowohl für die Energieversorgungssicherheit als auch für die Umweltperspektiven eine immer größere Rolle spielen.

Auch im Jahre 2005 dürften Mineralölprodukte den Energieverbrauch im Transportsektor beherrschen und dort fast 99% zur Deckung des gesamten Endenergiebedarfs beitragen. Allein auf die im Verkehrssektor eingesetzten Erzeugnisse Benzin und Dieselkraftstoff entfallen rd. 47% des Gesamtverbrauchs an Mineralölprodukten. Die Industrie und der Sektor Haushalte und Kleinverbraucher werden weiterhin ein Spektrum von Brennstoffen verwenden.

Tabelle 11 gibt einen Überblick über die Struktur des Primärenergieverbrauchs, die bei diesem Szenario im Jahre 2005 bestehen würde. Nicht berücksichtigt sind in dieser Tabelle indessen die erwarteten Veränderungen der Brennstoffqualität. Diese sind zwar im Hinblick auf die Umweltwirkungen von Energieprodukten wichtig, doch dürften von ihnen keine größeren langfristigen Effekte auf die Energieversorgungssicherheit ausgehen, auch wenn sie bestimmte Märkte und bestimmte Sparten des Energiesektors kurzfristig erheblich beeinflussen können. Änderungen der Qualitätsspezifikationen für Mineralölprodukte stellen die Raffinerien vor große technische Probleme. So hat die Änderung der Benzinspezifikationen (wie z.B. die Verringerung des zulässigen Bleigehalts) dazu geführt, daß vor allem in Europa die Investitionen in Produktionsanlagen für oktanhaltige Kraftstoffe heute den größten Anteil haben [35].

Die für 2005 eingesetzten Schätzungen von Angebot und Nachfrage ergeben sich aus einem Szenario, dem ein Bündel von Hypothesen über Energiepreise, Wirtschaftswachstum und andere Faktoren zugrunde gelegt wurde. Die tatsächlichen Entwicklungen werden wahrscheinlich in den kommenden 15–20 Jahren in den einzelnen Ländern recht unterschiedlich sein, und selbst die durchschnittliche Tendenz im OECD-Raum könnte infolge von Marktumschichtungen und Änderungen der staatlichen Politik erheblich von der Prognose abweichen. Solche Veränderungen können die Ziele der Energieversorgungssicherheit und des Umweltschutzes fördern oder behindern oder auch miteinander in Konflikt geraten.

Für die Brennstoffsubstitution kommt eine breite Palette von Optionen in Betracht, die vom Angebot bis zum Endverbrauch reichen (auch über das Zwischenglied der Energieumwandlung). Vom technischen Standpunkt aus gesehen ist die Substitution bei den meisten Energiequellen und -formen möglich. So kann z.B. aus sämtlichen Primärenergiequellen

Tabelle 11 **Tendenzen des gesamten Primärenergieverbrauchs (PEV) der OECD-Staaten**
Mtoe und prozentuale Anteile

	1973	1979	1987	1995	2005
Feste Brennstoffe	715,4 (20 %)	802,0	936,1 (24 %)	1 060	1 250 (26 %)
Erdöl	1 874,7 (53 %)	1 942,7	1 653,8 (43 %)	1 800	1 900 (39 %)
Erdgas	692,6 (20 %)	741,7	730,0 (19 %)	800	940 (19 %)
Kernkraft	42,2 (1 %)	126,7	311,8 (8 %)	390	450 (9 %)
Wasserkraft/geothermische Energie	201,5 (6 %)	239,8	254,8 (7 %)	290	350 (7 %)
Insgesamt	3 524,8	3 853,0	3 886,6	4 340	4 890

Quelle: IEA-Sekretariat

Strom oder Wärme erzeugt werden, die in allen Bereichen des Endverbrauchs einsetzbar sind. Indessen werden die entsprechenden Möglichkeiten durch technische und wirtschaftliche Faktoren erheblich eingeschränkt, da bestimmte Kombinationen in der Praxis ausscheiden. So dürfte es z.B. unmöglich sein, den Löwenanteil der Automobilkraftstoffe durch Strom zu ersetzen, solange nicht bei der Batterieherstellung oder der Umwandlung von Strom in geeignete Kraftstoffe (Wasserstoff) technologische Durchbrüche erzielt werden. Deshalb können einige für die Erzeugung von Strom (oder Wärme) verwendbare Primärenergieträger wie Kernenergie, Wasserkraft, direkt genutzte Solarenergie, Wind- oder geothermische Energie die meisten bisher üblichen Kraftstoffe nicht ersetzen (wenngleich Strom beispielsweise bei der Eisenbahn für Antriebszwecke verwendet werden kann). Auch gibt es zahlreiche Endverbrauchszwecke (z.B. Beleuchtung und viele Anwendungen in der Motorentechnik), bei denen Strom der Hauptenergieträger ist. Zudem ist die Zahl der zeitweilig und flexibel substituierbaren Energieträger begrenzt. So sind Erdgas und Heizöl bei Kraftwerken normalerweise austauschbar und können in Großanlagen Kohle und Biomasse ersetzen. Umgekehrt können Kohle und Biomasse nicht ohne weiteres in nicht eigens hierfür ausgelegten Anlagen eingesetzt werden. Von diesen Ausnahmen abgesehen ist die Skala der technologisch und ökonomisch realisierbaren Substitutionsmöglichkeiten aber recht breit.

Bei der Konzipierung effektiver Strategien zur Brennstoffsubstitution als Mittel zur Verwirklichung umweltpolitischer Ziele – ohne Beeinträchtigung der Energieversorgungssicherheit – sind alle zu erwartenden größeren Wirkungen sowie die wirtschaftlichen Grundfaktoren zu berücksichtigen, durch die die gewünschten Veränderungen beschleunigt oder gebremst werden können. Der potentielle Umweltnutzen der Strategien ist jeweils verschieden, ebenso wie ihre ökonomischen Kosten und ihre Auswirkungen auf die Energieversorgungssicherheit. Als Voraussetzung für Maßnahmen, die den Umweltnutzen maximieren und die zusätzlichen ökonomischen Kosten und die Kosten der Energieversorgungssicherheit minimieren, müssen alle Handlungsoptionen und Alternativen sowie deren Wechselwirkungen eingehend geprüft werden. Hierbei muß auch untersucht werden, wie sich die Substitutionsalternativen auf alle Phasen des jeweiligen Brennstoffzyklus (Erzeugung, Transport, Umwandlung und Endverbrauch) auswirken. Im folgenden Abschnitt werden mögliche Optionen für die Brennstoffsubstitution beschrieben und die Faktoren betrachtet, die bei der Evaluierung der Kosten-Nutzen-Relationen berücksichtigt werden sollten. Um eine Vorstellung davon zu geben, welche Möglichkeiten sich für die Brennstoffsubstitution bieten könnten, wo ihre Grenzen liegen und welche Probleme hinsichtlich ihrer Auswirkungen auf Umwelt, Energieversorgungssicherheit und Wirtschaft noch ungelöst sind, wird im folgenden kurz auf vier wichtige Bereiche eingegangen:

– Umstellung auf Öl und Kohle mit niedrigem Schwefelgehalt,
– Steigerung der Erdgasförderung und -verwendung,
– Brennstoffsubstitution bei Stromerzeugung und -verwendung,
– Substitution durch „sauberere" Kraftstoffe im Verkehrssektor.

Umstellung auf Öl und Kohle mit niedrigem Schwefelgehalt. Strategien zur Minderung der Schwefelbelastung werden sich voraussichtlich dort auf die Verwendung von Öl und Kohle mit niedrigem Schwefelgehalt (laut Definition weniger als 1%) auswirken, wo dies für Anlagenbetreiber die kostengünstigste Lösung ist, die Vorschriften einzuhalten. Dieser Fall kann eintreten,

– wenn zur Minderung der SO_2-Emissionen lediglich der Schwefelgehalt limitiert ist;
– wenn den geltenden Emissionsschutzbestimmungen durch die Verwendung von Öl oder Kohle mit niedrigem Schwefelgehalt entsprochen werden kann;

- wenn es durch die Verwendung von Öl oder Kohle mit niedrigem Schwefelgehalt in Verbindung mit einfachen Emissionsminderungstechnologien möglich ist, Emissionsstandards kostenwirksam zu erfüllen; und/oder
- wenn sich die Kosten von Umweltschutztechnologien oder der jeweils modernsten Verbrennungsverfahren durch die Verwendung von Öl oder Kohle mit niedrigem Schwefelgehalt wesentlich verringern würden.

Diese Voraussetzungen sind gegenwärtig in zahlreichen Regionen des OECD-Raums gegeben. Potentiell könnte, was die Kohle betrifft, eine Umstellung auf schwefelarme Kohle für rd. 150 GWt (in geplanten und in Altanlagen) erreicht werden, um den vereinbarten SO_2-Emissionsgrenzwerten zu genügen [33]. Da Anlagen aber jeweils speziell für die Verbrennung bestimmter Kohlearten ausgelegt sind, wären in vielen Fällen zunächst einmal Umrüstungen erforderlich. Entscheidend für den Einsatz schwefelarmer Kohle im Rahmen von Emissionsschutzbestimmungen sind die Verfügbarkeit dieses Energieträgers und die Höhe der Kosten im Vergleich zu anderen Optionen. Von den großen Kohleförderländern des IEA-Raums – unter ihnen Australien, die Vereinigten Staaten und Kanada – verfügen viele über eigene Vorkommen an schwefelarmer Kohle [1]. Um über nennenswerte Mengen schwefelarmer Kohle verfügen zu können, müßten aber die meisten anderen Länder ihre Einfuhren erhöhen. Eine erhebliche Nachfrageausweitung aufgrund von Emissionsschutzbestimmungen hätte natürlich Auswirkungen auf Preisniveau und Verfügbarkeit. Über das Ausmaß dieser Auswirkungen ist lebhaft gestritten worden. Gegenwärtig deutet nichts darauf hin, daß die umweltschutzbedingte Nachfrage nach schwefelarmer Kohle in absehbarer Zeit Probleme für die gesamte Kohleversorgung nach sich ziehen wird.
Schwefelarme Kohle kann auch durch „Entschwefelung" von Kohle mit höherem Schwefelgehalt gewonnen werden. Dabei kommt es darauf an, bei maximaler Wärmerückgewinnung soviel Asche und Schwefel wie wirtschaftlich möglich abzuscheiden. Es gibt kaum Anzeichen dafür, daß eine zunehmende Anwendung dieser Technologie bei den Strategien zur Minderung der Schwefelbelastung bisher eine nennenswerte Rolle gespielt hätte. Sollte sich der Preis für schwefelarme Kohle aber stark erhöhen oder sollten wesentlich effektivere oder kostengünstigere Schwefelabscheidetechnologien entwickelt werden, so könnte ein stärkerer Rückgriff auf diese Technologie für den Kohlenbergbau wie auch für die Kohleverbraucher rentabler werden.
Bei den Mineralölprodukten wurden aufgrund der starken Nachfrage nach leichten Produkten lange Zeit Rohölqualitäten mit niedrigem Schwefelgehalt bevorzugt, für die vergleichsweise höhere Marktpreise erzielt wurden. Für die Minderung des SO_2-Ausstoßes ist der Einsatz von schwefelarmem Rohöl offenbar eine wünschenswerte Option, und Vorschriften mit Höchstgrenzen für den Schwefelgehalt wirken sich unmittelbar auf die Anteile der in den Raffinerien verwendeten Rohölqualitäten aus. Aus einer CONCAWE-Studie über europäische Erdölraffinerien geht hervor, daß sich der Schwefelgehalt des Einsatzmaterials der Raffinerien im Zeitraum 1979–1985 um 53% verringert hat und der der verkauften Verbrennungsprodukte im selben Zeitraum um 62% reduziert worden ist [44]. Alle Rohölqualitäten enthalten Schwefelverbindungen, deren Konzentration sich nach der jeweiligen Förderquelle richtet. Beim Raffinieren verteilt sich der Schwefelgehalt unterschiedlich auf die einzelnen Produkte. Der Gehalt ist sehr gering bei leichten Mineralölprodukten (wie Gas und Benzin), höher bei Mitteldestillaten (wie Dieselöl) und am höchsten bei Schwerölprodukten (wie Heizöl). Da der Schwefelgehalt von Rückstandsprodukten u.U. doppelt so hoch ist wie beim Rohöl, kann der Einsatz stark schwefelhaltiger Rohölqualitäten durch Höchstwerte für den Schwefelgehalt des schweren Heizöls begrenzt oder eingeschränkt werden.
Schweres Heizöl wird im allgemeinen zur Stromerzeugung und Bunkerung verwendet. Zahlreiche Stromversorgungsunternehmen verwenden eher schwefelarmes Rohöl als schweres

Heizöl mit hohem Schwefelanteil, das den Einsatz moderner Ausrüstungen für die Emissionsminderung erforderlich macht. Falls einmal die Nachfrage nach schwefelarmem Erdöl das Angebot übersteigen sollte, könnten verschiedene Entschwefelungstechnologien in Betracht gezogen werden. Abgesehen von der direkten Entschwefelung schwerer Rückstandsöle beschränken sich die technologischen Entwicklungen bisher vor allem auf feste Brennstoffe, und die Entschwefelung flüssiger Brennstoffe ist nach wie vor kostspielig [45]. Gegenwärtig sind die Kosten für die Entschwefelung schweren Heizöls offenbar höher als die Mehrkosten für leichtes Rohöl.

Steigerung der Erdgasversorgung und -verwendung. Der in den vergangenen zehn Jahren im OECD-Raum vergleichsweise stabil gebliebene Erdgasverbrauch wird sich dem eingangs beschriebenen IEA-Szenario zufolge bis zum Jahre 2005 um rd. 25% erhöhen, wobei sein Beitrag zur Deckung des gesamten Primärenergiebedarfs ungefähr der gleiche bleiben dürfte. Die Hälfte bis zwei Drittel des Erdgasverbrauchszuwachses würden durch höhere Einfuhren aus Nicht-OECD-Ländern gedeckt werden, doch würden im Jahre 2005 immer noch 75% der Erdgasnachfrage (gegenüber nur 30% der Erdölnachfrage) durch Lieferungen aus OECD-Staaten befriedigt werden können.

Die umweltspezifischen Eigenschaften des Erdgases, die Möglichkeit, es zu angemessenen Kosten bereitzustellen, und die hieraus erwachsenden Vorteile für die Energieversorgungssicherheit haben in den letzten Jahren die Erdgasverwendung in den meisten Bereichen der privaten Wirtschaft (mit Ausnahme der Stromerzeugung) gefördert, und diese Entwicklung ist durch eine Reihe staatlicher Maßnahmen unterstützt worden. Indessen ist noch weitgehend ungeklärt, wieweit und zu welchen Kosten die Erdgasförderung im OECD-Raum und in anderen Ländern über das derzeitige Niveau hinaus gesteigert werden könnte. Es sollte untersucht werden, welche marktabhängigen oder institutionellen Faktoren eine solche Steigerung möglicherweise behindern und ob bei wachsender Abhängigkeit von Erdgaseinfuhren die Gefahr von Versorgungsausfällen besteht.

Bei der Erdgasverbrennung wird kein SO_2 und wesentlich weniger NO_x und CO_2 freigesetzt als bei den beiden wichtigsten konkurrierenden Energieträgern Öl und Kohle (wenn auch zu berücksichtigen ist, daß Methan-Emissionen zum Treibhauseffekt beitragen). Hinzu kommt der Vorteil, daß Erdgas in Anlagen, die sich in Gebieten mit kurzfristiger Umweltbelastung befinden, zeitweilig Öl oder Kohle ersetzen kann. Doch sind Förderung, Verteilung und Verwendung von Gas auch mit spezifischen Umweltbelastungen und -risiken verbunden, von denen einige sogar nur bei diesem Energieträger (und seinen Derivaten) auftreten. Das Erdgas ist daher vom Umweltstandpunkt aus weniger wünschenswert als die meisten erneuerbaren Energiequellen oder die Stromerzeugung durch weniger umweltbelastende Primärenergieträger. Als wesentlich schwieriger erweist sich dagegen ein umweltbezogener Kosten-Nutzen-Vergleich von Kernkraft und Erdgas, dessen Ergebnis fast allein davon abhängt, wie die Umweltwirkungen der Kernenergie jeweils beurteilt werden. Selbst im Hinblick auf den Einsatz erneuerbarer Energieträger kommt es entscheidend darauf an, wie die für die Umwelt entstehenden Vor- und Nachteile jeweils eingeschätzt werden. Zum Beispiel gibt es keine eindeutige Berechnungsmethode für das Abschätzen der ökologischen „Kosten", die bei einem Wasserkraftprojekt durch Überfluten eines Naturschutzgebiets oder das Bestücken eines Küstenstreifens mit Windmühlen entstehen, um sie mit den entsprechenden Kosten der bei der Erdgasverbrennung entstehenden CO_2- und NO_x-Emissionen zu vergleichen. Inwieweit es den OECD-Ländern gelingen wird, die Erdgasförderung oder die Erdgasimporte aus anderen Ländern zu annehmbaren Kosten (über das bereits geplante Volumen hinaus) zu erhöhen, läßt sich äußerst schwer vorhersagen. Mehrere OECD-Länder steigern z.Z. ihre Förderung – und in einigen Fällen wird sich dieser Prozeß vielleicht noch intensivieren –, ohne daß es bei diesem Energieträger hierdurch zu nennenswerten Kostensteigerungen kommt. Zum gegenwärtigen Zeitpunkt ist schwer abzuschätzen, in welchem Maße durch eine Produktionssteigerung im OECD-Raum bis zum Jahre 2005 das verfügbare Gesamtvolumen zunehmen wird. In bestimmten Regionen, wie etwa Nordeuropa und Kanada, scheint noch beträchtliches Potential vorhanden zu sein, dagegen sind die Möglichkeiten für eine Steigerung der Erdgasförderung in den meisten Förderregionen wohl begrenzt. Sollte die Steigerung im OECD-Raum nicht ausreichen, so könnten zur Versorgung noch größere als die vorgesehenen Mengen aus Nichtmitgliedstaaten eingeführt werden. Diese werden nämlich ihre Förderung in den nächsten 10–20 Jahren voraussichtlich ganz erheblich ausweiten. Schließlich gibt es in den OECD-Ländern noch eine Reihe teuererer Gasquellen, wie etwa Grubengas, komprimiertes Erdgas, Tiefengas usw., die für einige Endverbrauchszwecke rentabel werden könnten, allerdings nur dann, wenn die Erdölpreise weit stärker als von der IEA vorausgeschätzt steigen.

Schon bei geringer Zunahme des Angebots könnten sich die Marktanteile des Erdgases über die Projektionen in Tabelle 11 hinaus (etwa um 10%) vergrößern durch Substitution für andere fossile Brennstoffe in den Sektoren Industrie, Haushalte/Kleinverbraucher und Elektrizitätserzeugung. Über die vorhandenen bzw. geplanten Erdgasleitungen und -verteilernetze könnten die zusätzlichen Erdgasmengen diese drei Sektoren (Industrie, Gewerbe und private Haushalte, Stromerzeugung) versorgen, ohne daß untragbar hohe Transportkosten oder größere Zeitprobleme entstehen. Die für die Verwendung der zusätzlichen Erdgasmengen erforderlichen Endverbrauchstechnologien existieren bereits oder könnten zu tragbaren Kosten eingerichtet werden, wenn der vorhandene Kapitalstock und die Kraftwerkskapazitäten erweitert oder ersetzt werden. Wenn Erdgas kostengünstig zur Verfügung gestellt werden kann, könnten z.B. die meisten Kraftwerksanlagen und industriellen Einrichtungen für Öl- oder Kohlefeuerung auf eine (zeitweilige, ständige oder kombinierte) Erdgasverwendung umgerüstet werden. Zudem wird im Jahre 2005 der überwiegende Teil dieser Anlagen aus der Zeit nach 1990 stammen. Die in jüngster Zeit vorgenommenen Kostenschätzungen für die Stromerzeugung durch Kohle (unter Berücksichtigung von Umweltschutzmaßnahmen), Kernkraft oder Erdgas (mittels der neuen Technologie, bei der durch Gasturbinen mit kombinierter Bauart ein höherer Wirkungsgrad erzielt wird) lassen vermuten, daß Erdgas in zahlreichen OECD-Regionen u.U. konkurrenzfähig wäre. Dies wäre z.B. dann der Fall, wenn Erdgas zu einem Preis von 4 $ oder weniger je Million Btu (d.h. zu Preisen von 1987) verfügbar wäre, bei Investitionsentscheidungen ein Abzinsungssatz von 10% zugrunde gelegt werden könnte und die Preise für andere Energieträger sich generell entsprechend den vorstehenden Annahmen entwickelten [28].

Im Sektor Haushalte und Kleinverbraucher wird sich die Erdgasverwendung voraussichtlich langsamer ausweiten, wobei es u.a. auch auf die lokalen Distributionskosten und die Preise der konkurrierenden Energieträger ankommen wird. Zentralheizungsanlagen für Warmwasser- oder Warmluftbereitung können ohne weiteres auf Gasbetrieb umgestellt werden, was allerdings nur dann wirtschaftlich sinnvoll ist, wenn die vorhandenen Anlagen ohnehin ersetzt werden müssen oder größere Reparaturen erforderlich sind. Im Verkehrssektor dürfte es durch die Einführung von kraftstoffflexiblen Fahrzeugen möglich sein, in Gebieten mit besonders starker Umweltbelastung aus Mineralöl gewonnene Kraftstoffe kurzzeitig durch Erdgasderivate zu ersetzen. Eine substantielle Ausweitung des Erdgaseinsatzes im Verkehrssektor würde indessen eine Reihe von Fragen in bezug auf neue Distributions- und Endverbrauchstechnologien (außer bei Flüssiggas) aufwerfen, die energischer angepackt werden müßten. Bestimmte Eigenschaften des Erdgases (oder seiner Derivate) können die Einführung dieses Kraftstoffs in einzelnen Sektoren behindern. Damit beispielsweise Methanol im Verkehrssektor flächendeckend eingeführt werden könnte, wären größere Veränderungen (und neue Technologien) nicht nur bei Kfz-Motoren, sondern auch in der Distribution, d.h. im Bereich der Kraftstofferzeugung (z.B. Raffination) und der örtlichen Versorgung (z.B. der Tankstellen) erforderlich.

Eine sehr starke Ausweitung der Erdgaseinfuhren aus Nicht-OECD-Ländern könnte ernste Probleme für die Energieversorgungssicherheit mit sich bringen. Diese Risiken könnten durch die Zusammenarbeit zwischen den einzelnen Ländern und durch geeignete nationale Maßnahmen vermindert werden, wie z.B. Aufstockung der Erdgasvorräte, Vorzugstarife bei zeitweiligem Verzicht auf die Erdgasbefeuerung (was bivalente Feuerungsanlagen voraussetzt) und Diversifizierung der Bezugsquellen sowie Kontakte mit Förderländern auf politischer und wirtschaftlicher Ebene. Eine stärkere Importabhängigkeit bei Erdgas wäre aber u.U. auch mit größeren Risiken durch Lieferstörungen und Marktmanipulationen verbunden, als dies bei der Kohle der Fall sein würde. Beim Erdgasimport könnten ganz spezifische, möglicherweise noch gravierendere Versorgungsrisiken auftreten als bei der Erdöleinfuhr. Gasimporte – vor allem wenn sie über Pipelines erfolgen – wären im Falle längerer (oder endgültiger) Lieferstopps nur äußerst schwer (d.h. bei hohem Kosten- und Zeitaufwand) zu ersetzen. Die internationalen Erdgasmärkte sind bislang noch sehr klein, und die verfügbaren Mengen werden (von Nordamerika abgesehen) im allgemeinen ausschließlich langfristig kontrahiert. Lieferunterbrechungen, die länger andauern, als die verfügbaren Gasvorräte reichen (wegen technischer, ökonomischer und sicherheitstechnischer Faktoren kann jeweils nur ein begrenztes Erdgasvolumen gespeichert werden), hätten in der Industrie und der Elektrizitätswirtschaft wahrscheinlich eine Rückkehr zum Öl zur Folge.

Die Regierungen der Länder, die eine Steigerung von Erdgasversorgung und -verwendung beschlossen haben, um andere Energieträger abzulösen, bedienen sich hierzu einer breiten Skala von Instrumenten. Nicht zuletzt muß verhindert werden, daß die Marktmechanismen, die an sich einen Anstieg des Erdgasangebots und -konsums bewirken würden, durch nicht-ökonomische Nebeneffekte der bestehenden Strategien und Maßnahmen gehemmt werden. So sollen die entsprechenden Maßnahmen ungerechtfertigte Beschränkungen der Anwendung von Erdgas, überzogene Regulierungen von Preisen und Marktzugang sowie eine diskriminierende Steuerbehandlung ausschalten. In einigen Ländern hat man sich auch mit Fragen befaßt, die etwa die Beschränkung des Zugangs zu Pipeline- oder Verteilersystemen, eine Ausweitung des Gasangebots oder die Errichtung von Systemen für Gastransport und -speicherung betreffen.

Die staatlichen Maßnahmen für die Internalisierung von Umweltschutz- und Versorgungssicherungskosten bei den einzelnen Energiequellen können dazu führen, daß Gas in immer stärkerem Maße an die Stelle anderer Energieträger tritt. Die hierfür notwendigen preis-, steuer- und ordnungspolitischen Maßnahmen machen zwar ein etwas größeres Maß an staatlichen Eingriffen erforderlich, stützen sich jedoch im Hinblick auf die Beeinflussung der Brennstoffwahl hauptsächlich auf die Marktmechanismen. Als weitere Maßnahmen sind zu nennen:

– Finanzierung öffentlicher Informationskampagnen, die die Verbraucher auf die mit der Umstellung auf Gas verbundenen Vorteile aufmerksam machen;
– steuerpolitische und sonstige Änderungen mit dem Ziel, stärkere finanzielle Anreize für die Umstellung auf Erdgas oder bivalente Feuerungsanlagen zu schaffen;
– Vorschreiben der Erdgasverwendung (oder der Schaffung entsprechender Voraussetzungen) in bestimmten Sektoren (z.B. in städtischen Neubauwohnungen oder für neue Kraftwerksanlagen).

Nähere Einzelheiten zu diesen Maßnahmen finden sich im nachfolgenden Kapitel über die Instrumente der Energie- und Umweltpolitik.

Die vorstehenden Ausführungen lassen darauf schließen, daß es zahlreiche Möglichkeiten für die Substitution anderer Energieträger durch das Erdgas gibt. Zudem dürfte eine bescheidene Erhöhung des Erdgasverbrauchs, selbst wenn sie nur durch Einfuhren aus Nicht-OECD-Ländern zu ermöglichen ist, weniger Probleme für die Energieversorgungssicherheit mit sich bringen als eine noch größere Abhängigkeit von Erdöleinfuhren. Allerdings ist ungewiß, inwieweit die Erdgasversorgung und -verwendung ohne hohe ökonomische Mehrkosten gesteigert werden könnte. Selbst bei einem zusätzlichen Gasangebot und dem Vorliegen ungerechtfertigter Behinderungen von Transport und Einsatz bliebe noch die Frage zu klären, auf welche Energieträger sich die Substitution erstrecken und welche Umweltvorteile dies per saldo haben würde. Da das Erdgas potentiell Mitverursacher der globalen Klimaveränderung sein kann, muß der gesamte Brennstoffzyklus auf jeden Fall kritisch durchleuchtet und muß geklärt werden, ob die Erdgasverwendung angesichts dieses und anderer Umweltprobleme wirklich wünschenswert ist. Dies sind nur einige der großen Fragen, mit denen sich die einzelnen Mitgliedsländer und die IEA noch näher befassen könnten. Teilaspekte dieser und anderer Fragen werden im Rahmen mehrerer bereits in Arbeit befindlicher oder für 1990 vorgesehener IEA-Studien über Erdgasressourcen und -märkte behandelt.

Brennstoffsubstitution bei der Stromerzeugung und -verwendung. Welchen Beitrag die Brennstoffsubstitution bei Stromerzeugung und -verwendung zum Umweltschutz leisten kann, hängt von zwei Faktoren ab. Erstens kommt es darauf an, welche Umweltvorteile sich effektiv aus einer Änderung des für die Elektrizitätserzeugung eingesetzten Energiemix ergeben können und welche positiven Effekte unter Berücksichtigung dieser Vorteile von einer Umstellung auf Strom seitens der Endverwender ausgehen können. Die Untersuchung des Brennstoffzyklus in Anhang I enthält eine vergleichende Analyse der Umwelteffekte (Luft- und Wasserverschmutzung, Abfallbeseitigung, Auswirkungen von Standortwahl und Flächennutzung usw.), der Umweltschutzmaßnahmen für zahlreiche gegenwärtig für die Stromerzeugung verwendete Energiequellen sowie diverser Energieformen, bei denen beim Endverbrauch auf Strom umgestellt werden könnte. Diese Untersuchung zeigt, daß alle Energieaktivitäten irgendwelche Umweltwirkungen haben, d.h. daß jede Wahl eines Energieträgers gerade bei der Stromerzeugung mit unerwünschten Nebenwirkungen in Form von Umwelteffekten und Schadstoffbelastungen verbunden ist. Tabelle 16 in Anhang I enthält Vergleichsdaten zu bestimmten durch die Verbrennung verschiedener fossiler Brennstoffe in Kraftwerken verursachten Schadstoffemissionen.

Die Umweltvorteile und -nachteile, die bei der Substitution anderer Energieträger durch Strom entstehen, sind besonders schwer zu quantifizieren. Bisweilen ist die direkte Verbrennung fossiler Brennstoffe weniger umweltbelastend als die Verwendung des mit demselben Energieträger erzeugten Stroms. So verbrauchen klassische Elektro-Widerstandsheizungen oft ungefähr doppelt soviel Primärenergie wie direkt befeuerte Heizanlagen, doch muß das nicht immer der Fall sein: Mit Wärmepumpen arbeitende Wasserheizanlagen verbrauchen 50% weniger Energie als hochleistungsfähige Gasheizanlagen, wenn erstere mit Strom betrieben werden, der durch Hochleistungsgasturbinen kombinierter Bauart erzeugt wurde. Zudem ist die direkte Verbrennung fossiler Brennstoffe häufig umweltbelastender, wenn sie in über ein weites Gebiet verteilten kleinen Einrichtungen erfolgt, weil Maßnahmen zur Emissionsminderung dann schwierig sind. Da es im Elektrizitätssektor eine Reihe von Möglichkeiten gibt, durch die Brennstoffsubstitution auch umweltpolitische Ziele wie z.B. die Begrenzung der klassischen Luftschadstoffe (SO_2, NO_x, Staub) oder von CO_2-Emissionen zu erreichen, ist zweitens die Frage zu prüfen, wieweit eine Brennstoffsubstitution technisch und ökonomisch möglich ist. Im folgenden wird auf der Basis langfristiger Entwicklungen und der Perspektiven für das Jahr 2005 untersucht, welche Möglichkeiten sich hier bei der Energieerzeugung und beim Endverbrauch ergeben.

Wegen der hohen Investitionskosten von Kraftwerksanlagen und ihrer langen Lebensdauer ist die Brennstoffsubstitution zwar nur dann rentabel, wenn sie schrittweise über mehrere Jahrzehnte hinweg erfolgt, doch haben die jüngsten Erfahrungen gezeigt, daß es in viel kürzeren Zeiträumen zu erheblichen Umschichtungen kommen kann. In den Jahren 1973–1987 ging der Anteil des unter Verwendung von Erdöl und Erdgas erzeugten Stroms von

38 auf 17% zurück, während sich der Anteil der Kohle und der Kernenergie von 42 auf 64% erhöhte. Für den Zeitraum 1987–2005 wird dagegen nicht mit derart starken Veränderungen gerechnet. Der Einsatz von Erdöl zur Stromerzeugung wird voraussichtlich weiter zurückgehen – von rd. 155 Mtoe im Jahre 1987 auf rd. 80 Mtoe im Jahre 2005 –, dagegen wird davon ausgegangen, daß die Anteile von Erdgas, Kohle, Kernenergie und Wasserkraft zunehmen werden. Alles in allem dürften sich die Anteile dieser Energiequellen an der Stromerzeugung mithin nicht wesentlich verändern. Tabelle 12 enthält Zahlen für zurückliegende Jahre sowie (auf dem schon erwähnten IEA-Szenario basierende) Projektionen für diese und hiermit zusammenhängende Entwicklungen in der Elektrizitätswirtschaft.

Praktisch alle Primärenergieträger können zur Stromerzeugung verwendet werden, und viele sind zumindest in einigen OECD-Ländern konkurrenzfähig. Aufgrund der großen Anzahl alternativer Energiequellen und ihrer jeweils unterschiedlichen Verfügbarkeit und Kosten läßt sich das ökonomische Potential der Brennstoffsubstitution im Elektrizitätssektor insgesamt schwer abschätzen. Indessen können dank früherer Untersuchungen über Merkmale und Potential der meisten Stromerzeugungstechnologien einige Betrachtungen hierüber angestellt werden. Im folgenden wird ein Überblick über die Schlußfolgerungen gegeben, die sich aus diesen Analysen im Blick auf den potentiellen Beitrag der erneuerbaren Energiequellen zur Stromerzeugung ziehen lassen. Wasserkraft und geothermische Energie werden schon seit langem wirtschaftlich zur Stromerzeugung (und zuweilen auch für mechanische Leistung oder Wärmeerzeugung) genutzt: Der Anteil der beiden Energiequellen an der gesamten Stromversorgung beträgt gegenwärtig 20%, wobei fast der gesamte Beitrag auf die Wasserkraft entfällt. Der Erzeugungsanteil dieser Energiequellen wird sich bis zum Jahre 2005 voraussichtlich um rd. 35% erhöhen. Eine weitere Steigerung ließe sich vielleicht vom wirtschaftlichen Standpunkt aus rechtfertigen, doch werden die verbleibenden möglichen Standorte für Wasserkraftwerke wahrscheinlich wesentlich höhere Betriebskosten erfordern oder aber in ökologisch anfälligeren Gebieten liegen. Ein gewisses Potential dürfte sich auch für nach dem Pumpspeicherverfahren arbeitende Wasserkraftwerke bieten, die preisgünsti-

Tabelle 12 **Primärenergiebedarf für die Stromerzeugung in den OECD-Ländern**
1973–2005, Mtoe und prozentuale Anteile

	1973	1979	1987	1995	2005
Feste Brennstoffe	374,8 (38 %)	467,3	604,9 (43 %)	750	940 (47 %)
Erdöl	240,6 (25 %)	230,8	109,5 (8 %)	100	80 (4 %)
Erdgas	118,1 (12 %)	130,5	126,5 (9 %)	150	190 (9 %)
Kernkraft	42,2 (4 %)	126,7	311,8 (22 %)	390	450 (22 %)
Wasserkraft/geothermische Energie/ Solarenergie	201,5 (21 %)	239,8	254,8 (18 %)	290	350 (22 %)
Insgesamt	977,3	1 188,3	1 397,0	1 680	2 010
Anteil am PEV	28 %	31 %	36 %	39 %	41 %

Quelle: IEA-Sekretariat

gen Nachtstrom nutzen, um Wasser in Staubecken zu pumpen, damit sie in Spitzenlastzeiten Strom liefern können. Da solche Systeme andere Generatoren für Spitzenlastzeiten, wie Verbrennungsmotoren und Gasturbinen, überflüssig machen können, wird durch diese Technik u.U. eine Substitution bestimmter teuererer Brennstoffe wie Öl oder Gas erreicht.
Für eine nennenswerte Ausweitung der Nutzung von photovoltaischer Energie oder von Wind- und Sonnenenergie für die Stromerzeugung dürfte bis zum Jahre 2005 nur ein begrenztes ökonomisches Potential vorhanden sein. Um diese erneuerbaren Energieträger rentabel nutzen zu können, bedarf es bislang noch atypischer klimatischer Bedingungen und/oder Gegebenheiten, die die möglichen Alternativen (z.B. aufgrund entlegener Erzeugung und langer Verteilungswege) in der Realität stark verteuern. Zudem wären aufgrund der zyklischen Funktionsweise dieser Stromquellen zusätzliche Investitionen für die Speicherung oder die Schaffung von Reservekapazitäten erforderlich, wenn solche Systeme einen nennenswerten Beitrag (etwa von 10% oder mehr) zur gleichmäßigen Deckung des Strombedarfs eines Versorgungsnetzes oder eines einzelnen Abnehmers leisten sollen. Ein weiteres Problem dürfte darin bestehen, daß eine rasche Steigerung des mit diesen Energiequellen erzeugten Stromaufkommens bei den gegenwärtig vergleichsweise geringen Produktionskapazitäten der Solaranlagenhersteller schwierig wäre. Deshalb ist auch kaum damit zu rechnen, daß die mit photovoltaischer Energie sowie mit Wind- und Solarenergie betriebenen Kraftwerke im Jahre 2005 mehr als nur ein paar Prozentpunkte zur Deckung des gesamten Strombedarfs der OECD-Länder beitragen werden, wenn auch einige Regionen oder Gemeinden einen höheren Anteil erreichen könnten. Ziemlich begrenzt ist auch das Potential für eine Erhöhung des Beitrags von Technologien, die Gezeiten- oder Wellenenergie oder Meereswärme zur Stromerzeugung nutzen. Von einigen wenigen, ganz spezifischen Standorten abgesehen erlauben diese Technologien zwar eine kontinuierlichere Versorgung, haben sich aber ausnahmslos als wirtschaftlich nicht konkurrenzfähig erwiesen, und bei manchen von ihnen wird die Weiterentwicklung auch auf große technische und ökologische Probleme stoßen.
Was die erneuerbaren Energieträger betrifft, so könnte wohl nur die direkte Verbrennung von *Biomasse* – von festen (auch landwirtschaftlichen) Abfallstoffen bis hin zu Holz – einen deutlich größeren Beitrag zur Stromerzeugung leisten. In einigen IEA-Ländern ist noch ein großes Potential für die Stromerzeugung durch Biomasseverbrennung vorhanden und sind die Verfeuerungstechnologien schon weitgehend großtechnisch ausgereift. Aufgrund der hohen Gewinnungs- und Transportkosten sind diese Brennstoffe jedoch zumal bei dem derzeitigen Preisniveau gegenüber fossilen Brennstoffen in den meisten Bereichen für die Stromerzeugung immer noch nicht konkurrenzfähig. Obwohl bei der Verfeuerung von Holz oder landwirtschaftlichen Abfallprodukten im allgemeinen relativ wenig SO_2 entsteht und die CO_2-Konzentration per saldo nicht zunimmt, wenn in ausreichendem Maße für Neubepflanzung und Regenerierung gesorgt wird, verursacht die Verbrennung bestimmter Festabfälle doch erhebliche Umweltprobleme.
Abgesehen von der Verlagerung auf umweltverträglichere Sorten ein und derselben Energieform dürften bei der Stromerzeugung bis zum Jahre 2005 vor allem *Erdgas und Kernkraft* für andere Energieträger substituiert werden, wenngleich auch für Deponiegas ein gewisses Potential vorhanden ist. Auf die Möglichkeiten und Kosten einer Ausweitung der Erdgasversorgung wurde im vorhergehenden Abschnitt schon kurz eingegangen. Für den Erdgasverbrauch im Elektrizitätssektor wird bereits mit einem Anstieg von rd. 130 Mtoe (1987) auf rd. 210 Mtoe (2005) gerechnet. Es erscheint durchaus realistisch, daß, wie schon ausgeführt wurde, der Verbrauch sich von 1987 bis 2005 verdoppelt und eventuell eine noch größere Steigerung bei allen Gasarten zusammengenommen erreicht wird. Bei verstärktem Gaseinsatz zur Stromerzeugung könnte entweder die Ölverwendung für diesen Zweck (im Jahre 2005 voraussichtlich rd. 80 Mtoe) weiter sinken oder die Zunahme der Kohleverwendung langsamer (voraussichtlich von rd. 580 Mtoe auf 890 Mtoe bis zum Jahre 2005) steigen. Ein

erhöhter Verbrauch von Erdgas wäre zudem durch die zeitweilige Substitution von Erdöl oder Kohle in Gebieten mit kurzfristigen Umweltproblemen möglich.

Wenngleich die Ansichten über den Nutzen, den die *Kernenergie* der Umwelt per saldo bringt, nach wie vor weit auseinandergehen, könnte der Beitrag dieser Energiequelle zur Stromerzeugung ebenfalls bis zum Jahre 2005 gesteigert werden. Angesichts der langen Vorlaufzeiten und hohen Kapitalinvestitionen für den Ausbau der Kernkraftkapazitäten dürften die Möglichkeiten einer Vergrößerung dieses Beitrags bis zum Jahre 2005 allerdings begrenzt sein. Der Anteil der Kernkraft an der Stromerzeugung betrug 1987 rd. 310 Mtoe und wird sich bis 2005 voraussichtlich auf rd. 450 Mtoe erhöhen (wobei der stärkste Anstieg vor 1995 eintreten dürfte). Sollte der Bau von Kernkraftwerken wieder das Tempo der siebziger und frühen achtziger Jahre erreichen, so wäre es denkbar, daß im Jahre 2005 zusätzlich 100 Mtoe an Kernenergie zur Verfügung stehen (also insgesamt 550 Mtoe). Bei dem vergleichsweise kurzen Zeitraum angesichts der nur begrenzten Fertigungs- und Baukapazitäten dieser Branche würde diese Steigerung wohl ein Maximum darstellen. Angesichts des Widerstands der Öffentlichkeit in einigen Ländern ist es allerdings unwahrscheinlich, daß wieder in erhöhtem Tempo Kernkraftwerke gebaut werden. Um die CO_2-Emissionen auf dem derzeitigen Niveau zu stabilisieren, müßte die Kernkraftwerkskapazität nach Schätzungen der Kernenergie-Agentur (NEA) bis zum Jahre 2005 um das 2,7fache der Kapazität von 1987 zunehmen [46, 47].

Wenn umweltverträglichere Energiequellen für die Stromerzeugung genutzt würden, zumal für marginale Bedarfszuwächse, könnten die umweltpolitischen Ziele auch dadurch schneller erreicht werden, daß zusätzlich im Bereich des *Endverbrauchs* Strom an die Stelle anderer Energieträger tritt. Seit 1973 hat sich die Struktur des Stromendverbrauchs erheblich verändert, und der Anteil der Elektrizität am Endenergieverbrauch nimmt ständig zu. Diese Zunahme ist zum großen Teil auf die Verbreiterung der Dienstleistungspalette zurückzuführen, die aus technischen oder wirtschaftlichen Gründen allein von Elektrotechnologien erbracht werden können, wie z.B. Beleuchtungs- und Kühltechnik, die meisten (stationären) Geräte mit Motorantrieb und alle elektronischen Geräte und Anlagen. Im Bereich von Konkurrenzmärkten, d.h. für Raumbeheizung und Warmwasserbereitung, für das Kochen und für bestimmte industrielle Verfahren (Herstellung von Stahl, Zellstoff, Papier und Chemikalien) konnte sich Strom aus Preisgründen wie auch aufgrund seiner Anwendungsfreundlichkeit und anderer Eigenschaften erfolgreich behaupten.

Voraussichtlich werden viele der in der jüngsten Zeit bei der Stromendverwendung beobachteten Tendenzen bis zum Jahre 2005 andauern. Die Stromnachfrage dürfte sich zwar langsamer, aber immer noch um durchschnittlich rd. 2,3% pro Jahr erhöhen, gegenüber einem Zuwachs von rd. 1% bei anderen Endenergieformen. Mit dem stärksten Anstieg wird in den Sektoren Haushalte und Kleinverbraucher gerechnet, zum einen, weil dieser in den OECD-Ländern wahrscheinlich am raschesten expandieren wird, und zum anderen, weil sich der Strom gegenüber anderen Energieträgern in diesem Sektor immer stärker durchsetzt. Infolge dieses Anstiegs wird der Beitrag der Stromerzeugung zur Deckung des PEV im Jahre 2005 wahrscheinlich 41% erreichen, gegenüber 36% im Jahre 1987 und nur 28% 1973. Ein noch größerer Zuwachs wird weitgehend davon abhängen, wie sich die Energiepreise entwickeln. Indessen könnten sich bereits durch relativ geringe Preisveränderungen zusammen mit Verbesserungen oder Kostenreduzierungen bei bestimmten Elektrotechnologien (z.B. Wärmepumpen) die komparativen Vorteile bei zahlreichen Anwendungen erheblich ändern. Allerdings wären einem Zuwachs über das projizierte Niveau hinaus wahrscheinlich durch die Wiederbeschaffungsquote des vorhandenen Kapitalstocks Grenzen gesetzt.

Durch die Steigerung der Stromverwendung und die Substitution des Erdöls bei der Stromerzeugung ist bereits ein deutlich höheres Maß an *Energieversorgungssicherheit* erreicht worden, und zahlreiche der für die Minderung der mit Energieaktivitäten verbundenen

Umwelteffekte, wie z.B. CO_2-Emissionen, in Erwägung gezogenen Optionen für die Stromsubstitution dürften die Versorgungssicherheit weiter verbessern. Die Vergrößerung des Anteils erneuerbarer Energieträger und der Kernenergie an der Stromerzeugung würde mit Sicherheit weitere Fortschritte bei der Verbesserung der Energieversorgungssicherheit bringen. Eine Zunahme der Erdgasverwendung würde die Energieversorgungssicherheit wahrscheinlich nicht beeinträchtigen, sofern entsprechende Gasvorräte angelegt und weitere Vorsorgemaßnahmen für Notstandssituationen getroffen und die Gasbezugsquellen diversifiziert werden.

Die Stromversorgungsunternehmen sind im allgemeinen Monopolgesellschaften, die vielfach keinem direkten Wettbewerb ausgesetzt sind und auf die der Staat (der oft der Eigentümer ist) erheblichen Einfluß hat. Bei der Brennstoffwahl für die Stromerzeugung spielt daher häufig eine Reihe nicht marktrelevanter Faktoren eine Rolle. Wegen ihrer meist abgeschirmten Monopolstellung wird zuweilen behauptet, daß von den Stromversorgungsunternehmen im Hinblick auf die Entwicklung und Anwendung neuer Technologien vergleichsweise weniger Innovationsfreudigkeit zu erwarten ist. Andererseits können sie dank dieser Abschirmung mitunter größere Risiken eingehen oder die Erprobung neuer Technologien in stärkerem Maße unterstützen als Privatunternehmen. Da sie mit niedrigeren Abzinsungsraten arbeiten als die Privatwirtschaft als Ganzes, dürften sie um einiges eher bereit sein, in besonders kapitalintensive (z.B. auf dem Einsatz von erneuerbaren Energieträgern oder von Kernenergie basierende) Technologien zu investieren. Da sie jedoch die Möglichkeit haben, höhere Brennstoffkosten ohne Konkurrenzzwang auf die Tarife zu überwälzen, ist der Anreiz, solche Alternativen zu entwickeln, für sie häufig geringer.

Die Preispolitik der einzelnen Stromversorgungsunternehmen hat natürlich auf den Stromendverbrauch starken Einfluß. In den OECD-Ländern legen die meisten dieser Unternehmen bei der Berechnung der Stromtarife die durchschnittlichen Erzeugungskosten des bestehenden Kraftwerkparks und nicht die langfristigen Grenzkosten zugrunde, wie die meisten privatwirtschaftlichen Unternehmen anderer Branchen sie berechnen würden. Allerdings ist nach wie vor unklar, welche Auswirkungen diese Politik auf Preisniveau und Stromnachfrage hat. Da sich die Stromversorgungsunternehmen im allgemeinen in Händen des Staats befinden oder staatlichen Vorschriften unterliegen, verfügt der Staat über zahlreiche Instrumente, um die Brennstoffwahl der Elektrizitätswirtschaft direkt zu steuern oder indirekt zu beeinflussen. Wesentlich schwieriger dürfte eine lenkende oder beherrschende Einflußnahme des Staats zugunsten der Umstellung von der direkten Verbrennung anderer Energieträger auf Strom sein. Um die ökonomischen Anreize der Stromverwendung gegenüber anderen Energieträgern zu verändern, bedürfte es steuer- und preispolitischer Maßnahmen. Einige Länder haben auch versucht, die Stromverwendung durch die Unterstützung von FE+D-Projekten zu fördern, die Technologieverbesserungen im Elektrobereich zum Ziel haben.

Zusammenfassend ist festzustellen, daß sich im Elektrizitätssektor einige signifikante Möglichkeiten für die Brennstoffsubstitution bieten, die jedoch vielfach erst viel später als 2005 voll genutzt werden können. Das größte Substitutionspotential dürfte bis 2005 zwar in einem verstärkten Einsatz von Erdgas und Kernkraft (in bereits in Bau befindlichen oder geplanten Kraftwerken) liegen, doch könnte der Beitrag der Erzeugung durch erneuerbare Energieträger (insbesondere Wasserkraft und vielleicht auch Biomasse) ebenfalls deutlich steigen. Zwar steht kaum zu erwarten, daß dadurch der ständige Anstieg der Kohlenachfrage gestoppt wird, doch wird diese vielleicht zunehmend durch schwefelarme Kohle gedeckt werden. Für die Umstellung auf Strom gibt es noch weitere Möglichkeiten, doch kommt es hierbei wesentlich darauf an, wie sich die relativen Energiepreise in bestimmten Schlüsselsektoren des Endverbrauchs, wie z.B. Raumbeheizung und Warmwasserbereitung, entwickeln und welche technologischen Fortschritte eventuell erzielt werden können.

Alternative Energieträger für den Verkehrssektor. Nur der Verkehrssektor ist nach wie vor nahezu vollständig auf Mineralölprodukte angewiesen. Zwar wird sich die Verwendung von Erdgas, und in geringerem Maße auch von Strom, voraussichtlich etwas erhöhen, doch ist damit zu rechnen, daß der Energiebedarf des Verkehrssektors auch im Jahre 2005 noch fast gänzlich durch Mineralölprodukte gedeckt werden wird.

In manchen Fällen ist es möglich, durch Technologien für die Emissionsminderung oder den Einsatz höherer Kraftstoffqualitäten die mit der Verwendung von Mineralölprodukten verbundenen Umweltbelastungen zu verringern (von dieser Möglichkeit wird auch bereits Gebrauch gemacht). Besondere Aufmerksamkeit gilt hier der Verbesserung der Kraftstoffgüte und der Entwicklung kraftstoffflexiblerer Motoren. Die meisten Länder haben bereits Standards eingeführt, um verbleites Benzin allmählich aus dem Handel zu nehmen und den Benzolgehalt zu begrenzen. In den Vereinigten Staaten sind in jüngster Zeit Maßnahmen ergriffen worden, um den Flüchtigkeitsgrad des in den Handel gelangenden Benzins vor allem während der Sommermonate deutlich zu verringern. Zwar dürften diese Gütestandards für die Produzenten und Raffinerien kurzfristig gewisse Schwierigkeiten mit sich bringen, doch wird nicht damit gerechnet, daß die Bemühungen um eine nennenswerte Verbesserung der Brennstoffqualität in diesen Bereichen bis zum Jahre 2005 auf größere Probleme stoßen werden.

Aus einer beschleunigten Umstellung von Erdöl auf andere Energieformen im Verkehrssektor würden sich aber u.U. noch weit größere Umweltvorteile ergeben, und gleichzeitig könnte sich dadurch die Energieversorgungssicherheit erhöhen. Von einzelnen Ländern und von der IEA sind zumindest vorläufige Untersuchungen darüber angestellt worden, welchen Beitrag alternative Energieträger im Verkehrssektor leisten könnten. Am ehesten kämen hierfür bis 2005 wohl komprimiertes Erdgas (CNG) oder Methanol (das aus Erdgas gewonnen werden kann) sowie Flüssiggas (LPG) in Frage. Eine weitere wichtige, wenn auch allgemein teuerere Alternative ist die Ethanolgewinnung aus Biomasse (d.h. vor allem aus landwirtschaftlichen Produkten). Auch im Eisenbahnverkehr und bei bestimmten städtischen Nahverkehrsträgern könnte der Stromantrieb ausgeweitet werden. Jede dieser Technologieoptionen ist mit zahlreichen, oft ungewissen Vorteilen und Kosten verbunden, namentlich durch Investitionen für Brennstoffumwandlungs- und Distributionssysteme und die Kraftfahrzeugherstellung, wobei generell mit langen Vorlaufzeiten zu rechnen ist.

Ein geringer Nachfragezuwachs bei Flüssiggaserzeugnissen, Erdgas, bestimmten aus Agrarprodukten gewonnenen Brennstoffen oder elektrischem Strom könnte wahrscheinlich ohne größere Preiseffekte mit den vorhandenen Ressourcen gedeckt werden. Ob es zu Versorgungsengpässen oder starken Preiswirkungen käme, wenn einer dieser alternativen Energieträger einen hohen Substitutionsbeitrag (etwa von über 10% der für Kraftfahrzeuge verwendeten Mineralölprodukte) leisten müßte, ist ungeklärt. Ein Anteil von 10% an den Kfz-Kraftstoffen wird 2005 voraussichtlich rd. 90 Mtoe entsprechen, d.h. etwa 10% des gesamten für dieses Jahr angesetzten Erdgasbedarfs der OECD-Länder. Am Anfang des Abschnitts über das Erdgas wurde bereits darauf hingewiesen, daß eine Erhöhung des Erdgasanteils denkbar ist, sofern es nicht in anderen Sektoren (z.B. bei der Stromerzeugung) zu einer unerwartet starken Nachfrageausweitung kommt. Allerdings würde bei diesem zusätzlichen Erdgasangebot ein regionales Preisgefälle bestehen (so dürfte eine Mehrversorgung mittels Gas aus Pipelines – wo diese möglich ist – billiger sein als die Lieferung von Flüssiggas). Sollten Strom oder aus Kohle gewonnene Energieträger im Jahre 2005 mit 10% an der Deckung des Energiebedarfs von Kraftfahrzeugen beteiligt sein, so wäre zwar die Wahrscheinlichkeit von Versorgungsengpässen geringer (vorausgesetzt, die Vorlaufzeiten reichten aus, um die Kapazitäten zu erweitern), doch dürften die ökonomischen Mehrkosten höher sein als bei Kraftstoffen auf Erdgasbasis. Würden auch nur 10% des Energiebedarfs für Kfz durch landwirtschaftliche Produkte gedeckt, so hätte dies sogar erhebliche Auswirkungen auf den Weltmarkt (um 90 Mtoe Ethanol herzustellen, sind z.B. rd. 360 Mio t Mais erforderlich, was ungefähr der Gesamtproduktion in den OECD-Ländern entspricht; zudem würden bei den gegenwärtigen Rohstoff- und Energiepreisen wahrscheinlich deutlich höhere Kosten entstehen als bei der Kraftstoffherstellung aus Erdöl oder Erdgas. Ethanol kann auch aus nichtlandwirtschaftlicher Biomaße gewonnen werden, was aber noch teurer ist.

Auch die Einführung kraftstoffflexibler Fahrzeuge (die wahlweise mit Benzin, Methanol, Ethanol oder Kraftstoffgemischen betrieben werden können) erscheint technisch gesehen noch vor 2005 möglich, doch dürfte dies mit wesentlich höheren Kosten verbunden sein als die Herstellung höherer Kraftstoffqualitäten. Wenn kraftstoffflexible Fahrzeuge vorhanden sind, können allmählich alternative Kraftstoffe eingeführt und, je nach den regionalen Umweltbedingungen, zeitweilige oder zielorientierte Kraftstoffauflagen festgesetzt werden.

Aus diesen Gründen suchen die Regierung der USA sowie manche amerikanischen Bundesstaaten und Gemeinden die großen Autofirmen zu veranlassen, kraftstoffflexible Fahrzeuge zu entwickeln und nach und nach auf den Markt zu bringen.

Die meisten in Erwägung gezogenen alternativen Energieträger würden größere Veränderungen nicht nur der Kraftstoffverarbeitungssysteme und der Distribution, sondern auch im Bereich der Kraftfahrzeugherstellung erforderlich machen. Für die Gewinnung von Methanol aus Erdgas (oder Kohle) wären neue Produktionsanlagen notwendig, und um Methanol wie heute Benzin und Dieselkraftstoff über das Tankstellennetz anzubieten, müßten neue Vorratstanks und Zapfsäulen entwickelt werden. Wenn Methanol in Kraftfahrzeugen verwendet werden soll, und das nicht nur als kleine Beimischung zum Benzin, so müssen zuvor die Motoren und Kraftstoffsysteme konstruktionstechnisch geändert werden. Zwar erfordert keine dieser Veränderungen völlig neue Technologien, dafür aber doch ausnahmslos Investitionen, die schrittweise über längere Zeiträume hinweg getätigt werden müßten. Für die Ethanolgewinnung aus Agrarprodukten gibt es ein zwar erprobtes, jedoch vergleichsweise aufwendiges Destillationsverfahren. Auch für die Verwendung von Ethanol (außer bei nur geringen Zusätzen zum Benzin) müßten an den Distributionssystemen und den Kraftfahrzeugen selbst einige Änderungen vorgenommen werden, doch wären diese weniger erheblich als bei Methanol. Die einschneidendsten Veränderungen in bezug auf Bauweise, Herstellung und wahrscheinlich auch Funktionsmerkmale wären beim Elektroantrieb erforderlich, doch würde die Stromversorgung und -verteilung keine größeren Schwierigkeiten bereiten (vorausgesetzt, daß die Batterien überwiegend außerhalb der Spitzenbelastungszeiten aufgeladen würden).

Wie bereits mehr im einzelnen dargelegt wurde, haben Flüssiggas, komprimiertes Erdgas, Methanol, Ethanol und elektrischer Strom gegenüber Benzin und Dieselkraftstoff im Hinblick auf die Umweltwirkungen erhebliche Vorzüge, aber jeweils auch Nachteile. Bei Flüssiggas sind die CO_2-Emissionen größer als bei Erdgas. Die Verwendung von komprimiertem Erdgas hätte im Vergleich zu Mineralölprodukten für die Umwelt die gleichen Vorteile wie die Erdgasverwendung. Bei aus Erdgas gewonnenem Methanol werden wohl ähnliche CO_2- und NO_x-Mengen ausgestoßen wie bei Benzin (gemessen in Energieeinheiten), doch ist die Giftwirkung von Methanol bei Einatmung oder Aufnahme durch die Haut deutlich größer als die des Benzins. Außerdem würden bei der Methanolgewinnung aus Kohle zusätzliche Umweltprobleme entstehen. Beim Strom hängen die Umwelteffekte weitgehend von der Art der Erzeugung ab, bei elektrisch betriebenen Fahrzeugen könnten sich aber wegen der Batterien Entsorgungsprobleme ergeben. Per saldo dürfte Ethanol die geringsten Umweltwirkungen haben, wenngleich bei seiner Verbrennung etwas NO_x entsteht. Die Verwendung von Methanol, Ethanol und komprimiertem Erdgas führt häufig zu höheren Emissionen von unverbrannten Kohlenwasserstoffen.

Wie bereits ausgeführt, würde wahrscheinlich jeder nicht aus Erdöl gewonnene Kraftstoff von der Energieversorgungssicherheit her bedeutende Vorteile bieten. Natürlich würde die

Verwendung alternativer Kraftstoffe, die aus anderen Energiequellen als Erdgas (z. B. aus Kohle, mit Kohle oder Kernkraft erzeugtem Strom oder Biomasse) gewonnen werden, die Energieversorgungssicherheit wahrscheinlich noch positiver beeinflussen.

Abgesehen vom Fehlen ökonomischer Anreize für Angebot und Kauf alternativer Kraftstoffe wird deren Einführung vor allem durch die Höhe der von den Kraftstoffanbietern und -verteilern sowie den Kraftfahrzeugherstellern notwendigerweise vorzunehmenden Investitionen behindert. Bis die Kfz-Hersteller in der Lage wären, in Massenproduktion kraftstoffflexible bzw. mit Alternativkraftstoffen (Kraftstoffe mit hohem Anteil an komprimiertem Erdgas, Methanol oder Ethanol oder mit Strom) betriebene Fahrzeuge zu produzieren, würde einige Zeit – vielleicht mehr als fünf Jahre – vergehen, und anschließend dürfte es dann noch einmal mindestens zehn Jahre dauern, bis der vorhandene Fahrzeugpark weitgehend ersetzt wäre. Für Kraftfahrzeuge, die nicht mit Benzin oder Dieselkraftstoff betrieben werden können, müßte ein neues flächendeckendes Kraftstoffdistributionsnetz geschaffen werden. Schließlich müßte auch die Zahl entsprechender Anlagen für die Herstellung alternativer Kraftstoffe – ob Methanol oder Ethanol – wesentlich erhöht werden. Diese weitgehend voneinander unabhängigen privaten Investitionen sind ungefähr gleichzeitig vorzunehmen, damit dieser Prozeß nicht zum Stillstand kommt und den Investoren nicht schwere Verluste entstehen. Würden den Kraftfahrzeugbenutzern und -herstellern und den Kraftstoffanbietern vom Markt hinreichend starke Anreize geboten, so wären die Investoren wohl bereit, derartige Risiken einzugehen. Bei nur geringem finanziellem Ertrag und nur indirckten Umweltvorteilen dürften solchc Investitionen dagegen unterbleiben – oder sich vielleicht nur auf den Kraftfahrzeugpark in Städten beschränken.

In den einzelnen Ländern wird die Einführung alternativer Kraftstoffe vom Staat auf verschiedene Weise gefördert. Die einfachste Lösung ist wohl die, Preisdifferenzen zwischen Kraftstoffen auf Mineralölbasis und Alternativkraftstoffen zu schaffen bzw. das vorhandene Gefälle dadurch zu vergrößern, daß die Steuern für Kraftstoffe auf Mineralölbasis erhöht und/oder für andere Kraftstoffe gesenkt werden. Eine zweite Möglichkeit ist der Einsatz ordnungsrechtlicher Instrumente. So sehen z.B. Gesetzentwürfe vor, daß die Automobilfirmen bezogen auf die Jahresproduktion einen bestimmten Prozentsatz kraftstoffflexibler Fahrzeuge herstellen, daß die Kraftstoffverteilerfirmen verpflichtet werden, bestimmte Kraftstoffe (soweit verfügbar) anzubieten, oder daß (wie es in manchen Fällen geschieht) bestimmte Vorschriften aufgehoben werden, sofern die gewünschten Schritte unternommen worden sind. Auch durch die Unterstützung einschlägiger Forschungsarbeiten zur Entwicklung von Kraftfahrzeugtechnologien oder Kraftstoffproduktionsanlagen sowie durch die direkte Anschaffung von mit Alternativkraftstoffen betriebenen Kraftfahrzeugen für die Benutzung durch öffentliche Stellen suchen die einzelnen Länder die Verwendung solcher Kraftstoffe zu fördern. Wie sich u.a. in Neuseeland, Kanada und Brasilien bei der Einführung von Alternativkraftstoffen in großem Maßstab gezeigt hat, setzt die Verwirklichung dieses Ziels ein sorgfältig gestaltetes Maßnahmenpaket voraus, das auch mehrere der hier beschriebenen Maßnahmen enthalten muß.

Zusammenfassend läßt sich sagen, daß es eine Reihe von Energieträgern gibt, die bei bestimmten Umweltproblemen eine erhebliche Entlastung bringen könnten, wenn durch sie zumindest ein Teil der gegenwärtig verwendeten Kraftstoffe ersetzt würde. Der mit ihrer Einführung verbundene Kosten- und Zeitaufwand sowie ihre begrenzte Verfügbarkeit dürften den Beitrag dieser Energieträger zur Deckung des Kraftstoffbedarfs bis zum Jahre 2005 aber in ziemlich engen Grenzen halten. Bis dahin dürften die größten Fortschritte bei der Umweltentlastung durch die beschleunigte Einführung von bleifreiem und schwachflüchtigem Benzin (sowie durch geeignete Maßnahmen zur Begrenzung des Schadstoffausstoßes) erzielt werden. Einen beträchtlichen Beitrag könnte auch, vor allem in manchen Städten oder Regionen, die Einführung von komprimiertem Erdgas oder kraftstoffflexiblen Fahrzeugen leisten. Daß eine flächendeckende Einführung solcher Fahrzeuge und der erforderlichen Versorgungs- und Distributionssysteme vor dem Jahre 2005 erfolgt, ist allerdings unwahrscheinlich.

Viele Fragen sind freilich noch ungelöst, so etwa der mit den verschiedenen vorhandenen Hauptalternativen verbundene ökonomische und Umweltnutzen (bzw. die jeweiligen Kosten) – d.h. die gesamte Palette von der Kraftstofferzeugung bis zur Fertigung und Nutzung von Kraftfahrzeugen einbezogen – sowie die Frage nach dem Potential für die Nutzung begrenzter Kfz-Märkte (Beispiel Fahrzeugparks). Von großer Bedeutung ist natürlich auch die Frage der angebotsseitigen Verfügbarkeit, worauf zu Beginn des Abschnitts im Zusammenhang mit Erdgas bereits hingewiesen wurde. Es ist ganz klar, daß es bei der Erdgasversorgung zu Schwierigkeiten kommen kann, wenn Erdgas und Energieträger auf Erdgasbasis gleichzeitig im Verkehrs- und im Stromerzeugungssektor maßiv für Substitutionszwecke verwendet werden.

4. „Saubere" Energietechnologien

(a) *Entwicklung und Anwendung „sauberer" Energietechnologien*

In der Industrie entsteht durch Schadstoffemissionen oder das Produzieren von Abfällen häufig ein Verlust an Rohstoffen, Reagentien oder Fertigprodukten. Effizientere Herstellungsverfahren, durch die diese Stoffe eingespart oder zurückgewonnen werden, können Umweltverschmutzungen verhindern. Dies ist das Prinzip der „sauberen" Technologien, die in zahlreichen Industriezweigen und vor allem auch im Bereich der Energieerzeugung und -verwendung entwickelt worden sind. „Saubere" Technologien nach der hier verwendeten Definition sind Fertigungsprozesse oder Betriebsverfahren, bei denen gleichzeitig eine höhere Energieeffizienz und ein geringerer Schadstoffanfall erreicht wird, ohne daß notwendigerweise von der gewählten Energieform abgegangen werden muß. Die für die Minderung der Luftverschmutzung relevanten „sauberen" Energietechnologien sind in Tabelle 13 aufgeführt. Diese Technologien sind in erster Linie für neue Einrichtungen und Anlagen vorgesehen. Durch Umrüstungen können sie aber auch in Altanlagen wie z.B. Kraftwerken angewendet werden. Anders als die meisten nachgeschalteten Technologien haben „saubere" Technologien nicht den Nachteil nur geringer Brennstoffeinsparungen. Bei vielen der im Rahmen des COMPASS-Projekts von der OECD untersuchten umweltfreundlichen Technologien [48, 49, 50] beruhen die positiven Umweltwirkungen wie schon erwähnt auf einem höheren Grad der Energieeffizienz. Außerdem sind „saubere" Technologien eigens dafür bestimmt, den Schadstoffeintrag in Luft und Wasser oder die Entstehung von Abfällen von vornherein zu verringern. Sie sind daher insbesondere bei Energien zur Anwendung gelangt, die zu den größten Schadstoffquellen gehören. So können z.B. durch „saubere" Kohletechnologien die SO_2- und NO_x-Emissionen normalerweise um 70–90% reduziert und die Energieeffizienz gegenüber herkömmlichen Kohleverbrennungstechnologien um rd. 6% erhöht werden [1].

Im Vergleich zu den klassischeren nachgeschalteten Umweltschutztechnologien können „saubere" Energietechnologien die Umweltschutzkosten erheblich reduzieren, vor allem deshalb, weil sie im allgemeinen mehrere Schadstoffemissionen zugleich mindern. In vielen Fällen haben diese Technologien noch andere Vorzüge. In Frankreich ergab eine Untersuchung bei 200 Anlagen mit „sauberen" Technologien, daß in 51% der Fälle Energieeinsparungen, in 47% Rohstoffeinsparungen und in 40% Verbesserungen der Arbeitsbedingungen erzielt wurden. Durch solche positiven Auswirkungen können die Investitionen für „saubere" Technologien u.U. voll rentabel werden [32].

Der umweltrechtliche Rahmen (vor allem soweit er aus Verordnungen besteht) war dem Einsatz „sauberer" Technologien bislang nicht immer förderlich, da durch Effizienzverbesserungen erzielte Emissionsminderungen bei Umweltschutzprogrammen nicht unbedingt „angerechnet" werden können. Einige IEA-Länder berücksichtigen allerdings Änderungen an Fertigungsverfahren und „saubere" Energietechnologien bei der finanziellen Unterstützung von Umweltschutzprogrammen und gewähren spezielle Beihilfen für die Entwicklung und Einführung besonders anspruchsvoller Technologien für „saubere" Produktionsprozesse.

Die Entwicklung „sauberer" Technologien für die Kohle hat stets eine besondere Rolle gespielt. Vom Ölpreisanstieg der siebziger Jahre gingen starke Impulse für Forschungsprojekte aus, bei denen es darum ging, zur Ersetzung des Öls durch Kohle neuartige Kohleverbrennungstechnologien zu entwickeln. Als der Ölpreis in den achtziger Jahren wieder fiel, wurde die Preisdifferenz zur Kohle so gering, daß sich der für viele dieser Technologien erforderliche Kostenaufwand nicht mehr rechtfertigen ließ. Angesichts der Umweltschutzstrategien ist das Interesse an fortentwickelten Verbrennungstechnologien, wie z.B. an der atmosphärischen oder Druckwirbelschichtfeuerung (AFBC bzw. PFBC) und der integrierten Kohledruckvergasung mit kombiniertem Kreislauf (IGCC), heute wieder gewachsen.

Die am häufigsten angewendete dieser Verbrennungstechnologien ist die atmosphärische Wirbelschichtfeuerung. Heute wird diese Kohleverbrennungstechnik in den in großem Maßstab Kohle verwendenden Ländern für zahlreiche Zwecke eingesetzt. Kommerziell wird diese Technologie in den IEA-Ländern gegenwärtig für eine Leistung von rd. 15 000 MWt genutzt [33]. Die meisten Einheiten arbeiten mit Luftwirbelschichtfeuerungen; allerdings handelt es sich hierbei meistens um Kleinanlagen (mit einer thermischen Leistung von durchschnittlich 25–30 MWt). Die Zahl der Anlagen mit zirkulierender Wirbelschichtbefeuerung ist geringer, doch sind diese Anlagen gewöhnlich größer. Aufgrund der niedrigeren NO_x-Emissionen wird diese Technologie in einigen Ländern (so in der Bundesrepublik) gefördert. Kraftwerke mit Druckwirbelschichtfeuerung befinden sich in Deutschland und Schweden im Stadium von Pilot-/Demonstrations-Projekten, in Großbritannien im Probebetrieb. Die meisten Druckwirbelschichtfeuerungen können nunmehr auch in Kombi-Kraftwerken eingesetzt werden. Bei diesen Kraftwerken kommt es entscheidend darauf an, daß gleichzeitig auch in der Gasturbinentechnologie Fortschritte erzielt werden, da die Temperatur- und Durchsatzkennwerte der Turbine auf die des Vergasungsbrenners abzustimmen sind.

Eine Demonstrationsanlage zur integrierten Kohledruckvergasung mit kombiniertem Kreislauf wurde in den Vereinigten Staaten bereits errichtet, doch stehen hier Erkenntnisse über die langfristige Betriebssicherheit noch aus. Darüber hinaus befinden sich mehrere andere Kohlevergasungsanlagen im Demonstrationsstadium, doch wurde bisher keine von ihnen an ein Kombi-Kraftwerk angeschlossen. Kraftwerke mit integrierter Kohledruckvergasung sowie solche mit Wirbelschichtfeuerung eignen sich für ein Baukastensystem mit mehreren, aus kleineren Einheiten mit hohem Wirkungsgrad bestehenden Anlagen. Das gibt den Stromversorgungsunternehmen die Möglichkeit, die Anlagen je nach Bedarf nach und nach zu erweitern. Der erste Schritt kann dabei im Einbau einer Turbine bestehen, die Erdöl oder Erdgas verbrennen kann. Für zunehmende Lasten kann eine Kesselanlage hinzugefügt werden, um mit rückgewonnener Abgaswärme der Turbine Dampf zu erzeugen, der dann von einer weiteren Turbine in Strom umgewandelt wird. Wird der Ausgangsbrennstoff zu teuer, so kann nachträglich ein Kohlevergaser installiert werden. Die Vollendung der einzelnen Bauabschnitte erfordert weniger als zwei Jahre. Bei weiter zunehmender Last kann der Vorgang wiederholt werden.

Nicht alle Bemühungen um die Entwicklung „sauberer" Energietechnologien waren erfolgreich. Was den Umweltschutz im Bereich der ortsveränderlichen Schadstoffquellen betrifft, so glaubte man, daß fortgeschrittene Verbrennungstechnologien wie der mit Magergemisch betriebene Motor den Einsatz von Katalysatoren überflüssig machen würden. Indessen haben die jüngsten Erfahrungen gezeigt, daß diese Technologien allein noch keine niedrigen HC- und NO_x-Emissionswerte gewährleisten. Zur Verminderung dieser Schadstoffe wäre ein Oxidationskatalysator erforderlich.

Zu den in Tabelle 13 aufgeführten „sauberen" Technologien gehören auch die sogenannten „selektiv einzusetzenden Technologien". Unter diesem Begriff sind Technologien zusammengefaßt, bei denen Erdgas in Verbindung mit Kohle verwendet werden kann, um die Vorteile zu nutzen, die diese beiden Energieträger in bezug auf Umwelt, Betrieb von Anlagen und Versorgungssicherheit bieten. Bei „selektiven Erdgastechnologien" werden Gas und Kohle in Feuerungsanlagen von Kraftwerken und Industriebetrieben zusammen oder separat verbrannt. Hierfür stehen im wesentlichen zwei Technologien zur Verfügung: Bei der Mitverfeuerung von Erdgas in einem Kohlebrenner wird das Gas beim Anfahren und im Dauerbetrieb eingesetzt, um einen Teil des gesamten Wärmebedarfs des Kessels zu decken und die Heizleistung durch die Gasverbrennung in mehrfacher Hinsicht zu verbessern. Bei einem Gas/Kohle-Verhältnis von 10:90 kann der Anfall von NO_x um 25% und der von SO_2 um 12% verringert werden. Bei Gas-Wiederverbrennungstechnologien wird Erdgas in die obere Brennkammer über dem Primärverbrennungsbereich eingeblasen, um eine Zone mit hoher Brennstoffdichte zu schaffen und auf diese Weise den Wirkungsgrad zu erhöhen und die Schadstoffabgabe zu verringern. Bei einem Gas/Kohle-Gemisch im Verhältnis 20:80 kann der Ausstoß von NO_x um 60% und der von SO_2 um 20% vermindert werden. Durch Injektion von Absorptionsmitteln noch leistungsfähigere Gas-Wiederverbrennungssysteme können den SO_2-Ausstoß sogar um mehr als 50% reduzieren.

Ein weiteres Ziel ist bei der Entwicklung „sauberer" Energietechnologien die Minimierung der Abfallmengen. Hierzu sind verfahrenstechnische Verbesserungen und Änderungen industrieller Produktionsprozesse erforderlich. Entsprechende Maßnahmen werden schon seit langer Zeit befürwortet, z.B. im Rahmen einer Erklärung der ECE über abfallarme oder abfallfreie Technologien und des EG-Programms für Pilotprojekte mit „sauberen" Technologien. Auf nationaler Ebene sind in einigen Ländern, so z.B. in der Bundesrepublik Deutschland und in Österreich, Gesetze erlassen worden, die vorschreiben, daß der Antragsteller vor der Genehmigung neuer Industrieaktivitäten den Nachweis zu erbringen hat, daß Technologien verwendet werden, bei denen der Abfall auf ein Mindestmaß beschränkt bleibt.

Die Abfallentsorgung bietet zahlreiche Möglichkeiten, mit Hilfe von Technologien für Rückgewinnung oder Recycling gleichzeitig energie- und umweltpolitische Ziele zu erreichen. So können z.B. bei der Stahlerzeugung 1 500 kWh je Tonne eingespart werden, wenn Schrott statt Erz verwendet wird. Besonders beeindruckend ist die Energieeinsparung bei Kupfer, beträgt sie doch für die Kupfergewinnung aus Schrott 1 700 kWh je Tonne, gegenüber 13 500 kWh bei Erz. Weitere Beispiele sind die Papier- und Glasherstellung. Auch die Abfallverbrennung bietet Möglichkeiten. Für diese Art der Energierückgewinnung gibt es zahlreiche Beispiele, doch ist der Anteil der Abfallverbrennung am gesamten hierfür in Frage kommenden Abfallvolumen in den einzelnen Ländern sehr verschieden (er reicht von 100% in Finnland bis zu 21,3% in Italien). In mehreren Ländern (Österreich, Belgien, Bundesrepublik Deutschland, Italien, Niederlande, Portugal und Spanien) spielt bei der Beseitigung des Stadtmülls auch die Kompostierung eine bedeutende Rolle. Für die sichere Verbrennung gefährlicher Industrieabfälle anstelle klassischer Brennstoffe eignen sich Hochtemperaturöfen, wie sie in der Zementindustrie verwendet werden. Das größte Problem beim Recycling ist die starke Abhängigkeit vom Preisverhältnis Rohstoff/Rückgewinnungsmaterial.

Es ist auch eine Reihe „sauberer" Technologien entwickelt worden, um die Gewässerverschmutzung durch die Industrie bereits auf Prozeßebene zu vermindern. Einige dieser Techniken sind auf Energieaktivitäten anwendbar. So haben sich z.B. wassersparende Technologien (etwa die systematische Abwasserrückgewinnung) als sehr umweltschutzwirksam erwiesen [51].

Tabelle 13 **Beispiele für „saubere" Energietechnologien**

	Hauptschadstoff	Wirkung auf die Energieeffizienz	Derzeitiger Stand
1. Ortsfeste Quellen			
Feuerungsanlagen für fossile Brennstoffe			
• Kohleverbrennung im Wirbelschichtverfahren	SO_2, NO_X	+	Marktreif
• Atmosphärische Kohleverbrennung im Wirbelschichtverfahren	SO_2, NO_X	Unterschiedlich	Demonstrationsreif
• Druck-Kohleverbrennung im Wirbelschichtverfahren	SO_2, NO_X	+	Demonstrationsreif
• Integrierte Kohledruckvergasung	SO_2, NO_X	+	Demonstrationsreif
• Hochleistungs-Gasturbinen	NO_X	+	Marktreif
• Gemischtbefeuerung	SO_2, NO_X	+	Marktreif
• Gas-Wiederverbrennung / mit Absorptionsmittelinjektion	SO_2, NO_X Partikel	+	Marktreif
2. Ortsveränderliche Quellen			
Benzinfahrzeuge			
• Änderung des Verdichtungsverhältnisses und der Konstruktionsmerkmale der Verbrennungskammer	HC, NO	+	Marktreif
• Hochverdichtende, mit armem Kraftstoffgemisch betriebene Motoren	CO, NO_X	+	Demonstrationsreif Marktreif
• Schichtlademotoren	CO, NO_X	+	F + E
• Schnellverbrennungssysteme	NO_X	+	Demonstrationsreif
Dieselfahrzeuge			
• Luft-/Kraftstoffverhältnis	Partikel/PAH	Unterschiedlich	Demonstrationsreif
• Elektronisch gesteuerte Kraftstoffeinspritzung	HC, NO_X CO	+	Marktreif
• Adiabatischer Viertaktmotor	Partikel/PAH	+	F + E
• Abgasturbolader/Turbozwischenkühlung	HC, CO	+	Marktreif
Verdunstungsverluste			
• Konstruktionsveränderungen an Tanks und Vergasern	VOC	+	Marktreif
• Kohlenstoffbehälter	VOC	+	Marktreif

Anmerkungen:
1. Hauptschadstoff, auf den die Minderung hauptsächlich abzielt
2. Wirkung auf die Energieeffizienz: Positiv (+) oder negativ (–)
3. Derzeitiger Stand: Die Technologien wurden hier nach folgenden Kriterien eingestuft: a) noch Forschungs- und Entwicklungsarbeit (F + E) erforderlich, b) in bestimmten Gebieten erprobt (demonstrationsreif), c) in bestimmten Gebieten bereits auf dem Markt (marktreif).

Quelle: IEA-Sekretariat.

(b) Grenzen der „sauberen" Energietechnologien

Wie schon dargelegt wurde, gelten die meisten umweltschutzrelevanten F+E-Projekte und Investitionen der Industrie, vor allem im privaten Sektor, nachgeschalteten Technologien. Deren Entwicklung wird in den Mitgliedsländern durch die Intensivierung und verstärkte Förderung der auf „saubere" Energietechnologien gerichteten F+E-Aktivitäten beschleunigt. Viele dieser „sauberen" Technologien stecken allerdings noch im Anfangsstadium der Entwicklung, Demonstration oder großtechnischen Anwendung. Wieviel von diesen Technologien erwartet werden kann, läßt sich also noch nicht so recht überschauen, und es ist noch ungewiß, inwieweit sie zur Erreichung energie- und umweltpolitischer Ziele beitragen können. Verschiedene technische Faktoren müssen noch geklärt und die Kosten ermittelt werden. Außerdem wirkt sich auch der für die Einhaltung der Vorschriften vorgegebene Zeitrahmen auf die vorhandenen Umweltschutzoptionen aus. Wenn Vorschriften innerhalb kurzer Frist umgesetzt werden müssen, tendieren die Anlagenbetreiber zur Anwendung bereits marktgängiger Technologien (oft handelt es sich hierbei um simple nachgeschaltete Umweltschutzeinrichtungen); bisweilen weichen sie auch auf andere Energieträger aus. Bei großzügigerer Terminierung der Vorschriften bleibt mehr Zeit, um speziell auf den verwendeten Energieträger und anlagenspezifische Erfordernisse abzielende Emissionsminderungvorrichtungen zu entwickeln. Bei der Ausarbeitung der jüngsten Gesetzentwürfe zur Aktualisierung der Bestimmungen im Bereich des sauren Regens wurde diesen Erwägungen in den USA Rechnung getragen. Deshalb soll den dortigen Anlagenbetreibern, die im Rahmen ihrer Strategie zur Einhaltung von Umweltschutzstandards „saubere" Technologien einsetzen wollen, eine Fristverlängerung von drei Jahren eingeräumt werden.

Dank ihrer von Natur aus größeren Energieeffizienz bieten „saubere" Technologien zwar eine vergleichsweise breitere Palette von Emissionsminderungen, bringen aber in manchen Fällen keine Lösung für die Probleme der Abfallentsorgung und der Umweltbelastung durch mehrere Medien zugleich. In einigen Ländern – und vor allem in Deutschland – werden z.B. Reststoffe aus der atmosphärischen Wirbelschichtverbrennung als gefährliche Abfälle eingestuft, die auf Sonderdeponien zu verbringen sind, was beträchtliche Mehrkosten verursachen kann. Nach Schätzungen der US-Umweltschutzbehörde entsteht bei der Wirbelschichtverbrennung 40% mehr Abfall als bei Rauchgasentschwefelungsverfahren, bei denen als Nebenprodukt Gips anfällt.

Der Einsatz „sauberer" Technologien stößt zwangsläufig an die Grenzen des Zuwachses an Neuanlagen sowie der Möglichkeiten für Verlängerungen der Lebensdauer oder Änderungen der installierten Leistung von Altanlagen. Überdies können z.Z. noch nicht einmal alle Neuanlagen für „saubere" Technologien ausgelegt werden, weil diese noch gar nicht für alle Kraftwerksgrößen und Anwendungszwecke entwickelt worden sind. Außerdem können „saubere" Technologien ebenso wie nachgeschaltete die Schadstoffemissionen nur bis zu einem bestimmten Punkt mindern. Das gilt vor allem für die Kraftfahrzeugtechnik. Beim gegenwärtigen Stand der Technologien ist es weder allein durch Konstruktionsänderungen an den Motoren noch durch Nachrüstungen möglich, den Schadstoffausstoß so weit zu reduzieren, daß so gravierende Probleme wie die Luftverschmutzung in städtischen Ballungsräumen vermieden werden könnten. Das größte Potential für die Emissionsminderung und Energieeffizienzerhöhung bietet eine Kombination aus hochentwickelten Verbrennungstechnologien und nachgeschalteten Einrichtungen, wofür aber noch Anstrengungen in den Bereichen Forschung, Entwicklung und Demonstration notwendig sind.

(c) Künftige Entwicklung „sauberer" Energietechnologien

Neue Kapazitäten und der Ersatz von Altanlagen bieten die besten Möglichkeiten für die Anwendung „sauberer" Technologien. Durch Änderungen der installierten Leistung, vor allem wenn diese im Rahmen von Umweltschutzvorschriften gefördert werden, könnte sich der Markt für „saubere" Stromerzeugungstechnologien erheblich verbreitern. Eine entscheidende Rolle spielen hierbei auch Kostenfaktoren und die Frage, ob z.B. der Umstellung auf umweltfreundlichere Energieträger oder auf umweltfreundlichere Technologien der Vorzug gegeben wird. Schließlich und endlich könnte dieser Markt auch auf die Nachrüstung von Altanlagen mit den modernsten Verbrennungstechnologien ausgedehnt werden.

136

Die kommerzielle Nutzung einer Reihe „sauberer" Technologien wird bereits in wenigen Jahren möglich sein. Die meisten der weiter oben behandelten Technologien sind Gegenstand des von der US-Regierung gemeinsam mit der Industrie durchgeführten Programms für „saubere" Kohletechnologien, dessen Schwerpunkte Anwendungen für Alt- wie für Neuanlagen sind [52]. Mit einem derart großen Budget ausgestattete Programme (537 Mio $ für den Programmabschnitt 1988) dürften die Entwicklung dieser Technologien weltweit nachhaltig beeinflussen. Vielversprechende Technologien wie die integrierte Kohledruckvergasung mit kombiniertem Kreislauf (IGCC) machen deutlich, daß die in Forschung und Entwicklung unternommenen Anstrengungen der siebziger Jahre sich jetzt auszuzahlen beginnen. Die Möglichkeiten, mit diesen Technologien umwelt- und energiepolitischen Zielen näherzukommen, gehen insofern über die Reduzierung von Schadstoffemissionen und Energieverbrauch hinaus, als mit ihrer Hilfe auch ein höheres Maß an Flexibilität und Diversifikation der Brennstoffe erreicht werden kann. Durch diese Technologien könnten einige der ökonomischen und umweltspezifischen Hindernisse ausgeräumt werden, die es nicht ohne weiteres angezeigt erscheinen lassen, die Kohle ohne Einschränkung als Energieträger der Zukunft anzuerkennen. Die Markteinführung dieser Technologien bietet den Unternehmen mehr Optionen, um die immer schärferen Umweltvorschriften zu erfüllen, zumal wenn diese Vorschriften den Anreiz bieten, die gesamte Skala der vorhandenen Optionen in Betracht zu ziehen, und wenn für jeden Kraftwerks- oder Anlagentyp die jeweils optimale Umweltschutztechnologie angewendet werden kann.

Als besonders wirksamer Impuls bei der Förderung „sauberer" Kohletechnologien dürfte sich die Tatsache erweisen, daß diese geeignet sind, nicht nur die klassischen Schadstoffemissionen, sondern zugleich auch den CO_2-Ausstoß zu mindern. So hat das Energieministerium der Vereinigten Staaten angekündigt, daß es im Rahmen seines F+E-Zuschußprogramms zusätzliche Kreditmittel zur Förderung innovativer „sauberer" Kohletechnologieprojekte bereitstellen wird, die gleichzeitig die Minderung von CO_2-Emissionen ermöglichen.

X. Politikinstrumente

Wenn feststeht, daß bestimmte Maßnahmen zur Besserung oder zur Vermeidung eines gegebenen Umweltproblems oder -problemkomplexes wünschenswert wären, die Marktkräfte allein aber wahrscheinlich nicht ausreichen werden, um entsprechende Initiativen zu provozieren, so werden vielleicht Überlegungen hinsichtlich Notwendigkeit und Wirksamkeit staatlicher Interventionen angestellt. Die Regierungen verfügen indessen nur über eine relativ begrenzte Zahl hierfür geeigneter Politikinstrumente, nämlich Information und Konsultation, Festsetzung von Standards und Rechts- und Verwaltungsvorschriften, Erteilung von Lizenzen und Genehmigungen sowie ökonomische Instrumente wie namentlich Steuern, Abgaben, Preisgestaltung und Subventionen.

Diese Instrumente werden von den Regierungen zur Umsetzung eines breiten Spektrums von Maßnahmen entweder einzeln oder kombiniert angewandt.Die dem Umweltschutz dienenden Instrumente werden bereits in Kapitel IV beschrieben, das eine Typologie der Umweltschutzmaßnahmen enthält. Beispiele für deren spezifische Anwendung zur Verwirklichung energie- oder umweltbezogener Ziele finden sich sowohl in Kapitel IV als auch in Kapitel IX, wo die verschiedenen Lösungsmöglichkeiten wie Steigerung der Energieeffizienz, Energiesubstitution, nachgeschaltete Umweltschutztechnologien und „saubere“ Energietechnologien erörtert werden. Im vorliegenden Kapitel werden die Mechanismen beschrieben, über die derartige Interventionen das Erzeuger- und Verbraucherverhalten beeinflussen. Dabei werden Wirksamkeit und ökonomische Konsequenzen der verschiedenen Interventionsmaßnahmen evaluiert und miteinander verglichen und die zwischen ihnen bestehenden relativen Wechselwirkungen beschrieben. Die verschiedenen Kriterien, anhand deren die politischen Entscheidungsträger die Maßnahmen im Hinblick auf die Umsetzung beurteilen können, sind in Tabelle 14 grob zusammengefaßt.

Unter idealen Marktbedingungen, d.h. auf einem mehr oder minder frei und wirksam funktionierenden Markt, wird die Effizienz der wirtschaftlichen Ressourcenverteilung der Tendenz nach optimal sein. In einem solchen Falle würden staatliche Eingriffe zur Änderung des Marktverhaltens eher eine weniger effiziente und optimale Ressourcenverteilung nach sich ziehen und so ein gewisses Maß an volkswirtschaftlichen Kosten in Form von Verzerrungen und Effizienzverlusten mit sich bringen. Solche idealen Bedingungen sind indessen nicht immer erfüllt; in einigen Fällen wird der Markt die Kosten einer gegebenen Aktivität nicht unbedingt voll erfassen bzw. widerspiegeln. Mit anderen Worten, die Kosten werden von Individuen oder Gruppen getragen, die gar nicht an der betreffenden Markttransaktion beteiligt sind. Unter diesen Umständen können staatliche Interventionen in der Tat zur Verminderung bestehender Marktverzerrungen und damit zu einer effizienteren Ressourcenverteilung beitragen. Wenn die Umweltverunreinigung auch ein zutreffendes Beispiel hierfür liefert, stellt sie doch nur einen der möglichen externen Effekte dar: Der Gesundheitsschutz am Arbeitsplatz und das öffentliche Bildungswesen sind zwei weitere geläufige Beispiele sowohl für negative als auch für positive Externalitäten.

Wenn die Märkte nicht in der gewünschten Weise reagieren und staatliche Eingriffe in Betracht gezogen werden, sind derartige Interventionsmaßnahmen in der Regel wirksamer, wenn sie darauf abgestellt sind, Anreize durch Stimulierung statt durch Unterbindung der Marktkräfte zu erteilen. Marktorientierte staatliche Maßnahmen gewährleisten zumeist mehr

Tabelle 14 **Anwendungsbereich, Wirksamkeit, Grenzen und ökonomische Effekte der Politikinstrumente**

Instrument	Anwendungs-bereich	Wirksamkeit					Grenzen	Mikroökono-mische Effekte	Makroökono-mische Effekte
		Relative Effekte		I/P/C (1)	Umsetzungsko-sten für den Staat	Umset-zungsdauer			
		Dauer	Stärke						
Steuern	– Brenn- und Treibstoff-qualität – Brenn- und Treibstoff-wahl – Technologie-entwicklung	solange in Kraft und noch einige Zeit danach	je nach Größenord-nung und Elastizitäten	I/P/C	niedrig bis mäßig	mittel	Steuern, die hoch genug sind, um zu greifen, können politisch unzumutbar sein.	– läßt die Verbraucher-preise steigen, senkt damit den Verbrauch der besteuerten Güter – erhöht die Er-zeugerkosten und internali-siert damit externe Effekte – Steuerbefrei-ungen verkeh-ren sich in ihr Gegenteil	– Umleitung von Investitionen, Verbrauch und Produktion – Umverteilung der Steuerlast führt zu Quer-subventionie-rungen
Abgaben (Untergruppe von Steuern)	– Erstattung gemeinnüt-ziger Dienste (Beseitigung fester Abfäl-le, Wasserauf-bereitung) – Emissions-minderung	–	je nach Größen-ordnung und Elastizitäten	I/P/C	niedrig bis mäßig (Selbst-finanzierung) (2)	–	–	erhöht die Er-zeugerkosten und internali-siert damit externe Effekte	kann die Effizienz von Investition, Verbrauch und Produktion verbessern

Tabelle 14 (Fortsetzung)

Instrument	Anwendungs-bereich	Wirksamkeit					Grenzen	Mikroökono-mische Effekte	Makroökono-mische Effekte
		Relative Effekte		I/P/C (1)	Umsetzungsko-sten für den Staat	Umset-zungsdauer			
		Dauer	Stärke						
Subventionen	– Technologie-entwicklung oder -einfüh-rung – Infrastruktur-investitionen	–	je nach Größenord-nung und Elastizitäten	I/P/C	hoch	–	– schwer wieder ab-zuschaffen – unerwartete Begleiter-scheinungen	– ungeeignetes Signal für Verursacher/ Nutzer – Produktions- und Nachfrage-überschüsse – ineffiziente Produktion	– Umleitung von Investitionen, Konsum und Produktion – Umverteilung der Steuerlast, führt zu Quersubven-tionierungen
Marktpreise	– bestimmte Produkte, Qualität oder Typ + Tech-nologiewahl	•	•	I/P/C	•	•	– externe Effekte werden u.U. anfänglich nicht erfaßt	effiziente Preis-bildung führt im allg. zu effizien-ter Ressourcen-allokation, d.h. effizienter Ver-wendung und Produktion	Effizienz von Investitionen, Verbrauch und Produktion
Standards **Verbindliche** **Standards**	Ausrüstungen und Geräte, Gebäude, nachgeschal-tete Techno-logien	mittel bis lang	ja nach Stringenz unter-schiedlich	I/P/C	mäßig	mittel bis lang	für Umsetzung und Vollzug sind techni-sches Fach-wissen und Vollzugsge-walt erforder-lich	Internalisierung externer Effekte, Erhöhung der Erzeugerkosten und -preise	kann die Handelsstruktur beeinflussen

Tabelle 14 (Fortsetzung)

Instrument	Anwendungs-bereich	Wirksamkeit					Grenzen	Mikroökono-mische Effekte	Makroökono-mische Effekte
		Relative Effekte		I/P/C (1)	Umsetzungsko-sten für den Staat	Umset-zungsdauer			
		Dauer	Stärke						
Standards auf frei-williger Basis	Ausrüstungen und Geräte, Gebäude, nachgeschaltete Technologien	mittel bis lang	unterschied-lich	I/P/C	keine	mittel	nicht staatlich durchsetzbar	– Internalisierung externer Effekte – Erhöhung der Erzeugerkosten und -preise	kann die Handelsstruktur beeinflussen
Lizenzen und Geneh-migungen	– Standort wahl von Neuanlagen – handelbare Grenzwerte	mittel bis lang	unterschied-lich	I/P/C	mäßig (Selbstfinan-zierung) (2)	mittel	für Umsetzung und Vollzug sind techni-sches Fach-wissen und Vollzugsge-walt erforder-lich	kann neue Märkte schaffen und Preisfeststellung für Umweltgüter ermöglichen	
Information Ermahnun-gen	alle Arten von Aktionen, besonders wirtschaftlich vernünftige Lösungen	kurz	klein	I/P/C	niedrig	rasch	– nutzen sich schnell ab – in der Regel nicht aus-reichend für substantielle Erfolge	kann zu einem Wandel in der Verbrauchs-struktur führen	●
Verhandlung	Festlegung von Abgaben, Vor-schriften oder Maßnahmen für alle Arten von Aktionen	lang	erheblich	P	langsam	rasch	hängt von der Bereitschaft der betreffen-den Industrie-zweige ab	kann zu einem Wandel in der Verbrauchs-struktur führen	●

141

Tabelle 14 (Fortsetzung)

Instrument	Anwendungs-bereich	Wirksamkeit						Grenzen	Mikroökono-mische Effekte	Makroökono-mische Effekte
		Relative Effekte		I/P/C (1)	Umsetzungsko-sten für den Staat	Umset-zungsdauer				
		Dauer	Stärke							
Ausbildung	Dienstleistun-gen/Betrieb	lang	klein	P/C	langsam	rasch		erfordert Mitwirkung nicht betroffe-ner Gruppen	kann zu einem Wandel in der Verbrauchsstruk-tur führen	•
Tests	industrielle Ausrüstungen, Fahrzeuge und andere Ver-brauchsgüter	mittel	klein	P/C	mäßig	mittel		erfordert An-lagen und ständige Aktualisie-rung der Test-ergebnisse	kann zu einem Wandel in der Verbrauchsstruk-tur führen	•

Erläuterungen: (1) I/P/C: Wirksamkeit bei der Beeinflussung von Investitionen, Erzeugern oder Verbrauchern (Investment, Producer or Consumer).
(2) Selbstfinanzierung: kann sich finanziell selbst tragen.
Quelle: IEA-Sekretariat

Flexibilität und Effizienz als Interventionen, mit denen im voraus genau festgelegte Ergebnisse erzielt werden sollen. In diesem Sinne wird als Antwort auf die Befürchtungen über den Treibhauseffekt ein Lösungsansatz, der über den Preismechanismus wirkt, im allgemeinen einer Lösung vorzuziehen sein, die z.B. eine spezifische Energieverbrauchsstruktur für die Stromerzeugung oder für einen gegebenen Fahrzeugbestand vorschreibt.

Die Umweltressourcen werden in der Regel als kollektive Güter betrachtet. In Ermangelung von Eigentumsrechten haben frei verfügbare Gemeinschaftsgüter traditionellerweise keinen festen Marktwert. Ihre Nutzung schlägt sich nicht in den Produktionskosten der Erzeuger nieder, obgleich letztere zur Erschöpfung der Ressourcen beitragen. Sie verwenden diese Güter und überlassen anderen die Bewältigung der dadurch hervorgerufenen Wirkungen (d.h. die Absorbierung der Wertminderungskosten des betreffenden Guts). Die Umweltverschmutzung ist eine solche Form der Wertminderung, die oft nicht in die Herstellungskosten eingeht.

„Saubere" Luft und „sauberes" Wasser sind im Laufe der Zeit zu einem knappen, teuren und daher wertvollen Gut geworden. Um eine effiziente Allokation dieser Güter sicherzustellen und um ihre Nutzung der Marktdisziplin zu unterwerfen, sollte versucht werden, zumindest Hilfswerte für die mittlerweile zwar knappen, aber immer noch frei verfügbaren Umweltressourcen zu ermitteln. Emissionsabgaben, Genehmigungsgebühren und Steuern sind Beispiele für staatliche Interventionen, über die eine gewisse Form der Ersatzpreisbildung für die genutzten Umweltgüter verwirklicht werden kann. Eine solche Preisbildung ist wichtig, um z.B. das Verhalten auf Profitmaximierung bedachter Hersteller im Hinblick auf die Emissionsminderung zu beeinflussen.

Mit staatlichen Interventionen kann in der Tat erreicht werden, daß ein Industrieunternehmen für die Nutzung von Gemeinschaftsgütern eine Abgabe zu entrichten hat. Zum Beispiel können Luftgüteemissionsstandards und Emissionssteuern die Unternehmer dazu zwingen, zumindest einen Teil der Kosten für die Luftreinhaltung zu übernehmen. Wenn derartige Maßnahmen vielleicht auch zunächst einmal die gesamten Kosten den Unternehmern aufbürden, wird ein Großteil davon doch später auf den Verbraucher weitergewälzt und von diesem aufgebracht. Ohne derartige Interventionen würde der Unternehmer seine umweltbelastenden Emissionen weder zu verhindern noch zu überwachen suchen und auch nicht für Luftverunreinigungen zahlen. Der Zweck der staatlichen Eingriffe besteht also darin, den Unternehmer rechenschaftspflichtig zu machen, d.h. ihn zu zwingen, diese Kosten bei seinen eigenen Geschäftskosten mitzurechnen. Die Hersteller reagieren auf die Kosten in der gleichen Weise wie die Verbraucher auf die Preise. Markteingriffe werden in der Regel die Kosten verändern und damit die Produktion beeinflussen. Jede Maßnahme, die die Nettokosten erhöht, wird den Hersteller dazu veranlassen, weniger zu produzieren und damit auch weniger zur Umweltverschmutzung beizutragen, selbst wenn keine entsprechenden zusätzlichen Anreize bestehen. Werden aber außerdem noch solche Anreize geboten, so können die Emissionen hierdurch noch stärker gemindert werden. Wenn die Freisetzung von Emissionen mehr Kosten mit sich bringt als die Reinhaltung der Umwelt, wird dies für die Emittenten als Anreiz zur Einstellung ihrer umweltbelastenden Aktivitäten wirken.

Staatliche Interventionen können also dazu dienen, Kosten, Rechenschaftspflicht und Risiken dort zu allokieren, wo sie eigentlich hingehören und am leichtesten gehandhabt werden können, nämlich bei dem Unternehmen, das die Kosten verursacht hat. Diese Internalisierung externer Kosten wird daher als ein wesentlicher Aspekt der wirtschaftlichen Effizienz und damit einer wirksamen Preisbildung angesehen. Wo immer eine Verantwortung ermittelt werden kann, besteht das für die Gesellschaft wirksamste Verfahren im allgemeinen darin, den Verursacher für die von ihm verursachten Emissionen zahlen zu lassen und zu versuchen, die Kosten über den Preis des betreffenden Produkts wieder hereinzuholen. Durch dieses Konzept, das darin besteht, dem Hersteller seine eigenen Umweltverschmutzungskosten aufzubürden und die Überwälzung dieser Kosten auf die Verbraucher zuzulassen, werden klarere Marktsignale betreffend die effektiven Gesamtkosten der Herstellung und des Verbrauchs des umweltbelastenden Produkts gegeben. Genau dies ist die theoretische Grundlage des Verursacherprinzips, bei dem es sich um einen rechtlichen Ausdruck für die Verantwortung des Verursachers handelt und das erstmals in aller Form vom Rat der OECD im Mai 1972 definiert und 1989 im Hinblick auf gefährliche Stoffe aktualisiert wurde.

Rechts- und Verwaltungsvorschriften werden die Internalisierung im allgemeinen indirekt beeinflussen, indem sie die Hersteller dazu zwingen, ihr Verhalten auf eine bestimmte Art und Weise so zu ändern, daß die Emissionen gemindert werden. Ökonomische Instrumente haben eine zumeist direktere Wirkung. Indem der Staat den Verursacher z.B. besteuert, erhöht er dessen Kosten und bringt im Idealfalle dessen Kostenkurve mit der Kurve der echten sozialen Kosten (einschließlich der Umweltverschmutzungskosten) zur Deckung, wodurch externe Effekte internalisiert werden. Die Unterscheidung zwischen ordnungsrechtlichen und ökonomischen Instrumenten wird in der Praxis durch die Tatsache verwischt, daß erstere oft eine monetäre Komponente aufweisen und daß einige ökonomische Instrumente wie z.B. das System des Handels mit Emissionsrechten nicht unbedingt eine finanzielle Komponente einzuschließen brauchen. Außerdem herrscht beträchtliche Unsicherheit darüber, was als ein ökonomisches Instrument oder als ein sogenanntes marktwirtschaftliches Instrument zu betrachten ist. Die nachstehenden Ausführungen bauen auf der in Kapitel III bereits erläuterten Typologie der Umweltschutzmaßnahmen auf und untersuchen über bloße Anwendungsbeispiele hinaus eingehender die Kosten und/oder die relativen Vorteile verschiedener Maßnahmen wie auch deren allgemeinere wirtschaftliche Effekte.

1. Evaluierung der Politikinstrumente

(a) Besteuerungssysteme

Die Regierungen können die relativen Verbraucherkosten oder das Unternehmensverhalten mit Hilfe von Steuerbestimmungen beeinflussen. Gleichgültig, ob sie ursprünglich auf die Produktion oder den Konsum erhoben werden, tendieren diese Steuern dazu, durch Kostenerhöhungen eine Verringerung der Produktion des besteuerten Produkts zu induzieren. Wenn sie das Einkommen, über das die Verbraucher frei verfügen können, reduzieren, tendieren Steuererhöhungen auch dazu – sofern keine kompensierenden Steuervergünstigungen eingeräumt werden –, das Konsumniveau der privaten Haushalte zu senken. Wegen dieser Preis- und Einkommenseffekte kann über die Steuern ein effizienterer Energieeinsatz erreicht werden.

Körperschaftsteuern, einschließlich Steuern zur Kompensierung von Umweltschäden, erhöhen lediglich die Unternehmenskosten, und ein Teil davon wird voraussichtlich in Form höherer Produkt- oder Dienstleistungspreise an die Verbraucher weitergegeben werden. Direkt auf den Konsum erhobene Steuern – also Umsatzsteuern – lassen ebenfalls den Preis eines Guts oder einer Dienstleistung steigen, obgleich die entsprechenden Erzeugerkosten (und letztlich die Investitionsentscheidungen) nur indirekt und mit einer gewissen Verzögerung beeinflußt werden, insofern sie nämlich die steuerinduzierten Nachfrageänderungen widerspiegeln. Wer letztlich die reale Steuerlast trägt, hängt von den Angebots- und Nachfrageelastizitäten auf dem Markt für das betreffende Produkt ab.

Differentialsteuern auf den Verkauf/Verbrauch substituierbarer Produkte werden die Wahl der Verbraucher zwischen verschiedenen Produkten beeinflussen. Eine solche Staffelung der Steuern kann zu relativ niedrigeren Preise für „sauberere" oder weniger umweltschädliche

Produkte (z.B. unverbleites Benzin) führen. Differentialsteuern werden mehr in Richtung auf die Substitution der konsumierten Güter als in Richtung auf eine Reduzierung des globalen Konsumniveaus tendieren, und zwar insbesondere dann, wenn die Nachfrage nach der Grundkategorie der betreffenden Güter eine relativ niedrige Elastizität aufweist. So dürften z.B. Differentialsteuern auf verschiedene Brenn- und Treibstoffe, die keine Nettosteuererhöhung zur Folge haben, eher eine Brenn- und Treibstoffsubstitution als eine globale Verminderung des Brenn- und Treibstoffeinsatzes nach sich ziehen. Wenn diese gestaffelten Steuern im Anfang auch unmittelbar nur den Verbrauch betreffen, wird die Verlagerung bei der effektiven Nachfrage doch letztlich und indirekt auch die Produktion und die Investitionsentscheidungen beeinflussen.

Bei dem anderen Aspekt der Besteuerungspolitik geht es um *Steuerbefreiungen* – als Belohnung oder Anreiz für ein bestimmtes Verhalten. Das bedeutet nichts anderes, als daß eine Gruppe von Steuerzahlern von allen oder einem Teil ihrer Verpflichtungen zur anteiligen Aufbringung des allgemeinen Steueraufkommens befreit wird (dieser Teil muß dann natürlich implizit von anderen Steuerzahlern übernommen werden). Steueranreize dieser Art sind im allgemeinen recht wirksame Instrumente zur Investitionslenkung, wenn auch nicht immer unbedingt im Sinne einer optimalen Allokation. Insgesamt niedrigere Steuerniveaus können jedoch mehr Mittel für Investitionen freisetzen, die wiederum die Erneuerung des Kapitalstocks beeinflussen könnten – so u.U. im Falle umweltbezogener Steuern – und dadurch Investitionen in künftige Umweltschutztechnologien erleichtern können.

Was die Umsetzung von Steuermaßnahmen angeht, so sind insbesondere folgende praktische Einschränkungen zu machen:

- Die Umsetzung spezifischer Steuermaßnahmen wird mit Nebenwirkungen in der Weise verbunden sein, daß – oft durchaus erfinderische – Mittel und Wege gefunden werden, die betreffenden Steuerbestimmungen zu umgehen oder im Gegenteil Nutzen daraus zu schlagen. Das muß nicht immer unerwünscht sein. Die Umgehung der Umweltverschmutzungssteuer durch Minderung der Umweltbelastung ist ja schließlich genau das Ergebnis, das mit der Steuer angestrebt wird. Es wird zuweilen einer sorgfältigen Ausgestaltung der einzelnen Steuerbestimmungen bedürfen, um unerwünschte oder unbeabsichtigte Effekte auf ein Minimum zu begrenzen;
- da überdies die Steuerbestimmungen je nachdem, wie sie konzipiert sind, die Investitionsentscheidungen beträchtlich beeinflussen und u.U. sogar ansonsten ineffiziente Unternehmensinvestitionen rentabel machen können, wird die Änderung, Einschränkung oder völlige Abschaffung von Steuersenkungsbestimmungen im allgemeinen auf den Widerstand derjenigen stoßen, die von diesen Bestimmungen profitiert haben. Ebenso trifft auch die Einführung neuer Steuerbestimmungen in der Regel auf erheblichen Widerstand.

(b) Abgaben

Abgaben können in ihrer einfachsten Form als Gebühren für die Benutzung öffentlicher Güter oder Dienstleistungen betrachtet werden. Nutzergebühren für den Kanalverkehr oder für Parkanlagen sowie kollektive Abgaben für kommunale Abwasserentsorgung sind Beispiele für derartige Abgaben. Damit können öffentliche Dienstleistungen spezifischen Abnehmergruppen zugänglich gemacht werden und auch von diesen gezielt durch Abgaben – statt durch Mittel aus dem allgemeinen Steueraufkommen – finanziert werden. Derartige Abgaben spiegeln mithin im allgemeinen die Bereitschaft des Staats wider, die Verantwortung für die Bereitstellung einer bestimmten Dienstleistung zu übernehmen, ohne jedoch diese Dienstleistung zwangsläufig zu subventionieren. Abgaben und Gebühren können auch für die Nutzung und Verschmutzung der als ein öffentliches Gut angesehenen Umwelt erhoben werden. Die Abgaben sind in diesem Falle zusätzliche Kosten, die den Verursachern von den staatlichen Behörden auferlegt werden. Derartige Abgaben können als der „Preis für die Umweltverschmutzung" angesehen werden, den die Verursacher für die Nutzung der Umwelt zu entrichten haben. In diesem Sinne sind die Abgaben mehr oder minder ein Ausdruck für das Verursacherprinzip. Sie stellen jedoch keine nachträgliche Reaktion dar, wie dies bei den Geldstrafen für bereits angerichtete Umweltschäden der Fall ist, sondern sind antizipatorische Maßnahmen, die den Vorauserwerb von Verschmutzungs- oder Nutzerrechten voraussetzen.

Abgaben können dazu benutzt werden, relativ transparente Marktpreise und -werte für die Nutzung der Umwelt zu bilden. Im Falle der Luftreinhaltung stellen die Emissionsabgaben den Preis für die Nutzung „sauberer" Luft dar und bieten den Verursachern einen Anreiz, die Höhe der zu entrichtenden Abgaben durch Emissionsminderung zu reduzieren. Außerdem können auch die Abgaben gestaffelt und auf eine jeweils unterschiedliche Ausgangsbasis bezogen werden, so z.B. auf die Kosten der Umweltschutzeinrichtung, die Kosten der durch die verschiedenen Emissionen verursachten Schäden oder die Produktionskostenfunktion unterschiedlicher Technologien. Die Gebühren und Abgaben können sogar so festgesetzt werden, daß sie je nach Zeitpunkt variieren, so daß höhere Abgaben in Emissionsspitzenzeiten durch ihre abschreckende Wirkung besonders hohe Schadstoffausstöße verhindern. Als Bezugsbasis für die Abgaben kann auch die effektive bzw. potentielle Quantität der Schadstoffemissionen oder der Schadstoffgehalt des Inputmaterials oder beides dienen, wobei für Umweltschutzmaßnahmen angemessene Nachlässe kalkuliert werden können. Hiervon dürften die inputbezogenen Abgaben den geringsten Verwaltungsaufwand erfordern, doch ist nicht sicher, ob sie für sich allein genommen als Motivation für wirksame Umweltschutzmaßnahmen ausreichen. Die verschiedenen angewandten Systeme haben derartige Anreizwirkungen bisher nur in minimalem Umfang hervorgebracht, was teilweise auf die Festlegung relativ niedriger Abgaben zurückzuführen ist, um die Industrie wirtschaftlich nicht zu sehr zu belasten.

Abgaben können ein wirksames Mittel der Einnahmensteigerung zur Direktfinanzierung von Umweltschutzmaßnahmen sein und damit noch in anderer Weise der Internalisierung dienen. Abgaben können sodann auch eine Umverteilungswirkung haben, da die entsprechenden Einnahmen für gemeinschaftliche Lösungsmethoden, Forschungsarbeiten über neue Umweltschutztechnologien oder zur Subventionierung neuer Investitionen verwendet werden können. In einigen Fällen sind Abgaben denn auch eigens zu diesem Zweck eingeführt worden. Ein Beispiel hierfür ist Kanada, wo zwischen 1973 und 1976 auf jede Tonne importiertes Mineralöl eine Abgabe erhoben wurde, um einen Notstandsfonds zur Finanzierung etwaiger durch Ölaustritte entstehender Kosten zu bilden. Der Fonds selbst wie auch die Zinserträge dienen heute zur Finanzierung des kanadischen Beitrags zu einem internationalen Fonds, der zu demselben Zweck gegründet wurde.

Die Niederlande reformierten 1988 ein bereits bestehendes System der Produktabgaben, indem sie eine neue allgemeine Brenn- und Treibstoffabgabe einführten. Sie ist mit einer Emissionsabgabe verglichen worden, bei der die Brenn- und Treibstoffe als Hilfsbasis zur Berechnung der Abgaben herangezogen werden [23]. Das alte System umfaßte fünf verschiedene Arten von Abgaben, und die Einnahmen kamen überwiegend aus Brenn- und Treibstoffabgaben, die ihrer Natur nach Verbrauchsteuern gleichzusetzen waren. Das neue Abgabensystem beruht in gewisser Weise auf dem Verursacherprinzip; so werden bestimmte Gruppen von Verursachern über die Brenn- und Treibstoffpreise zu spezifischen Steuern herangezogen, die zur Deckung der durch diese Gruppe hervorgerufenen Kosten (für umweltpolitische Maßnahmen und Programme) verwendet werden. Im Rahmen des neuen Programms finanzieren die um rd. 170% höheren Gesamterträge aus den Abgaben den überwiegenden Teil der Kosten für die entsprechenden Umweltschutzprogramme. Wenn der

Zweck dieses Abgabensystems auch erklärtermaßen in der Einnahmensteigerung liegt, ist doch gleichwohl eine gewisse Anreizwirkung insofern gegeben, als für den Einsatz bestimmter SO_2-Emissionsminderungs-Technologien eine Ermäßigung gewährt wird.

Eine Gebühr oder Abgabe ist oft mit der Einholung einer Lizenz oder Genehmigung gekoppelt, die zuweilen die Form einer Leistungs- oder Sicherheitsgarantie annehmen kann, mit der in einigen Fällen die dem Staat entstehenden Überwachungskosten gedeckt werden, in anderen aber auch die Zahl der Teilnehmer begrenzt wird. In den meisten derartigen Fällen werden die Kosten für die Genehmigung und die Kosten für die Einhaltung der darin festgelegten Bedingungen, sofern sie überhaupt anfallen, zu Geschäftskosten, gehen also in die Produktionsfunktion ein. Insofern die Genehmigung zur Rationierung des Einsatzes kollektiver Ressourcen verwendet wird, stellt die Genehmigungsgebühr eine Hilfsvariable für die Wertfeststellung des Einsatzes der betreffenden Ressourcen oder öffentlichen Güter dar, bildet also einen Mechanismus für die Internalisierung der externen Kosten, die aufgrund der Verwendung dieser Ressourcen oder Güter anfallen. Für die Einräumung von Luftschadstoff-Emissionsrechten wird z.B. in der Regel eine Gebühr erhoben.

Im Falle der *handelbaren Emissionsgenehmigungen* werden Märkte geschaffen, auf denen die Teilnehmer „Rechte" auf effektive oder potentielle Umweltverschmutzung erwerben oder ihre „Emissionsrechte" verkaufen können. Der ursprüngliche Preis für die Genehmigung kann so festgesetzt werden, daß er eine Motivation für die Entwicklung und Verwendung emissionsmindernder Technologien liefert. Sofern neue Unternehmen auf dem Markt aufzutreten wünschen, wird der Preis, zu dem die Genehmigungen gehandelt werden, die Kostenwirksamkeit der Umweltschutztechnologien widerspiegeln. Das heikelste Problem besteht jedoch darin, angemessene Konditionen für die Genehmigungen in der Weise festzusetzen, daß die globalen Umweltverschmutzungsniveaus im Rahmen des Genehmigungssystems effektiv sinken (oder zumindest nicht zunehmen); der ursprüngliche Preis muß ferner so festgelegt werden, daß die Unternehmen nicht wesentlich mehr für die Genehmigungen zahlen, als es den durch die Emissionen verursachten Schäden entspricht.

Ist ein solches Gleichgewicht gefunden, so kann der Handel mit Emissionsrechten für ein anhaltendes Wirtschaftswachstum bei gleichzeitiger Verbesserung der Luftgüte in umweltbelasteten Gebieten sorgen. Technologische Innovationen können erleichtert werden, wenn die Industrie die Markt- und Gewinnanreize dazu benutzt, nach kostenwirksamen Umweltschutzlösungen zu suchen. Die umweltpolitische und wirtschaftliche Effizienz von Systemen für den Handel mit Emissionsrechten kann durch das Qualitätsniveau der Emissionsbasisdaten begrenzt werden, die problematische Emissionsfaktoren, Bestandsaufnahmen der punktuellen Quellen und standortgebundene Betriebsmerkmale umfassen sollten. Sofern nicht solide Ausgangsdaten existieren, ist auch keine korrekte Evaluierung der Wirksamkeit des Handels mit Emissionsrechten möglich.

In der Praxis sind Abgaben, die nicht unmittelbar an bestimmte Dienstleistungen gebunden sind (Benutzergebühren), für gewöhnlich mit einem Komplex einzuhaltender Standards gekoppelt. Derartige Abgaben müssen im allgemeinen so festgesetzt werden, daß sie hoch genug sind, um die Einhaltung der betreffenden Standards, einschließlich der Einführung innovativer Umweltschutz- oder Prozeßtechnologien, zu fördern. Sind sie allerdings zu hoch, so können sie eine heimliche Umweltverschmutzung nach sich ziehen und mit Vollzugskosten verbunden sein. Die Wirksamkeit im Hinblick auf den Abschreckungseffekt hängt davon ab, ob die Abgabe einschneidend genug ist – also von der Wahrscheinlichkeit, daß sie zu einem spürbaren und vermeidbaren Betriebskostenfaktor wird. Sofern nämlich die Abgabe dem Gewinn entspricht, den das Unternehmen aufgrund seiner vorschriftswidrigen Aktivität erzielt, wird das Pendel theoretisch weder zugunsten der Einhaltung noch der Nichteinhaltung der Vorschriften ausschlagen.

Es wird davon ausgegangen, daß derartige *Normenüberschreitungs-Gebühren* durchaus mit dem Verursacherprinzip vereinbar sind, doch ist der praktische Vollzug dieser Bestimmungen erwartungsgemäß problematisch. Einige Gesetzestexte sind in der Tat so abgefaßt, daß es interessanter ist, die für die verbotenen Emissionen vorgesehenen Strafen in Kauf zu nehmen (die im Rahmen gewisser Steuersysteme zu 100% als Betriebsausgaben abschreibbar sind), als die für die Einhaltung der Normen erforderlichen Ausrüstungen und Anlagen zu installieren (deren Kosten nur zu einem Teil abgeschrieben werden können). Soweit Übertretungen festgestellt werden, kommen zu den Kosten für die Behebung der verursachten Schäden und die Verhütung weiterer Umweltbelastungen noch Sanktionen wie z.B. Geldstrafen hinzu. Obgleich derartige Sanktionen in den Gesetzen der meisten Mitgliedstaaten zu finden sind, wirft ihre Anwendung in der Praxis häufig Schwierigkeiten auf. Nur ein Bruchteil aller Übertretungen von Umweltgesetzen wird effektiv geahndet. Umweltprozesse vor staatlichen Gerichten werden oft eingestellt, weil es zu Schwierigkeiten bei der Feststellung der Schuld kommt – namentlich im Falle von Luftverunreinigungen, in geringerem Maße aber auch bei Wasserverschmutzung und bei Umweltbelastungen durch Abfallbeseitigung.

In der Praxis mögen die Regierungen hohe Abgaben politisch wenig attraktiv finden; auch werden mit hohen Kosten arbeitende Betriebe u.U. eher mit der Schließung drohen, als sich weiterhin dem System der Abgaben bei Normenüberschreitung zu unterwerfen. Die Regierungen werden aller Wahrscheinlichkeit nach auch keine genügende Kenntnis von der Produktionskostenfunktion eines Unternehmens haben, um eine einzige für alle Firmen optimal wirksame Abgabe festsetzen zu können. Einigermaßen korrekt kalkulierte Abgaben werden aber gleichwohl zur Verminderung der Umweltverschmutzung beitragen. Durch Erhöhung der Erzeugerkosten werden sie die Produktion tendenziell reduzieren, und durch Erhöhung der Preise für die Verbraucher werden sie eine nachfragedämpfende Wirkung haben, was sich letztlich in niedrigeren Produktionsniveaus und damit auch geringeren Schadstoffemissionen niederschlagen wird. Derartige Gebühren werden aber auch einen Anreiz zur Kostenreduzierung durch Einhaltung der Umweltschutzbestimmungen umfassen. Am wirksamsten werden sie dann sein, wenn sie bis zu einem gewissen Grade flexibel sind und dem jeweiligen technologischen Wandel sowie den Änderungen der Kostenfunktionen und des Verschmutzungsniveaus Rechnung tragen. Wichtig ist auch, daß ein solches System verständlich ist, so daß es die gewünschten Reaktionen hervorruft. Abgaben können also nicht als eine Form der Kontrolle angesehen werden, die jeden Verwaltungsaufwand überflüssig macht und sie sind in der Regel auch nicht so konzipiert.

Zusammenfassend kann gesagt werden, daß Abgabensysteme zwar Überwachungs- und Vollzugsmaßnahmen erfordern, sich jedoch finanziell selbst tragen können und für Flexibilität bei der Einhaltung der Umweltschutzauflagen durch die Industrie sorgen. Hiervon können wiederum stärkere Impulse für neue Technologien ausgehen. Die Wirksamkeit der Abgaben im Hinblick auf ihre Anreizfunktion wird jedoch von ihrer jeweiligen Struktur abhängen.

(c) Subventionen

Subventionen sind direkte oder indirekte Zahlungen an Einzelerzeuger oder -verbraucher bzw. an Erzeuger- oder Verbrauchergruppen, die diesen als finanzieller Anreiz zur Produktion bzw. zum Erwerb bestimmter Güter oder Dienstleistungen dienen. Subventionen, die für eine Gruppe von Marktteilnehmern bestimmt sind, werden letztlich auch andere Gruppen beeinflussen. Erzeugersubventionen wirken sich, sofern sie weitergegeben werden, über die Preise, die die niedrigeren (bezuschußten) Kosten widerspiegeln, auf den Verbrauch aus; die Verbrauchersubventionen wiederum beeinflussen letztlich die Produktionsentscheidungen, indem sie die Nachfrage nach subventionierten Produkten fördern. Subventionen werden den Erzeugern in der Regel als Kompensation gewährt, wenn deren Kosten bei den geltenden Marktpreisen die Gewinne überschreiten (die Subvention also die Differenz zwischen Gewinn und Marktpreis ausgleicht), oder aber mit dem Zweck, einen Anreiz für eine bestimmte Aktivität oder eine Mehrproduktion zu geben, der aus einem bestimmten Grunde politische Priorität beigemessen wird. Verbrauchersubventionen dienen in der Regel dazu, ein bestimmtes Verhalten wie z.B. die Installierung energieeffizienterer Ausrüstungen zu induzieren.

Es gibt direkte oder indirekte Erzeugersubventionen. Ferner kann unterschieden werden zwischen Subventionen, die dazu beitragen sollen, die laufende Inlandsproduktion aufrechtzuerhalten, und solchen, die der laufenden Produktion nicht nutzen. Direktsubventionen zur Produktionsstützung können die Form von Preisstützungsmaßnahmen und/oder direkten Geldleistungen annehmen. Indirekte Produktionsstützungsmaßnahmen können z.B. Importrestriktionen umfassen (die zur Preisstützung dienen können) sowie Verträge, durch die einheimischen Erzeugern bestimmte Märkte garantiert werden (z.B. der Markt zwischen Energieerzeugern und Versorgungsbetrieben). Subventionen, die nicht zur Beeinflussung der laufenden Produktion bestimmt sind, umfassen z.B. Hilfen für Forschung und Entwicklung sowie den Erlaß von oder Hilfen bei übernommenen Haftungspflichten, darunter auch für Umweltschäden, bzw. Hilfen zur Erfüllung derartiger Pflichten.

Die Subventionen erstrecken sich auch auf *staatlich finanzierte Forschungs- und Entwicklungsarbeiten* sowie auf Hilfen für die Demonstration und die Markteinführung neuer Technologien. In diesem Zusammenhang sollte besonders hervorgehoben werden, daß Subventionen dazu verwendet werden können, positive Externalitäten zu erfassen, d.h. bestimmte Nutzeffekte für die Gesellschaft, die das Ergebnis eines Produktionsprozesses sind, sich aber nicht unbedingt in den Erzeugerkosten und der Preisstruktur widerspiegeln müssen. Privatwirtschaftliche oder staatlich finanzierte Forschungs- und Entwicklungsarbeiten können ein Beispiel für wirtschaftliche Aktivitäten mit positiven externen Effekten sein. In solchen Fällen kann die durch eine Subvention induzierte Mehrproduktion in der Tat nicht nur effizient, sondern für die Gesellschaft tendenziell optimal sein.

Die Regierungen können auch durch eine Kombination aus geeigneten Vorschriften und Preisbildungsmaßnahmen Quersubventionen außerhalb des öffentlichen Finanzsektors wirksam in der Weise schaffen oder sanktionieren, daß eine Gruppe von Verbrauchern oder Erzeugern für ein bestimmtes Gut oder eine bestimmte Dienstleistung mehr als den effizienten Marktpreis zahlt, während eine andere Gruppe von Erzeugern und Verbrauchern für dieselben Güter der Dienstleistungen in den Genuß höherer Einnahmen kommt bzw. weniger dafür bezahlt. Derartige Quersubventionen sind häufig struktureller Bestandteil öffentlicher Versorgungstarife.

Mit Ausnahme der Fälle, wo positive Externalitäten entstehen, wird eine Subvention, je wirksamer sie das Marktverhalten zu ändern imstande ist (was in der Tat das angestrebte Ziel sein kann), eine tendenziell um so größere Abweichung von der Markteffizienz hervorbringen. In diesem Sinne können Subventionen den anderen ökonomischen Anreizen für eine effiziente Produktion direkt zuwiderlaufen. Subventionen werden auch den Anreiz für das rechenschaftspflichtige Unternehmen zur Minimierung der Umweltverschmutzung und/oder der Entsorgungskosten reduzieren. Firmen z.B., die Subventionen für Entsorgungsmaßnahmen erhalten, werden hierdurch vielleicht angeregt, entsprechende Maßnahmen zu treffen, um in den Genuß der Subvention zu gelangen, doch werden sie kaum – wenn überhaupt – bestrebt sein, die Verschmutzung als solche oder die Verschmutzungskosten zu minimieren. Subventionen tendieren auch dazu, das Verursacherprinzip zu untergraben. Beim Verursacherprinzip wird dieser Tatsache zwar Rechnung getragen, doch sind gleichwohl Ausnahmen von dem Prinzip insofern vorgesehen, als z.B. Kleinbetrieben eine begrenzte finanzielle Überbrückungshilfe gewährt werden kann, damit diese den Umweltstandards gerecht werden können.

Subventionen können teuer und – wenn sie erst einmal bestehen – schwer wieder abzuschaffen sein, da die subventionierte Gruppe von Erzeugern oder Verbrauchern sich daran gewöhnt, auf der Basis der niedrigeren Kosten zu kalkulieren. Wenn Subventionen als eine Strategie staatlicher Intervention eingeführt werden, so erfordern sie im allgemeinen ein sorgfältiges Management und viel Augenmaß, wenn Schneeballeffekte verhindert werden sollen. Aus diesem Grunde werden Subventionen zur Entwicklung der Infrastruktur sowie Subventionen als einmalige Aktionen für die befristete Marktunterstützung neuer Technologien, die die positiven Externalitäten tendenziell erfassen, langandauernden, breiter angelegten Subventionsprogrammen vorgezogen.

(d) Preisbildungssysteme

Der Staat kann das Verbraucher- und Erzeugerverhalten dadurch beeinflussen, daß er die Preise für Güter oder Dienstleistungen auf einem anderen als dem Marktniveau festsetzt. Darunter liegende Preise werden den Verbrauch fördern, jedoch angebots- und investitionshemmend wirken, wenn sie nicht kostendeckend sind oder die Rentabilität gefährden. Darüber liegende Preise werden umgekehrt den Konsum dämpfen, Produktion und Investitionen jedoch besonders dann fördern, wenn sie hohe Gewinnspannen nach sich ziehen. Preisfixierungssysteme führen fast immer zu gravierenden Ungleichgewichten zwischen Angebot und Nachfrage.
Die Auswirkungen beider Arten von Preisbildungspraktiken lassen sich, obgleich nicht aus Umweltgründen eingeführt, in der Energiewirtschaft beobachten. Bis zu den achtziger Jahren wurde z.B. der Preis für Erdgas in Nordamerika unter dem Marktwert gehalten, und auch in Japan wurden die Preise für die gängigsten Mineralölprodukte – namentlich Kerosin – niedrig gehalten. Im Falle des Erdgases war die Folge der langen Preisfixierungspraxis in Nordamerika ein Zyklus mit aufeinanderfolgenden Verknappungs- und Überangebotsphasen, dessen letzte Konsequenzen sich erst jetzt zu verlieren beginnen. Umgekehrt sind die Ölpreise – in den einzelnen Ländern wie auch auf den Weltmärkten – immer wieder oberhalb der Grenz- oder Faktorkosten für Rohöl festgesetzt bzw. als darüberliegend empfunden worden; ein solcher Preisbildungsprozeß hat stets unweigerlich zu Diskrepanzen zwischen Angebot und Nachfrage geführt. Auch die öffentlichen Versorgungsdienste sind abwechselnd ober- oder unterhalb der Kosten für die Bereitstellung dieser Dienstleistungen auf den verschiedenen Märkten festgesetzt worden.
Die Alternative zur Festsetzung der Preise durch den Staat besteht darin, dem Markt die Preisbildung zu überlassen. Zu diesem Zweck könnte die bewußte Einführung einer vom Markt selbst diktierten transparenten Preisbildung durch staatliche Maßnahmen gefördert werden. Eine solche Preisbildung durch den Markt kann z.B. die Internalisierung externer Kosten dort widerspiegeln, wo Marktinterventionen wie Abgaben und/oder Standards effektiv zur Festsetzung eines Preises geführt oder einen Markt für die Verwendung ansonsten frei verfügbarer Güter geschaffen haben, wie dies z.B. bei Systemen der handelbaren Emissionsrechte der Fall ist.
Ein wirksamer Preisbildungsprozeß kann mithin Marktwerte oder doch zumindest Proxy-Preise für die Nutzung und Erschöpfung von Umweltressourcen umfassen. Die Verwendung von Hilfswerten für die knappen und teureren „sauberen" Umweltressourcen kann die Aufgabe erleichtern, die Nutzung frei verfügbarer kollektiver Ressourcen der Disziplin der Marktkräfte zu unterwerfen. Emissionsabgaben, Zulassungsgebühren und in noch stärkerem Maße handelbare Lizenzen sind Beispiele für die Bildung von Proxy-Preisen für die Nutzung der Umwelt. Solche Hilfswerte können aber auch z.B. auf dieser oder jener Form der „Zahlungsbereitschaft" für die Schonung oder Verschmutzung der Umwelt bzw. auf einem wie immer gearteten Konzept von akzeptablen vermiedenen Kosten beruhen.

150

Eine transparente, effiziente Preisbildung, die die Umweltkosten internalisiert, ist nicht ohne ein gewisses Maß an Bemühungen von seiten des Staats wie auch der Privatwirtschaft möglich. Die Förderung einer marktorientierten Preisbildung bei gleichzeitiger Internalisierung externer Verschmutzungskosten setzt eine gewisse Kostenanalyse der jeweiligen Wirtschaftstätigkeiten und sozialen Ziele voraus. Eine solche Analyse gestattet die Klärung der vom Staat zu treffenden Entscheidungen sowie Kosten und Austauschbeziehungen, um die es in dem betreffenden Einzelfall geht. Wenn es auch unmöglich ist, eine wirklich umfassende Analyse mit exakten Kosten und Preisen durchzuführen, werden doch die Entscheidungen um so treffsicherer sein, je transparenter die zur Wahl stehenden Optionen sind und je direkter die Preisbildung ist.

Die Erfassung der Externalitäten durch ein Preisbildungssystem ist ein iterativer Prozeß; die Externalitäten bestehen ursprünglich definitionsgemäß außerhalb des Preisbildungssystems der Erzeugerstufe und müssen in dieses System integriert werden, was in der Regel durch staatliche Interventionen geschieht. Dieser Prozeß wird aber u.U. nie völlig abgeschlossen oder völlig präzise sein. Es kann sein, daß es niemals gelingt, für alle Verwendungszwecke der Umweltressourcen – selbst nicht mit Hilfe sorgfältig konzipierter ökonomischer Interventionen – Marktpreise festzusetzen. Dies ist einer der Gründe, weshalb der Einsatz derartiger ökonomischer Maßnahmen in der Regel von Standards und Vorschriften flankiert ist, durch die Märkte und Marktpreise für Umweltwerte sowie für Forschung und Entwicklung beispielsweise über Umweltschutztechnologien, energieeffizientere Prozesse und Ausrüstungen, „saubere" Energietechnologien, ja sogar neue Stoffe und Prozesse geschaffen bzw. ausgebaut werden.

(e) Standards und Vorschriften

Standards und Vorschriften können entweder vom Staat oder der Privatwirtschaft selbst festgelegt werden. Ihr Zweck kann darin bestehen, der betreffenden Industrie einen objektiven Zielwert vorzuschreiben, an dem die als annehmbar zu betrachtenden Ergebnisse gemessen werden, oder gemeinsame Referenzpunkte festzusetzen bzw. Qualitätskontrollen durchzuführen. Einheitliche Abmessungen für Baumaterial sowie die Güteklasseneinteilung von Kohle und Rohöl sind Beispiele für freiwillig festgesetzte Standards. Derartige Standards können aber auch die Form von Richtlinien oder freiwilligen Beschränkungen annehmen, die im allgemeinen aus staatlichen Empfehlungen ohne Gesetzeskraft oder zwischen Staat und Industrie ausgehandelten produktspezifischen oder das Unternehmensverhalten betreffenden Vereinbarungen bestehen.

Indem sie einen bestimmten Aspekt der Produktzusammensetzung oder -eigenschaften verbindlich festlegen, beeinflussen die Standards die Erzeuger – und damit letztlich auch die Verbraucher – auf verschiedene Weise. Sie können die dem Verbraucher zur Verfügung stehende Auswahl entweder begrenzen oder erweitern und den Preis der verfügbaren Güter verändern. Standards können die Erzeugerkosten aller Produkte oder Geschäftssparten verändern, wo die Standards noch nicht erfüllt oder übererfüllt sind, indem sie bestimmte Input- und Prozeßänderungen – die nicht zwangsläufig mit Nettokosten verbunden sein müssen – im einzelnen spezifizieren oder effektiv vorschreiben. Indem sie diverse Kosten zur Auflage machen, können die Standards die relative Wettbewerbsposition der Erzeuger je nach den unterschiedlichen, für sie geltenden Regelungen beeinflussen. Ferner können sie auch bewußt vom Staat oder der Privatwirtschaft dazu verwendet werden, den Wettbewerb zu begrenzen und den Handel auf ausgewählten Märkten einzuschränken. Die Bemühungen um internationale Annäherung oder Harmonisierung der Standards, wie sie im entsprechenden Abschnitt von Kapitel XI erörtert werden, stellen eine der möglichen Antworten auf diese Probleme dar.

Standards und Vorschriften können auch unerwartete externe Wirkungen oder Nebeneffekte zeitigen. So ist das US-Gesetz über die staatlichen Versorgungsbetriebe (Public Utility Regulatory Policy Act – PURPA) zwar weitgehend darauf abgestellt, die der Entwicklung kleiner, unabhängiger Projekte auf dem Gebiet der erneuerbaren Energieträger entgegenstehenden Hemmnisse zu beseitigen, doch hat dieses Gesetz zugleich auch die Erstellung großer wie kleiner erdgasbefeuerter Kraft-Wärme-Kopplungsanlagen gefördert, so daß die durch das Gesetz eigentlich anvisierten erneuerbaren Energieträger in den Hintergrund traten. Diese Marktreaktion war zwar unbeabsichtigt, angesichts der in den USA vorherrschenden Bedingungen auf den Brennstoff- und Stromerzeugungsmärkten jedoch nicht wirklich unerwünscht.

Standards können auch die Entwicklung und Einführung neuer Technologien fördern. In wieder anderen Fällen sind sie auf Nicht-Wettbewerbsmärkten dazu benutzt worden, neue Firmen von der kommerziellen Nutzung innovativer Technologien abzuhalten. Schließlich können Standards, sofern sie nicht regelmäßig revidiert oder heraufgesetzt werden, ihrem Ziel, die Erzeuger zur Einführung neuer Technologien zwecks Erfüllung oder Überschreitung bestehender Mindestauflagen zu bewegen, eines Tages nicht mehr gerecht werden. Hiermit wird einer der Aspekte der notwendigen ordnungspolitischen Flexibilität angesprochen, auf die wir im folgenden Kapitel eingehen werden.

Der Einsatz von Energieeffizienz- und Emissionsstandards ist zu einem fest etablierten Politikinstrument geworden. Die Einführung und Heraufsetzung solcher Standards wirft technische und ökonomische Probleme auf, obwohl in vielen Fällen durchaus kostenwirksame Technologien existieren. Der verbindlich vorgeschriebene Einsatz derartiger Technologien ist gleichwohl Gegenstand von Debatten, bei denen es nicht nur um Fragen wie die freie Wahl der Marktteilnehmer geht (d.h. es bleibt den Nutzern selbst überlassen, zwischen Erwägungen wie Gebrauchseigenschaften, Anschaffungspreis und Betriebskosten abzuwägen), sondern auch um die Kommerzialisierung neuer Technologien (namentlich zuverlässige, kostengünstige Massenproduktionen). Zu diesen wohlbekannten Fragen kommt noch die Notwendigkeit hinzu, neue Energiestandards und -technologien im Hinblick auf deren Potential zur Verminderung von Schadstoffemissionen einer Überprüfung zu unterziehen. Wenn die Standards und Vorschriften auch relativ wirksam sein können und ihre Verbreitung möglicherweise keine besonderen Schwierigkeiten aufwirft, bedarf es zu ihrer Konzipierung doch zunächst einmal beträchtlicher technischer Fachkenntnisse. Aus diesem Grund darf wohl erwartet werden, daß die Festsetzung von Standards ein iterativer Prozeß ist, was bedeutet, daß die Standards entsprechend dem jeweiligen Stand der Erfahrungen und der technologischen Kenntnisse festgesetzt und revidiert werden. Schließlich können Standards, die ohne ausreichende administrative Kenntnis der Vollzugserfordernisse (namentlich Aufrechterhaltung des Fachwissens der staatlichen Behörden, Bereithaltung des Vollzugspersonals und der notwendigen Testanlagen) festgelegt werden, ineffizient sein und zu Ungerechtigkeiten bei der praktischen Anwendung führen. Die Durchsetzung von Standards erfordert ferner auch, wenn diese erst einmal Gesetzeskraft erhalten haben, daß die Industrie ebenso wie bei der Einhaltung von Leitlinien oder freiwilligen Standards bereitwillig mitarbeitet. Wie bereits weiter oben erörtert, werden Standards zwecks besserer Durchsetzbarkeit oft mit Abgaben wie z.B. Normenüberschreitungsgebühren gekoppelt, die so festgesetzt werden müssen, daß sie eine Motivation für die Einhaltung der entsprechenden Standards bieten.

(f) Information und Konsultation

Wirtschaftliche Entscheidungen über Konsum, Investitionen und Produktion sowie soziale Entscheidungen, die eine dauerhafte Unterstützung bzw. Einhaltung staatlicher Maßnahmen erfordern, sind letztlich stets Sache des Individuums. Die Regierungen versuchen, diese individuellen Entscheidungen wirtschaftlicher und sozialer Art durch ökonomische und sonstige Maßnahmen, wie z.B. Informationsprogramme, zu beeinflussen. Den Regierungen stehen je nach der Phase der sozioökonomischen Entscheidungsfindung verschiedene Arten von Informationsprogrammen zur Verfügung.

Die Regierungen können sich öffentlicher Informationsprogramme bedienen, um zur Klärung von Art, Kosten und Nutzen der zu treffenden Entscheidungen beizutragen. So kann eine Regierung z.B. darüber informieren, daß, wenn ein Land oder eine Region die Luftgüte in Städten zu verbessern wünscht, bestimmte Maßnahmen erforderlich sind, wie z.B. die Reduzierung der für Verbrennungszwecke eingesetzten Menge an hochschwefelhaltiger Kohle, was mit einem gewissen Verlust bzw. einer Verlagerung von Arbeitsplätzen innerhalb der einheimischen Kohleindustrie verbunden sein kann, oder auch Einschränkungen des Pkw-Verkehrs. In einem solchen Fall kann die Regierung Informationen über die zur Wahl stehenden Optionen liefern und die Öffentlichkeit wie auch die Industrie auffordern, sich zur Richtigkeit der staatlichen Analysen und der Akzeptabilität der verschiedenen Optionen zu äußern. Auf diese Weise kann der Staat sowohl zur Klärung der verschiedenen Optionen beitragen wie auch den objektiven Rahmen für die einschlägigen Debatten und Kompromisse sowie für die Konsensusbildung abstecken.

Ist eine Einigung über bestimmte Maßnahmen erzielt worden, so können öffentliche Informationsprogramme nachdrücklich auf die Einhaltung und dauerhafte Unterstützung der gewählten Politik hinwirken. Diese vielleicht am weitesten verbreitete Art von Informationsprogrammen kann eine Vielzahl von Formen annehmen: Schulungskurse, Produktkennzeichnungen, Medienkampagnen, Informationsbroschüren. Die Regierung kann über Vorteile und Nutzeffekte informieren, die der breiten Öffentlichkeit anderenfalls vielleicht überhaupt nicht bekannt wären. Ohne staatliche Rundschreiben z.B. würden die Verbraucher möglicherweise nicht wissen, welche Vorteile die Solarwasserheizung für die privaten Haushalte bietet oder worin sich Haushaltsgeräte bzw. Isolierstoffe in ihrer Effizienz voneinander unterscheiden. Auch die Industrie wäre anderenfalls vielleicht nicht über neue Techniken oder Ausrüstungen für die kostenwirksame Gestaltung von Umweltschutzmaßnahmen oder industriellen Prozessen unterrichtet. Wenn die Bereitstellung derartiger Informationen meistens auch mehr in den Zuständigkeitsbereich des privaten Sektors fällt, kann der Staat hier doch gleichwohl eine ergänzende Rolle spielen, und zwar besonders dann, wenn das Informationssystem eines bestimmten Industriezweigs für die Aufklärung der Öffentlichkeit als unzureichend erachtet wird. Der Staat kann ferner auch die betreffende Industrie dazu auffordern, ausführlichere Informationen zur Verfügung zu stellen.

Eine andere Möglichkeit besteht für den Staat darin, mittels eigener Produkttests objektive Vergleiche über die verfügbaren Produkte und Technologien durchzuführen und die Testergebnisse zur Verfügung zu stellen. Oder aber er kann im Rahmen seiner Ordnungspolitik Tests und Produktzulassungen durch unabhängige Institute zur Auflage machen. Eine in den Mitgliedstaaten durchaus übliche Praxis besteht darin, die Energieverbraucher über den Energiekonsum bestimmter Ausrüstungen zu informieren. Außer den Energieeffizienzzeichen haben die Bundesrepublik Deutschland, Kanada, Italien, Japan und Norwegen das „Umweltzeichen" eingeführt, das den Verbraucher auf „umweltfreundliche" Produkte aufmerksam machen soll, wo doch das umweltbewußte Verbraucherverhalten heute im Begriff ist, zu einer wichtigen Kraft auf dem Markt zu werden.

Auch staatliche *Schulungs- und Ausbildungsprogramme* sind zeitweilig dazu eingesetzt worden, die Wirksamkeit kommerzieller Aktivitäten (z.B. energiewirtschaftliches Management) zu erhöhen oder die energieeffizientere Konzipierung und Konstruktion von Gebäuden zu erleichtern. Tests und Schulungsprogramme können erhebliche Kosten mit sich bringen, und eine Alternative zu den staatlichen Interventionen besteht darin, derartige Aufgaben auf die Industrie zu verlagern. Solche industrieeigenen Programme werden aber u.U. für sich alleine genommen nicht ausreichen, um ein von der Regierung angestrebtes spezifisches Ziel zu erreichen, insbesondere wenn dieses Ziel über das wirtschaftliche Eigeninteresse der betroffenen Parteien hinausgeht.

Informationsprogramme sind im allgemeinen immer dann am erfolgreichsten, wenn es um Maßnahmen geht, die für einen bestimmten Industriezweig oder für die Verbraucher wirtschaftliche Vorteile mit sich bringen, die diesen aber vielleicht nicht hinreichend bekannt sind. Derartige Programme bieten dem einzelnen Gelegenheit, sich über die erforderlichen Entscheidungen, ihre voraussichtlichen Nutzeffekte und Kosten sowie die verfügbaren Alternativen besser zu informieren. Sofern eine Regierung eine bestimmte Maßnahme umzusetzen oder bestimmte Aktionen zu beeinflussen sucht, dürften Informationsprogramme ein hierfür wesentliches Instrument darstellen. Doch dürften in dem Maße, wie der Staat die Entscheidungen des einzelnen unmittelbarer oder überzeugender zu beeinflussen sucht, zusätzlich zu dieser oder jener Form von Informationsprogrammen auch direkte Eingriffe in das Marktgeschehen unerläßlich sein.

2. Allgemeine ökonomische Auswirkungen

In den vorangegangenen Abschnitten ist auf einige der Instrumente hingewiesen worden, die den Regierungen zur Förderung eines besseren Umweltschutzes zur Verfügung stehen. Die Umsetzung auch nur einer dieser Maßnahmen kann sich unmittelbar auf die Kosten der einzelnen Erzeuger auswirken und damit das Verhalten von Unternehmern und Verbrauchern gleichermaßen beeinflussen. Die betreffenden staatlichen Interventionen – mit Hilfe von marktwirtschaftlichen oder sonstigen Instrumenten – sind indirekt auch mit Kosten und Vorteilen für die Gesamtwirtschaft verbunden und können Folgen für das Wirtschaftswachstum nach sich ziehen. Im Mittelpunkt der vorangegangenen Ausführungen standen die mikroökonomischen Effekte staatlicher Interventionen, d.h. die Effekte auf das Verhalten der für die jeweilige Umweltverschmutzung verantwortlichen Industrien. In diesem Abschnitt sollen kurz die allgemeinen makroökonomischen Auswirkungen der staatlichen Interventionen erörtert werden. Sowohl die makro- als auch die mikroökonomischen Effekte einer bestimmten staatlichen Maßnahme hängen von den dadurch verursachten Kostenänderungen ab. Angebot und Nachfrage, Investitionsströme, Verbrauch und Beschäftigung werden als Reaktion auf derartige Kostenverschiebungen Änderungen erfahren. Diese Reaktionen sollen im vorliegenden Abschnitt ganz allgemein in ihren Grundzügen – ohne Bezugnahme auf wirtschaftswissenschaftliche Steuer-, Ordnungspolitik- oder Wohlstandstheorien – erörtert werden.

Kein staatlicher Eingriff in das Marktgeschehen, wie gut er auch konzipiert oder wie präzise er auch auf das jeweilige Ziel zugeschnitten sein mag, bleibt ganz ohne Kosten. Daß dies so ist, erklärt sich aus wirtschaftlichen Ineffizienzen aufgrund von Ressourcenfehlleitungen und Handelsverzerrungen wie auch aufgrund von Durchführungsproblemen. Der Staat entschließt sich im allgemeinen zu Marktinterventionen, wenn der dem öffentlichen Sektor daraus erwachsende Nutzen voraussichtlich höher ist als die Kosten. Der Nutzen ist in dem uns hier interessierenden Fall das jeweils angestrebte Niveau des Umweltschutzes. Die Schwierigkeit bei der Abschätzung dieses Kosten-Nutzen-Austauschverhältnisses hängt rein objektiv weitgehend mit Meßproblemen zusammen. Auswirkungen auf Wirtschaft und Handel können zumeist spezifiziert und bis zu einem gewissen Grade quantifiziert werden, während ein Nutzeffekt wie die Umweltqualität ein verschwommenes und häufig nur ungenau definiertes Konzept darstellt. Überdies ist es selbst dann, wenn das Konzept als solches definiert werden kann, zuweilen schwierig, einen allgemein anerkannten Wert für spezifische Umweltgüter festzulegen oder den Nutzen von Umweltschutzmaßnahmen zu quantifizieren.

154

Eine gewisse Evaluierung dieser Trade-offs ist gleichwohl wichtig, da bestimmte staatliche Interventionen eine politische Entscheidung mit beträchtlichen Folgen für die Gesamtwirtschaft darstellen können.
Sind die staatlichen Interventionen relativ geringfügig und beeinflussen sie Erzeuger und Verbraucher nur marginal, so werden sie wahrscheinlich keine signifikanten gesamtwirtschaftlichen Effekte nach sich ziehen; bei kleineren Maßnahmen können diese sogar irrelevant und nicht mehr meßbar sein. Würden auf bestimmte Energieträger niedrige Steuern erhoben, so würde dies zwar die Einnahmen steigern, jedoch keine Verhaltensänderung herbeiführen. Hingegen werden staatliche Interventionen, die von ihrem Umfang und ihrer Bedeutung her signifikant genug sind, um ein bestimmtes Verhalten zu ändern, auch erhebliche gesamtwirtschaftliche Auswirkungen nach sich ziehen.
Wir konzentrieren uns im folgenden auf die allgemeinen makroökonomischen Auswirkungen verschiedener Arten von Marktinterventionen. Dabei soll nicht etwa versucht werden, eine detaillierte, quantitative Kosten-Nutzen-Analyse spezifischer Maßnahmen anzubieten. Eine solche quantitative Analyse kann nur länder- und maßnahmenspezifisch sein, und sie hängt außerdem von den besonderen Umständen ab, die zum Zeitpunkt der Umsetzung der betreffenden Maßnahmen vorherrschen.

(a) Durch Ineffizienz bedingte Kosten staatlicher Interventionen

Arbeiten die Märkte einigermaßen effizient, so sollte die allgemeine Finanzpolitik im Idealfall eher in der Weise neutral wirken, daß die durch einnahmensteigernde Maßnahmen verursachte Steuerlast umverteilt wird; denn Änderungen, die zu Abweichungen von einer relativ effizienten Ressourcenverteilung führen, werden tendenziell Ineffizienzen entstehen lassen. In der Praxis sind Besteuerungssysteme selten neutral – und sollen dies oft auch gar nicht sein, besonders dann nicht, wenn die Regierungen die Steuern dazu benutzen, Verhaltensänderungen herbeizuführen oder bestimmte Maßnahmen, z.B. auch im Bereich des Umweltschutzes, durchzuführen. Trotz dieser Ineffizienzrisiken dürften die Steuern das von den meisten Regierungen bevorzugte Politikinstrument sein, und hier wiederum vor allem verschiedene Formen der Befreiung von staatlichen Pflichtabgaben. Diese diversen Steuervergünstigungen umfassen Freibeträge für die Erdöl- und Erdgasförderung, niedrigere Körperschaftsteuersätze für Faktoreinkommen und spezielle Steueranreize zur Investitionsförderung. Die Besteuerung des Endverbrauchs bestimmter Zielprodukte stellt oft das bevorzugte Instrument zur Beeinflussung des Verbraucherverhaltens dar.
Der Staat kann auch versuchen, Verhaltensänderungen durch Steuern herbeizuführen, die keine global einnahmensteigernde Wirkung haben. Derartige Programme führen, wie oben erläutert, vor allem zu Einkommenstransfers; die hiermit verbundenen Effizienzeinbußen werden namentlich von den Angebots- und Nachfrageelastizitäten der betreffenden Güter und Dienstleistungen abhängen. Andererseits können Steuern auch zu dem alleinigen Zweck einer Steigerung der Staatseinnahmen erhoben werden, doch wirken sich selbst solche Steuermaßnahmen letztlich noch auf das Verbraucherverhalten aus, obwohl der Staat in diesem Falle eher Produkte besteuern wird, bei denen die Preiselastizität der Nachfrage besonders niedrig ist (z.B. Benzin statt Heizöl). Ebenso werden einnahmensteigernde Steuern im allgemeinen an einer möglichst breiten Bemessungsgrundlage ansetzen. Je breiter die Bemessungsgrundlage für eine gegebene Steuer ist, desto geringer werden insgesamt gesehen die marktverzerrenden Effekte sein.
Die Art und Weise, wie eine Steuer im Laufe der Zeit auf alle Bereiche der Wirtschaft übergreift, läßt sich an einer Energieverbrauchsteuer veranschaulichen. Verbrauchsteuern, die einen Anstieg der Energiepreise bewirken, werden den Konsum verringern und Staatseinnahmen entstehen lassen (sofern nicht durch die Senkung anderer Steuern ein Ausgleich

geschaffen wird). Da aber die höheren Verbraucherpreise, wie sie sich aus den Endverbrauch-
steuern ergeben, den den Erzeugern zugute kommenden Nettopreis weder direkt noch sofort
beeinflussen, werden die durch eine Verbrauchsteuer hervorgerufenen Angebotsverzerrun-
gen geringer sein und mit Verzögerung auftreten. Selbst eine Endverbrauchsteuer wird –
wie es bei anderen preissteigernden Maßnahmen der Fall ist – gewisse Ineffizienzen und
Verzerrungen beim relativen Verbrauch von besteuerten und nicht besteuerten Brenn- und
Treibstoffen bzw. von Brenn- und Treibstoffen und anderen Verbrauchsgütern sowie im
Verhältnis zwischen Konsum und Ersparnis entstehen lassen. Die Reaktionen der Industrie
auf den geringeren Verbrauch von und die höheren Kosten für besteuerte Brenn- und
Treibstoffe als Fertigungsinput wird zu einem Rückgang von Produktion, Beschäftigung und
Investitionen in den betreffenden Industriezweigen führen. Die veränderten relativen Preise
könnten eine gewisse Substitution zur Folge haben und Verlagerungen bei Produktion,
Beschäftigung und Investitionen hervorrufen sowie Einkommensübertragungen nach sich
ziehen. Brenn- und Treibstoffsteuern können, wenn sie hoch genug sind, inflations- und
u.U. auch zinstreibend wirken. Steuerbefreiungen für die Verbraucher haben tendenziell
eine ähnliche, aber entgegengesetzte Wirkung.
Hier sollte erneut unterstrichen werden, daß Steuerbestimmungen auch darauf abgestellt
sein können, externe Kosten zu internalisieren bzw. positive Externalitäten zu erfassen.
Soweit derartige Bestimmungen erfolgreich umgesetzt werden, werden die oben erläuterten
Angebots- und Nachfragemechanismen zwar in derselben Weise wirken, im Endergebnis
jedoch zum Abbau von Verzerrungen und Ineffizienzen statt zu deren Schaffung führen.
Abgaben für erbrachte Dienste wie kollektive Entsorgung oder Benutzergebühren gehen in
die Produktionskosten ein und werden sich in den Verbraucherpreisen niederschlagen.
Höhere Kosten werden tendenziell sowohl Produktion als auch Verbrauch des betreffenden
Produkts vermindern und damit das produktionsspezifische Emissionsniveau senken. Insofern derartige Abgaben externe Kosten für umweltverschmutzende Aktivitäten internalisieren, werden sie tendenziell auch zur gesamtwirtschaftlichen Effizienzsteigerung beitragen,
indem sie die individuellen Kosten des Erzeugers für die Ausübung seiner Tätigkeit näher
an die gesamtwirtschaftlichen Kosten seiner Aktivitäten heranführen.
Subventionen und Zuschüsse führen durch Änderung der Erzeugerkosten und der Verbrau-
cherpreissignale dazu, daß Angebot und Nachfrage über das Niveau hinauswachsen, das sie
bei einer wettbewerbsgerechten, transparenten Preisbildung erreicht hätten. Diese Maßnahmen führen auch dadurch zu Ineffizienzen, daß Investitionsmittel von effizienteren, nicht
bezuschußten Unternehmen zu weniger effizienten, jedoch subventionierten Firmen abgezogen werden. Soweit die Subvention nicht dazu bestimmt ist, positive Externalitäten zu
fördern, werden die subventionsbedingten Änderungen von Investitionen, Beschäftigung
und Verbrauch Ineffizienzen auf der Ebene der Gesamtwirtschaft hervorrufen.
Preisstützungsprogramme erhöhen den Preis eines bestimmten Guts für den einheimischen
Verbraucher und den einheimischen Erzeuger, ohne die Kosten für die Erzeugung des
betreffenden Produkts zu erhöhen. Das verschafft effizienten Erzeugern höhere Gewinne
und erlaubt selbst ineffizienten Erzeugern, mit Profit zu arbeiten. Es werden Investitionen
in den betreffenden Industriezweig geleitet, wo sie anderenfalls (d.h. ohne Preisstützungsmaßnahmen) unrentablen auf Kosten eigentlich rentablerer Vorhaben zugute kommen. Die
Verbraucher (einschließlich der industriellen Abnehmer) müssen über dem Marktniveau
liegende Preise für das betreffende Produkt zahlen, wodurch sich ihr für andere Güter und·
Dienstleistungen verfügbares Einkommen vermindert und möglicherweise auch die globale
Nachfrage abnimmt. Preisstützungsmaßnahmen können so unter bestimmten Umständen
auch den Handel in Mitleidenschaft ziehen, indem sie die Exportkosten eines Landes erhöhen
und Importe billigerer Konkurrenzgüter induzieren. Sie können sogar inflationstreibend
wirken, wenn das betreffende Gut von großer ökonomischer Bedeutung ist (z.B. Mineralöl),

und sie können ferner die Produktionskosten für die Industriezweige, die dieses Produkt als Input verwenden, über das Niveau der ausländischen Wettbewerber hinaus steigen lassen. Die inflations- und zinstreibende Wirkung kann, muß sich aber nicht einstellen.

Wo die Einhaltung von Standards und Vorschriften mit Kosten verbunden ist, kann dies je nach der Nachfrageelastizität die Preise beeinflussen und sich auf die Rentabilität sowie die Investitionsentscheidungen auswirken. Standards können auch zu ineffizienten Ergebnissen oder Prozessen zwingen bzw. den Einsatz effizienterer Verfahren unmöglich machen. Indem sie die Geschäftskosten steigen lassen, werden Standards eine abschreckende Wirkung auf unrentabel arbeitende oder Grenzproduzenten haben, die ihren Betrieb vielleicht ganz aufgeben werden. Und soweit die Verbraucher (sowie die zwischengeschalteten Industrieunternehmen) letztlich dazu gezwungen werden, höhere Nettokosten zu bezahlen, werden sie über ein geringeres frei verfügbares Einkommen für den Erwerb anderer Güter und Dienstleistungen verfügen. Da diese Maßnahmen aber in der Regel auf die Kosteninternalisierung abgestellt sind, werden sie in der Praxis wohl eher zur Verminderung von Verzerrungen und Ineffizienzen beitragen.

Soweit die einzelnen Erzeuger bzw. die Erzeuger in den einzelnen Regionen oder Ländern durch unterschiedliche Kosten oder durch ihre Unfähigkeit zur Einhaltung verschiedener Standards in Mitleidenschaft gezogen werden, können auch die Handelsströme eine Veränderung erfahren und sich zugunsten der rentableren und anpassungsfähigeren Erzeuger verlagern. Das kann unabhängig davon der Fall sein, ob die Standards nun ausdrücklich als handelspolitisches Instrument eingesetzt werden oder nicht. Wird umgekehrt ein Markt für neue Produkte geschaffen, die die Einhaltung bestimmter Vorschriften erlauben sollen, wie z.B. Umweltschutzeinrichtungen oder neue effizientere Produktionsausrüstungen, so kann dies für neue oder expandierende Industriezweige eine Chance für wirtschaftliches Wachstum sein oder Gelegenheit für eine Ausweitung des Handels wie auch für technologische Innovationen bieten.

Die Effizienzfolgen staatlicher Eingriffe in das Marktgeschehen werden sich mithin sowohl im makroökonomischen Bereich wie auch in den Handelsergebnissen eines Landes widerspiegeln. Marktinterventionen, die dazu führen, daß die Inlandspreise für international gehandelte Güter über den Weltmarktpreisen liegen, können den Export schrumpfen lassen, während höhere Preise für nicht international gehandelte Güter inflationstreibend wirken und die Preise für inländische Güter und Dienstleistungen insgesamt anheben können. Ineffiziente Maßnahmen werden mithin dazu tendieren, das potentielle künftige Wachstum des frei verfügbaren Einkommens, der Ersparnis und der Investitionen zu reduzieren. Hingegen können Marktinterventionen, die erfolgreich zur Internalisierung externer Effekte beitragen bzw. Ineffizienzen korrigieren, in einigen Fällen einen globalen Anstieg des frei verfügbaren Einkommens bewirken. Soweit derartige Interventionen die gesamtwirtschaftliche Effizienz steigern, werden sie die Preise sowohl für die Export- als auch für die übrigen Güter dämpfen und damit die Handelsposition eines Landes tendenziell verbessern. Unklar ist indessen, ob sie effektiv zum allgemeinen wirtschaftlichen Wachstum beitragen. Einkommen und Wohlstand können, gemessen an den klassischen Indizes, sinken, da Ressourcen von produktiven Tätigkeiten abgezogen und zur Verbesserung der Umwelt eingesetzt werden. Gleichwohl könnte dies in anderer Hinsicht aber durchaus zum Wohlergehen der Gesellschaft beitragen. Hierin kommen weitgehend Meßprobleme zum Ausdruck. Der immaterielle Nutzen einer „sauberen" Luft darf nicht unterschätzt werden, auch wenn er sich nicht unbedingt in den Meßgrößen des Volkseinkommens widerspiegelt. Manche Politiker haben dieses Problem erkannt und denken über Mittel und Wege nach, wie der Umweltnutzen so in die volkswirtschaftliche Gesamtrechnung hineingebracht werden kann, daß die Ergebnisse von Umweltinvestitionen konkret ausgewiesen werden können.

(b) Einkommenstransfer und Handel

Die Effizienz- oder Ineffizenzfolgen von Marktinterventionen werden sich ungleichmäßig auf die verschiedenen Parteien und Sektoren der betreffenden Industriezweige verteilen. Das heißt, Marktinterventionen werden stets gewissen Gruppen zum Vorteil, anderen jedoch, zumindest vorübergehend, zum Nachteil gereichen. Bedeutende staatliche Interventionen, die Verhaltensänderungen herbeiführen können und meßbare Effekte auf die Wirtschaft nach sich ziehen, setzen zwangsläufig die Bereitschaft des Staats voraus, den Effizienzfolgen seiner Interventionsmaßnahme keine Hindernisse entgegenzusetzen. Das bedeutet, daß es zunächst einmal die Erzeuger und letztlich dann die Verbraucher sein werden, die die Auswirkungen der Änderungen und die betreffenden Kosten zu tragen haben. Maßnahmen wie z.B. Subventionen, die ergriffen werden, um den Folgen der betreffenden Interventionsmaßnahme entgegenzuwirken bzw. sie zu dämpfen, werden deren Wirksamkeit begrenzen und weitere volkswirtschaftliche Ineffizienzen entstehen lassen.
In dem Maße, wie die Märkte mit einer effizienzorientierten Verlagerung von Investitionen, Verbrauch und Kosten auf staatliche Interventionen reagieren, wird es zu Einkommenstransfers zwischen den verschiedenen Marktteilnehmern kommen. Solche Transfers bringen für die betroffenen Personen oder Sektoren Kosten mit sich, stellen aber – anders als Ineffizienzen – keinen Nettoverlust für die Volkswirtschaft dar. Differentialsteuern können z.B. so konzipiert werden, daß sie die globale Gesamtsteuerlast nicht erhöhen, werden aber gleichwohl Umschichtungen bei der Verteilung der Steuerlast nach sich ziehen (und dadurch in der Tat zu Quersubventionierungen zwischen verschiedenen Gruppen von Steuerzahlern führen). Gestaffelte Steuern oder Steuerbefreiungen werden also dahin tendieren, das bestimmten Gruppen von Bürgern zur Verfügung stehende Einkommen in unterschiedlichem Maße zu erhöhen oder zu reduzieren. Abgaben, die externe Kosten internalisieren, werden letztlich Einkommen von den Erzeugern zu anderen gesellschaftlichen Gruppen verlagern. Das wird wiederum einen Ausgleich der Einkommensverluste derjenigen Parteien zur Folge haben, die zuvor die externen Kosten zu tragen hatten. Subventionen ziehen dieselben Arten von Einkommenstransfers und Verteilungsungerechtigkeiten nach sich wie gestaffelte Steuerbefreiungen. Die Umverteilung des Einkommens durch Subventionen kann sich entweder von den allgemeinen Staatseinnahmen zu einer gegebenen Gruppe oder aber zwischen verschiedenen Gruppen vollziehen. Preisstützungssysteme stellen ebenfalls eine Form der Quersubventionierung dar, und zwar von den einheimischen Verbrauchern zu den einheimischen Erzeugern des Guts, dessen Preis künstlich hoch gehalten wird. Derartige Programme führen – im Minimalfall – zu einem Einkommenstransfer von den Verbrauchern zu den einheimischen Erzeugern.
Hohe Transferzahlungen oder Einkommensumverteilungen können ebenso wichtig für die Volkswirtschaft sein wie reale Effizienzeinbußen. Sie können Wirkungen – darunter auch regionale Ungleichgewichte – induzieren, die als nachteilig empfunden werden. Auch der Einkommenstransfer zwischen Verbrauchern und Erzeugern sowie möglicherweise zwischen den einzelnen Regionen eines Landes wirft Probleme der sozialen Gerechtigkeit auf. Die Einkommensverteilung beeinflußt ferner die Bewertung der verschiedenen sozialen Güter einschließlich der Umweltressourcen durch den einzelnen wie durch die Gesellschaft. So sind z.B. die Umweltanliegen und -folgen in einem von Armut geprägten Umfeld nicht dieselben wie in einer Wohlstandsgesellschaft. Auch der *relative* Wert der Umweltqualität ändert sich mit dem Einkommen. Durch Einkommenstransfers könnten diese Differenzen, deren Fortbestand und Auswirkungen die staatlichen Entscheidungsträger auch in Zukunft vor ernste Probleme stellen werden, möglicherweise bis zu einem gewissen Grade verschärft, ausgeglichen und/oder verringert werden.

XI. Mögliche Bereiche für Verbesserungen der Politikgestaltung

Da die in den Mitgliedstaaten angewendeten Umweltschutzlösungen und -instrumente ein breites Spektrum umfassen, können Lehren aus den gewonnenen Erfahrungen gezogen und Verbesserungen bei der Politikgestaltung ins Auge gefaßt werden. Besonders wichtig ist in diesem Zusammenhang, daß sich die früheren Bemühungen vielleicht zu sehr auf die technischen und administrativen Möglichkeiten konzentriert haben und Faktoren wie Flexibilität, Effizienz, Kostenwirksamkeit oder soziale Gerechtigkeit dabei zu kurz gekommen sind. Auch liegen den gewählten Lösungen oft unterschiedliche umwelttheoretische Konzepte zugrunde, die u.U. nicht einmal im nationalen Rahmen homogen sind. Diese Differenzen erwachsen aus einer Reihe ungelöster Probleme, die zu einer lebhaften Debatte über mögliche Verbesserungen der bisherigen Politik und der Gestaltung, Umsetzung und Anwendung neuer Lösungen und Instrumente geführt haben.

Bei der Untersuchung von Bereichen für Politikverbesserungen müssen die in dieser Studie herausgestellten vier Schwerpunktentwicklungen oder -tendenzen berücksichtigt werden, nämlich:

- die zunehmend stringentere, systematischere und umfassendere Umweltorientierung der Energieaktivitäten (neben anderen Bereichen), seit einiger Zeit gepaart mit einem geschärften Bewußtsein der Dringlichkeit der Umweltprobleme;
- die stärkere Betonung von präventiven gegenüber kurativen Maßnahmen, wie z.B. Strategien, die sich auf die Verbesserung des Energiewirkungsgrads, die Umstellung auf umweltfreundlichere Brennstoffe oder Prozesse und die Anwendung schon von der Konzeption her „sauberer" Energietechnologien erstrecken, vor allem in Fällen, in denen die geforderten Emissionsminderungen durch die Anwendung nachgeschalteter Umweltschutztechnologien erreicht werden können;
- die Entwicklung medienübergreifender, d.h. sich auf Wasser, Boden und Luft sowie auf mehrere Schadstoffe zugleich erstreckender Lösungen unter Beachtung der Wechselwirkungen von Schadstoffen bei unterschiedlicher räumlicher Abgrenzung (lokal, regional, global) sowie der Wirkungen auf die verschiedenen Umweltmedien (Luftraum der Tropo- und der Stratosphäre, Oberflächengewässer und Grundwasser, Boden und Vegetation);
- verstärkte Bemühungen um die internationale Harmonisierung der Umweltschutzpolitiken und -instrumente unter dem Gesamteindruck der Anliegen in den Bereichen Handel und Wettbewerb und der Probleme grenzüberschreitender Umweltbelastungen.

Bei Entscheidungen über Handlungsoptionen auf dem Energiesektor spielt die Umweltpolitik bereits eine erhebliche Rolle. In dem Maße, wie die Umweltprobleme weiter an Bedeutung gewinnen, zeigt sich um so deutlicher auch die Notwendigkeit einer Verbesserung der Politikgestaltung, damit diese Rolle bei der Verwirklichung energie- und umweltrelevanter Ziele zum Tragen kommt. Die vorstehend beschriebenen Tendenzen sind weitgehend miteinander verknüpft und könnten beträchtliche Veränderungen der Energiesysteme der Mitgliedstaaten nach sich ziehen. So wird deutlich, wie wichtig Lösungen sind, mit denen Umweltziele vergleichsweise kostenwirksam und so rasch wie nur möglich konkret verwirklicht werden können, und zwar im Rahmen von Energieversorgungs- und Energieverbrauchssystemen, die eine größere Energieversorgungssicherheit zu gewährleisten vermögen. Ganz besonders wichtig ist vielleicht die Lösung des Problems, umweltschutzwirksame und zugleich flexible Strategien zu entwerfen, weil eine nachhaltige Entwicklung nur bei hinreichend flexiblen Energiesystemen gesichert werden kann.

Gewiß können Umweltschutzmaßnahmen neue Hemmnisse für die Entwicklung und das Funktionieren von Energiesystemen mit sich bringen, sie eröffnen aber auch Möglichkeiten, Energieversorgungssicherheit und Schonung der Umwelt miteinander in Einklang zu bringen. Im folgenden werden von den verschiedenen Bereichen, bei denen auf Politikverbesserungen abzielende Analysen besonders zweckdienlich wären, einige herausgestellt:

- Einplanung der nötigen Flexibilität bei Lösungen für die Erfüllung von Umweltauflagen;
- Koordinierung der Entscheidungsprozesse in verschiedensten Politikbereichen, einschließlich einer klareren Definition der Umweltschutzziele, einer besseren Informationstätigkeit und Aufklärung der Öffentlichkeit sowie einer Steigerung integrierter F+E-Anstrengungen;
- bessere Lösungen für internationale bzw. grenzüberschreitende Probleme (Harmonisierung, Wettbewerb, soziale Gerechtigkeit usw.).

1. Flexibilität und Effektivität im Umweltschutz

Weil die Energiesysteme an sich ständig wandelnde Rahmenbedingungen für die Energieaktivitäten angepaßt werden müssen, ist Flexibilität als eines ihrer entscheidenden Wesensmerkmale anzusehen. Vor allem müssen sie flexibel genug sein, um Veränderungen der nichtenergetischen Faktoren aufzufangen, die sich nachhaltig auf die Versorgungs- und Verbrauchsstruktur auswirken und somit Energieangebot und Energiepreise beeinflussen können. Damit Anpassungsfähigkeit und Vielfalt der Energiesysteme erhalten bleiben, muß das Konzept der Flexibilität in die umweltbezogenen Lösungen eingebaut werden. Auf diese Weise werden die Energieerzeuger und -verbraucher in die Lage versetzt, eine breite Palette verfügbarer Techniken anzuwenden, um den Anforderungen in bezug auf die Verminderung von Umweltbelastungen genügen zu können. Flexibilität ist aber nicht nur aus Gründen der Energieversorgungssicherheit wünschenswert. Mehr und mehr wird auch erkannt, daß bei Anwendung starrer Umweltschutzinstrumente u.U. die Entwicklung kostenwirksamer Umweltschutzstrategien und technologischer Innovationen vereitelt wird, die letztlich der Schlüssel zu einer dauerhaften Minderung der Umweltbelastungen sind. Daher muß auch gerade jetzt die Aufgabe gelöst werden, die vorhandenen finanziellen und technischen Ressourcen optimal zu nutzen, weil diese heute durch viele konkurrierende Anforderungen zunehmend beansprucht werden.

Da die Flexibilität bisher kaum ein eigenständiges Ziel von Umweltschutzmaßnahmen gewesen und auch nicht eigens in die Umweltschutzstrategien eingebaut worden ist, kann es schwierig sein, allgemein festzustellen oder gar zu evaluieren, wieviel Flexibilität Umweltschutzmaßnahmen oder -strategien aufweisen. In der Praxis sind es Auswahl und Gestaltung des Instrumentariums, die über das mögliche Maß an Flexibilität und die globale Wirksamkeit von Umweltschutzlösungen im Verhältnis zueinander entscheiden. Auf den nachfolgenden Seiten wird kurz auf zwei Bereiche eingegangen, in denen eingehendere Analysen die Voraussetzungen dafür schaffen könnten, daß die Flexibilität im Rahmen des von den bestehenden Vorschriften und den ökonomischen Instrumenten her Möglichen verbessert wird.

(a) Flexibilität bei der Anwendung von Vorschriften

Die politischen Entscheidungsträger werden sich zunehmend der Notwendigkeit bewußt, den Verursachern der Umweltbelastungen die Anwendung einer möglichst breiten Palette von Lösungen zur Erfüllung der Umweltvorschriften zu ermöglichen, schon allein um zu gewährleisten, daß kostenwirksame Handlungsoptionen nicht ausgeschlossen werden und der Industrie der Weg zur Innovation nicht versperrt wird. Tabelle 15 zeigt anhand einer Reihe von Vorschriften, wie sie zur Minderung der durch Energieaktivitäten bedingten Luft- und Wasserverschmutzung gewöhnlich eingesetzt werden, welche der vier Lösungsmöglichkeiten (nachgeschaltete Umweltschutztechnologien, Brennstoffsubstitution, Steigerung der Energieeffizienz, „saubere" Energietechnologien) im allgemeinen gefördert werden.
Wo eine ganze Reihe von Vorschriften zusammentrifft, wird u.U. die Anwendung von Umweltschutzmethoden behindert, die an sich mit der nötigen Effizienz eine Emissionsminderung ermöglichen würden. Bei der Reduzierung von SO_2-Emissionen besteht beispielsweise ein Zusammenhang zwischen der Effizienz der Minderung, dem Schwefelgehalt des Ausgangsbrennstoffs und der Anwendung nachgeschalteter Umweltschutztechnologien. Werden lediglich Emissionsstandards festgelegt, so haben die Anlagenbetreiber zur Erfüllung der Umweltauflagen die Wahl zwischen verschiedenen Lösungen, d.h. Verfeuerung entweder von schwefelarmer Kohle (allein oder durch Beimischung von Sorptionsmitteln) oder von schwefelreicher Kohle mit nachgeschalteter Rauchgasentschwefelung. Ist dagegen ein Prozentsatz für die Minderung vorgeschrieben, so kann der Betreiber nur Emissionsminderungs- oder Verbrennungssysteme anwenden, bei denen die geforderte Minderungseffizienz unabhängig vom Schwefelgehalt der als Ausgangsbrennstoff verwendeten Kohle bewirkt wird, so daß in diesem Fall die Anwendung nachgeschalteter Technologien, effizienzverbessernder Maßnahmen und „sauberer" Energietechnologien ausgeschlossen wird.

Tabelle 15 **Vorschriften und Umweltschutzoptionen**

Vorschrift	Nachgeschaltete Technologien	Energie-substitution	Energie-effizienz	Saubere Energie-technologien
• Vorschrift über Brennstoffqualität (z.B. Schwefelgehalt)	Nein	Ja	Nein	Nein
• Technologiestandards (z.B. BAT, BPM, MATC usw.)	Ja	Ja	Variabel	Variabel
• Emissionsgrenzwert je Einheit Rauchgas oder Abwasser	Ja	Ja (1)	Nein	Variabel
• Emissionsgrenzwert je Einheit erzeugte Energie	Ja	Ja	Ja	Ja
• Emissionsgrenzwert je Einheit aufgewendete Energie	Ja	Ja	Nein	Nein
• Emissionsgrenzwert je Zeiteinheit	Ja	Ja	Ja	Ja

Erläuterung:
Ja: Die Option ist aufgrund der geltenden Vorschriften gegeben.
Nein: Mit der genannten Option erzielte Emissionsminderungen sind nicht anrechenbar.
(1) Außer bei in Prozent ausgedrückten Emissionsminderungsvorschriften.

Der Stromerzeugungssektor und das Beispiel der Energieeffizienzverbesserung machen deutlich, wie wichtig flexible Ansätze sein können, die die Wahl zwischen verschiedenen Lösungen lassen. Das Umweltrecht wirkt sich zwangsläufig auf die Bedarfs- und Versorgungsplanung der Stromversorgungsunternehmen aus. Ob energieeffizientere Methoden zur Erfüllung der Emissionsminderungsauflagen angewendet werden können, hängt weitgehend davon ab, wie die einschlägigen Vorschriften gehalten sind. Wenn ein Betreiber bedeutende Umweltschutzauflagen zu erfüllen hat, kann es für ihn sehr vorteilhaft sein, zur Sicherung der Emissionsminderung auch auf kostenwirksame Maßnahmen im Bereich der Energieeffizienz zurückzugreifen. Wenn ein Betreiber sich dafür entscheidet, die durch die Endverwendungseffizienz bei integrierten Energie/Umweltschutzlösungen gebotenen Möglichkeiten in vollem Maße zu nutzen, kann er sich diesen Nutzen nur dann sichern, wenn die durch eine gesteigerte Energieeffizienz erzielten Emissionsminderungen bei der Erfüllung der Umweltschutzauflagen in der einen oder anderen Weise speziell erfaßt und „gutgeschrieben" werden. Eine die Bedarfs- und Versorgungsplanung in einem umfassenden Evaluierungsrahmen vereinigende Minimalkostenplanung der Betreiber mit dem Ziel, Energieversorgungsleistungen kostenoptimal bereitzustellen, kann sich durchaus als geeigneter Weg erweisen, die Steigerung der Energieeffizienz zu einer anerkannten Umweltschutzlösung zu machen, doch ist dies nur möglich, soweit Umweltschutzvorschriften es zulassen, daß der Beitrag dieser Lösung auf die insgesamt verlangte Emissionsminderung angerechnet wird.
Gelegentlich können aber in der Praxis gewiß Zielkonflikte zwischen Energieeffizienzverbesserung und Umweltvorschriften auftreten. Verringert sich beispielsweise im normalen Auf und Ab des Wirtschaftsgeschehens der Strombedarf, so schalten die Betreiber zunächst die Anlagen mit den höchsten Betriebskosten zurück [53]. Wegen des Gefälles der Kohlepreise sind mit schwefelarmer Kohle befeuerte Anlagen zumeist im Betrieb aufwendiger als bei Verwendung schwefelreicher Kohle. Hier entstehen Zielkonflikte aber oft dadurch, daß mit Energieeffizienzverbesserungen zwar Emissionsminderungen erreicht werden können, wegen geltender Umweltvorschriften aber bei gedrosseltem Kraftwerksbetrieb verzeichnete Emissionsminderungen nicht voll „gutgeschrieben" werden.
Die meisten gesetzlichen Regelungen für Emissionsminderungen bei Kraftwerken sehen die Anwendung eines der möglichen Mechanismen oder auch beider zugleich vor, d.h. Standards für punktuelle Quellen oder Emissionsgrenzwerte. Solche Standards werden in verschiedener Weise festgelegt:

- als Schadstoffmenge je Einheit Rauchgasvolumen (mg/Nm3, ppm),
- als Schadstoffemissionsmenge je produzierte Energieeinheit (g/GJ, Llbs./MMBtu),
- als Schadstoffemissionsmenge je aufgewendete Brennstoffeinheit (g/GJ, Llbs./MMBtu).

Diese Grenzwerte müssen eingehend überprüft werden um festzustellen, ob sie die Berücksichtigung „sauberer" Energietechnologien sowie von Brennstoffsubstitutionen oder von verstärkten Bemühungen um eine höhere Energieeffizienz erlauben. Bei dem Standard gemäß der ersten angegebenen Definition liegt auf der Hand, daß – sofern die Vorschriften nicht ausdrücklich etwas anderes bestimmen – durch Energieeffizienzverbesserungen oder „saubere" Energietechnologien erzielte Emissionsminderungen nicht angerechnet werden können, wohl aber bei der Brennstoffsubstitution. Bei den beiden anderen Standards läßt sich das Ergebnis schwerer ermitteln, weil es beispielsweise von der Art der Energieaktivität (Energieumwandlung oder -endverwendung) abhängt. Wo der Grenzwert als Emissionsmenge je Einheit Wärmeaufwand ausgedrückt wird, wirken sich Betriebsänderungen bei einem bestimmten Kraftwerk wegen des verringerten Strombedarfs nicht auf die Rate der Emissionsminderung aus, obwohl bei Betriebsdrosselungen und dem dann geringeren Befeuerungsbedarf die Emissionen natürlich geringer werden. Deshalb müssen die einschlägigen Rechtsvorschriften sehr sorgfältig so abgefaßt werden, daß sie für die Flexibilität sorgen, die notwendig ist, um ein in bezug auf Kosten, Emissionen und Energieversorgungssicherheit möglichst optimales Ergebnis zu gewährleisten.

Auch die Form und der Anwendungsmodus des Emissionsstandards kann sich darauf auswirken, wie sich das Verhältnis vorzeitige Stillegung – Weiterbetrieb – Kraftwerksneubau verändert. Hierbei kommt es darauf an, ob ein und dieselben Standards für neue Einrichtungen sowie für unveränderte oder umgerüstete Altanlagen gelten und ob die Standards für jede dieser Kategorien fallweise oder einheitlich festgesetzt werden. Wenn beispielsweise weniger stringente Standards nur für Altanlagen gelten, so kann dies das Interesse an der Errichtung neuer Anlagen verringern, die z.B. „saubere" Energietechnologien anwenden. Je nach dem Bedarf (und der Bedarfssteuerung) kann dies dazu führen, daß ineffiziente Altanlagen weiterbetrieben werden und auf die Errichtung leistungsfähigerer und umweltfreundlicherer Neuanlagen verzichtet wird. Solche inkongruenten Standards schränken u.U. die Flexibilität bei der Wahl der bevorzugten Lösungsmöglichkeit ein.

Andererseits können Emissionsgrenzwerte, die das Gesamtvolumen bzw. die Gesamtmenge des Schadstoffanfalls zeitlich beschränken, für Einzelanlagen sowie für bestimmte Stromversorgungsunternehmen oder Zonen festgesetzt werden. Dies verschafft den Betreibern mehr Flexibilität bei der Entscheidung für „saubere" Energietechnologien oder für Energieeffizienzverbesserungen, um so den Weiterbetrieb von Altanlagen zu limitieren und dadurch die Gesamtemissionen zu reduzieren und eine Annäherung der Betreiber an das Minderungsziel zu ermöglichen. Wo Emissionsgrenzwerte sich auf sämtliche Alt- und Neuanlagen eines Stromversorgungsunternehmens erstrecken, erwächst einem Betreiber, der dank „sauberer" Energietechnologien oder Energieeffizienzverbesserungen Emissionen von vornherein vermeidet, zudem der Vorteil, daß er die Neubaukosten transitorisch verbuchen kann.

In manchen Fällen legen die gesetzlichen Umweltschutzbestimmungen sowohl Emissionsstandards als auch Emissionsgrenzwerte fest. Diese Vorschriften müssen fallweise überprüft werden um festzustellen, ob erzielte Energieeffizienzverbesserungen oder die Anwendung sauberer Energietechnologien voll angerechnet werden können. Besonders schwierig ist die Anpassung von Emissionsstandards (z.B. für punktuelle Quellen), wenn dadurch erreicht werden soll, daß durch Effizienzverbesserungen erzielte Emissionsminderungen berücksichtigt werden können. Der Grund liegt darin, daß sich der Umfang der durch spezifische Bedarfssteuerungsprogramme bewirkten Reduzierungen oft nicht genau abschätzen läßt. Auch erfordert die vollständige Verwirklichung solcher Programme oft recht viel Zeit, und gewöhnlich gibt es keine Möglichkeit, einen solchen weiter in der Zukunft liegenden Umweltnutzen „anzurechnen".

Technologische Änderungen und Innovationen sind eine entscheidende Vorbedingung für Fortschritte beim Umweltschutz (z.B. im Bereich der nachgeschalteten Technologien), bei der Energieversorgungssicherheit (z.B. durch Energieeffizienzverbesserungen und Brennstoffsubstitution) und im Bereich integrierte Technologien (z.B. „saubere" Energietechnologien). Da die Vorschriften oft technologiebezogen gestaltet werden, wirken sie sich stark auf die Wahl der Technologien und letztlich deren Verfügbarkeit aus. Mit anderen Worten haben sie unmittelbar Einfluß auf das Tempo der technologischen Innovation und der Verbreitung neuer Technologien.

Die Vorschriften können auch die Form von „Durchschnittsstandards" annehmen, wenn sie sich nämlich auf eine von der Mehrzahl der Unternehmen angewendete Technologie beziehen, die ohne weiteres von anderen übernommen werden könnte. Dieser oft mit ökonomischen Argumenten begründete Ansatz („ökonomisch praktikable Technologie") fördert die weite Verbreitung der bereits vorhandenen Technologien. Zugleich schränkt sie aber die Möglichkeit der Wahl zwischen verschiedenen Technologien am stärksten ein und dürfte daher kaum innovationsfördernd wirken. Es kann aber auch ein „Modell-Standard" gewählt werden, der sich auf eine von den fortschrittlichsten und innovationsfreudigsten Unternehmen angewandte Technologie bezieht. Auch in diesem Fall werden zwar die Wahlmöglichkeiten und die Flexibilität eingeschränkt, immerhin wird aber die betreffende Innovation weiter verbreitet, so daß auch der Technologiewandel einen stärkeren Impuls erhält. Der technischen Effizienz noch förderlicher sind „technologiefördernde Standards", die sich auf eine erst im Versuchsstadium befindliche Technologie erstrecken, die noch nicht für die industrielle Nutzung reif ist. Die Durchsetzung einer bestimmten Strategie ist natürlich ebenfalls gleichbedeutend mit einer sehr starken Einschränkung der Handlungsoptionen, hat aber die Wirkung, die Innovation voranzutreiben, was freilich zu Fehlschlägen führen kann, wenn die verfrühte Kommerzialisierung noch nicht genügend ausgereifter Technologien erzwungen wird.

Diese verschiedenen Typen von Standards sind hinsichtlich der Kosten und der technischen Zuverlässigkeit mit sehr unterschiedlichen Konsequenzen für die Betreiber verbunden. Wenn innovative technologiefördernde Standards auch dazu beitragen können, die Abneigung der meisten Verursacher gegen die Anwendung anderer als bereits erprobter und gut eingeführter Umweltschutztechnologien zu überwinden, so zwingen sie ihnen doch im voraus festgelegte Lösungen auf, die nicht jeweils von Fall zu Fall entsprechend der relativen Kostenwirksamkeit eines breiteren Spektrums von Umweltschutzoptionen abgewandelt werden können.

Auf ein anspruchsvolleres Niveau der von den Verursachern angewendeten Umweltschutztechnologien und die Förderung der Anwendung innovativer Technologien abzielende Maßnahmen können beispielsweise dadurch mit mehr Flexibilität ausgestattet werden, daß man u.U. längere Umsetzungsfristen vorsieht. Dadurch erhalten die Betreiber die Möglichkeit, bei geplanten Modernisierungen von Anlagen die jeweils modernsten Umweltschutztechnologien einzuplanen. Solche Fristenverlängerungen können auch als Anreiz für die Anwendung neuer, „sauberer" Technologien dienen. Ein Beispiel hierfür sind in den Vereinigten Staaten die 1989 eingebrachten Gesetzentwürfe zum Problem des sauren Regens, bei denen vorgesehen ist, die Frist für die Erfüllung stringenterer Emissionsstandards um drei Jahre zu verlängern, wenn die Betreiber „saubere" Kohletechnologien zur Luftreinhaltung anwenden.

Die zwingend vorgeschriebene Anwendung einer bestimmten Technologie oder eines Technologiebündels führt u.U. nicht zur kostenoptimalen Lösung für ein Umweltschutzproblem. So richten sich die Kosten des Einbaus von Rauchgasentschwefelungseinrichtungen in erster Linie danach, wie schwierig die Nachrüstung einer bestimmten Altanlage ist, was bedeutet, daß die Skala der Optionen von einigermaßen kostengünstigen bis zu gänzlich unrentablen Lösungen reichen kann. Kostenoptimale Lösungen werden am ehesten dann erreicht, wenn allen mit den standortspezifischen Variablen vertrauten Entscheidungsträgern ein flexibles Vorgehen bei der Wahl der optimalen Umweltschutztechnologie für jede einzelne Anlage ermöglicht wird. Je größer die Zahl der für eine Einzelanlage geltenden umweltschutzbezogenen Rechtsinstrumente ist, desto mehr dürfte auch die Möglichkeit des Betreibers eingeschränkt werden, zwischen verschiedenen Umweltschutzlösungen zu wählen. Die Zahl der zur Anwendung gelangenden Instrumente ist von Land zu Land sehr verschieden. Für Kraftwerksbetreiber in Dänemark ist gesetzlich ein globaler Grenzwert für die SO_2-Emissionen vorgeschrieben, der von der Gesamtheit der Kraftwerke erfüllt werden muß (wenngleich Verhandlungen über Einzelregelungen möglich sind), so daß den Betreibern ein breites Spektrum von Lösungsmöglichkeiten zur Verfügung steht. Demgegenüber müssen neue Großanlagen in der Bundesrepublik Deutschland Emissionsstandards im Verein mit prozentual gestalteten Emissionsminderungsauflagen erfüllen und überdies Grenzwerte für den Schwefelgehalt der Kohle einhalten und Vorschriften über die Anwendung der besten verfügbaren Technologie beachten.

(b) Flexibilität bei der Anwendung ökonomischer Instrumente

Wie in Kapitel X schon ausgeführt wurde, werden ökonomische Instrumente gewöhnlich komplementär zu ordnungsrechtlichen und anderen Maßnahmen eingesetzt – die sie höchst wirksam ergänzen – und treten nicht etwa an deren Stelle. Ökonomische Instrumente können dazu beitragen, ganze Regelwerke zu vereinfachen, eine freiwillige Vorwegnahme der Einhaltung von Umweltschutzanforderungen zu fördern, ehe diese rechtsverbindlich werden, und Programme auf Freiwilligkeitsbasis abzustützen. Im Rahmen dieser Analyse ist es deshalb zweckmäßig, die Frage zu untersuchen, wie der von Umweltschutzmaßnahmen belassene Spielraum durch den Einsatz ökonomischer Instrumente erweitert werden kann. Die finanzielle Förderung von Umweltschutzinvestitionen durch Subventionen, vergünstigte Kredite oder Steuererleichterungen wird in den IEA-Ländern aus verschiedensten Gründen praktiziert. Einer dieser Gründe ist die Förderung der Einführung neuer Technologien, wie „sauberer" Energietechnologien, die im Endeffekt die Flexibilität der Energiesysteme vergrößern und die Anpassung der Systeme an stringentere Umweltauflagen ermöglichen. Wenn ökonomische Anreize gleich welcher Form der Innovation echte Impulse verleihen sollen, muß eine Feinabstimmung zwischen den von den Behörden verordneten oder empfohlenen technologischen Präferenzen und der zugestandenen Entscheidungsfreiheit über die Anwendung von Innovationen getroffen werden. Deshalb können sich Finanzhilfen ähnlich auswirken wie technologieorientierte ordnungsrechtliche Maßnahmen: Sie können die Kapazität der Industrie, technologische Lösungen umzusetzen, wie auch die Verbreitung dieser Innovationen stark beeinflussen. Die Ausstattung finanzieller Förderungsprogramme mit Flexibilität, um die Entwicklung besonders erwünschter Energiesysteme voranzutreiben, wie z.B. die Entwicklung neuer Produktionsprozesse oder die Reorganisation von Energieaktivitäten zur Minimierung von Umweltbelastungen, macht es erforderlich, daß diese Förderungsprogramme speziell auf diesen Zweck abgestellt werden.

Finanzhilfeprogramme werden auch eingesetzt, um Umweltschutzinvestitionen zu beschleunigen, die zugleich ökologischen und ökonomischen Nutzen bringen. Eine Fallstudie über Finanzhilfeprogramme in Deutschland zeigt, daß abgesehen von einigen Programmen mit besonderem Innovationseffekt die Kraftwerksbetreiber Subventionen nur dann beantragen, wenn sie aufgrund staatlicher Vorschriften gezwungen sind, Umweltschutzmaßnahmen zu ergreifen. Wie aus einer Untersuchung des nordrhein-westfälischen Gewerbeaufsichtsamts hervorgeht, waren 20–40% der ohne Finanzhilfen von der Industrie durchgeführten Umweltschutzmaßnahmen „ökonomisch vertretbar", gegenüber einem Anteil von 50–70% bei den durch Finanzhilfen unterstützten Maßnahmen. Über die Frage, welchen Nutzen solche Programme dadurch bringen können, daß sie die Erfüllung von Auflagen noch vor deren obligatorischer Einführung fördern, läßt sich streiten; jedenfalls leisten sie nur einen begrenzten Beitrag zu einem wirksamen Umweltschutz.

Preisregulierungen und Gebühren können die Flexibilität in mancher Hinsicht einschränken, denn wenn sie vielleicht auch Menge und Beschaffenheit der Schadstoffemissionen wirksam beeinflussen, so haben sie doch keinen Einfluß auf andere Faktoren, wie den Standort von Deponien und die Lage von Austrittspunkten, den zeitlichen Ablauf und die Stärke der Emissionen oder die Gefahr von Emissionsunfällen mit besonders großer Umweltbelastung. Durch saisonabhängig gestaltete Gebührenstrukturen für Emissionen und Immissionen kann mit Hilfe besonders hoher Spitzenlasttarife in bestimmten Perioden eine Emissionsminderung erreicht werden. Bei der Wasserverschmutzung kann dies zu dem Zeitpunkt des Jahres geschehen, wo die Absorptionsfähigkeit des Dampfes am geringsten ist – bei der städtischen Luftverschmutzung beispielsweise im Sommer, weil dann am meisten Ozon entsteht. In Texas sehen die gesetzlichen Bestimmungen in städtischen Ballungsräumen, die die landesweit geltenden Luftgütestandards noch nicht erreicht haben, eine saisonabhängige Zusatzabgabe von 20 $ je MMBTU für die Zeit vom 15. April bis zum 15. Oktober vor, wenn Stromversorgungs- und Industrieunternehmen in dieser Zeit Anlagen mit Heizöl beschicken, die ebensogut auch mit Erdgas befeuert werden könnten. Diese Zusatzabgabenregelung gilt für über 1 400 Feuerungsanlagen bei Stromversorgungsunternehmen und Industriebetrieben. Vergleichende Untersuchungen über die Wirksamkeit dieser Vorgehensweise im Verhältnis zu der üblicheren Methode der Festsetzung saisonabhängiger Standards (wie das Vorschreiben von weniger leichtflüchtigen Kraftstoffen in den Sommermonaten) stehen noch aus.

Zu den sogenannten „marktorientierten" ökonomischen Instrumenten zählen verschiedene Handlungsinstrumente, die die Marktkräfte für die Umsetzung von Umweltschutzzielen dienstbar machen. So sind Übertragungsgenehmigungen (d.h. Systeme für den Handel mit Emissionsrechten) speziell dafür entwickelt worden, die Kostenwirksamkeit von Umweltschutzmaßnahmen zu erhöhen und der Industrie bei der Wahl zwischen verschiedenen technischen Lösungen ein Maximum an Flexibilität zu sichern. Umweltschutzziele werden auch durch die Schaffung von Rahmenbedingungen (Märkten) gefördert, die ökonomische Handlungsoptionen eröffnen, deren praktische Umsetzung den Verursachern überlassen bleibt. Damit kann von sämtlichen in Tabelle 15 aufgeführten Optionen Gebrauch gemacht werden, und deren Anteil an der Emissionsminderung ist jeweils in voller Höhe anrechenbar. Das Konzept des Handels mit Emissionsrechten ist in den USA entwickelt worden, weshalb hier auch die weitaus meisten Beispiele für die praktische Anwendung dieses Instruments zu finden sind. Da die Vorschriften in verschiedener Hinsicht als zu starr betrachtet wurden, sind verschiedene Verfahrensweisen entwickelt worden, nämlich das „Bubble"-System, das Kompensations-System", das „Bestandsabgleichungs-System" und das „Bank-System". Obwohl diese Strategie noch relativ jungen Datums ist, kann anhand der bisher gesammelten Erfahrungen bereits die Frage untersucht werden, ob es durch den Emissionsrechtehandel möglich wird, bei den auf Energiesysteme bezogenen Umweltschutzvorschriften für Flexibilität und Effektivität zu sorgen.

Das Hauptmerkmal des Emissionsrechtehandels besteht darin, daß ein Teil der Umweltschutzentscheidungen von den Behörden auf die Betreiber verlagert wird. Die so geschaffene Flexibilität bedeutet mehr Verantwortung für die Industrie im Bereich des Umweltschutzes. Theoretisch wird das System des Emissionsrechtehandels oft als Alternative zur direkten Reglementierung dargestellt, doch ist dies in der Praxis kaum vorstellbar. Vielmehr ist die Reglementierung geradezu das Fundament dieses Systems, denn der erste Schritt besteht jeweils darin, Umweltqualitätsstandards für einen bestimmten geographischen Raum festzusetzen. Erst durch die feste Vorgabe eines gesamten Emissionsgrenzwerts wird künstlich eine Knappheitssituation geschaffen, die zu einem Preisniveau über Null führt, bei dem die Nachfrage nach und das Angebot an Emissionsrechten einander ausgleichen. In den nachfolgenden Phasen hat die Einführung des Emissionsrechtehandels aber nicht unbedingt eine verminderte Präsenz der öffentlichen Stellen zur Folge, denn an die Stelle der Genehmigungen für die Anwendung emissionsmindernder Technologien bei einzelnen Emissionquellen tritt die Genehmigung für Transaktionen mit Emissionsrechten. Deshalb ist der Emissionsrechtehandel in seiner gegenwärtigen Form vielleicht nicht ohne weiteres für Staaten wie die Niederlande und die skandinavischen Länder geeignet, die ihre Umweltpolitik auf Verhandlungen mit den Lizenzbewerbern aufgebaut haben.

'Die Stringenz von Umweltqualitätsstandards sollte so abgewogen werden, daß sowohl genügend Flexibilität (der Standard darf nicht zu starr einengend sein) als auch Effektivität (er darf nicht zu lax sein) gewährleistet ist. Ein vielerwähntes Problem ist das Fehlen präziser „Emissionsregister", das eine verläßliche Abschätzung der Ausgangssituationen und der erreichten Minderungen erschwert. Bisweilen wird argumentiert, daß die Verbesserung oder zumindest Beibehaltung des erreichten Luftgüteniveaus mit der Anwendung marktorientierter Instrumente nicht genügend gesichert werden kann, weil der Staat die Kontrolle über die Anwendung der Umweltschutztechnologien verliert. Eine aktuelle OECD-Studie über die Anwendung ökonomischer Instrumente für Umweltschutzzwecke kommt jedoch zu dem Ergebnis, daß immer dann, wenn die mit dem Emissionsrechtehandel verbundenen Umwelteffekte neutral oder positiv waren, die Kosten für die Verringerung der Umweltbelastungen gesenkt werden konnten und ein Anreiz zur technischen Innovation entstanden ist [23]. Wie sich der Emissionsrechtehandel als Instrument zur Minderung der Umweltbelastung in der Praxis weiterentwickelt, hängt weitgehend von den hiermit verbundenen Fragen der Umsetzungsstrategien und der Umwelteffektivität ab. Die lange Vorbereitungszeit für das System des Emissionsrechtehandels in den USA und die Änderungen, die hier weiterhin vorgenommen werden, sind ein Beweis dafür, daß die Umsetzung dieses neuen Lösungsansatzes den Behörden viel Arbeit abverlangt. Die Verwaltungskosten für die Einrichtung des Systems in konkreten Einzelfällen waren durchweg hoch. Indessen wird damit gerechnet, daß mit fortschreitender Entwicklung dieser Verfahrensweise ein partieller technischer Wissenstransfer von den Behörden auf die Betreiber stattfinden wird, da die Unternehmen selbst an effizienten und effektiven Minderungstechnologien interessiert sind. Dadurch würde sich im Endeffekt die Verwaltungslast verringern, zumindest in Bereichen wie Industrie und Stromerzeugung, wo die meiste Erfahrung mit dem Emissionsrechtehandel gesammelt worden ist. Mit der Anwendung des Systems in anderen Sektoren, etwa in der Verkehrswirtschaft, würde Neuland betreten. Die unlängst in den USA im Rahmen der Änderung des Luftreinhaltungsgesetzes (Clean Air Act) gemachten Vorschläge eröffnen die Möglichkeit, den Emissionsrechtehandel auf Schadstoffemissionen von Kraftfahrzeugen auszudehnen, wenngleich dem noch bedeutende Hindernisse entgegenstehen. Die Ausgestaltung einer gerechten und effektiven Reglementierung dürfte sich als eine echte Herausforderung erweisen.

Der Einsatz des Emissionsrechtehandels für Zwecke der Luftreinhaltung ist gegenwärtig noch auf die Vereinigten Staaten beschränkt, von einigen kleineren Anwendungen in Deutschland einmal abgesehen. Eine breitere Anwendung marktorientierter Instrumente wird z.Z. noch geprüft, und derzeit gibt es Vorschläge für eine ganze Palette von Ansätzen, vor allem für Umweltbelastungen wie CO_2-Emissionen, für die einstweilen noch keine ökonomisch tragbare Umweltschutztechnologie gefunden worden ist. Wie bereits dargelegt wurde, können bei solchen Instrumenten auch nichtenergiebezogene Umweltlösungen, wie z.B. die Wiederaufforstung, mit einbezogen werden. Dies kann durch das dem Handel mit Emissionsrechten verwandte „Kompensations-System" geschehen, das jedoch im globalen Maßstab („global bubble") angewendet werden muß, wenngleich die wesentlich größeren Schwierigkeiten der Umsetzung im internationalen Rahmen noch ungelöst sind. Immerhin sollten dieses Instrument und seine Anwendung noch weiter analysiert und ausgestaltet werden, denn offenbar bietet es Möglichkeiten, um ausgewogene und integrierte Lösungen für einige der ganz besonders schwer zu bewältigenden Umweltprobleme zu entwickeln.

2. Verbesserung der Entscheidungsprozesse

Auf die Notwendigkeit ausgewogenerer und besser integrierter Lösungen für die Probleme der Wechselwirkungen zwischen Energie und Umwelt ist in Kapitel VIII näher eingegangen worden. Lösungen in der geforderten optimalen Weise können nicht gefunden werden, solange es nicht auf allen Entscheidungsebenen bessere und enger koordinierte Entscheidungsprozesse gibt, d.h. von der Ebene des einzelnen Anlagenplaners oder -betreibers bis hin zum globalen Niveau. In den nachstehenden Ausführungen sollen einige spezifische Bereiche aufgezeigt werden, in denen der Entscheidungsprozeß verbessert werden könnte.

(a) Zielsetzungen

Wenn rechtzeitiger klarere Umweltziele mit überschaubaren Fristen für ihre Verwirklichung festgelegt werden, dürfte dies zu einer reibungsloseren Gestaltung der gesetzgeberischen Initiativen und Durchsetzung der den Umweltschutz betreffenden Rechtsvorschriften beitragen. Am beschwerlichsten erwies sich für die Berücksichtigung von Umweltschutzauflagen bei der Energieprojektplanung und -entwicklung bisher oft vor allem die Tatsache, daß sich die Zielvorgaben ständig änderten und offenbar jeweils nur punktuelle Maßnahmen beschlossen und auch so umgesetzt wurden. Die Verzögerungen bei Standortwahl und Genehmigung für energiewirtschaftliche Anlagen, können vielfach auf Stockungen zurückgeführt werden, zu denen es deshalb kam, weil bei der Planung auf die „falschen" (d.h. unzweckmäßige, überholte oder unzulängliche) Umweltschutztechniken oder -technologien abgestellt wurde. Die Fahrzeug- und Ausrüstungshersteller (ob sie nun umweltverschmutzende Erzeugnisse oder für den Umweltschutz bestimmte Ausrüstungen produzieren) erleiden bei den sich (wegen des notwendigen Zeitaufwands für Planung und Durchführung sowie der Amortisation der für technologische Änderungen erforderlichen Investitionen) rasch wandelnden Anforderungen Gewinneinbußen und weichen daher auf billigere und bequemere Lösungen aus, die sich auf die Dauer u.U. als weniger effektiv erweisen.In Kapitel II sind die Entwicklungen beschrieben worden, die zu diesem Sachverhalt beigetragen haben: Die jeweils neu ermittelte Umweltbelastungsquelle wird zum „Verschmutzer des Tages", für den neue Umweltschutzmaßnahmen realisiert werden müssen. Angesichts der Dringlichkeit der festgestellten Umweltprobleme sind entsprechende neue Umweltvorschriften häufig rasch in Kraft gesetzt worden, ganz gleich, seit wie langem andere (oft im Widerspruch zu den neuen Bestimmungen stehende) Auflagen bereits in Kraft waren. Oft erhielten die für den Umweltschutz zuständigen Stellen auch großen Ermessensspielraum bei der Zustimmung zu ordnungsrechtlichen Maßnahmen, durch die immer dann, wenn neue Belastungen oder Befürchtungen zutage traten, die Grenzwerte verschärft wurden. So verstärken Vorschriften über die beste verfügbare Umweltschutztechnologie häufig den Eindruck eines Spiels mit ständig wechselnden Regeln, bei dem ein gestern noch als akzeptabel betrachteter Grenzwert oder technologischer Ansatz heute schon als unannehmbar gilt. Wenn eine Vorschrift viele Interpretationsmöglichkeiten beläßt, muß mit ihrer nur stockenden Anwendung und mit zeitraubenden Auseinandersetzungen über die in Frage kommenden Lösungen gerechnet werden. Der zeitliche Ablauf von Umsetzung und Entscheidungsfindung ist ein wichtiger Aspekt bei der frühzeitigeren Entwicklung klarerer Ziele und besserer Entscheidungsprozesse. Wenn Umweltprobleme im Zeitraffertempo gelöst werden sollen, hat dies im allgemeinen negative Folgen für die Ziele der Energieversorgungssicherheit. Eine Verlängerung der Planungsfristen für die Entwicklung und Einleitung von Umweltschutzmaßnahmen könnte Kosten und Verzögerungen verringern helfen, wobei allerdings gewährleistet werden müßte, daß den Umweltbelangen gebührend Rechnung getragen wird. Um dies zu erreichen, wäre es vielleicht besser, schon etwas früher als bisher auf Umweltanliegen zu reagieren, zugleich aber auch für mehr Klarheit darüber zu sorgen, mit welchen Umweltschutzauflagen für einen gegebenen Zeitraum zu rechnen ist. Dabei können die Entscheidungsträger zwar u.U. Gefahr laufen, die Größenordnung der erforderlichen Lösung nicht ganz richtig zu bemessen, dafür dürften dann aber später, wenn das betreffende Umweltproblem noch drängender geworden ist, weniger gravierende Störungen des Energiesystems eintreten.
Es gibt so gut wie kein Beispiel für Fälle, in denen ein solcher Ansatz geplant und erfolgreich realisiert worden wäre. Ja, es steht nicht einmal fest, ob ein solches Konzept in aktuelle Lösungen eingebaut werden könnte oder ob es spezifische Grenzwerte oder Umweltschutztechniken gibt, die hier zweckdienlich wären. Die nächstliegende und nutzbringendste Anwendung ist wohl im Bereich zwingend vorgeschriebener (oder sich so auswirkender)

technischer Standards – wie etwa für Ausrüstungen oder Fahrzeuge – denkbar. In der jüngsten Debatte über schärfere Kfz-Emissionsgrenzwerte in der EG haben einige Länder in Aussicht gestellt, daß die neuen Grenzwerte während einer bestimmten Periode nicht verändert werden, um durch eine solche Zusicherung die Hersteller dazu zu bewegen, ihre ablehnende Haltung gegen die Einführung neuer Obergrenzen zu lockern.

Es bedarf weiterer analytischer Vorarbeiten, um Konzepte und Mechanismen dafür zu entwickeln, daß längere Planungs- und Umsetzungsfristen angesetzt werden können, wobei als Pendant feste Zusagen über die innerhalb genau bestimmter Zeiträume zu erwartenden spezifischen Auflagen erteilt werden könnten. Jede derartige Analyse sollte auch die Tendenz berücksichtigen, daß die Umweltschutzziele immer weiter gesteckt werden und erst dann nach den kostenwirksamsten Lösungen für ihre Umsetzung gesucht wird.

(b) Verbesserung und Koordinierung der Verbreitung von Technologien und der F+E-Aktivitäten

Es gibt eine Reihe von Möglichkeiten, die energiepolitischen Lösungen und die Ansätze für die technologische Entwicklung so zu erweitern, daß Umweltprioritäten einbezogen werden könnten. Lösungen wie die Versorgung zu Mindestkosten und die Bedarfsplanung, wie sie zur Verringerung der Stromversorgungskosten angewendet werden, könnten dazu beitragen, die Kosten von Maßnahmen zur Emissionsreduzierung zu minimieren, wenn bei der Planung ein Ansatz angewendet würde, der niedrigste Kosten, größte Emissionsminderung und maximale Energieversorgungssicherheit miteinander verbindet. So wurde z.B. das Konzept der Brennstoffflexibilität ursprünglich für den Bau von Anlagen entwickelt, bei denen im Bedarfsfall ohne weiteres vom einen Brennstoff zum anderen übergewechselt werden kann. Dieses Konzept kann auch – ggf. verstärkt durch einige zusätzliche F+E-Anstrengungen für die Technologieentwicklung – als Teil einer Strategie für die Umsetzung von Umweltstandards betrachtet werden, zumal wenn solche Auflagen saisonal oder anderweitig zeitgebunden sind.

Es ist absolut unerläßlich, daß die nationalen und internationalen Energieaktivitäten in den Bereichen Forschung, Entwicklung, Demonstration und Verbreitung fortgesetzt werden. Dies ist die Voraussetzung dafür, daß nach und nach Verbesserungen erzielt werden in bezug auf Effizienz, Ökonomik, menschliche Gesundheit und Umweltqualität sowie bei der Entwicklung sicherer Energietechnologien für ökologisch vertretbare Energiepolitiken und -programme für die Zeit nach 2005. Die in letzter Zeit gewachsene Besorgnis über globale Klimaveränderungen und andere Umweltprobleme hat Fragen nach den geeigneten Prioritäten für die F+E-Anstrengungen in ihrer gegenwärtigen Form aufkommen lassen. In diesem Bereich bedarf es weiterer integrierter und koordinierter Arbeiten und vor allem auch einer umfassenden und kritischen Technologiebestandsaufnahme, um besondere Durchschlagskraft versprechende Energietechnologien und -systeme zu ermitteln und eine regional orientierte Datenbasis zu schaffen, in der Technologiemerkmale und Technologiebedarf gespeichert sind. Dieser Notwendigkeit einer Neubewertung der F+E-Prioritäten wird mit verschiedenen aktuellen Initiativen sowie mit derzeit laufenden und geplanten Arbeiten der IEA Rechnung getragen.

(c) Bessere Information und öffentliche Bewußtseinsbildung

Wie aus zahlreichen neueren Meinungsumfragen und Studien hervorgeht, hat sich die Haltung der Öffentlichkeit zu Umweltfragen grundlegend gewandelt. Eine bessere Information über die Umwelteigenschaften von Konsumgütern und eine bessere Aufklärung von Wirtschaft und Öffentlichkeit über die Umweltschutzziele könnten dazu beitragen, Anstöße für zugleich umweltorientierte und der Energieversorgungssicherheit dienende freiwillige Aktionen zu vermitteln (sowohl für Einzelinitiativen als auch zugunsten der Akzeptanz der Anwendung von Politikinstrumenten zur Verwirklichung von Zielen im Bereich Energie/Umwelt). Beim heutigen Stand der Öffentlichkeitsarbeit dürften sich im wesentlichen zwei Probleme stellen. Erstens wiegen bei wichtigen Kaufentscheidungen andere Faktoren vielleicht schwerer als Umwelterwägungen. Zweitens sind die Verbraucher vielleicht noch nicht bereit, für umweltfreundliche Produkte erheblich mehr zu zahlen. So bevorzugen sie in vielen Ländern nach wie vor größere, leistungsstärkere Autos, die aber – je Personenkilometer gerechnet – die Umwelt u.U. mehr belasten als kleinere Wagen. Ein treffendes Beispiel für das zweite Problem ist das Unvermögen, ohne Preisvorteile die Umstellung auf bleifreies Benzin zu bewältigen. Die Öffentlichkeit sollte weit besser darüber aufgeklärt werden, wie externe Umweltschutzkosten am wirksamsten von vornherein in die Produktionskosten einbezogen werden könnten und wie sich dies ggf. auf die Preise auswirken würde.

Parallel dazu muß die Öffentlichkeit aber auch darüber informiert werden, wieviel schon getan wird oder in die Wege geleitet worden ist, um gleichzeitig mit der Förderung der Energieversorgungssicherheit dem Umweltschutz zu dienen. Für die Medien haben solche Anstrengungen vielleicht keinen so großen Nachrichtenwert wie Umweltunfälle mit katastrophalen Folgen. Gute Gründe sprechen aber für intensive, von Staat und Privatwirtschaft laufend gemeinsam durchgeführte Aufklärungskampagnen, die der Öffentlichkeit auch diese positiveren Aspekte der Situation vor Augen führen. Wenn die Verbraucher sehen, daß Staat und Wirtschaft an Problemlösungen zusammenarbeiten, dürften sie sich auch deutlicher bewußt werden, daß anstehende Probleme nicht einfach durch den Erlaß staatlicher Vorschriften aus der Welt geschafft werden können.

Auch die Industrie reagiert auf die wachsende Besorgnis über die Umweltverschlechterungen und die Bemühungen der Umweltschützer, ihre Produkte nach Umweltgesichtspunkten einzustufen. Wenn die Industrie die Umweltsorgen der Öffentlichkeit und die Umweltschutzziele besser versteht, kann sie auch Wettbewerbsvorteile optimal nutzen. Die meisten Unternehmen wissen, daß ihr Image einer der wichtigsten Aktivposten ihrer Geschäftsbilanz ist. Bei wachem Umweltbewußtsein der Öffentlichkeit könnten wohl weit mehr Unternehmen hinsichtlich der Umwelteigenschaften ihrer Produkte ein fortschrittlicheres Verhalten an den Tag legen. Es gibt zahlreiche Beispiele für freiwillige Initiativen in diesem Bereich. Zwei dieser Initiativen betrafen bleifreies bzw. bleiarmes Benzin. Dabei waren vorgesehen:

- die Markteinführung von bleifreiem Benzin oder die Senkung des maximalen Bleigehalts unter den gesetzlich vorgeschriebenen Grenzwert;
- die Ermäßigung des Preises für bleifreies Benzin seitens einer Ölgesellschaft, noch bevor von staatlicher Seite eine Senkung der von den Ölgesellschaften zu entrichtenden Steuer auf unverbleites Benzin beschlossen worden ist.

Eine bessere Information über die Umweltprobleme und die Pläne zu ihrer Bewältigung gibt auch Anstöße für die Entwicklung neuer Produkte und Dienstleistungen zur Befriedigung der erwarteten Marktnachfrage. Als Beispiel sei hier ein Konsortium in Virginia genannt, das von Staat und Privatwirtschaft eigens zu dem Zweck gegründet worden ist, erdgasgetriebene Fahrzeuge zu entwickeln und auf den Markt zu bringen. Damit soll der Notwendigkeit entsprochen werden, die Probleme der Umweltqualität in den Städten zu entschärfen. Eine Gruppe belgischer Unternehmen hat sich angesichts der wachsenden Entsorgungsprobleme auf verschiedenste Formen des Recycling spezialisiert – von Metallschrott bis hin zu toxischen Chemikalien.
Eine bessere Aufklärung über die Zusammenhänge zwischen Energieverwendung und Umweltverschlechterung könnte dazu beitragen, sowohl Aktionen im Bereich der Energieeffizienz anzuregen als auch den Widerstand gegen neue Energieanlagen zu verringern. Zur

Zeit besteht die paradoxe Situation, daß die Nachfrage nach bestimmten Energieträgern
steigt, Bau und Betrieb von Anlagen, die die Nutzung dieser Energieformen erst ermöglichen
(Raffinerien, Pipelines usw.), aber auf Widerstand stoßen. Durch einen solchen Widerstand
können durchaus bedeutende Zugeständnisse bei den Produktionskosten zugunsten des
Umweltschutzes erreicht werden, andererseits führen aber ungenaue Informationen leicht
dazu, daß nicht die optimalen Entscheidungen getroffen werden. Man denke nur an den
Fall, daß die Bewohner eines bestimmten Gebiets sich gegen eine Offshore-Bohrtätigkeit
stellen, mit dem Ergebnis, daß das Öl dann in Tankern herangeschafft werden muß. Nach
den neuesten Statistiken für die kalifornische Küste belaufen sich die Ölaustritte von Tankern
auf 60–100 Barrel pro Tag, die Ölaustritte von Bohrinseln dagegen nur auf 10 Barrel pro
Jahr. Die Verbraucherhaltung des NIMBY-Syndroms („Not In My Backyard") ist zwar
bekannt, doch sind bisher noch keine brauchbaren Lösungen für dieses Problem gefunden
worden. Es würde sich empfehlen, Verhalten und Gewohnheiten der Energieverbraucher
noch viel eingehender zu erforschen, um zu klären, wie ein maximales Verständnis für die
bestehenden Handlungsoptionen am besten gewährleistet werden kann.
Noch immer gibt es viele Fälle, in denen kein noch so reichlicher Informationsfluß die
Kaufentscheidungen der Verbraucher ändern kann. Das treffendste Beispiel ist hier der
elektrische Strom, bei dem für den Endverbraucher nicht ersichtlich ist, welcher Brennstoff
für die Stromerzeugung verwendet wurde. Auch wird argumentiert, daß die Verbraucherentscheidungen zuweilen für die meisten Konsumenten einfach zu kompliziert werden, weil sie
vielleicht zu viele Kriterien gegeneinander abwägen müssen. Dieses Problem ist bereits
anhand der doch weniger komplizierten Wahl zwischen höheren Erstkosten oder niedrigeren
Betriebskosten eines energieeffizienteren Produkts gut veranschaulicht worden.

3. Internationale Harmonisierung und Koordinierung von Umweltschutzbemühungen

Wie in den Kapiteln IV und V dieser Studie gezeigt worden ist, sind die Umweltstandards
innerhalb des OECD-Raums sehr unterschiedlich, wenn hier auch eine starke Tendenz zu
verschärften Auflagen zu beobachten ist. In der letzten Zeit sind im Zusammenhang mit
Umweltproblemen mehr und mehr internationale Aktivitäten eingeleitet worden, was mit
wachsenden Wirkungen auf die Festlegung der lokalen und nationalen Umweltziele und
-standards verbunden ist. Harmonisierung und Koordinierung – das waren die Schwerpunkte
dieser Aktivitäten.
Hinter den intensiven Bemühungen um die *Harmonisierung* der Umweltschutzmaßnahmen
stehen Befürchtungen, daß große Diskrepanzen zwischen Umweltschutzstandards und
-kosten zu Handels- und Wettbewerbshindernissen werden können. Besonders intensiv waren
die einschlägigen internationalen Bemühungen in der EG und in der Freihandelszone USA/
Kanada. Hauptbeweggrund für die regionalen und internationalen *Koordinierungsanstren-
gungen* waren über den lokalen oder nationalen Rahmen hinausgehende Umweltbelastungen.
Säureablagerungen, Meeresverschmutzung, Ozonabbau, Erwärmung der Erdatmosphäre
und Freisetzung radioaktiver Strahlung sind Punkte auf einer immer länger werdenden Liste
von Umweltproblemen, bei denen heute nicht mehr in rein lokalen Dimensionen über
entsprechende Abhilfemaßnahmen nachgedacht werden kann.
Diese Grundprinzipien der internationalen Koordinierung und Harmonisierung sind natürlich miteinander verbunden, und ihre Anwendung auf die internationale Energie- und
Umweltpolitik vollzieht sich nach den gleichen Prozessen, die den Informationsaustausch,
das Aushandeln von Abkommen und die nachfolgende nationale Umsetzung der Verpflichtungen zum Gegenstand haben, die in bezug auf Leitwerte oder Auflagen eingegangen

worden sind. Diese Grundprinzipien sind aber (bisweilen parallel) entwickelt worden, um zwei ganz verschiedene Ziele zu erreichen, wobei das Ziel der Koordinierung im wesentlichen umweltbezogen und das der Harmonisierung naturgemäß ökonomischer Art ist. Schnittstelle zwischen beiden ist die Verteilung der Maßnahmen und der Kosten, womit Fragen der gerechten Lastenverteilung und des Wettbewerbs ins Spiel kommen.

Eine der größten Schwierigkeiten bei vielen internationalen Bemühungen dieser Art sind die sehr unterschiedlichen Denkmodelle für den Umweltschutz, auf denen die nationalen Ansätze aufbauen. In Anlehnung an Kapitel IV (Thema Typologie) lassen sich diese Denkmodelle in drei Hauptkategorien einteilen:

- das Modell der „kostenoptimalen" Lösung, bei der Emissionsminderungen überall dort angestrebt werden, wo dies zu den geringsten Kosten möglich ist, wobei bei der Reduzierung der Emissionsquellen in steigender Reihenfolge der Grenzkosten vorgegangen wird, bis das angestrebte Emissionsniveau erreicht ist;
- das Modell der „ablagerungsoptimalen" Lösung, bei der angestrebt wird, die Emissionen soweit zu mindern, daß der Verschmutzungseffekt oder die Ablagerung in einer bestimmten betroffenen Zone verringert wird, wobei die Reduzierung der Emissionsquellen nach dem Grundsatz der optimalen Kosten und des größten Ablagerungsanteils erfolgt, bis der für die Ablagerung angestrebte Zielwert erreicht ist;
- das Modell der „emissionsoptimalen" Lösung, bei der angestrebt wird, die jeweils größten Emissionen so weit zu mindern, daß ein vorgegebener Emissionsgrenzwert erreicht wird, wobei die Kosten insofern berücksichtigt werden, als die Emissionsgrenzwerte gewöhnlich nach Maßgabe der realen ökonomischen (und technischen) Möglichkeiten, wenn auch nicht fallweise, festgesetzt werden.

Derart grundverschiedene Lösungsansätze lassen sich auf internationaler Ebene nicht leicht miteinander in Einklang bringen. Im folgenden wird die Frage untersucht, wie die Ziele Harmonisierung und Koordinierung durch eine bessere Politikgestaltung wirksamer verfolgt werden könnten und wie sie sich im Rahmen der nationalen und internationalen Anstrengungen zur Beherrschung der Umweltwirkungen von Energieaktivitäten unter Wahrung der Energieversorgungssicherheit miteinander in Einklang bringen ließen.

(a) Harmonisierung nationaler Umweltschutzmaßnahmen

Im Vordergrund der internationalen Bemühungen um die Harmonisierung der nationalen Umweltschutzmaßnahmen stand das Bestreben, große Diskrepanzen zwischen den Umweltstandards und z.T. auch den Umweltschutzkosten zu vermeiden. Theoretisch wird davon ausgegangen, daß bei einer konzertierten Festlegung von Umweltstandards und deren einheitlicher Anwendung auf international gehandelte Güter wie Autos und Kühlschränke gewährleistet werden kann, daß solche Standards nicht wie Handelsschranken wirken oder wie solche ausgenutzt werden. Im allgemeinen findet dieses ökonomische Argument zugunsten der Harmonisierung die Zustimmung der Umweltexperten, vorausgesetzt, daß die Einigung auf den „kleinsten gemeinsamen Nenner" nicht zu einer größeren Umweltbelastung führt. Um dieses Dilemma zu vermeiden, muß man von vornherein von einem hohen Umweltschutzniveau ausgehen, wie dies bei der Einheitlichen Europäischen Akte geschehen ist.

In welchem Umfang wirtschaftliche Anstrengungen erforderlich sind, um ein bestimmtes Umweltschutzziel zu verwirklichen, hängt weitgehend von lokalen Faktoren ab, wie Geomorphologie, Klima, industrielle Aktivitäten und Standortbedingungen. Schließlich und endlich basiert die zunächst gewählte Umweltschutzlösung auf den unterschiedlichen nationalen Gegebenheiten. Die zwangsläufige Folge sind sehr unterschiedliche Wirkungen hinsichtlich der Intensität der erforderlichen Anstrengungen, was sich wiederum auf die Entscheidung über die Technologien und auf die Kosten auswirkt, vor allem aber darauf, wer die Kosten dieser Anstrengungen tragen soll. Zum Beispiel fußt die kostenoptimale Lösung für den Umweltschutz in Großbritannien auf dem Grundsatz der besten verfügbaren Umweltschutztechnologie unter bezug auf Umweltqualitätsstandards. Daß dieser Lösungsansatz gewählt wurde, ist vielleicht mit auf die geographischen Merkmale des Landes zurückzuführen (langgedehnte Küsten, kurze Flußläufe, starker Gezeitenhub und vorherrschende Winde), jedenfalls hat sich erwiesen, daß es sich hierbei um einen geeigneten Ansatz für die Lösung der meisten lokal auftretenden Umweltprobleme handelt. Andere Länder, wie Deutschland und die Niederlande, leiden dagegen nicht nur unter der in ihrem eigenen Staatsgebiet verursachten Umweltbelastung, sondern auch unter in anderen Ländern entstehenden grenzüberschreitenden Belastungen (die durch westliche Winde oder die vom Rhein mitgeführten Schadstoffe übertragen werden), weshalb diese Länder ablagerungsoptimalen Lösungen den Vorzug geben.

Würde die Harmonisierung zu uniformen und in der Anwendung zu starren Maßnahmen führen, so könnten die aufgrund geographischer und anderer regionaler Unterschiede naturgemäß gegebenen Vor- oder Nachteile bei der Umweltbelastbarkeit nicht berücksichtigt werden. In diesem Fall könnte die Harmonisierung zur Internalisierung von Kosten zwingen, die gar nicht konkret anfallen, oder Entwicklungen bzw. die Beibehaltung von Produktionsprozessen behindern, die an manchen Standorten durchaus für die Umwelt tragbar sind. Hingegen könnte eine Harmonisierung im Sinne des kleinsten gemeinsamen Nenners in manchen geographischen Räumen zu einer stärkeren Umweltverschlechterung führen mit dem Ergebnis, daß die dort entstehenden Umweltkosten nicht internalisiert würden. Dies trifft auf die meisten grenzüberschreitenden Schadstoffe zu. Bei Schadstoffen, für die es keine regionalen Differenzen der Umweltbelastbarkeit gibt, wie etwa bei Treibhausgasen, besteht dieses Problem nicht, so daß eine Harmonisierung zumindest theoretisch möglich wäre.

Die Harmonisierung der Umweltschutzkosten steht hiermit im Zusammenhang, bildet aber ein noch komplexeres, z.Z. noch lebhaft diskutiertes Problem. Die Anwendung uniformer internationaler Umweltstandards würde nicht unbedingt für Gleichheit bei den Umweltschutzkosten sorgen, auch wenn die Standards die Form prozentualer Emissionsminderungswerte annähmen, weil dann Länder mit niedrigem Emissionsausgangsniveau tendenziell benachteiligt wären. Umgekehrt würden Länder mit aus historischen oder strukturellen Gründen hohem Emissionsniveau ebenfalls benachteiligt werden, wenn sie, um eine Emissionsminderung auf ein letztlich willkürlich festgelegtes Niveau zu erreichen, wirtschaftlich nicht fundierte Maßnahmen ergreifen müßten. Was die Energieaktivitäten betrifft, so sind die Kosten für die Erfüllung von Umweltschutz- oder Brennstoffqualitätsauflagen natürlich je nach den physischen Eigenschaften der erzeugten, umgewandelten und verbrauchten Energie sehr unterschiedlich. Diese Frage ist unlängst bei den Bemühungen um die Entwicklung einer akzeptablen Übereinkunft über die Begrenzung der Verwendung von FCKW aufgegriffen worden. Soweit die Standards hierfür flexibel genug sind, entscheidet weitgehend die lokale Kosten-Nutzen-Rechnung darüber, welches die kostenwirksamste Maßnahme ist, wobei die Kosten-Nutzen-Relation aber für die einzelnen Verursacher zwangsläufig jeweils verschieden ist. Unter Umständen kann auf nationaler Ebene mit Finanzhilfen gearbeitet werden, die zur Kostendiffusion und gerechteren Lastenteilung beitragen, wobei diese Hilfen allerdings die Kostenunterschiede zwischen den Ländern vergrößern und internationale Wettbewerbsverzerrungen hervorrufen können.

Die vorstehenden Überlegungen zeigen, daß Fragen der Harmonisierung von Umweltschutzstandards oder -kosten nicht losgelöst voneinander oder unabhängig von dem jeweiligen Umweltschutzproblem behandelt werden können. In diesem Bereich bedarf es weiterer Arbeiten und Untersuchungen, um Möglichkeiten dafür zu erkunden, die miteinander verbundenen, aber oft auch zueinander im Widerspruch stehenden Faktoren der Kostenwirksamkeit, des Kosten-Nutzen-Effekts und der Umwelteffektivität in einer Gesamtlösung zu vereinigen. Die im folgenden behandelten Bemühungen um Umweltschutzlösungen für die Probleme der grenzüberschreitenden und globalen Umweltbelastung dürften ihren Teil zur Diskussion über die ausgewogene Verteilung der Anstrengungen und eine gerechte Lastenverteilung beitragen.

(b) Internationale Koordinierung von Umweltschutzmaßnahmen

Die auf eine bessere Koordinierung der Umweltschutzmaßnahmen gerichteten internationalen Aktivitäten entspringen der Notwendigkeit, die Effektivität der auf die Bewältigung regionaler oder globaler Umweltprobleme (grenzüberschreitende Umweltbelastung usw.) abzielenden Strategien zu steigern und zugleich eine ausgewogene Verteilung der Anstrengungen zu erreichen oder zu sichern. Bei Abkommen, die sich auf Risiken von Großunfällen wie die Freisetzung radioaktiver Strahlungen oder Ölkatastrophen erstrecken, ist die Festsetzung von Zielen ein relativ unkompliziertes Unterfangen. Bei den internationalen Koordinierungsbemühungen geht es in diesen Fällen vor allem darum, eine Übereinkunft über Vorbeuge- oder Behebungsmaßnahmen und deren Umsetzungsmodus zu erzielen.

Bei chronischen, aber relativ geringen Umweltbelastungen ist der erste Schritt gewöhnlich die Vereinbarung eines Reduktionsziels oder -niveaus. Allein das ist schon ein komplexer und vielfach langwieriger Prozeß, zumal wenn bereits zahlreiche voneinander abweichende internationale Standards und Instrumente bestehen. Oft wird in diesen Fällen mit den Koordinierungsbemühungen überhaupt nur versucht, eine Einigung über solche Zielvorgaben zu erzielen, während die Ausgestaltung der spezifischen Durchführungsmaßnahmen und deren Umsetzung den nationalen Stellen überlassen bleibt.

Angesichts dieser Sachlage werden neue Konzepte entwickelt und angewendet, die überwiegend den Problemen der grenzüberschreitenden Luftverschmutzung gelten. Eines dieser Konzepte – der gesamte nationale Emissionsgrenzwert – wird oft präziser ausgedrückt als die für später anvisierte prozentuale Minderung der Gesamtemissionen bezogen auf ein gegebenes Ausgangsniveau. Dieses Konzept wird bisweilen als „National Bubble"-System bezeichnet. Die Anwendung dieses Systems als Grundlage für internationale Messungen ist u.a. deshalb interessant, weil hierbei in den internationalen Übereinkommen auf eine spezifische Festlegung der Instrumente verzichtet werden kann, mit denen die einzelnen Unterzeichner dann das erklärte Ziel verwirklichen wollen.

Noch bis vor kurzem erstreckten sich solche nationalen Emissionsgrenzwerte auf uniforme prozentuale Minderungen, wie etwa der 1985 im Protokoll von Helsinki zum ECE-Übereinkommen über weiträumige grenzüberschreitende Luftverunreinigungen (1979) festgelegte Leitwert für die Minderung der SO_2-Emissionen um 30% und der Leitwert für die Stabilisierung der NO_x-Emissionen im Sofia-Protokoll von 1988 zu diesem Übereinkommen. Der Nachteil von Festlegungen, wie sie in diesen Übereinkommen vorgenommen worden sind, besteht darin, daß die durch den Leitwert vorgegebene Emissionsminderung nicht genau in Bezug gesetzt werden kann zur Verhütung eines bestimmten Schadensmaßes oder einer gegebenen Umweltverbesserung. Vielmehr handelt es sich hier im Grunde um ein politisches Engagement, Schritte in der gewünschten Richtung zu unternehmen.

Das Konzept der „National Bubbles" erscheint mehr und mehr als der geeignete Schlüssel zur Bewältigung der Luftverschmutzungsprobleme im internationalen Rahmen und wird inzwischen von Instanzen wie der EG und der ECE häufig angewendet. Die Anwendung solcher Konzepte als Strategien für die internationale Bekämpfung der Luftverschmutzung bringt für die Unterzeichner sehr unterschiedliche Lasten mit sich. Deshalb dürften weitere Schritte unternommen werden, um die wachsenden Schwierigkeiten zu bewältigen, die sich aus den Berechnungen der grundlegenden Grenzkosten und den sich hierauf stützenden Auffassungen darüber ergeben, was als gerechte Lastenverteilung betrachtet werden kann. Immerhin ist dieses Konzept aber einer der flexibelsten internationalen Lösungsansätze für die Begrenzung weiträumiger Schadstoffemissionen, die unabhängig vom genauen Ort der Verschmutzungsquelle zur Umweltverschlechterung beitragen.

Ferner zeichnet sich eine Tendenz ab, von einheitlichen prozentualen Emissionsminderungsleitwerten zur Festlegung unterschiedlicher Prozentsätze für die einzelnen Länder überzugehen. Die EG hat diesen Ansatz für die Festlegung nationaler Minderungsraten für SO_2-, NO_x- und Partikel-Emissionen aus bestehenden Großfeuerungsanlagen gewählt. Die Großfeuerungsanlagen-Richtlinie wurde aus diesem Grunde, aber auch um technologieorientierte Emissionsgrenzwerte für Neuanlagen zu berücksichtigen, weiter ausgestaltet. Bei keinem der beiden Konzepte ist jedoch ein direkter Bezug zu Umweltwirkungen gegeben. Deshalb bleibt das Problem ungelöst, daß einige Länder oder Verschmutzer für die Entschärfung eines Umweltproblems u.U. entweder zuviel oder aber zuwenig zu zahlen haben. Stärker ausgestaltete und die Lasten gerechter verteilende Lösungen können nur gefunden werden, wenn verläßliche Informationen über die Emissionsmengen und -standorte sowie über Grundmuster und Mechanismen der Schadstoffbeförderung und -ablagerung vorliegen. Möglicherweise müssen derartige Übereinkünfte in Zukunft von vornherein so flexibel gestaltet werden, daß die beschlossenen Leitwerte angepaßt werden können, wenn genauere Informationen oder Analysen verfügbar werden.

Die Entwicklung des Konzepts der kritischen Depositionsraten kann auf internationaler Ebene als Versuch betrachtet werden, über das „National Bubble"-System hinauszugelangen, dabei aber Schwierigkeiten zu vermeiden, die sich unmittelbar aus der Erfüllung technologieorientierter Auflagen ergeben. Die Entwicklung eines auf kritischen Depositionsraten basierenden Lösungsansatzes bezweckt die Schaffung einer wirkungsorientierten wissenschaftlichen Basis für Entscheidungen über die Begrenzung und Minderung grenzüberschreitender Schadstoffemissionen. Das Konzept der kritischen Konzentrationen dient dem Schutz und der Gesundung bereits stark belasteter Gebiete oder Regionen, wobei gleichzeitig eine Zunahme der Schadstoffbelastung in Reinluftgebieten (bis zur Höhe der kritischen Depositionsraten) zugelassen wird. Die Anwendung dieses Konzepts könnte auf ein Abwandern umweltverschmutzender Industrien in Reinluftgebiete hinwirken, wodurch die Luftverschmutzung im Endeffekt gleichmäßiger verteilt würde. Das Konzept könnte bis zum Postulat eines „Global Bubble" für Treibhausgase und einer kritischen Depositionsrate erweitert werden, deren Überschreitung nicht ratsam wäre.

Außerdem besteht die Tendenz, das Konzept der besten verfügbaren Technologien durch das Prinzip der kritischen Depositionsraten zu ergänzen und umgekehrt. Das Konzept der kritischen Depositionsraten wird angewendet, wenn bekannte Umwelttoleranzgrenzen von bekannten Verschmutzungsquellen überschritten werden, dagegen wird das Prinzip der besten verfügbaren Technologien bevorzugt, wenn komplexere Situationen vorliegen, z.B. bei unbekannten kritischen Depositionsraten, komplexer geographischer Streuung, unbekannten Quellen oder unbekanntem Verhältnis zwischen Emittent und Rezeptor. Die Anwendung des Konzepts der kritischen Depositionsraten macht es notwendig, daß die technische und ökonomische Durchführbarkeit der Maßnahmen als Umweltschutzvariable verwendet wird, während beim Konzept der besten verfügbaren Technologien als Umweltschutzvariable die kritischen Depositionsraten dienen. Das letztgenannte Prinzip, das sich auf sämtliche Verschmutzer einschließlich aller bereits bestehenden Quellen erstreckt, führt zu den signifikantesten Verbesserungen in stark umweltbelasteten Gebieten und ist daher für alle Gebiete mit einem unmittelbaren Nutzen verbunden.

Das Problem der Kostenwirksamkeit könnte dadurch angepackt werden, daß eine Umweltschutzpolitik auf der Basis kritischer Depositionsraten definiert wird. Mit fortschreitender

Entwicklung des Konzepts der kritischen Depositionsraten auf nationaler und internationaler Ebene wird sich zeigen, daß weitere, in Prozent ausgedrückte einheitliche Emissionsminderungswerte in der Regel nicht das ökonomischste Mittel für die Umsetzung von Leitwerten für kritische Konzentrationen sein werden. Die Anwendung des Grundsatzes der besten verfügbaren Technologien kann bei der Entwicklung kostenwirksamer Strategien, die natürlich auf internationaler Ebene koordiniert werden müssen, eine immer wichtigere Rolle spielen.

Wo für notwendige Emissionsminderungen kritische Depositionsraten zugrunde gelegt werden, sind Art und Umfang der entsprechenden Reduzierungsmaßnahmen von Land zu Land sehr verschieden (was neue Probleme der Harmonisierung der Umweltstandards aufwirft). Die Erfüllung der Auflagen großangelegter Umweltschutzprogramme, z.B. was Säureablagerungen oder Ozonwerte angeht, kommt in jedem Fall teuer zu stehen. Eine wichtige Grundsatzfrage lautet daher, wie die Kosten auf die verschiedenen geographischen Räume verteilt werden sollen und wieviel Flexibilität für die Kostenumlage auf die einzelnen Belastungsquellen einzuplanen wäre. Das von IIASA entwickelte RAINS-Modell läßt vermuten, daß größere und kostenwirksamere Minderungen der Versauerung in Westeuropa durch die Reduzierung der Emissionen in Osteuropa erreicht werden können, wogegen pauschale Minderungen der SO_2- und NO_x-Emissionen in den Signatarstaaten der ECE-Protokolle sich nur begrenzt auf das Belastungsniveau auswirken würden. Mehrere Analytiker und Parlamentarier haben eingeräumt, daß der Gedanke einer Schuldzuweisung nach dem „Verursacherprinzip" unangemessen ist, weil das Verhältnis Emittent – Rezeptor bei vielen Verschmutzungsproblemen (vor allem bei der Luftverunreinigung) nicht hinreichend geklärt sei. Die Einführung von Maßnahmen, die sich auf ganz unterschiedliche Niveaus von Minderungsinvestitionen verschiedener Länder erstrecken, bedingt zwangsläufig die Auseinandersetzung mit der Frage der gerechten Lastenverteilung und der notwendigen Vorkehrungen für die Finanzierung von Emissionsminderungsmaßnahmen. Da Kostenträger und Nutznießer geographisch gesehen nicht unbedingt dieselben sind, erscheint eine breitere Verteilung der Kostenbelastung angezeigt. So werden neuerdings Überlegungen angestellt, ob nicht Kostenverteilungssysteme – analog zu dem in den USA eingerichteten „Superfund" für die Beseitigung toxischer Abfälle, der aus Steuern auf die eingesetzten Rohstoffe finanziert wird – oder der Handel mit Emissionsrechten auf nationaler oder internationaler Ebene als Bestandteil integrierter, die Lasten gerecht verteilender Lösungen für internationale Umweltprobleme angewendet werden sollten.

Wie die vorstehenden Ausführungen zeigen, stellen die Schwierigkeiten bei der Verbesserung und Gestaltung der laufenden und künftigen internationalen Koordinierungsbemühungen die Regierungen und zuständigen internationalen Organisationen vor eine wachsende Herausforderung. Die Frage des Gleichgewichts, das zwischen den Leistungskriterien des Umweltschutzes einerseits (Umwelteffektivität, Kostenwirksamkeit, gerechte Lastenverteilung und Flexibilität) und der Energieversorgungssicherheit andererseits (Verläßlichkeit, Verfügbarkeit, Anpassungsfähigkeit und Diversifiziertheit) gewährleistet werden muß, sollte nunmehr auf internationaler Ebene wie auf der Ebene der einzelnen Länder und Verursacher geprüft werden. Es bedarf weiterer Untersuchungen darüber, welche Faktoren bisher wirksam zur Entwicklung und Verwirklichung koordinierter, flexibler und die Lasten gerecht verteilender Lösungen beigetragen haben. Dabei ist es unerläßlich, daß alle Aspekte, darunter vor allem auch die energiewirtschaftlichen Interessen, in diesen Entwicklungs- und Umsetzungsprozeß einbezogen werden.

XII. Schlußbetrachtungen

Die Umweltpolitik und die Instrumente für den Umweltschutz haben bereits erheblichen Einfluß auf manche unserer energiebezogenen Entscheidungen – von der Erzeugung bis zur Endverwendung. An dieser Entwicklung nimmt auch der Energiesektor teil, der das gesamte Wirtschaftsgeschehen in den Industriestaaten mit einem komplexen Netz von Aktivitäten überzieht. Bei den Verantwortlichen für die Energie- und die Umweltpolitik setzt sich zunehmend der Gedanke durch, daß die Umweltprobleme und die Maßnahmen zu ihrer Bekämpfung in den kommenden Jahren sogar noch größere Bedeutung erlangen werden. Während gegenwärtig das Wirschaftswachstum in den OECD-Ländern das Volumen der Wirtschaftstätigkeit vergrößert, wodurch wiederum Umweltrisiken entstehen, verbessert es andererseits auch die Voraussetzungen für die Umsetzung z.T. teurer Umweltschutzmaßnahmen und erweitert in vielfältiger Weise die Möglichkeiten der technologischen Innovation im Bereich der umweltorientierten Vorbeugungs- und Abhilfemaßnahmen.
Die möglichen Umweltfolgen von Energieaktivitäten erstrecken sich über ein weites Spektrum, doch gibt es inzwischen auch eine breite Palette von Systemen, die die Regierungen im Zusammengehen mit der Industrie entwickelt haben, um solche Umweltfolgen zu verhüten, zu minimieren, unter Kontrolle zu bringen oder zu beseitigen. Die Lösungsansätze für den Umweltschutz entwickeln sich mit dem Auftreten neuer Herausforderungen rasch weiter, doch sind die vorhandenen grundlegenden Instrumente wohlbekannt. Wenn auch z.T. noch erhebliche Unsicherheit besteht, so schaffen verbesserte wissenschaftliche Methoden und ein breiterer Informationsfluß doch die Voraussetzungen für intensive Anstrengungen zur Ausgestaltung von Lösungsansätzen und Strategien für die Bewältigung einer sehr breiten Skala komplexer Umweltprobleme. Vielfach sind noch weitere wissenschaftliche Belege und Daten notwendig, um die Zusammenhänge zwischen Verschmutzungsquellen und Risiken einerseits und den Umweltwirkungen andererseits zu klären. Bisweilen handeln die Regierungen in der Überzeugung, daß angesichts bestimmter Umweltrisiken bereits Maßnahmen gerechtfertigt sind, obgleich nur lückenhafte, wenn auch durchaus überzeugende Informationen zur Verfügung stehen. Möglicherweise kann es sich darum handeln, Umweltrisiken durch vorbeugende Maßnahmen aus dem Wege zu gehen. Wegen der Vielschichtigkeit und Tragweite der aktuellen und neu entstehenden Umweltsorgen werden zur beratenden Unterstützung der Entscheidungsträger in wachsendem Maße Sachverständigengutachten (zusammen mit verläßlichen Informationen) immer wertvoller werden.
Gewöhnlich werden mehrere, einander ergänzende und stützende Instrumente miteinander kombiniert, um eine größere Effektivität zu erreichen. Das angewendete Instrumentarium, die vorgeschriebenen Grenzwerte und der Geltungsbereich der Umweltschutzmaßnahmen, sind jedoch von Land zu Land, ja sogar innerhalb der einzelnen Länder bisher noch verschieden. Die Tendenz zu strengeren Begrenzungen, zu einer Ausweitung des Geltungsbereichs und zur Harmonisierung der Lösungen für grenzüberschreitende und globale Probleme wird manche dieser Unterschiede mit der Zeit verringern. Wo eine weitere Verschärfung der in einem gegebenen Land geltenden Vorschriften keine so große Wirkung mehr entfalten würde und wo globale und grenzüberschreitende Probleme bewältigt werden müssen, werden nunmehr auch regionale Lösungen angestrebt. Als Ergebnis internationaler Koordinierungsbemühungen erfolgt die Entwicklung und Umsetzung von Umweltschutzmaßnahmen in weit

größerem Maße als bisher im Rahmen bilateraler oder multilateraler internationaler Übereinkünfte.

Entsprechend den unterschiedlichen Umweltwirkungen der einzelnen Energiequellen und -endverwendungen werden die Lösungsstrategien auch verschieden ausgestaltet. Dadurch wird gewährleistet, daß die unternommenen Anstrengungen sowohl vom Standpunkt des Umweltschutzes als auch aus ökonomischer Hinsicht eine möglichst große Wirkung zeitigen. Dieser differenzierte Ansatz erfordert auch eine sorgfältige vergleichende Analyse eventuell vorhandener Lösungsalternativen und die Untersuchung bestehender Wechselwirkungen. Deshalb enthalten die nationalen Aktionspläne naturgemäß unterschiedliche Elemente und verschieden strenge Auflagen, auch wenn sie zur Lösung globaler und grenzüberschreitender Umweltprobleme beitragen. Es kommt aber darauf an, daß sich diese nationalen Einzelpläne zu einer angemessenen Gesamtlösung mit gerechter Lastenverteilung summieren. Das kann nur bei einem aktiven Meinungs- und Erfahrungsaustausch und einer aktiven Koordinierung auf internationaler Ebene gewährleistet werden.

Umweltschutzaktionen haben sich natürlich auch dadurch auf Energieaktivitäten ausgewirkt, daß sie einen Teil der Umweltkosten internalisiert haben, was in manchen Fällen zu Strukturverlagerungen bei Energieangebot und -nachfrage geführt hat. Insgesamt sind aber selbst großangelegte Umweltschutzaktionen bisher so gestaltet und umgesetzt worden, daß sie die Energieversorgungssicherheit nicht nennenswert beeinträchtigt haben. Die bereits eingegangenen Verpflichtungen für künftige Maßnahmen könnten sich aber in dieser Hinsicht stärker auswirken, weshalb diese Aktionen besser quantifiziert werden müssen. Eine kritische Durchleuchtung der Konsequenzen der weiteren Umweltschutzpolitik für die künftige Energieversorgungssicherheit gibt Anlaß, vorsorglich einige Warnungen auszusprechen.

Die energie- und umweltbezogenen Ziele müssen als miteinander verbunden betrachtet werden, damit es nicht zu einem Ungleichgewicht zwischen Angebot und Nachfrage kommt. Durch die Umsetzung für beide Belange positiver Lösungen können von Umweltschutzanliegen und -aktionen starke Impulse für Maßnahmen ausgehen, die der Versorgungssicherheit förderlich sind. Die Verbesserung der Energieeffizienz und die sparsamere Energieverwendung sowie die bevorzugte Nutzung erneuerbarer Energiequellen und anderer nichtfossiler Energieträger sind vorrangige Optionen für den Umweltschutz, und sie haben eine starke positive Wirkung auf die Energieversorgungssicherheit der Mitgliedsländer. Es könnten viele ergänzende Maßnahmen ergriffen werden, um die Kraftstoffverwendung im Verkehrssektor stärker zu diversifizieren, was wiederum die Umweltfreundlichkeit der Kraftfahrzeuge verbessern würde.

Die erhöhte Besorgnis über die Umweltfolgen von Energieaktivitäten machen es den Regierungen wie den Energieerzeugern und -verbrauchern mithin nicht nur zur Aufgabe, sondern bieten ihnen – was noch wichtiger ist – auch die Chance, optimale Lösungen zu verwirklichen, die die Ziele im Bereich des Wirtschaftswachstums, der Energieversorgungssicherheit und des Umweltschutzes fördern. Hierfür stehen zahlreiche Handlungsoptionen zu Gebote, die in dieser Studie unter den Stichwörtern nachgeschaltete Umweltschutztechnologien, „saubere" Energietechnologien, größere Energieeffizienz und Brennstoffsubstitution betrachtet werden. Zumindest bei den auf kurze bis mittlere Sicht (d.h. bis zum Jahre 2005) erwogenen Schritten handelt es sich eher darum, bereits laufende Aktionen zielkonformer zu gestalten und besser umzusetzen, als gänzlich neue Lösungen zu entwickeln, was aber natürlich auch in Betracht gezogen werden sollte. Wegen des gravierenden Charakters und der großen Tragweite mancher Umweltprobleme und -risiken und ihrer komplexen Wechselwirkungen ist aber noch nicht klar erkennbar, welchen Zuschnitt die Aktionen haben müßten, damit gleichzeitig Ziele im Bereich der Wirtschaft, der Energieversorgungssicherheit und des Umweltschutzes verwirklicht würden. Auch muß durch weitere Analysen noch geklärt werden, wie die Lösungen und Instrumente am besten miteinander kombiniert werden sollten, damit diese Ziele effektiv erreicht werden.

Es besteht weithin Einigkeit darüber, daß auch schon bei dem gegenwärtig verhältnismäßig niedrigen Energiepreisniveau erheblicher Spielraum für eine in wirtschaftlich tragbarer Weise verbesserte Energieeffizienz in den Mitgliedsländern vorhanden ist. Eine derartige Verbesserung liegt im Interesse einer nachhaltigen Entwicklung in den Mitgliedstaaten, ihrer Energieversorgungssicherheit und ihrer Umweltqualität durch das Potential für eine rationelle Energieverwendung, die dazu beiträgt, die globalen Umweltwirkungen der Brennstoffzyklen sowie die durch die Energieverwendung direkt entstehenden Umweltbelastungen zu mindern. Indessen hängen wesentliche Veränderungen des Tempos der Effizienzverbesserungen, wie sie für einen nennenswerten Beitrag zur Lösung regionaler oder globaler Umweltprobleme notwendig wären, entscheidend von den Preisanreizen für die verschiedenen Verbrauchergruppen sowie davon ab, wie rasch das Technologieniveau verbessert werden kann.

In den meisten Endverwendungssektoren und bei der Stromerzeugung gibt es zahlreiche Möglichkeiten der Brennstoffsubstitution. So bieten sich im Verkehrssektor Optionen für die Brennstoffumstellung etwa auf komprimiertes Erdgas, Methanol und Ethanol, die wahrscheinlich um die Jahrhundertwende einen Beitrag leisten könnten, zumal wenn diese Umstellung durch die Einführung kraftstoffflexibler Fahrzeuge, wie sie sich gegenwärtig in der Entwicklung befinden, erleichtert wird. Die Stromerzeugung in bivalenten und polyvalenten Anlagen kann, wo sie rentabel ist, ebenfalls zur Energieversorgungssicherheit beitragen, weil hierdurch eine Brennstoffsubstitution ermöglicht und für zusätzliche Flexibilität gesorgt wird. Ein verstärktes Interesse an umweltfreundlichen polyvalenten Systemen und deren Ausgestaltung (etwa zur Erfüllung saisongebundener Umweltauflagen) könnte diese Flexibilität steigern und somit die Versorgungssicherheit verbessern.

Unabhängig von der schließlich gewählten Lösung bleibt die Behebung bedarfsseitiger Zielkonflikte schwierig. Einerseits muß in einer Gesellschaft dafür Sorge getragen werden, daß Umweltschäden verhütet werden oder auf ein tragbares Maß begrenzt bleiben, was in den meisten Fällen am sichersten durch ordnungsrechtliche Maßnahmen erreicht wird. Andererseits funktionieren Wirtschaftssysteme (und Energiesysteme) dann am besten, wenn sie mit genügend Flexibilität ausgestattet sind. Diese Studie unternimmt nicht den Versuch, zur Überwindung dieser Zielkonflikte beizutragen, vermittelt aber Einblicke in Bereiche, in denen Verbesserungen erzielt werden könnten, um diesen Prozeß des Ausbalancierens ein wenig zu erleichtern.

Zum Beispiel können durch eine bessere Koordinierung der Maßnahmen und durch bessere Entscheidungsprozesse auf nationaler wie internationaler Ebene, die eine große Zahl von Akteuren (Staat, Privatwirtschaft und den einzelnen Verbraucher) einbeziehen, beachtliche Ergebnisse erzielt werden. Insbesondere kommt es darauf an, daß die Koordinierung in allen Phasen der Technologieentwicklung und -kommerzialisierung stattfindet und sich auch auf die Wahl der Lösungen und Politikinstrumente erstreckt. Wie im Energiebereich müssen die Entscheidungen auch auf dem Gebiet des Umweltschutzes häufig notgedrungen unter unsicheren Rahmenbedingungen getroffen werden. Vorbeugende Maßnahmen, die ergriffen werden, obwohl das betreffende Problem wissenschaftlich noch nicht vollständig geklärt oder empirisch belegt ist, sind für den Energiesektor und die Energieversorgungssicherheit u.U. weniger abträglich, als wenn nach langem Zögern schließlich sehr drastisch eingegriffen wird. Dieser Prozeß läuft um so glatter ab, je früher die betroffenen Entscheidungsträger einbezogen werden.

Bessere Methoden sind notwendig, um das Problem des wachsenden Widerstands gegen die Standortwahl von Kohle-, Kernkraft- und Wasserkraftwerken und Entsorgungseinrichtungen zu bewältigen, das die künftige Planung des Elektrizitätssektors zusätzlich verunsichert. So kann die Entwicklung der Versorgung aus heimischen Quellen dadurch behindert werden, daß bei der Standortwahl für Bergbau- und Bohrtätigkeiten auf Umweltbelange Rücksicht genommen werden muß. In einigen Ländern sind solche Standortprobleme sowie eine für viele Stromversorgungsunternehmen ungewisse ordnungsrechtliche Situation eine Bedrohung für die Zuverlässigkeit des ganzen Systems. Wenn die Vorlaufzeiten immer kürzer werden, kann dies bei der Stromerzeugung zu einer Brennstoffumstellung führen, die auf mittlere bis lange Sicht Probleme für die Energieversorgungssicherheit mit sich bringen könnte. Die Bemühungen um technologische Lösungen für alle mit der Entwicklung heimischer Brennstoffe verbundenen Umweltprobleme dürften fortgesetzt werden, doch wird es u.U. lange dauern, bis annehmbare Lösungen für jedes neue Umweltproblem entwickelt worden sind, und diese Lösungen könnten dann teuer zu stehen kommen. Vielleicht bedarf es neuer oder geänderter Lösungen, damit die Standortentscheidungen ohne Minderung der öffentlichen Einflußnahme leichterfallen. So muß den voraussichtlich betroffenen Parteien u.U. in der einen oder anderen Form ein Ausgleich gewährt werden, und die hiermit verbundenen Kosten müssen vielleicht von vornherein in die Projektkosten einbezogen und dann gerecht verteilt an sämtliche Nutznießer weitergegeben werden.

Bei der Verwendung fossiler Brennstoffe ergibt sich eine wachsende Zahl von Hemmnissen, durch die eine ganze Reihe immer neuer Umweltprobleme entsteht (Säureablagerung, lungengängige Partikel, Luftverschmutzung durch photochemische Oxidantien und neuerdings die globale Klimaveränderung). Um eine Verringerung der Brennstoffalternativen zu verhindern oder eine solche Entwicklung wenigstens in Grenzen zu halten, könnte zunächst einmal damit begonnen werden, die mit der Energieverwendung verbundenen Umwelteffekte in allen Phasen des gesamten Brennstoffzyklus besser zu durchleuchten und zu quantifizieren. Diese Quantifizierung könnte die Entscheidungen über Schritte zur Schaffung eines Energiesystems erleichtern, bei dem eine breite Skala von Energieformen und -verwendungsmöglichkeiten gewährleistet ist, die zugleich auch umweltfreundlich sind. Dies ist einer der Schlüsselbereiche für die künftige Analysetätigkeit.

Die Entwicklung geeigneter Lösungen und die Verbesserung der Entscheidungsfindung macht es erforderlich, daß die Sachzwänge bewältigt werden, die sich gewöhnlich ergeben, wenn Aktionen und Programme eine große Zahl von Organisationen und Einzelpersonen auf verschiedenen Ebenen einbeziehen. Mit anderen Worten müssen die Lösungen und die Politikinstrumente so gestaltet werden, daß sie den spezifischen Merkmalen und vielfältigen Zielsetzungen der verschiedenen ökonomischen Gruppierungen und Wirtschaftssubjekte (wie Privatwirtschaft und Verbraucher) Rechnung tragen. Das Verständnis dieser besonderen Aspekte und der Möglichkeiten, sie im Zusammenhang mit Umweltbelangen zu nutzen, wird gegenwärtig erst noch vertieft.

Umweltschutzmaßnahmen können erhebliche Veränderungen der Struktur des Energiehandels und der Energieinvestitionen mit sich bringen. Eine erhöhte Nachfrage nach umweltschonenden Brennstoffen könnte einen zusätzlichen Anstoß dafür geben, bei diesen Brennstoffen etwa bestehende Handelshemmnisse abzubauen. Die Tendenz zur internationalen Harmonisierung der Umweltlösungen wie auch andere Bestrebungen in dieser Richtung dürften zur Verringerung der Wettbewerbsungleichheiten beitragen. Während die in manchen Ländern ungenügende Harmonisierung keinen wesentlichen Einfluß auf die im vergangenen Jahrzehnt beobachteten Strukturveränderungen gehabt hat, könnten die zwischen den Ländern bestehenden Unterschiede in der Stringenz der Umweltauflagen im Verein mit den weiterhin bestehenden und z.T. noch wachsenden Standortproblemen auf die Dauer dazu führen, daß energieintensive Industriezweige wie die Raffineriewirtschaft aus bestimmten OECD-Ländern in andere umgesiedelt oder aber in Nichtmitgliedstaaten angesiedelt werden, und dies könnte sich auf die Energieversorgungssicherheit auswirken.

Es sind Technologien und Verfahrensweisen entwickelt worden, die beiden Erfordernissen gerecht werden, ohne dem einen oder dem anderen der beiden Ziele in nennenswertem Maße Abbruch zu tun. Das entscheidende Instrument, mit dem sich eine Beeinträchtigung der Energieversorgungssicherheit durch Umweltanliegen verhindern ließe, könnte sehr wohl eine sorgfältige „Terminierung der Umsetzung" sein, die Hand in Hand gehen müßte mit einer sorgfältigen Koordinierung der Energie- und Umweltbelange. Um dem ständigen Wandel der Rahmenbedingungen und des wissenschaftlichen Informationsstands Rechnung zu tragen, sollten flexiblere Lösungen entwickelt werden, die jeweils modifiziert werden können, wenn sich Rahmenbedingungen wandeln oder neue Informationen verfügbar werden. Die Entwicklung integrierter Umweltschutzlösungen, die den gesamten Brennstoffzyklus berücksichtigen und auf Minimalkostenanalysen aufbauen, hat Fortschritte gemacht. Solche Ansätze sind gut dafür geeignet, Nutzen und Kosten zu ermitteln und festzustellen, wo Abstriche bei der Zielerreichung in Kauf genommen werden müssen.

Anregungen für weitere Arbeiten

Wie in dieser Studie festgestellt wurde, sind die Lösungsmöglichkeiten und die Auswirkungen der Anwendung von Politikinstrumenten hinsichtlich der Verfügbarkeit, Detailliertheit und Zuverlässigkeit der Informationen sowie der Analyse in ihrer Art sehr unterschiedlich. Bei den Analysen wurden lediglich die für OECD-Länder vorliegenden Daten berücksichtigt. Die Einbeziehung von Daten aus Nichtmitgliedstaaten würde zur Vervollständigung des Bildes beitragen. Generell sind auch für die OECD-Länder weitere länder- und sektorspezifische Analysen des Beitrags aller brauchbaren Lösungsansätze für die Erreichung nationaler und internationaler Umweltziele notwendig, um spezifische Lösungsvorschläge erarbeiten und evaluieren zu können. Genauer gesagt besteht in den Bereichen Energieeffizienzverbesserung und Brennstoffsubstitution in der Industrie und im Sektor gewerbliche und Wohnbauten noch ein Bedarf an Grunddaten über die bisherigen Ergebnisse, die bestehenden Hindernisse und das noch ungenutzte Potential. Für den Verkehrssektor und den Bereich Stromerzeugung und Stromendverwendung sollten vergleichende Analysen über das gesamte Spektrum der Lösungsmöglichkeiten (wie größere Energieeffizienz, Brennstoffsubstitution und „saubere" Energietechnologien) durchgeführt werden, wobei der bei diesen Sektoren allgemein bessere Informationsstand zugrunde gelegt werden sollte.
In den die Politikinstrumente und die vorhandenen Lösungsmöglichkeiten behandelnden Abschnitten dieser Studie werden zahlreiche Fragen aufgegriffen, die im vorstehenden Kontext erörtert werden müssen. Was die Politikinstrumente (Steuern, Subventionen usw.) betrifft, so ist eine gründlichere Untersuchung aller anwendbaren ökonomischen und administrativen Instrumente notwendig. Bei dieser Analyse sollten die Handlungsinstrumente im Zusammenhang mit spezifischen Umweltproblemen wie Klimaveränderung oder saurer Regen betrachtet werden, und nach Möglichkeit sollten die bei der Anwendung dieser Instrumente entstehenden Wirkungen auf Energieverbrauch, -effizienz und -intensität und den Brennstoffmix sowie der Gesamteffekt der eingesetzten Instrumente auf den Energiesektor evaluiert und auch quantifiziert werden.
Bezogen auf die einzelnen in der Studie betrachteten Lösungen werden einige besonders wichtige Fragen behandelt. Die weitere Analyse der Strategien zur Steigerung der Energieeffizienz sollte sich auch auf die Frage erstrecken, wie die Politikinstrumente eingesetzt werden könnten, um ganz gezielt energieeffiziente Maßnahmen zu fördern, die wegen ihres Emissionsminderungspotentials den größten Umweltnutzen bringen. Als erster Schritt könnte eingehend untersucht werden, mit welchem Erfolg Vorschriften und Standards zur Verbesserung der Energieeffizienz beigetragen haben.
Bei der Untersuchung der Strategien für die Brennstoffsubstitution zugunsten umweltfreundlicherer Energieträger sollte geklärt werden, inwieweit solche Energiequellen im Hinblick auf die entsprechende Nachfrageentwicklung verfügbar sein werden; zu untersuchen wären auch einige der komplizierten Nebenwirkungen, die bei einigen Substitutionsoptionen zwischen Umwelt- und Energiesicherheitszielen auftreten. Bei der Untersuchung von Strategien

für „saubere" Energietechnologien müssen u.a. mehr aktuelle Daten über das Tempo ihrer kommerziellen Anwendung gesammelt und Möglichkeiten dafür ermittelt werden, eine bessere Verknüpfung der Energie- und Umweltbelange im Bereich Forschung, Entwicklung, Demonstration und Verbreitung zu erreichen, um dadurch bessere Voraussetzungen für die Förderung dieser Technologien zu schaffen. Die Aspekte der Flexibilität und Terminierung von Umweltschutzmaßnahmen erlangen eine außerordentlich große Bedeutung für die Entscheidungsfindung bei Umweltproblemen, zu deren Bewältigung bereits nahezu marktreife „saubere" Energietechnologien zur Verfügung stehen. Es bedarf weiterer Arbeiten zur Entwicklung eines Mechanismus (d.h. einer wie auch immer abgestuften Strategie), um das Vordringen „sauberer" Energietechnologien zu ermöglichen, die noch nicht ganz marktreif, aber sehr erfolgversprechend sind. Wichtig ist dabei, daß auch festgestellt wird, wie groß das Potential dieser Technologien (sowie der nachgeschalteten) ist und wieweit die entsprechende Fertigungsindustrie die Fähigkeit besitzt, den jeweils erlassenen strengeren Vorschriften zu genügen.

Bei der Erarbeitung der Lösungsansätze wird es darauf ankommen, eine klarere Antwort auf die Frage zu finden, wie die Industrie und die Betreiber von Energieerzeugungsanlagen reagieren werden, wenn für sie der Zeitpunkt gekommen ist, Entscheidungen im Hinblick auf die Schnittstelle von Energie, Umwelt und Wirtschaft zu treffen. So muß geklärt werden, wie die Minimalkostenplanung dazu beitragen kann, das Optimalziel „Mindestkosten, größte Emissionsminderung und maximale Energieversorgungssicherheit" zu verwirklichen. Besonders interessant ist dabei die Frage, wieweit die Industrie in der Lage ist, marktorientierte Instrumente wie z.B. den Handel mit Emissionsrechten zu nutzen.

Gründlicher untersucht werden müssen ferner die Lösungen, die in erster Linie nur auf einzelne Luftverschmutzungsprobleme abzielen. Dabei muß ermittelt werden, welche positiven oder negativen Wirkungen von diesen Lösungen auf die übrige Luftverschmutzung, die Probleme der Festmüllentsorgung und der Gewässerkontamination ausgehen. Darüber hinaus könnten diese Analysen auf die Frage ausgedehnt werden, welche Möglichkeiten integrierte oder auf mehrere Medien gleichzeitig abgestellte Umweltschutzlösungen bieten. Dabei wäre insbesondere die Frage zu prüfen, wie sich die Zusammensetzung (und die Kosten) der Lösungen und der angewendeten Instrumente ändern, wenn entweder ein fallweiser oder ein integrierter Ansatz gewählt wird.

Die Voraussetzung dafür, daß stets die Fähigkeit gegeben ist, unbehindert auf Umweltprobleme zu reagieren, ist ein kontinuierlicher Nachschub von Technologien für die Umsetzung der notwendigen Lösungen. Dies erfordert eine effektive Schwerpunktbildung und Ausgestaltung von FE+D-Programmen, die mit den sie begleitenden Politikinstrumenten in eine kohärente Gesamtstrategie eingebunden werden müssen. Hier liegt eine entscheidende Voraussetzung für die Umsetzung des Stufenkonzepts für die Entwicklung „sauberer" Energietechnologien und deren Integration in das Energie/Umwelt-System. Manche technologischen Lösungen von Umweltproblemen wie z.B. der Klimaveränderung erfordern u.U. viel längere Fristen, als sie in der Industrie bei der Evaluierung technologiebezogener Investitionsentscheidungen üblich sind. Bei der Erarbeitung von Lösungsstrategien muß deshalb auch die Frage geklärt werden, welche Rolle der Staat bei der Sicherung einer angemessenen und rechtzeitigen Mittelausstattung von FE+D-Programmen spielen soll.

Auf internationaler Ebene richtet sich das Augenmerk zunehmend auf die bessere Koordinierung der Anstrengungen zur Bewältigung der mit der grenzüberschreitenden und globalen Umweltbelastung verbundenen Probleme. Die Analyse und Entwicklung von Grundkonzepten zur gleichzeitigen Berücksichtigung von Faktoren wie Kostenwirksamkeit, gerechte Lastenverteilung und Umwelteffektivität ist einer der Hauptbereiche, in denen die Ergebnisse künftiger Arbeiten eine wesentliche Vorbedingung dafür sind, daß annehmbare Lösungen in die Tat umgesetzt werden. In diesem Zusammenhang wird es wichtig sein, vor allem auch die Möglichkeiten dafür zu untersuchen, neue Konzepte für Strategien zur Minderung von Umweltbelastungen – wie das Konzept der kritischen Depositionsraten – oder marktorientierte Instrumente – wie den Handel mit Emissionsrechten – zur Bewältigung grenzüberschreitender und globaler Umweltprobleme in einem internationalen Kontext auf die unterschiedlichsten OECD-Länder anzuwenden.

ANHÄNGE

ANHANG 1: BEURTEILUNG DER BRENNSTOFFKREISLÄUFE UNTER UMWELTGESICHTSPUNKTEN

Als Voraussetzung für eine umfassende Beurteilung der vorhandenen Kapazität für die Minderung oder Beseitigung der mit energiebezogenen Entscheidungen verbundenen Umweltwirkungen muß:

- der Charakter aller in die Umwelt gelangenden Emissionen und aller Umweltwirkungen des jeweiligen Brennstoffzyklus bekannt sein,
- jede dieser Emissionen und Einwirkungen anhand vergleichbarer Definitionen quantifiziert werden können,
- das gesamte Spektrum der verfügbaren Umweltschutzmaßnahmen bekannt sein.

Um den Charakter sämtlicher Umwelteffekte festzustellen, müssen alle Stufen des Brennstoffzyklus untersucht werden, und zwar:

- Erzeugung,
- Raffinieren/Verarbeitung,
- Umwandlung und Umsetzung,
- Beförderung und Distribution an die Verbraucher,
- Endverwendung (einschl. Entsorgung).

Bei dieser Beurteilung kann nicht mit einheitlichen Kriterien gearbeitet werden, denn Umweltwirkungen sind immer standortspezifisch und richten sich nach der genauen chemischen Zusammensetzung des Energieträgers. Die Umrechnung von Umwelteffekten in vergleichbare Meßgrößen ist technisch gesehen sehr schwierig, wie die Diskussion über die Entwicklung geeigneter Konversionsfaktoren für die Umrechnung von Methan-Emissionen in auf Kohlenstoff bezogene Äquivalente im Problembereich der Treibhausgase gezeigt hat. Daher sollen die folgenden Abschnitte vor allem einen Überblick geben über die zur Verfügung stehenden Kontrollmechanismen bei den Brennstoffzyklen von Erdöl, Erdgas, Kohle, Kernenergie und erneuerbaren Energieträgern sowie bei Stromerzeugung.

1. Brennstoffzyklus Erdöl

(a) Rohölförderung

Bei *Ölunfällen* sowie bei *Ölpest* und *Bränden* gelten Sicherheitsbestimmungen, die sich auf Inspektion, Wartung und Notstandsverfahren erstrecken. Die Genehmigung des Betriebs von Anlagen ist in den Mitgliedstaaten streng geregelt. Vielfach sind regelmäßige meeresökologische Beobachtungen im Umkreis von Bohrinseln verbindlich vorgeschrieben, wobei bereits bei der Genehmigung entsprechende Verfahren vorgesehen werden. Die bei Onshore-Bohrungen anfallende Salzsole gilt allgemein nicht als umweltgefährdend, kann aber nachteilige Wirkungen auf Oberflächengewässer und Grundwasser haben. Die Reinjektion von Salzsole und Abwasser aus Onshore-Bohraktivitäten ist ein fest etabliertes Verfahren zur Umsetzung von Wassergütestandards.

(b) Transport und Lagerung von Rohöl und Raffinerieprodukten

Die *Meeresverschmutzung durch Ölunfälle* oder *Verklappungen aus Tankern* wird durch die Internationale Konvention über die Verhütung der Meeresverschmutzung durch Schiffe (MARPOL) geregelt, die 1973 unterzeichnet wurde und von nahezu 30 internationalen Übereinkommen abgestützt wird, die Standards und technische Auflagen definieren und ökonomische Abschreckungsmechanismen (Geldstrafen, Schadenersatzzahlungen) vorsehen. Der Einsatz von Tankern mit Doppelrumpf ist nur in wenigen Gebieten des OECD-Raums zwingend vorgeschrieben.
Im Bereich der *leichtflüchtigen organischen Verbindungen (VOC)* schreiben die Protokolle von 1973/78 zur MARPOL vor, daß alle Rohöltanker-Neubauten mit Ballastkammern ausgerüstet werden müssen, wodurch mit der Zeit erreicht werden dürfte, daß beim Ballastieren keine Emissionen unverbrannter Kohlenwasserstoffe mehr entstehen. Die wachsenden Besorgnisse wegen der leichtflüchtigen organischen Verbindungen könnten aber zur Folge haben, daß für die Emissionen aus Lagereinrichtungen, die bisher nicht als gesonderte Verschmutzungsquelle behandelt worden sind, spezifische Emissionsgrenzwerte vorgeschrieben werden. Durch Techniken wie die Versiegelung von Lagertanks oder die Ausstattung mit Schwimmabdeckungen werden 90% der Emissionen an unverbrannten Kohlenwasserstoffen unter Kontrolle gebracht, und diese Techniken können für die Betreiber sehr kosteneffizient sein [18].

(c) Raffinieren des Erdöls

Der Umweltschutz im Bereich der *Abwassereinleitungen* durch Raffinerien wird durch die gesetzlichen Wassergütevorschriften geregelt, die gewöhnlich Konzentrationsgrenzwerte festsetzen und u.U. die Anwendung von Geräten für laufende Probenentnahmen vorschreiben, damit die Einhaltung der Vorschriften überprüft werden kann. Die Raffinerien sind jetzt allgemein mit Wasseraufbereitungssystemen ausgestattet, weil das durch Schwerkraftabscheidung rückgewonnene Öl wertmäßig so stark zu Buch schlägt, daß solche Systeme heute zur normalen Raffineriepraxis gehören. Die von den lokalen oder regionalen Stellen festgesetzten stringenten Abwassergrenzwerte erfordern heute zunehmend technisch anspruchsvollere und teurere Aufbereitungsverfahren (bis hin zur Biotechnik). Die Differenzen bei diesen Grenzwerten für punktuelle Quellen sind beträchtlich, weil die Wassergütestandards je nach Art des Mediums (Wasser in Flüssen, Flußmündungen, Buchten oder Küstengewässer) verschieden sind.
Der Umweltschutz im Bereich der *Luftschadstoffe* unterliegt den Luftgütebestimmungen, die für Raffinerien ebenso gelten wie für alle Großfeuerungsanlagen. Die Spezifikationen der Brennstoffqualität erstrecken sich auf den Schwefelgehalt des für den Destillations- und Reformierungsprozeß verwendeten Heizöls. Die gleichen Spezifikationen gelten für Feuerungsanlagen überhaupt. Die auf punktuelle Quellen anzuwendenden Grenzwerte richten sich in manchen Mitgliedstaaten danach, ob die Raffinerie ihren Standort in einem Gebiet mit hoher Luftbelastung hat:

− Bei neuen Raffinerien richten sich die Grenzwerte für SO_2 und NO_x über die Vorschriften für Standortwahl und Genehmigung hinaus gewöhnlich nach Standards, die in den meisten Mitgliedsländern für Feuerungsanlagen festgelegt worden sind. Diese Standards für Punkt-

quellenemissionen werden unterschiedlich, d.h. abhängig von der Anlagengröße, gestaltet. In den Niederlanden gilt jeweils ein einziger Emissionsgrenzwert für die Raffinerie als Ganzes, unabhängig vom verwendeten Brennstoff und der Anlagengröße.
– Für Raffineriealtanlagen sind die SO_2- und NO_x-Emissionsgrenzwerte – soweit es sie gibt – gewöhnlich weniger stringent. Am strengsten sind sie in Deutschland vor allem für NO_x-Emissionen, für die „technologieerzwingende" Standards gelten.

Weitere mit Umweltschutzmaßnahmen bekämpfte Schadstoffe sind u.a. Partikel und Kohlenmonoxid und in vielen Mitgliedstaaten neuerdings auch leichtflüchtige organische Verbindungen. Die in jüngster Zeit in den Mitgliedstaaten festgesetzten Grenzwerte für Partikel-Emissionen werden gewöhnlich mit Hilfe gängiger Entstaubungsausrüstungen (Fliehkraftabscheider) eingehalten. Bei strengeren Standards wären Stoffbeutelfilter erforderlich. Desgleichen müßten die Anlagen für katalytisches Kracken zur Einhaltung der künftigen CO-Emissionsstandards die Technik der Sekundärverbrennung anwenden. In Europa hat bisher nur Deutschland spezifische Grenzwerte für Emissionen leichtflüchtiger organischer Verbindungen durch Raffinerien festgelegt, die die Ausstattung der Verladungsstellen mit Rückgewinnungsanlagen erfordern. Möglicherweise könnten die Vorschriften weniger stringent gefaßt werden, um die Anwendung von Technologien mit hoher Rückgewinnungseffizienz, wie z.B. der Adsorption mittels Aktivkohle, zu ermöglichen. Die Niederlande haben für die Emission leichtflüchtiger organischer Verbindungen ein Reduktionsziel von 50% gesetzt, das bis zum Jahr 2000 erreicht werden soll. Mit der Raffineriewirtschaft ist ein entsprechendes Maßnahmenpaket vereinbart worden.
Gegenwärtig bestehen in der Umweltschutzgesetzgebung zwischen den einzelnen Ländern noch große Unterschiede [54]. Indessen ist offensichtlich, daß die Umweltschutzauflagen für Raffinerien in allen Ländern strenger werden, wie auch an den von den Länderregierungen und der EG geplanten Gesetzen zu erkennen ist.

2. Brennstoffzyklus Erdgas

(a) Erdgasförderung

Da Erdgasförderung und Rohölförderung oft Hand in Hand gehen, läßt sich schwer eine scharfe Trennlinie zwischen den Vorschriften über die Umweltwirkungen der Erdgas- und der Ölförderung ziehen. Für das mit unfallbedingten *Austritten* verbundene Risiko gilt ein Bündel von Sicherheitsbestimmungen. Dies hat auf technologischem Gebiet und in der Praxis zu Verbesserungen geführt, durch die dieses Risiko geringer geworden ist.

(b) Bearbeitung

Die Luftgütestandards der meisten Mitgliedstaaten lassen nicht zu, daß bei der Sauergasbearbeitung SO_2 in die Atmosphäre abgegeben wird. Vielmehr ist die Umwandlung in Schwefel vorgeschrieben, der dann als Rohstoff verwendet werden kann. Der Eintrag von NO_x, Partikeln und Flüssigrückständen (z.B. bei der Gaswäsche anfallende Kondensate) wird durch Luft- und Wassergütestandards mit breiterem Anwendungsbereich geregelt. Die Verflüssigungsanlagen und Flüssiggas-Aufnahmeterminals unterliegen strengen Standort- und Sicherheitsauflagen, um das Risiko von *Flüssiggasaustritten* zu minimieren.

186

(c) Beförderung und Lagerung

Für Standortwahl und Errichtung von *Pipelines* sind Umweltverträglichkeitsprüfungen vorgeschrieben, vor allem in Gebieten mit extrem anfälligen Ökosystemen wie etwa der Arktik.
An den Pumpstationen wird Gas abgefackelt, so daß es zu NO_x- und CO-Emissionen kommt.
Diese werden durch die geltenden Standards für Feuerungsanlagen geregelt. Bei Transport,
Lagerung und Verteilung von Erdgas können *Methan-Emissionen* entstehen, die heute besonders stark beachtet werden, weil sie möglicherweise zum Treibhauseffekt beitragen. Bisher
sind in diesem Bereich aber noch keine Umweltschutzbestimmungen festgelegt oder angewendet worden.

3. Brennstoffzyklus Kohle

(a) Kohlenbergbau

Bei neuen Kohlenbergwerken sehen die Standort- und Genehmigungsverfahren bereits in
der Planungsphase Bestimmungen für die Minimierung von Staub, Lärm, Schadstoffbelästi-
gungen sowie von gesundheitschädigenden Wirkungen und Berufsrisiken vor. Bei Bergbauaktivitäten ist eine Wiederherstellung der Landschaft sowie die pneumatische Verfüllung
von Tiefbauschächten vorgeschrieben. Umweltschutzmaßnahmen für Altbergwerke lassen
sich schwerer ausarbeiten und umsetzen und werden gewöhnlich von den Kommunalverwaltungen in Anlehnung an nationale Leitlinien entwickelt. Stillgelegte Zechen können auch
Methan emittieren.
Umweltschutzbezogene Maßnahmen für die *Säuredrainage in Bergwerken* werden angesichts
der Besorgnis über die Grundwasserverschmutzung ergriffen. Zur Umsetzung der Wassergütestandards ist gewöhnlich die Anwendung von Techniken für die chemische Aufbereitung
und Drainageregulierung im Bergwerksgebiet notwendig. In diesem Bereich bieten sich noch
große Weiterentwicklungsmöglichkeiten, und die Umweltschutzmaßnahmen werden nicht
in allen kohlefördernden IEA-Ländern einheitlich angewandt, obwohl neue Entsorgungs-
techniken zur Verfügung stehen, wie Ionenaustausch, Umkehrosmose und Entspannungsver-
dampfung [55].

(b) Transport und Lagerung

Flüchtige (d.h. unkontrollierte) Kohlenstaub-Emissionen sind noch immer ein weitverbreite-
tes Problem, weil die Technologien für Umschlag und Lagerung in vielen Ländern erst ganz
am Anfang stehen [56]. Die Kohlebeförderung auf dem Landwege mittels Schlammpipelines
wird künftig auf breiterer Basis Anwendung finden, und in Wasser oder Öl aufgeschlemmte
Kohle könnte per Schiff befördert werden. Dadurch würden die Probleme von Staubemissionen und spontaner Verbrennung beseitigt, andererseits führt das in Kohleschlammpipelines
durchgesetzte Wasser aber Schwebeteilchen mit, so daß bei ungenügender Abwasseraufberei-
tung Wasserverschmutzungsprobleme entstehen könnten.

(c) Aufbereitung und Reduktion

Die Kohleaufbereitung umfaßt Prozesse wie die Veredelung, Wäsche oder Entschwefelung
[57]. Die Wassergütestandards sorgen dafür, daß die Rücknahme und Aufbereitung von
Abwässern heute gewöhnlich fester Bestandteil des Betriebsablaufs in Kohlereinigungsanla-

gen sind. Die *Luftverschmutzung* durch Kohletrocknung steht im Zusammenhang mit der Kohleverbrennung, bei der es zur Emission von SO_2, NO_x und Partikeln kommt. Die gesetzlichen Luftreinhaltungsvorschriften für Industriefeuerungsanlagen sind auch auf Kohleaufbereitungsanlagen anwendbar (vgl. den Abschnitt über den industriellen Endverbrauch).

Die Kohlevergasung hat sich in den letzten zehn Jahren weiter entwickelt, so daß heute verschiedene Technologien der zweiten Generation, die den Vorteil haben, daß nur geringe SO_2- und NO_x-Emissionen anfallen, miteinander konkurrieren. Moderne Kohleverarbeitungstechniken ermöglichen erhebliche Effizienzverbesserungen bei der Energieverwendung. Die Möglichkeit, die Umweltschutzauflagen durch das „Kohleveredlungskonzept" und die Technik der integrierten Kohlevergasung (IGCC) in Kraftwerken zu erfüllen, verstärkt das Interesse an der Weiterentwicklung in diesem Bereich ganz erheblich, wenngleich der Entzug von SO_2 und NO_x bei der Synthesegaserzeugung zu Festmüllentsorgungsproblemen führen könnte, was auf die Dauer stringentere Vorschriften nach sich ziehen würde [25].

4. Brennstoffzyklus Kernkraft

(a) Uranbergbau

Die Umweltschutzmaßnahmen im Uranbergbau erstrecken sich im wesentlichen auf die vom Einzelfall abhängige Erteilung von Genehmigungen sowie auf Beobachtungs- und Inspektionsverfahren. So gibt es bisher z.B. noch keine praktisch anwendbare Technik für die Rückhaltung von *lufttransportiertem Radon*. Das hiermit verbundene Berufsrisiko wird durch eine sorgfältige konstruktionstechnische Auslegung der Schachtanlagen und ausreichende Belüftung unter Kontrolle gehalten. Allerdings kann dieses Problem nur dann als gelöst betrachtet werden, wenn kein Wohngebiet so nahe liegt, daß es durch die Wetteremissionen belastet werden könnte. Die Abbautätigkeit wird vom Umweltschutz her durch die Konzessionserteilung und zwingend vorgeschriebene Technologiestandards kontrolliert, die die Verwendung von Staubfiltern, geeigneten Sicherheitsbehältern und Lagerungsverfahren vorsehen, damit die Grenzwerte für die radioaktive Luftbelastung und die Wassergütestandards – durch Prozeßabwässer und Erzabfälle kann es zur Kontamination kommen – eingehalten werden [58].

(b) Anreicherung und Kernbrennstoffherstellung

Die für die *nichtstrahlende Belastung* geltenden Umweltschutzvorschriften erstrecken sich auf das bei der UF_6-Produktion und Kernbrennstoffherstellung anfallende Fluorid (in Gas- oder Flüssigemissionen) sowie auf die Verbrennungsemissionen bei der Erzeugung der benötigten Prozeßwärme. Die Standards für die Emission toxischer Schadstoffe aus Punktquellen erfordern, daß gasförmiges Fluorin durch Abscheider- und Filtriersysteme vor der Einleitung in die Luft entfernt wird. Das bei den Luftabscheidersystemen anfallende Wasser wird mit den Prozeßflüssigabfällen zusammengeführt und zuweilen mit Kalk versetzt, um vor der Einleitung in Absetzteiche Fluorid in ionischer Form abzuscheiden. Die sichere Entsorgung dieses Abfallprodukts erfordert ein sorgfältiges Verschließen in Gebinden und Versenkbohrungen und unterliegt den für schwachaktive Festabfälle vorgeschriebenen Verfahren der regelmäßigen Überwachung.

Die Umweltschutzmaßnahmen im Bereich der *radiologischen Luftbelastung* erstrecken sich auf die bei der UF_6-Erzeugung, Urananreicherung und Brennstoffherstellung (in die Luft oder das Wasser) abgegebenen Radionuklide. Zwar erhöhen diese Operationen die Radioaktivität in der Umwelt, doch sind die betreffenden Werte so gering, daß sie als nicht signifikant betrachtet werden. Die in allen Mitgliedstaaten speziell für Kernanlagen entwickelten Genehmigungs- und Inspektionsverfahren finden auch Anwendung auf die Anlagen für Urananreicherung und Brennstoffherstellung.

(c) Transport radioaktiver Stoffe

Die Sicherheitsbestimmungen für den Transport radioaktiver Stoffe sind mit der Entwicklung der nationalen Atomenergieprogramme weiter ausgestaltet worden und inzwischen ziemlich detailliert. Sie werden abgestützt durch verschiedene internationale Abkommen, wie sie z.B. von den Mitgliedstaaten der IAEO unterzeichnet worden sind. Spezifische Auflagen gelten für Verpackung, Kennzeichnung, Verladen, Umschlag, Beförderung sowie Störfallmaßnahmen. Die nationalen Bestimmungen umfassen auch die Erteilung von Betriebsgenehmigungen und Lizenzverfahren für den Transport radioaktiver Stoffe, wodurch die Umsetzung der international vereinbarten Leitlinien gesichert werden soll.

(d) Stromerzeugung durch Kernkraft

Hauptanliegen des Umweltschutzes ist in diesem Bereich das Risiko einer *Umweltverstrahlung durch Unfälle*. Der Umweltschutz und die Sicherheit der Stromerzeugung aus Kernkraft werden in erster Linie durch Genehmigungssysteme geregelt. Wenngleich der institutionelle Rahmen für die Genehmigungsverfahren von Land zu Land verschieden ist, sind diese Vorschriften doch umfassender und schärfer geworden, was bisweilen die ohnehin langen Vorlaufzeiten noch länger werden läßt. Neben diesen nationalen Regelungen spielt auch internationales Recht zunehmend eine Rolle in Gestalt von Vorschriften über die Notstandsberichterstattung und -vorsorgeplanung oder die Konsultationspflicht vor Genehmigung des Betriebs der in Grenznähe gelegenen Anlagen (ein Beispiel ist hier der Euratom-Vertrag). Die Vorschriften gelten für die gesamte Lebensdauer der Anlage, während der durch Gesamt- oder Teilinspektionen geprüft wird, ob die bei der Genehmigung gemachten Auflagen erfüllt werden und die ergriffenen Sicherheitsmaßnahmen effektiv sind [26].
Für die Entsorgung und den Umweltschutz bei radioaktiven Abfällen gibt es grundsätzlich drei Lösungen:

- Verdünnung und Dispersion in das umgebende Milieu in Form von Immissionen, deren Gehalt an Radionukliden unter den zulässigen Strahlenschutzgrenzwerten liegt, die von der nationalen Gesetzgebung auf der Basis von Empfehlungen internationaler Organisationen wie der Internationalen Strahlenschutzkommission und der Weltgesundheitsorganisation definiert werden;
- Zwischenlagerung und Abklingen von Abfällen, die nur kurzlebige Radionuklide enthalten, in geeigneten Deponien;
- Konzentration und Einschließen von Abfällen, die erhebliche Mengen langlebiger Radionuklide enthalten, in geeigneten Deponien.

Schwach- und mittelaktive Abfälle werden in Felsgestein oder knapp unter der Erdoberfläche gelagert, wobei die Standortwahl durch die nationalen Genehmigungsverfahren geregelt wird. Die Möglichkeit des Verkippens auf See unterliegt den Bestimmungen der London Dumping Convention und erfordert eine enge Zusammenarbeit in internationalen Gremien wie der NEA und der IAEO. Die Entsorgung schwachaktiver Flüssigabfälle durch Einleitung in Flüsse und Küstengewässer bzw. entsprechender gasförmiger Abfälle in die Atmosphäre kann nur für begrenzte Mengen radioaktiver Abfälle als zweckmäßig betrachtet werden.

Mit wachsendem Abfallaufkommen verschiebt sich das Gewicht zwischen Dispersion und Sicherheitseinschluß zugunsten der zweiten Möglichkeit, wodurch sich das Abfallvolumen vergrößert, das während des Zerfalls bei der Lagerung unter Kontrolle gehalten werden muß. Hochaktive und langlebige Abfälle werden grundsätzlich in der Weise entsorgt, daß sie hinreichend lange so gelagert und isoliert werden, daß gewährleistet ist, daß wieder in die Umwelt gelangende Reststrahlungen nicht zu untragbaren Strahlenbelastungen für den Menschen oder für Tier- oder Pflanzenarten führen. Die am häufigsten angewandte Lösung ist die Entsorgung in stabilen geologischen Tiefenformationen. Die Wiederaufarbeitung nuklearer Abfälle und der Einsatz Schneller Brüter würden die Entsorgungsprobleme bei radioaktivem Material mildern und eine effizientere Nutzung der in Kernbrennstoffen enthaltenen Energie ermöglichen und somit die Umweltbelastung durch Abbau und Verhüttung von Uranerz verringern, wenngleich diese Technologien wiederum neue Umweltprobleme aufwerfen, z.B. wegen der Verwendung von flüssigem Natrium in Schnellen Brütern. Gegenwärtig steht als einzig anwendbare Entsorgungstechnik nur die Lagerung zur Verfügung. Die Umweltschutzprobleme können wie bisher nur im Wege der Genehmigungsverfahren für Standortwahl und Betrieb von Zwischen- und Endlagern bewältigt werden, wo es darum geht, die radioaktiven Abfälle nahezu vollständig von der Biosphäre zu isolieren. Ökonomische Gründe wie auch Sicherheitserwägungen sprechen dafür, die Zahl der Endlagerstätten möglichst gering zu halten, und die Nutzung solcher Deponien könnte mit der Zeit auf regionaler oder internationaler Basis geregelt werden.

(e) Stillegung von Kernkraftwerken

Zur Zeit werden spezifische Gesetzesbestimmungen entwickelt, die die Verfahren für Stillegung und Demontage von Anlagen vorsehen. Wenngleich die Erfahrungen noch auf die wenigen bisher stillgelegten Kernkraftwerke begrenzt sind, werden Kenntnis und Verständnis der Umweltprobleme im Zusammenhang mit der Stillegung von Kernkraftwerken ständig besser. Die Rechtsgrundlagen sollten mit zunehmender praktischer Erfahrung weiter ausgestaltet werden, und die verfahrensmäßigen Anforderungen für die Stillegung könnten schon bei Erteilung der Baugenehmigungen festgelegt werden. Dabei müßte, wie dies bereits in den USA geschieht, das beantragende Versorgungsunternehmen den Nachweis dafür erbringen, daß es über genügenden finanziellen Rückhalt verfügt, um die Stillegung durchzuführen.

5. Erneuerbare Energiequellen

(a) Wasserkraft

Die Genehmigungsverfahren und Vorschriften über die Standortwahl sehen in der Regel auch Umweltverträglichkeitsprüfungen vor und behandeln Fragen wie Geländeverluste durch Überfluten, Eutrophierung von Staubecken oder Stauseen, Verschlammung, Auswirkungen auf die Ökosysteme der Flüsse, Auswirkung auf die Wanderung von Fischen, visuelle Aspekte (die freilich je nach Standort sehr unterschiedlich sein können) und Gefahren bei Dammbrüchen. Solche Auflagen können erfüllt werden durch ein besseres Regime des Staubeckens oder Stausees und die Anlage von „Treppen" an Staudämmen, damit die Fische passieren können. Ferner ist auch eine Tendenz zur Wasserkraftnutzung vorzugsweise in kleinerem Maßstab mit begrenzteren lokalen Auswirkungen zu beobachten. Daß das Interesse an Großanlagen in den Hintergrund tritt, ist aber zumindest teilweise auch dadurch bedingt, daß entsprechende Standorte ohnehin nur in begrenztem Maße zur Verfügung stehen.

(b) Biomasse

Unter den Begriff Biomasse fällt eine Reihe von Energiequellen wie Holz (oder Holzkohle) sowie Methan oder Arten von Alkohol (Methanol oder Ethanol), die aus verschiedenen landwirtschaftlichen oder industriellen Abfällen oder Hausmüll erzeugt werden. Bei der ungeregelten Holzverbrennung entstehen zwar, gemessen in Gewicht/Btu, mehr *Luftschadstoffe* (NO_x, CO, unverbrannte Kohlenwasserstoffe und Partikel) als bei der Verbrennung von Öl oder Kohle, trotzdem geht die Reglementierung für kleine, Biomasse verwendende Feuerungsanlagen (gewöhnlich in privaten Haushalten) nicht sehr weit. Einige IEA-Länder (besonders die Vereinigten Staaten und Deutschland) haben Standards für mit Holz beschickte Öfen und Kamine eingeführt. In den USA ist darüber hinaus vorgeschrieben, daß nur unbehandeltes, im Naturzustand belassenes Brennholz in Kaminen verwendet werden darf. In einigen Gebieten mit starkem Holzverbrauch wird die Brennholzverwendung gesetzlich eingeschränkt. Bei größeren mit Biobrennstoffen betriebenen Feuerungsanlagen entsprechen die Standards für NO_x-, CO- und Partikel-Emissionen denen für Fest- und Flüssigbrennstoffe.

Wie bei der Verwendung von Methanol und Ethanol für Transportzwecke werden Befürchtungen, daß die Verwendung von aus Biomasse gewonnenen Kraftstoffen die Belastung durch unverbrannte Kohlenwasserstoffe, Aldehyde und Peroxyacetylnitrat steigern könnte, erst seit kurzem geäußert, und bisher sind keine Lösungen ins Auge gefaßt worden. Die Umweltwirkungen dieser Brennstoffe werden gegenwärtig noch untersucht, und aufgrund dieser Analysen könnten dann später Umweltschutzmaßnahmen getroffen werden. Insgesamt ist das Datenmaterial über Umwelteffekte und Emissionen bei der Erzeugung und Verwendung von Energie auf Biomassebasis noch unzureichend. Es könnten in dem Maße weitere Umweltschutzmaßnahmen festgelegt werden, wie der Informationsstand sich bessert oder Erzeugung und Verwendung von aus Biomasse gewonnenen Brenn- und Kraftstoffen zunehmen, wobei das Schwergewicht auf dem Umfang der potentiellen Umweltwirkungen liegen würde.

(c) Wind- und Sonnenenergie

Die Nutzung von (thermischer oder photovoltaischer) Sonnenenergie und von Windenergie hängt von räumlichen und standortbezogenen Erfordernissen ab, denen u.U. nur schwer entsprochen werden kann, weil diese Ressourcen standortgebunden sind und mit anderen Formen der Flächennutzung konkurrieren. Bisher waren die Umweltwirkungen aufgrund der Nutzung von Sonnen- und Windenergie nur begrenzt, weil die Nutzung meistens nur in verhältnismäßig kleinem Maßstab erfolgte. In einigen wenigen Fällen sind offizielle Auflagen gemacht worden, um visuelle Beeinträchtigungen zu beschränken oder die Flächennutzung zu regeln; dies geschah vor allem in den USA, wo die Anlage von Windparks und die Standortwahl für Solarkraftwerke genehmigungspflichtig sind. Der visuelle Aspekt von Einrichtungen zur Nutzung der Sonnenenergie durch Haushalte kann im Rahmen der örtlichen Bauvorschriften geregelt werden.

(d) Geothermische Energie

Bei geothermischen Anlagen werden Genehmigungsverfahren und Umweltschutzauflagen angewendet. In der Regel macht die Erfüllung der Luft- und Wassergütestandards die Reinjektion von Salzsole und Abwasser erforderlich. Außerdem müssen Temperaturgrenzwerte bei der Einleitung von Kühlwasser aus Kraftwerken eingehalten werden.

6. Stromerzeugung aus Wärmekraftwerken

In Verbindung mit Wärmekraftwerken stellt sich eine Reihe von Umweltproblemen, für deren Lösung entsprechende Umweltschutzmaßnahmen angewendet oder erwogen werden:

- Die in den siebziger Jahren aufgekommene Besorgnis über die thermische Umweltbelastung durch die Kühlsysteme von Kraftwerken gab den Anlaß zu Bestimmungen, die Grenzwerte für das in Flußläufe eingeleitete Kühlwasser festsetzen, um die Ökosysteme am Kraftwerksstandort zu schützen.
- Mit der visuellen Beeinträchtigung des Landschaftsbildes durch Kraftwerke und besonders durch Kühltürme sowie durch die Brennstoffverlade- und Lagereinrichtungen befassen sich im allgemeinen Vorschriften für Standortwahl und Genehmigungsverfahren.
- Die optische Luftqualität und Sichtbarkeitsgrenzen sind erst vor relativ kurzer Zeit zu Umweltanliegen geworden; hier erweist sich die Entwicklung von Abhilfemaßnahmen als schwierig.
- Das Problem der Umweltauswirkungen von Hochspannungsfernleitungen ist noch ungelöst. In einigen wenigen Fällen, wie z.B. seit März 1989 im Bundesstaat Florida, sind Vorschriften für die Konstruktion und Entwicklung neuer Fernleitungen erlassen worden. Die Behörden suchen den Versorgungsträgern bei Standortstreitigkeiten über den Verlauf von Fernleitungen dabei zu helfen, Bedenken der Öffentlichkeit über gesundheitsschädigende Wirkungen zu zerstreuen und visuelle Beeinträchtigungen durch solche Anlagen zu minimieren.

In anderer Hinsicht, so etwa der Luftverschmutzung, kommt bei den verschiedenen Kraftwerkstypen eine breite Skala von Schadstoffen und Umweltschutzlösungen ins Spiel. Tabelle 16 am Ende dieses Abschnitts gibt einen vergleichenden Überblick über die Emissionen der in den Kesselanlagen von Kraftwerken verwendeten Brennstoffe [59].

(a) Ölbefeuerte Kraftwerke

Im Bereich der *Luftverschmutzung* gelten die Minderungsmaßnahmen in erster Linie den SO_2-Emissionen. Neben den Luftgütestandards haben alle Mitgliedstaaten auch Grenzwerte für den Schwefelgehalt des zur Stromerzeugung verwendeten Heizöls festgesetzt. Überdies bestehen in den meisten Ländern Punktquellen-Emissionsgrenzwerte für SO_2:

- Für neue Anlagen richten sich die Grenzwerte nach der Größe des Kraftwerks.
- Für Altanlagen sind die Emissionsgrenzwerte, soweit es überhaupt solche gibt, gewöhnlich weniger stringent. Die strengsten Standards finden sich in den Niederlanden und in Deutschland, wo mittelgroße Anlagen die Auflagen durch Verwendung schwefelarmen Heizöls erfüllen können, die meisten Altanlagen müssen aber auch Rauchgasentschwefelungseinrichtungen installieren oder, wo dies technisch möglich und wirtschaftlich sinnvoll ist, auf Erdgas umrüsten.

Auch bei den NO_x-Emissionen haben die meisten Mitgliedstaaten Punktquellen-Grenzwerte für Neuanlagen festgesetzt, während für Altanlagen in engerem Rahmen angewandte, stringente Standards gelten. Über die von den EG-Mitgliedstaaten vereinbarten gemeinsamen Standards hinausgehend werden die schärfsten Standards in Deutschland umgesetzt, wo sie faktisch „technologieerzwingende" Standards darstellen. Auch für die Staubemissionen gelten schon seit vielen Jahren ordnungsrechtliche Bestimmungen, und die Standards werden regelmäßig verschärft, können aber mit Hilfe der gegenwärtig vorhandenen Staubabscheidungsausrüstungen noch ohne weiteres eingehalten werden.

Die durch Umweltschutzmaßnahmen für Partikel-, SO_2- und in geringerem Maße auch NO_x-Emissionen anfallenden *festen Abfälle* werfen Entsorgungsprobleme auf, die unmittelbar mit der Intensität der Heizölverwendung im Zusammenhang stehen. Da die Mitgliedstaaten die Verwendung von Heizöl zu Stromerzeugung in den letzten 15 Jahren weitgehend aufgegeben haben, erstrecken sich die Umweltschutzbestimmungen für die einschlägige Entsorgung jetzt in erster Linie auf die Industrie (siehe weiter unten Abschnitt 9 über den industriellen Endverbrauch).

(b) Gasbefeuerte Kraftwerke

Die Umweltschutzmaßnahmen im Bereich der Erdgasverbrennung erstrecken sich vorwiegend auf die NO_x-Emissionen, obgleich bei der Erdgasverbrennung weniger NO_x je erzeugte Stromeinheit entsteht als bei herkömmlichen Öl- und Kohletechnologien. Für die gasbefeuerten Anlagen könnte die Einhaltung der NO_x-Grenzwerte zu einem Problem werden, wenn diese, wie dies z.Z. (allerdings nur in Deutschland) geplant ist, unter 200 mg/Nm3 festgesetzt würden. Einrichtungen für selektive katalytische Reduktion oder NO_x-reduzierte Brenner sind in einigen Fällen in Doppelfeuerungsanlagen (auf Öl- und Gasbasis) installiert worden. Die NO_x-Emissionen können beträchtlich unter dem Grenzwert von 200 mg/Nm3 gehalten werden, wenn für die Reduktion von NO_x im Brenner selbst gesorgt wird. Die Schwefelemissionen sind weit niedriger als bei der Öl- oder Kohleverwendung. Bei der Erdgasverbrennung sind SO_2-Minderungstechnologien wie die Rauchgasentschwefelung nicht erforderlich.
Bei der Erdgasverwendung fällt je erzeugte Stromeinheit nur ein Drittel bis halb so viel CO_2 an wie bei Kohle. Verglichen mit der Rückstandsverwendung ist der CO_2-Eintrag um etwa ein Drittel geringer. Die Bemühungen um die CO_2-Minderung gelten daher auch nicht vorrangig dem Erdgas. Eher könnte die Einführung solcher Grenzwerte für andere Stromerzeugungsquellen in Betracht gezogen werden. Andererseits ist das Niveau der Methan-Emissionen bei der Erdgasverbrennung zumal in älteren Verteilernetzen höher.

(c) Kohlebefeuerte Kraftwerke

Wie bei ölbefeuerten Kraftwerken sind auch bei Kohlekraftwerken die SO_2- und NO_x-Emissionen am strengsten geregelt [60]. Alle Mitgliedstaaten haben Punktquellen-Emissionsgrenzen für neue Anlagen festgesetzt. In der Regel erfordern die SO_2-Emissionsgrenzwerte die Anwendung von Entschwefelungsverfahren, mit denen gleich gute Ergebnisse erzielt werden wie mit der Rauchgasentschwefelung, nämlich eine Minderung um 85–90%. In Kanada und den USA sind die SO_2-Grenzwerte weniger stringent und können durch die Verwendung schwefelarmer Kohle eingehalten werden. Für NO_x gibt es bisher wegen der bestehenden technischen und ökonomischen Probleme für den Umweltschutz in diesem Bereich nur in wenigen IEA-Ländern spezifische Technologieauflagen. Die meisten Anlagen setzen zur Einhaltung der Standards in erster Linie NO_x-reduzierte Brenner ein, wenngleich diese Technologie weniger effizient ist als die selektive katalytische Reduktion, aber freilich auch sehr viel billiger.
Die Frage, ob auch für Altanlagen stringente Emissionsstandards angewendet werden sollen, wird in vielen Ländern seit Jahren diskutiert. So haben Japan und die USA, wo seit den siebziger Jahren strenge Standards für solche Kraftwerke gelten, vergleichsweise weniger Nachrüstungsprobleme als andere Länder. Verhältnismäßig stringente Vorschriften für Altanlagen sind auch in Deutschland, den Niederlanden und Schweden (nur für SO_x) erlassen worden. In Dänemark wurde eine Emissionsobergrenze für den Stromerzeugungssektor festgelegt, damit das Ziel, gegenüber dem Stand von 1980 die SO_2-Emissionen bis zum Jahr 2005 um 60% und die NO_x-Emissionen um 50% zu mindern, verwirklicht werden kann.

Das Problem der Staubemissionen wurde weithin als gelöst betrachtet, da elektrostatische Abscheider mit sehr hoher Rückgewinnungseffizienz entwickelt und zu relativ niedrigen Kosten installiert worden sind. Die breite Anwendung dieser Technik für Großfeuerungsanlagen wird durch nationales und EG-Recht sichergestellt. Da jedoch in letzter Zeit Befürchtungen wegen der von diesen Systemen nicht zurückgehaltenen, besonders lungengängigen Kleinstpartikel aufgekommen sind, könnte hier ein 100%iges Abscheiden vorgeschrieben werden. In diesem Fall müßte man Stoffbeutelfilter installieren.

Viele Mitgliedstaaten planen strengere Emissionsstandards für SO_2-, NO_x- und Staubemissionen bei neuen Kohlekraftwerken, während die entsprechenden Vorschriften für Altanlagen verschärft werden. So wird die EG-Kommission noch vor 1993 unter Berücksichtigung der laufenden technologischen Entwicklung neue Vorschläge für Emissionsstandards der zweiten Stufe vorlegen. Solche Anhebungen der Emissionsstandards sind oft Bestandteil von Maßnahmen zur Umsetzung globaler Minderungsziele für SO_2 oder NO_x, wobei die Reduzierung der Emissionen aus Altanlagen eine besonders große Rolle spielt. Die effektive Belastungsminderung wird inzwischen bei Überlegungen über Lebensdauerverlängerungen von Anlagen mit in Betracht gezogen. Dies ist vor allem in den USA der Fall, wo die Versorgungsträger die Verlängerung der Betriebsdauer als eine der kosteneffektivsten Möglichkeiten für die Erfüllung der Kapazitätsanforderungen ansehen. Mittlerweile haben sich einige Stromversorgungsunternehmen (vor allem solche in Nordamerika) die Auffassung zu eigen gemacht, daß durch Effizienzverbesserungen sowohl im Erzeugungs- als auch im Anwendungsbereich auf die Installierung neuer Kapazitäten, bei denen Umweltschutzbedenken bestehen, verzichtet werden oder diese Maßnahme doch zumindest verschoben werden kann [39].

Schließlich ist hier noch festzuhalten, daß die als noch akzeptabel angesehenen Emissionsschwellen für SO_2- und Partikel-Emissionen aus Großfeuerungsanlagen aufgrund von Bedenken wegen der visuellen Luftqualität und der Sichtgrenzen (ein Beispiel ist vor allem Nordamerika) weiter abgesenkt und die Grenzwerte verschärft werden. Besonders dringlich ist die Lösung des Problems der Partikel-Emissionen bei Großfeuerungsanlagen auf Kohlebasis, wie z. B. Kraftwerke es sind.

In großen Mengen anfallende *Feststoffabfälle* aus kohlebeheizten Kesselanlagen der Versorgungsunternehmen (Flugasche, Ascherückstände, Kesselschlacke und seit kürzerem Nebenprodukte der Rauchgasentschwefelung) werden im einzelstaatlichen Recht gewöhnlich nicht als gefährlich eingestuft. Für diese Abfälle gilt u.U. eine lokale ordnungsrechtliche Regelung, und verallgemeinernde Aussagen über Geltungsbereich und Stringenz der Vorschriften lassen sich kaum machen. Dabei kann es sich um Auflagen für Bauweise und Betrieb oder um standortabhängige und sonstige Genehmigungen handeln. Als klassische Entsorgungsmethode verwendete die Elektrizitätswirtschaft überwiegend die Technik wasserführender Speicherteiche. In den letzten Jahren hat sich diese Technik durch die Bestimmungen über das Auskleiden der Teiche und die langfristige Beobachtung der Wassergüte verteuert, so daß sie als Entsorgungslösung verglichen mit der Verbringung in Deponien weniger interessant geworden ist.

Die Zahl der Anlagen mit Rauchgasentschwefelungseinrichtungen wächst in den Mitgliedstaaten rasch [61]. In den Niederlanden und Deutschland sind solche Einrichtungen für Anlagen mit einer Kapazität von über 300 MWt vorgeschrieben, und zwar zusätzlich zu Emissionsgrenzwerten, durch die erreicht wird, daß schwefelarme Brennstoffe kleineren Anlagen vorbehalten bleiben. Bei den meisten Rauchgasentschwefelungseinrichtungen handelt es sich um Kalk/Kalksteinsysteme, bei denen entweder Betriebsschlamm oder Gips anfällt. In den übrigen Kapazitäten werden teils Regenerationsprozesse (es entsteht SO_2, Schwefelsäure oder Schwefel), teils Sprühtrocknungsverfahren verwendet. In allen Fällen entstehen bei der Betriebsauslastung des üblichen Kraftwerktyps große Mengen von Abfallprodukten. Derzeit wächst das Interesse an der Nutzung von Nebenprodukten aus Rauchgasreinigungssystemen, insbesondere von Gips aus der Rauchgasentschwefelung und Flugasche aus der Kohleverbrennung im Wirbelschichtverfahren. Diese Produkte können für die Zementherstellung und im Hoch- und Tiefbau verwendet werden, sofern das Rauchgasreinigungssystem optimal ausgestaltet ist, um die von den Anwendern dieser Nebenprodukte gewünschte Qualität zu liefern. Den Prognosen zufolge wird allerdings bei Gips das Angebot die Nachfrage übersteigen, so daß die Überschüsse dann entsorgt werden müßten. Wenn die Märkte für die Unterbringung von Nebenprodukten gesättigt sind, könnte eine Hinwendung zu komplexeren und teureren Regenerationstechnologien erfolgen. Überdies ist die Kalkstein-/Gipstechnik von Umweltschützern kritisiert worden, die über den massiven Abbau von Kalkstein besorgt sind. Auch wächst offenbar die Besorgnis, daß die Entsorgung von Katalysatoren für die Abscheidung von NO_x künftig ebenfalls Probleme aufwerfen könnte. Und schließlich werden neuerdings Bedenken darüber laut, daß bei der Kalk-/Kalksteintechnik für die Rauchgasentschwefelung zur Minderung der SO_2-Emissionen zusätzliches CO_2 anfällt, wodurch eine heikle Wahl zwischen der Minderung von SO_2- und CO_2-Emissionen notwendig werden könnte.

Die durch Umweltschutzeinrichtungen in Kraftwerken entstehenden Entsorgungsprobleme, die besonders bei kohlebefeuerten Anlagen akut sind, führen zu dem Problem der jeweils getrennten Ausgestaltung gesetzlicher Bestimmungen für die Luft- und Wasserreinhaltung und Abfallbeseitigung im Bereich der Stromerzeugung. Bisher standen die gesetzlichen Bestimmungen im Bereich der festen Kohlederivate im Zeichen der primär auf die Kontrolle über andere detrituserzeugende Industrieprozesse abzielenden Bestimmungen. Es kann mehr und mehr davon ausgegangen werden, daß gestaffelte Umweltverschmutzungs-Haftpflichtzahlungen Eingang in die Rechtsvorschriften der Mitgliedstaaten finden werden, damit gewährleistet wird, daß eine spätere Wiederverwertung gemäß den Auflagen für Entsorgungsgenehmigungen erfolgt. Der allgemeine Trend zur Verschärfung der Standards für die Anlage von Deponien wie auch die Standortprobleme bei neuen Entsorgungsstätten könnten mit der Zeit dazu führen, daß die Kohleverwendung gegenüber dem Einsatz anderer Brennstoffe weniger interessant wird. Die Hinwendung zu integrierten Umweltschutzlösungen, wie sie z.B. demnächst in Großbritannien für große Industriestandorte in die Wege geleitet werden sollen, würden einem ausgewogeneren Ansatz für die Minderung der Umweltwirkungen kohlebefeuerter Kraftwerke entsprechen, da die Gesamtbelastung aller drei Umweltmedien (Luft, Wasser und Boden) jeder einzelnen Anlage in Anrechnung gebracht würde.

Die Besorgnis über die CO_2-Emissionen aus Großanlagen, wie Kraftwerke es sind, gilt allen fossilen Brennstoffen, und die Kohleverbrennung ist hier das augenfälligste Beispiel. Die mit konventionellen Kohletechnologien betriebenen Kesselanlagen der Versorgungsunternehmen emittieren zwei- bis zweieinhalbmal so viel CO_2 je GJ erzeugten Strom wie gas- oder ölbefeuerte Kessel [59]. Den Hintergrund der Diskussion über mögliche Schadensbegrenzungsmaßnahmen bilden noch immer bloße Vermutungen über die eigentlichen Kausalzusammenhänge. Der am häufigsten empfohlene Schritt ist die Verbesserung der Energieeffizienz. Ein kürzlich von einem amerikanischen Stromversorgungsunternehmen beschlossenes Programm ist die erste von einem Betreiber mit dem Ziel durchgeführte Maßnahme, den vermuteten Beitrag der Emissionswirkungen der Anlage zum Treibhauseffekt auszugleichen. Dies geschieht in der Weise, daß bei einem Kraftwerk in Guatemala genügend Bäume angepflanzt werden, um während der 40jährigen Lebensdauer der Anlage 387 000 t CO_2 zu absorbieren.

(d) Müllverbrennungsanlagen

Die Umweltschutzbestimmungen bezüglich der für die Stromerzeugung (und in manchen Ländern auch für die Versorgung von Fernwärmesystemen) genutzten kommunalen Müllver-

Tabelle 16 **Repräsentative Raten der Luftschadstoffemission aus neuen Kraftwerkstypen**

Spalte:		A	B	C	D	E	F	G	H
						Schwefeloxide			
Energiequelle	Anlagentyp	Nettowirkungsgrad der Anlage (%) [a]	Heizwert der Energiequelle (MJ/kg)	Schwefelgehalt des Brennstoffs (Gew.-%)	Emissionsminderungstechnik (Typ)	Minderungswirkungsgrad (%)	Verminderung der Anlagenverfügbarkeit (%) [b]	SO$_2$-Emissionsfaktor (mg/MJ)	SO$_2$-Emission (t je MW-Jahr)
Kohle (3 % Schwefelgeh.)	Trockenboden, Wand befeuert	34,0 %	28	3 %	keine Rauchgasentschwefelung	0 %	0 %	1 929	180
Kohle (3 % Schwefelgeh.)	Trockenboden, tangent. befeuert	33,1 %	28	3 %		90 %	2 %	1 929	18
Kohle (3 % Schwefelgeh.)	atmosphär.Wirbelschichtfeuerung	33,8 %	28	3 %	–	85 %	0 %	1 929	27
Kohle (3 % Schwefelgeh.)	druckgeladene Wirbelschichtfeuerung	38,9 %	28	3 %	–	92 %	0 %	1 929	13
Kohle (3 % Schwefelgeh.)	Kombikraftwerk (Gas & Dampf)	38,0 %	28	3 %	–	99 %	0 %	1 929	2
Kohle (1 % Schwefelgeh.)	Trockenboden, Wand befeuert	34,0 %	28	1 %	keine Rauchgasentschwefelung	0 %	0 %	643	60
Kohle (1 % Schwefelgeh.)	Trockenboden, tangent. befeuert	33,1 %	28	1 %		90 %	2 %	643	6
Kohle (1 % Schwefelgeh.)	atmosphär. WSF	33,8 %	28	1 %	–	85 %	0 %	643	9
Kohle (1 % Schwefelgeh.)	druckgeladene WSF	38,9 %	28	1 %	–	92 %	0 %	643	4
Kohle (1 % Schwefelgeh.)	Kombikraftwerk (Gas & Dampf)	38,0 %	28	1 %	–	99 %	0 %	643	1
Fester Hausmüll	Großraumkessel	20,3 %	11,3	0,13 %	keine	0 %	0 %	199	31
Rückstandsheizöl	Kessel, gegenüberliegend	35,2 %	43	3 %	keine Rauchgasentschwefelung	0 %	0 %	1 395	126
Rückstandsheizöl	Kessel, frontal angeordnet	34,4 %	43	3 %		90 %	2 %	1 395	13
Heizöldestillate	Turbinenfeuerung	28,7 %	45	0,3 %	keine	0 %	0 %	133	15
Erdgas	Kessel, gegenüberliegend	35,2 %	51	0,002 %	keine	0 %	0 %	1	0,07
Erdgas	Konventioneller Kessel	35,2 %	51	0,002 %	keine	0 %	0 %	1	0,07
Erdgas	Gasturbine, einfacher Zyklus	28,1 %	51	0,002 %	keine	0 %	0 %	1	0,09
Erdgas	Gasturbine, kombinierter Zyklus	44,7 %	51	0,002 %	keine	0 %	0 %	1	0,06
Geothermischer Dampf	Dampf-Kondensation	•	•	[c]	[c]	[c]	[c]	[c]	[c]
Angereichertes Uran	Konverter-Reaktor	32,0 %	465 200	0 %	–	–	–	0	0

Anmerkung: Fußnoten und Quellenangaben am Ende der Tabelle

Tabelle 16 (Fortsetzung)

Spalte:				J	K	L	M	N	P
						Partikel-Emissionen			
Energiequelle	Anlagentyp	Netto-wirkungs-grad der Anlage (%) [a]	Heizwert der Energie-quelle (MJ/kg)	Asche-gehalt des Brenn-stoffs (Gew.-%)	Emissions-minde-rungs-technik (Typ)	Minde-rungswir-kungs-grad (%)	Vermin-derung der Anla-genver-fügbarkeit (%) [b]	Partikel-Emis-sions-faktor (mg/MJ)	Partikel-Emission (t je MW-Jahr)
Kohle (3 % Schwefelgeh.)	Trockenboden, Wand befeuert	34,0 %	28	8,8 %	keine	0,0 %	0,0 %	2 514	234
Kohle (3 % Schwefelgeh.)	Trockenboden, tangent. befeuert	33,1 %	28	8,8 %	ESP	99,5 %	0,2 %	2 415	1
Kohle (3 % Schwefelgeh.)	atmosphär.Wirbelschichtfeuerung	33,8 %	28	8,8 %	ESP	99,5 %	0,2 %	2 514	1
Kohle (3 % Schwefelgeh.)	druckgeladeneWirbelschichtfeuerung	38,9 %	28	8,8 %	ESP	99,5 %	0,2 %	2 514	1
Kohle (3 % Schwefelgeh.)	Kombikraftwerk (Gas & Dampf)	38,0 %	28	8,8 %	–	99,5 %	0,0 %	2 514	1
Kohle (1 % Schwefelgeh.)	Trockenboden, Wand befeuert	34,0 %	28	8,0 %	keine	0,0 %	0,0 %	2 286	213
Kohle (1 % Schwefelgeh.)	Trockenboden, tangent. befeuert	33,1 %	28	8,0 %	ESP	99,5 %	0,2 %	2 286	1
Kohle (1 % Schwefelgeh.)	atmosphär. WSF	33,8 %	28	8,0 %	ESP	99,5 %	0,2 %	2 286	1
Kohle (1 % Schwefelgeh.)	druckgeladene WSF	38,9 %	28	8,0 %	ESP	99,5 %	0,2 %	2 286	1
Kohle (1 % Schwefelgeh.)	Kombikraftwerk (Gas & Dampf)	38,0 %	28	8,0 %	–	99,0 %	0,0 %	2 286	1
Fester Hausmüll	Großraumkessel	20,3 %	11,3	1,5 %	keine	0,0 %	0,0 %	1 327	207
Rückstandsheizöl	Kessel, gegenüberliegend	35,2 %	43	0,4 %	keine	0,0 %	0,0 %	93	8
Rückstandsheizöl	Kessel, frontal angeordnet	34,4 %	43	0,4 %	ESP	99,5 %	0,2 %	93	0,04
Heizöldestillate	Turbinenfeuerung	28,7 %	45	0,2 %	keine	0,0 %	0,0 %	44	5
Erdgas	Kessel, gegenüberliegend	35,2 %	51	0,015 %	keine	0,0 %	0,0 %	2,9	0,03
Erdgas	Konventioneller Kessel	35,2 %	51	0,015 %	keine	0,0 %	0,0 %	2,9	0,03
Erdgas	Gasturbine, einfacher Zyklus	28,1 %	51	0,015 %	keine	0,0 %	0,0 %	2,9	0,03
Erdgas	Gasturbine, kombinierter Zyklus	44,7 %	51	0,015 %	keine	0,0 %	0,0 %	2,9	0,02
Geothermischer Dampf	Dampf-Kondensation	•	•	0	–	–	–	0	0
Angereichertes Uran	Konverter-Reaktor	32,0 %	465 200	0	–	–	–	0	0

Anmerkung: Fußnoten und Quellenangaben am Ende der Tabelle

Tabelle 16 (Fortsetzung)

Spalte:				R	S	T	V	W	X	Y	Z
					Stickoxide					Kohlendioxid	
Energiequelle	Anlagentyp	Nettowir-kungsgrad der Anlage (%) [a]	Heizwert der Ener-giequelle (MJ/kg)	Emissionsminderungs-technik (Typ)	Minde-rungswir-kungsgrad (%)	Verminderung der Anlagen-verfügbarkeit (%) [b]	NO_x-Emissions-faktor (mg/mJ)	NO_x-Emissionen (t je MW-Jahr)	Kohlenstoff gehalt des Brennstoffs (Gew.-%)	CO_2-Emissions-faktor (mg/MJ)	CO2-Emis-sionen (t je MW-Jahr)
Kohle (3 % Schwefelgeh.)	Trockenboden, Wand befeuert	34,0 %	28	keine	0 %	0,0 %	438	41	65,0 %	84 964	7 919
Kohle (3 % Schwefelgeh.)	Trockenboden, tangent. befeuert	33,1 %	28	NO_x-arm+SKR	85 %	0,5 %	313	4	65,0 %	84 964	8 139
Kohle (3 % Schwefelgeh.)	atmosphär.Wirbelschichtfeuerung	33,8 %	28	gestufte Verbrennung	•	0,5 %	250	23	65,0 %	84 964	7 975
Kohle (3 % Schwefelgeh.)	druckgeladeneWirbelschichtfeuerung	38,9 %	28	–	•	0,0 %	240	20	65,0 %	84 964	6 922
Kohle (3 % Schwefelgeh.)	Kombikraftwerk (Gas & Dampf)	38,0 %	28	–	•	0,0 %	240	20	65,0 %	84 964	7 082
Kohle (1 % Schwefelgeh.)	Trockenboden, Wand befeuert	34,0 %	28	keine	0 %	0,0 %	438	41	65,0 %	84 964	7 919
Kohle (1 % Schwefelgeh.)	Trockenboden, tangent. befeuert	33,1 %	28	NO_x-arm+SKR	85 %	0,5 %	313	4	65,0 %	84 964	8 139
Kohle (1 % Schwefelgeh.)	atmosphär. WSF	33,8 %	28	gestufte Verbrennung	•	0,5 %	250	23	65,0 %	84 964	7 975
Kohle (1 % Schwefelgeh.)	druckgeladene WSF	38,9 %	28	–	•	0,0 %	240	20	65,0 %	84 964	6 922
Kohle (1 % Schwefelgeh.)	Kombikraftwerk (Gas & Dampf)	38,0 %	28	–	•	0,0 %	240	20	65,0 %	84 964	7 082
Fester Hausmüll	Großraumkessel	20,3 %	11,3	keine	0 %	0,0 %	133	21	26,7 %	86 480	13 491
Rückstandsheizöl	Kessel, gegenüberliegend	35,2 %	43	keine	0 %	0,0 %	395	36	85,6 %	72 860	6 560
Rückstandsheizöl	Kessel, frontal angeordnet	34,4 %	43	NO_x-arm	50 %	0,0 %	191	9	85,6 %	72 860	6 708
Heizöldestillate	Turbinenfeuerung	28,7 %	45	keine	0 %	0,0 %	203	22	87,2 %	70 923	7 837
Erdgas	Kessel, gegenüberliegend	35,2 %	51	keine	0 %	0,0 %	290	26	70,6 %	50 666	4 562
Erdgas	Konventioneller Kessel	35,2 %	51	NO_x-arm+SKR	60 %	0,1 %	240	9	70,6 %	50 666	4 567
Erdgas	Gasturbine, einfacher Zyklus	28,1 %	51	Dampfeindüsung	70 %	2,0 %	169	6	70,6 %	50 666	5 713
Erdgas	Gasturbine, kombinierter Zyklus	44,7 %	51	Dampfeindüsung	70 %	2,0 %	168	4	70,6 %	50 666	3 591
Geothermischer Dampf	Dampf-Kondensation	•	•	–	–	–	0	0	[d]	[d]	1 875
Angereichertes Uran	Konverter-Reaktor	32,0 %	465 200	–	–	–	0	0	–	0	0

Tabelle 16 (Fortsetzung)

Es bedeuten:
[a] Nach Abzug der Wirkungsgradverluste durch Emissionsminderungstechniken.
[b] Prozentsatz der Verringerung des Bruttowirkungsgrads der Anlage.
[c] Geothermischer Dampf enthält oft einen hohen Anteil an Schwefelwasserstoff (H_2S) je nach der Herkunftsquelle.

Anmerkung: Die Zahlenangaben in den Spalten A, G, H, N, P, W, Y und Z wurden unter Verwendung folgender Formeln berechnet (der Buchstabe gibt jeweils die Spalte an):

Spalte A: (Nettowirkungsgrad der Anlage ohne Emissionsminderungstechniken) $\times (1 - F - M - T)$.

Spalte G: $0,9 \times (2 \times C/B) \times 10^6$ [unter der Annahme, daß 10 % des Schwefels in den Ascherückständen zurückgehalten werden]

Spalte H: $0,03171 \times (G/A) \times (1 - E)$.

Spalte N: Für kohlebefeuerte Anlagen: $0,8 \times (J/B) \times 10^6$ [unter der Annahme eines Ascherückstandsanteils von 20 %].

Für alle übrigen Anlagentypen: $0,9 \times (J/B) \times 10^6$ [unter der Annahme eines Ascherückstandsanteils von 20 %].

Spalte P: $0,03171 \times (N/A) \times (1 - L)$.

Spalte W: $0,03171 \times (V/A) \times (1 - S)$.

Spalte Y: $(3,66 \times X/B) \times 10^6$

Spalte Z: $0,03171 \times (Y/A)$.

Es bedeuten:
2   = Verhältnis des Molekulargewichts von SO_2 zu reinem Schwefel.
0,03171   = Umrechnungsfaktor für die Umwandlung von mg/MJ in t/MW-Jahr.
3,66   = Verhältnis des Molekulargewichts von CO_2 zu reinem Kohlenstoff.

Quellen: *„SO_2" und Partikel:* U.S. Environmental Protection Agency „Compilation of Air Pollutant Emission Factors Volume I: Stationary Point and Area Sources", Report No. AP-42, Supplement A (Research Triangle Park, North Carolina: U.S. EPA, Oktober 1986); Internationale Energie-Agentur, „Emission Controls in Electricity Generation and Industry (Paris: OECD, 1988); *„NO_x- und SO_2"*: Radian Corporation (im Auftrag der U.S. Environmental Protection Agency), „Emission and cost estimates for globally significant anthropogenic combustion sources of NO_x, N_2O, CH_4, CO und CO_2", Draft (Research Triangle Park, North Carolina: Radian Corporation, Dezember 1987); Vereinte Nationen, Wirtschaftskommission für Europa, NO_x-Arbeitsgruppe, NO_x-Emissionsminderungstechniken stationärer Anlagen" (Karlsruhe: Institut für Industrielle Produktion, Juni 1986), Gespräche mit Dr. Jan Vernon IEA Coal Research, London.

Erklärungen:
•   = Kein Nachweis vorhanden
ESP   = Elektrostatischer Abscheider
SKR   = Selektive katalytische Reduktion
WSF   = Wirbelschichtfeuerung

brennungsanlagen bestehen noch nicht lange und haben ihre endgültige Form noch nicht gefunden. Die verbrennungsbedingten klassischen Schadstoffemissionen (SO_2, NO_x, CO und Partikel) unterliegen den Luftgütestandards sowie den Punktquellen-Grenzwerten für Verbrennungsanlagen. Die zunehmende Verwendung von Kunststoffen und chlorierten Papierprodukten in Konsumgütern führt dazu, daß die kommunalen Verbrennungsanlagen giftige Emissionen an die Luft abgeben. Die Kontrolle anderer als klassischer Luftschadstoffe aus Müllverbrennungsanlagen ist ein neues Gebiet, für das in weiten Teilen des OECD-Raums erst noch Standards entwickelt werden.

7. Endverbrauch im Transportsektor

(a) Benzin

In allen IEA-Ländern gibt es Standards für die Regelung der Emissionen von CO, unverbrannten Kohlenwasserstoffen und jetzt auch NO_x durch Benzinfahrzeuge. Die Standards werden regelmäßig weiter verschärft [62]:

- In Verbindung mit den NO_x-Emissionsgrenzwerten stellt sich auch die Frage nach der Anwendung von Katalysatoren. Rückblickend ist zu sagen, daß die USA beim Erlaß zwingender Vorschriften Abgasreinigungssysteme (neben gleichgerichteten Bemühungen zur Einführung des bleifreien Benzins) bahnbrechend gewesen sind. Schweden, die Schweiz, Österreich, Japan, Australien, Norwegen und Kanada haben inzwischen ähnliche, z.T. noch schärfere NO_x-Grenzwerte und entsprechende Auflagen für die Minderungstechnologien eingeführt. In den EG-Ländern ist die Situation differenzierter, und erst vor kurzem hat die EG eine neue Punktquellen-Richtlinie beschlossen.
- Für CO-Emissionen gibt es schon seit vielen Jahren Minderungsvorschriften, die nach und nach verschärft worden sind. So sind zwischen 1970 und 1983 durch die von der EG beschlossenen Grenzwerte die maximal zulässigen Kohlenmonoxid-Emissionen von Kraftfahrzeugen um 60% reduziert worden. In den USA wird erwartet, daß die geltenden CO-Emissionsgrenzwerte für Neuwagen im Zeitraum 1980–2000 eine Reduzierung der CO-Emissionen im Transportsektor um 45% bewirken werden [ANL, 1986].
- Die gesamten Emissionen an unverbrannten Kohlenwasserstoffen werden gewöhnlich im Rahmen der Bestimmungen über die CO- und NO_x-Emissionen geregelt. Dabei fallen unter die erstgenannten Emissionen sämtliche Kohlenwasserstoffe ohne Rücksicht auf die chemische Zusammensetzung, also z.B. Aromaten, Benzol oder Aldehyde. In den USA, Japan und Australien sind Verdunstungsgrenzwerte vorgeschrieben, in der EG dagegen nicht. Bei Benzol erfolgt die Regelung meistens nicht durch Emissionsgrenzwerte, sondern mit Hilfe von Kraftstoffgütespezifikationen. Der EG-Ministerrat hat einen Grenzwert von 5% für den Benzolgehalt beschlossen; entsprechende Grenzwerte gelten in Norwegen, Schweden und der Schweiz [63].
- Partikel-Emissionsgrenzwerte für Benzinfahrzeuge bestehen nur in den USA.

Weitere Umweltschutzmaßnahmen erstrecken sich auf die Bleiverschmutzung, zu deren Bekämpfung zwei parallele Ansätze entwickelt worden sind. Einmal wurde beim Angebot angesetzt, um die Versorgung mit bleifreiem Benzin sicherzustellen; diese Politik ist in den EG-Ländern durch eine EG-Richtlinie gefördert worden, wonach bis 1989 überall in der Europäischen Gemeinschaft bleifreies Benzin am Markt verfügbar sein mußte. Auch in anderen IEA-Ländern wird bereits bleifreies Benzin am Markt angeboten. Zum anderen sind Bestimmungen zur Begrenzung des Bleigehalts im Benzin erlassen worden. Der niedrigste Bleigehalt, bei dem ältere Motoren weiter in Betrieb bleiben können (0,03 g/l), ist in den USA als Standard beschlossen worden. In Australien müssen alle neuen Modelle mit Benzinmotor für den Betrieb mit bleifreiem Benzin ausgelegt sein. Durch Steueranreize für die Verwendung von bleifreiem Benzin (d.h. die steuerliche Begünstigung gegenüber verbleitem Benzin) wird in den meisten Ländern der Trend zum bleifreien Benzin gefördert (Ausnahme: die USA). In einigen Ländern (Österreich, Deutschland, Niederlande, Schweden, Schweiz) gelten für „schadstoffarme" Fahrzeuge niedrigere Steuersätze. Ferner werden Steuervergünstigungen gewährt, um einen Ausgleich für die Kosten der Umrüstung auf Flüssiggas oder komprimiertes Erdgas zu schaffen, da die Emissionen an CO, NO_x und unverbrannten Kohlenwasserstoffen bei den mit diesen Kraftstoffen betriebenen Fahrzeugen unter optimalen Bedingungen geringer sind.

(b) Dieselkraftstoff

Dieselfahrzeuge verursachen gewöhnlich niedrigere Emissionen von CO, NO_x und unverbrannten Kohlenwasserstoffen als Wagen mit Benzinmotor, andererseits aber höhere Emissionen an Aldehyden und SO_x sowie weit höhere Partikel-Emissionen; auch sind bei Dieselantrieb Lärmpegel und Geruchsbelästigung stärker. Recht detailliert sind die Standards für Leichtfahrzeuge, bei denen sie sich auf die Emission von CO, NO_x und unverbrannten Kohlenwasserstoffen erstrecken. In den USA sind auch Standards für Partikel-Emissionen in Kraft gesetzt worden. Daß für dieselgetriebene Fahrzeuge verhältnismäßig weniger strenge Standards gelten, leitet sich u.a. aus der Erkenntnis her, daß die Umsetzung stringenterer Standards bei Dieselmotoren vor allem im Hinblick auf NO_x spezifische Probleme mit sich bringt. So ist es möglich, die Partikel-Emissionen um 40–60% zu mindern, doch besteht dann die Tendenz, daß die NO_x-Emissionen steigen. Mehrere IEA-Länder wenden Standards an, die sich auf die Abgas-Rauchtrübung bei Dieselmotoren erstrecken. Insgesamt gesehen bleibt Europa, wo der Anteil der Dieselfahrzeuge an den Neuzulassungen 1986 18% betrug, bei den Maßnahmen zur Bekämpfung der Umweltbelastung durch Dieselkraftstoff hinter Japan und den Vereinigten Staaten zurück.
Ganz offensichtlich werden in den meisten IEA-Ländern die Kfz-Emissionsstandards derzeit verschärft – und werden in Zukunft weiter verschärft werden –, und zwar sowohl durch nationale Bestimmungen wie auch durch internationale Regelungen wie die neue EG-Richtlinie („Luxemburger Grenzwerte"). Das bedeutet, daß die verbindlich vorgeschriebene oder freiwillige Anwendung von Technologien wie Dreiwege- und Oxidationskatalysatoren weiter ausgedehnt und sich auf alle Kategorien von Benzinfahrzeugen erstrecken wird. Auf Dieselfahrzeuge werden zunehmend Standards für Partikel-Emissionen Anwendung finden; die erste Zielgruppe sind hier Leichtfahrzeuge.
Die *Ozonbelastung* wird mit wachsender Besorgnis verfolgt. In den USA, wo sie als ein großes Problem angesehen wird, konnten viele städtische Ballungsräume die für Ende 1987 zur Umsetzung vorgesehenen Luftgütestandards im Bereich der O_3-Belastung nicht erfüllen. Auch hat sich gezeigt, daß die international akzeptierten Gesundheits- und Umweltschutzleitwerte für die kurz- und langfristige Ozonbelastung, wie sie z.B. von der Weltgesundheitsorganisation festgelegt worden sind, in vielen europäischen Ländern nicht eingehalten werden. Neuere Forschungen haben ergeben, daß eine Minderung der Ozonbelastung wirksamer durch eine Strategie der kombinierten Reduzierung der Emissionen von NO_x und leichtflüchtigen organischen Verbindungen (VOC) erreicht werden kann. Hier steht deshalb der Transportsektor im Vordergrund, denn er ist einzeln gesehen die größte Emissionsquelle für NO_x und leichtflüchtige organische Verbindungen. Was diese Verbindungen angeht, so stecken die Bemühungen um die Minderung von Umweltschäden in den meisten Ländern noch in den Anfängen. In den USA schreibt seit kurzem eine Regelung die Verwendung von

weniger leichtflüchtigem Benzin in den Sommermonaten vor. Auf diese Weise sollen die Emissionen von leichtflüchtigen organischen Verbindungen in städtischen Ballungsräumen den Berechnungen zufolge um 13% gesenkt werden. Die EG und verschiedene IEA-Mitgliedstaaten suchen eine Minderung des Schadstoffausstoßes von Transportfahrzeugen dadurch zu erreichen, daß sie die Rechtsvorschriften für die Begrenzung der Gesamtemissionen von Kohlenwasserstoffen und anderen Gasen zunehmend verschärfen (etwa durch Vorschreiben einer stärkeren Verwendung von Katalysatoren). Die derzeit in der EG geprüften Vorschläge würden bis zum Ende des Jahrhunderts eine Minderung der Kohlenwasserstoff-Emissionen bei Fahrzeugen um 30% bewirken [64]. Vorschläge für den Bereich der Schwerfahrzeuge mit Dieselantrieb werden in naher Zukunft erwartet. Da die leichtflüssigen organischen Verbindungen nach SO_2 und NO_x als wichtigster grenzüberschreitender Schadstoff angesehen werden, könnten im Gefolge internationaler Aktionen und Verpflichtungen – wie etwa eines ECE-Protokolls über leichtflüssige organische Verbindungen nach dem Vorbild des Protokolls über NO_x-Emissionen – entsprechende nationale Umweltschutzmaßnahmen getroffen werden.

Die bisherigen Erfahrungen lassen jedoch vermuten, daß die Anwendung des Prinzips der „besten vorhandenen Umweltschutztechnologien" für die Minderung der Emissionen von NO_x und leichtflüchtigen organischen Verbindungen in manchen geographischen Räumen nicht unbedingt eine Gewähr dafür bietet, daß die Leitwerte für die kurzfristige Ozonbelastung eingehalten werden. Das Verkehrsverbot für Kraftfahrzeuge in Innenstädten zu Zeiten mit hoher Umweltbelastung ist mancherorts, so z.B. in Athen, bereits gang und gäbe und wird auch in einigen deutschen und italienischen Städten zunehmend praktiziert. Die schärfsten Emissionsstandards haben die USA, doch macht das gewaltige Verkehrsaufkommen dieses Landes den Erfolg von Umweltschutzbemühungen immer wieder zunichte. Kalifornien erwägt drastischere Schritte mit nachhaltigerer Wirkung, die sich u.U. auch auf weitreichende Maßnahmen zur Umrüstung des Fahrzeugparks auf „saubere" Kraftstoffe, Methanol oder sogar Elektroantrieb erstrecken. In den Niederlanden werden gegenwärtig hubraumbezogene Maßnahmen geprüft [43].

(c) Alternative Kraftstoffe

In den letzten zehn Jahren ist wegen der Lieferstörungen und Kostensteigerungen bei Erdöl das Interesse an Kraftstoffstreckmitteln und alternativen Kraftstoffen für Motorfahrzeuge gewachsen. Die Bestrebungen zur Diversifizierung der Transportkraftstoffe werden heute durch die Umweltsorgen erheblich gefördert, und dies könnte zur breiteren Anwendung alternativer Kraftstoffe führen. Allerdings müssen einige umweltbezogene Unklarheiten erst noch beseitigt werden. Bei Verwendung von Alkoholkraftstoffen sind die Emissionen von CO, NO_x und unverbranntem Kraftstoff geringer. Bei Alkoholkraftstoffen können Katalysatoren angewendet werden, doch sind über die Lebensdauer der Katalysatoren bei dieser Betriebsart noch Untersuchungen notwendig. Die Verdunstungs-Emissionen sind sehr gering. Dagegen sind die Aldehyd-Emissionen u.U. vier- bis achtmal höher als bei Benzinfahrzeugen. Aldehyde sind Treibhausgase und führen zur Bildung von Peroxyacetylnitraten, die ebenfalls zur Erwärmung der Erdatmosphäre beitragen. Es scheint allerdings, daß die Aldehyd-Emissionen durch Katalysatoren effektiv gemindert werden können. Wichtig ist, daß die Umweltwirkungen des Brennstoffzyklus der Methanol- oder Ethanolkraftstoffe in ihrer Gesamtheit betrachtet werden. Während Alkoholkraftstoffe auf Erdgasbasis im Vergleich zu traditionellen Flüssigkraftstoffen günstig abschneiden, entstehen im Falle von Kraftstoffen auf Kohlebasis beträchtliche Emissionen bei der Produktion der Synthesekraftstoffe. Länder ohne genügende Erdgasüberschüsse aus eigener Produktion müßten entweder Erdgas importieren oder für die Massenproduktion von Alternativkraftstoffen auf Kohle zurückgreifen. Angesichts der wachsenden Besorgnis über die CO_2-Emissionen könnte diese Option als ein bloßes Austauschen von Ozonbelastung gegen Treibhausgas-Emissionen betrachtet werden.

Gegenwärtig ist nicht nur das Interesse an alternativen (oft auf Erdgasbasis erzeugten) Kraftstoffen in den USA und in Teilen Europas groß, sondern auch die Verwendung von Flüssiggas und die direkte Anwendung von Erdgas als alternativer Transportkraftstoff (in Form von komprimiertem Erdgas) rückt aus Umweltgründen stärker in den Blickpunkt. Beträchtliche Erfahrungen sind in den Ländern gesammelt worden, in denen die Verwendung von komprimiertem Erdgas für den Motorenantrieb aufgrund verschiedener lokaler Faktoren entwickelt worden ist, etwa wegen der historischen Entwicklung oder aus anderen, mit Erdgasüberschüssen zusammenhängenden Gründen. Heute werden in der Welt rd. 400 000 Fahrzeuge mit komprimiertem Erdgas betrieben, die meisten davon in Italien, wo rd. 280 000 Motorfahrzeuge mit bivalentem Antrieb registriert sind. Kanada verfolgt energisch ein bedeutendes Umrüstungsprogramm ebenso wie Neuseeland, wo rd. 100 000 Fahrzeuge mit komprimiertem Erdgas (und weitere 50 000 mit Flüssiggas) betrieben werden können. Beim Betrieb von Ottomotoren mit komprimiertem Erdgas fallen praktisch keine Aldehyde und CO-Emissionen an, und der Ausstoß von unverbrannten Kraftstoffen und von Partikeln ist gering. Die Daten für die NO_x-Emissionen bei dieser Kraftstoffverwendung variieren im Vergleich zum Dieselantrieb; sie liegen niedriger, etwa gleich hoch oder auch geringfügig höher. Allerdings kann wegen der universellen Konstruktion für bivalente Kfz-Motoren, die zumeist bei der Verwendung von komprimiertem Erdgas für Kraftfahrzeuge angewendet wird, das volle Potential des Erdgases als Kraftstoff mit hoher Oktanzahl nicht ausgenutzt werden, weil der Verdichtungsgrad abhängig von der Oktanzahl des Benzins gewählt wird. Wie die Alkoholkraftstoffe auf Erdgasbasis schneidet auch das komprimierte Erdgas im Vergleich zu traditionellen Flüssigkraftstoffen günstig ab. Die vom Fahrzeug ausgehenden Emissionen können größer sein als bei Alkoholkraftstoffen. Bei der Betrachtung der Umweltwirkungen des gesamten Brennstoffzyklus zeigt sich aber, daß über 40% der Energie des Erdgases bei der Umwandlung in Methanol verlorengehen, so daß die Gesamtemissionen beim Betrieb mit komprimiertem Erdgas tatsächlich erheblich niedriger sind; das gilt vor allem für den Ausstoß von CO_2.

8. Endverbrauch im Sektor Haushalte und Kleinverbraucher

Soweit vorhanden, sind die Emissionsstandards für die klassischen Schadstoffe (SO_2, NO_x, Partikel usw.) für Kleinfeuerungsanlagen in den meisten Ländern so gewählt, daß keine Umweltschutztechnologien erforderlich sind. Bei der Minderung der Emissionen aus Kleinanlagen wird oft so vorgegangen, daß der Schwefelgehalt des Heizöls und der Kohle begrenzt wird. Dänemark hat vor zehn Jahren eine verbindliche Wartungsregelung für kleine Ölfeuerungsanlagen im Sektor Haushalte und Kleinverbraucher getroffen. Allgemein besteht die Tendenz, die Emissionen der kleineren Verbrennungsanlagen im Haushaltssektor zu reglementieren. Der Erlaß einer EG-Richtlinie über Partikel-Emissionen wird gegenwärtig erwogen. In Deutschland ist nachgewiesen worden, daß Verbrennungsanlagen mit einer Kapazität von nur wenigen kW (Haushaltsöfen) bis zu 10 MW (Zentralheizungen für große Gebäude) nur mit 9% an den Gesamtemissionen von SO_2 und Partikeln und nur mit 4% an den Gesamtemissionen von NO_x und leichtflüchtigen organischen Verbindungen beteiligt sind. Je nach den regionalen Gegebenheiten kann der Anteil an den lokal anfallenden Emissionen aber weit höher sein und in Ballungsgebieten wegen der starken Konzentration der Verschmutzungsquellen und der niedrigen Schornsteinhöhen sogar bis zu 50% betragen. Die starke Rauchverschmutzung in Dublin z.B. ist hauptsächlich auf die Verbrennung von bituminöser Kohle in den Haushalten zurückzuführen.

Klimaanlagen und Kühleinrichtungen verwenden Fluorchlorkohlenwasserstoffe (FCKW), deren bedeutende Rolle bei der Ozonbelastung und beim Treibhauseffekt erkannt worden ist. Das gleiche gilt für den zur Wärmedämmung verwendeten Schaumstoff. Das 1987 als Protokoll zum Wiener Übereinkommen von 1985 zum Schutz der Ozonschicht unterzeichnete Montrealer Protokoll über Stoffe, die zu einem Abbau der Ozonschicht führen, bezweckt die Reduzierung der Erzeugung und des Eintrags von FCKW. Hauptmotiv war hier der notwendige Schutz der Ozonschicht der Erde. Als weiterer Grund zur Besorgnis wurden mögliche Wirkungen der FCKW auf das Erdklima genannt. Das im Januar 1989 in Kraft getretene Montrealer Protokoll verfügt mit Wirkung von Juli 1989 das Einfrieren von Erzeugung und Verwendung der FCKW auf dem Stand von 1986 und sieht eine Senkung um 20% bis 1992 und eine weitere Reduzierung um 30% bis 1998 vor. Die nationalen Maßnahmen, die zur Umsetzung des Protokolls weiter ausgestaltet werden, erstrecken sich in der Regel auf angebotsseitige (nicht aber auf nachfrageseitige) Beschränkungen der FCKW durch die Regulierung der Einfuhr und die Festlegung von Produktionsgrenzen für die nationalen Hersteller. Dies dürfte die Verbraucher ermutigen, sich nach weniger umweltschädlichen Alternativen umzusehen. Die Befürchtung, daß diese angestrebten Minderungsgrenzwerte u.U. nicht ausreichen werden, um die Zerstörung der Ozonschicht zu verhüten, hat bereits mehrere Länder, darunter Schweden, die Niederlande und Deutschland, veranlaßt, eine Verschärfung der Reduktionsziele zu beschließen.

9. Industrieller Endverbrauch

Wie bei den Kraftwerken unterscheidet die Reglementierung auch bei den industriellen Feuerungsanlagen zwischen Neu- und Altanlagen [54]. Ferner wird gewöhnlich unterschieden zwischen Klein- und Großfeuerungsanlagen und in manchen Fällen auch zwischen Industriekraftwerken und anderen industriellen Feuerungsanlagen. Was die Neuanlagen betrifft, so sind die Umweltschutzbestimmungen für Industriekraftwerke uneinheitlich und richten sich z.T. danach, ob die Kraftwerkseinheit im wesentlichen nur der Stromerzeugung dient oder ob das Industrieunternehmen die Einheiten in erheblichem Maße sowohl für die Stromerzeugung als auch für die Wärmegewinnung oder überwiegend nur für letzteren Zweck einsetzt, wobei zugleich auch (wie dies in Deutschland und den USA häufig der Fall ist) ein System der Kraft-Wärme-Kopplung angewendet werden kann. In Deutschland unterliegen solche Feuerungsanlagen den gleichen Vorschriften wie die Kraftwerke. In den USA richten sich die einschlägigen Umweltschutzmaßnahmen nach der regionalen Luftgüte sowie nach den bundesstaatlichen und nationalen Vorschriften für Neuanlagen. In Japan fußen die Emissionsminderungsbestimmungen für kleine und industrielle Anlagen auf Vereinbarungen mit den nachgeordneten Gebietskörperschaften. Die größenmäßige Verteilung der Anlagen ist je nach Regelwerk verschieden. So unterscheidet die EG-Richtlinie für Emissionsbegrenzungen von Großfeuerungsanlagen bei der Heizölverwendung zwischen drei Kategorien, nämlich Anlagen mit einer Kapazität von über 500 MWt, von 500–300 MWt und von weniger als 300 MWt.
In den Ländern, in denen Emissionsstandards für Kleinanlagen (von weniger als 50 oder 100 MWt) bestehen, sind diese gewöhnlich so gehalten, daß die Anwendung kostspieliger Technologien für die Rauchgasentschwefelung und die selektive katalytische Reduktion nicht zwingend vorgeschrieben ist. Vielfach beschränken sich die Vorschriften für die Emissionsminderung bei Kleinanlagen auf die Begrenzung des Schwefelgehalts des verwendeten Brennstoffs (Öl oder Kohle). Vergleiche der verschiedenen nationalen Lösungsansätze für Kleinanlagen lassen sich schwer anstellen. In den Mitgliedstaaten gibt es zahlreiche industrielle Kleinkesselanlagen unterschiedlicher Bauart, die für verschiedene Heizölverwendungen aus-

gelegt sind – so werden allein in Großbritannien 75 000 Kleinkesselanlagen gezählt –, und das statistische Datenmaterial ist hier sehr lückenhaft. Hieran sind die Schwierigkeiten zu erkennen, denen sich selbst die nationalen Behörden gegenübersehen, wenn sie sich einen Überblick über die Umweltwirkungen dieser Anlagen verschaffen und die Realisierbarkeit der Einführung von Emissionsgrenzwerten erkunden oder feststellen wollen, wie sich solche Grenzwerte auf das Betreiben industrieller Kleinkesselanlagen und eine Vielzahl industrieller Prozesse auswirken würden.

Bei den übrigen Luftschadstoffen in Verbindung mit Emissionen von Industrieanlagen ist das Problem der Staubemissionen bei großen und mittelgroßen Feuerungsanlagen weitgehend gelöst; hier gewährleistet das jeweilige nationale Recht die breite Anwendung hocheffizienter elektrostatischer Abscheider. Dagegen gibt es nur sehr wenige Bestimmungen für die Minderung der CO-Emissionen von Industrieanlagen, wenngleich in zahlreichen IEA-Ländern Luftgütestandards in Verbindung mit Kohlenmonoxid festgelegt worden sind.

Der Schwerpunkt bei den Bestrebungen zur Verschärfung der Emissionsgrenzwerte dürfte bei Regelungen für den vorhandenen Bestand an industriellen Verbrennungsanlagen liegen, weil sich hier auf kurze Sicht das größte Potential für Emissionsminderungen bietet. Diese Tendenz könnte zu (sektorweiten oder branchenspezifischen) Vereinbarungen mit der Industrie führen, wie es sie bereits in einigen Mitgliedstaaten und besonders in Japan gibt. Auch könnte sie dazu beitragen, daß neue Lösungen für die Umsetzung strengerer Vorschriften entwickelt werden, wie etwa Änderungen im produktionstechnologischen Bereich oder Umrüstungen von Betriebsanlagen. Die Industrie hat gerade erst damit begonnen, sich auf die neuen Regelungen einzustellen, so daß Aussagen über deren Auswirkungen verfrüht wären. Nationale Besorgnisse darüber, daß die Umweltgesetzgebung die Wettbewerbsfähigkeit der heimischen Industrie auf den Weltmärkten beeinträchtigen könnte, sind ein Ansporn für die Harmonisierung der Reglementierungen auf internationaler Ebene. Dies bedeutet, daß nationale Vorschriften, die noch weniger streng sind als die internationalen Regelungen, in regelmäßigen Abständen verschärft werden (vor allem im Rahmen der EG). Dieser Prozeß hat aber seine Grenzen, weshalb phantasievollere Maßnahmen erwogen werden. So prüfen Schweden und Dänemark z.Z. Kostenwirksamkeit und Realisierbarkeit der Ausfuhr subventionierter „sauberer" Kohletechnologien nach Polen. Diese Lösung ist schon vorher mit der Finanzierung des Einsatzes von Wassergüteausrüstungen in der DDR durch die Bundesrepublik Deutschland angewendet worden.

Schließlich könnte die Notwendigkeit, den Grad der Belastung durch spezifische Luftschadstoffe weiter zu senken, dazu führen, daß die industrielle Verwendung bestimmter Brennstoffe überhaupt untersagt wird. Auch hierfür gibt es bereits Beispiele, etwa im Fall der Kohleverwendung in städtischen Ballungsgebieten in Großbritannien. In Kalifornien hat die ständige Überschreitung der Ozongrenzwerte die Regionalbehörden bereits veranlaßt, Standards in Kraft zu setzen, die die Verwendung von Heizöl und Festbrennstoffen in stationären Feuerungsanlagen beschränken. Was die NO_x-Emissionen betrifft, so werden sich die staatlichen Maßnahmen wahrscheinlich auf Sektoren konzentrieren, in denen eine Reglementierung leichter ist als im Transportsektor, wo sich die Umweltbelastung durch den großen privaten Kraftfahrzeugpark schwer unter Kontrolle bringen läßt. Ein Heizölverbot, wie es gegenwärtig für die Luftgüteüberwachung im South Coast Air Quality Management District in Kalifornien erwogen wird, ist ein letzter Ausweg, für den sich möglicherweise viele Behörden entscheiden werden, die in industriellen und städtischen Ballungsräumen vor Ozonproblemen stehen, denen anders nicht beizukommen ist.

ANHANG 2: GLOSSAR: BEGRIFFE UND AKRONYME

Alkohol-Treibstoff	Treibstoffe mit mindestens 85% Alkoholgehalt, wieMethanol (CH_3OH) und Äthanol (C_2H_5OH)
Aldehyde	Durch Oxidation von Alkoholen, z.B. bei Verbrennungsvorgängen, entstehende organische Verbindungen. Aldehyde sind Gase mit Treibhauseffekt. Sie führen zur Bildung von PAN, das ebenfalls ein Gas mit Treibhauseffekt ist
Aromatische Kohlenwasserstoffe	Aus Benzolmolekülen aufgebaute organische Verbindungen
BACT	Beste verfügbare Umweltschutz-Technologie
BAT	Beste verfügbare Technologie
BPM	Beste praktikable Lösung
BTU	British Thermal Unit (in Großbritannien gebräuchliche Wärmeeinheit)
CEGB	Britische zentrale Stromerzeugungsbehörde
CH_4	Methan
CNG	Komprimiertes Erdgas
CO_2	Kohlendioxid
CO	Kohlenmonoxid
Einatembare Partikel	Partikel mit einem Durchmesser von weniger als 5 Mikron
FBC	Kohleverbrennung im Wirbelschichtverfahren
FCKW	Fluorchlorkohlenwasserstoffe
FGD	Rauchgasentschwefelung
Flugasche	Bei Öl- oder Kohleverbrennung entstehende feine, nicht brennbare Partikel
HC	Kohlenwasserstoffe
Hochaktive Abfälle	Bei der chemischen Aufbereitung bestrahlter Kernbrennstoffe anfallende hoch-radioaktive Flüssigkeiten, die ggf. verfestigt werden können
IGCC	Integrierter Zyklus für Synthesegasherstellung
LNG	Flüssigerdgas (Methan)
LPG	Flüssiggas (Propan und Butan)
MMBTU	Mio BTU
NEA	Kernenergie-Agentur (OECD)
NO_x	Stickoxide
O_3	Ozon
PAH	Polyzyklische aromatische Kohlenwasserstoffe
PAN	Peroxyacetylnitrate
PEV	Primärenergieverbrauch
Photooxidantien	Bilden sich durch Einwirkung des Tageslichts auf in der Luft enthaltene Stickoxide und Kohlenwasserstoffe
Skrubber	Vorrichtung zur Verringerung der Luftverschmutzung durch Herausfiltern von Schadstoffen aus Gasströmen mittels Flüssigsprays
SO_x	Schwefeloxide

Synfuels	Durch chemische Syntheseverfahren gewonnene synthetische Kraftstoffe, z.B. Kohlevergasung oder -verflüssigung oder Umwandlung von Erdgas mittels Methanol in Benzin
Terpene	In Ölen und Naturharzen enthaltene ungesättigte Kohlenwasserstoffe
VOC	Leichtflüchtige organische Verbindungen wie Kohlenwasserstoffdampf-Emissionen. Nicht methanhaltige Gemische dieser Art bestehen im wesentlichen aus leichtflüchtigem Butan

ANHANG 3: LITERATURHINWEISE UND QUELLEN

1. Internationale Energie-Agentur, „Emission Controls in Electricity Generation and Industry" (Paris: OECD, 1988).

2. „OECD and the Environment" (Paris: OECD, 1986) .

3. „World Commisson on Environment and Development, Our Common Future" (Oxford University Press: 1987) .

4. Vereinte Nationen, „Air Pollution Across Boundaries" (New York: 1985).

5. „OECD Environmental Date – Compendium 1989" (Paris: OECD, 1989) .

6. „The University of Chicago, Environmental Trends Associated with the Fifth National Energy Policy Plan" (im Auftrag des US-Energieministeriums, August 1986) .

7. D.J. Wuebbles, J. Edmonds, „A Primer on Greenhouse Gases" (im Auftrag des US-Energieministeriums, 1988) .

8. Environment Committee, „The State of the Environment" (Paris: OECD, 1985) .

9. Environmental Resources Ltd., „The Greenhouse Issue" (im Auftrag der Kommission der Europäischen Gemeinschaften, 1988).

10. IEA Coal Research, „Carbon Dioxide – Emissions and Effects" (London: OECD, Juni 1982) .

11. B. Bolin, B. Döös, J. Jäger und R. Warrick, „The Greenhouse Effect, Climatic Change and Ecosystems" (im Auftrag von SCOPE-ICSU, Stockholm, 1986) .

12. Vereinte Nationen, „Strategies, Technologies and Economics of Waste Water Management in ECE Countries" (New York: 1984).

13. Electric Power Research Institute, „Western Regional Air Quality Studies – Visibibility and Air Quality Measurements: 1981–1982" (Palo Alto, Kalifornien: Januar 1987).

14. IEA Coal Research, „Solid Residues from Coal Use – Disposal and Utilisation" (London: OECD, Juli 1984).

15. IEA Coal Research, „Trace Elements from Coal Combustion: Emissions" (London: OECD, Juni 1987).

16. United Nations Environment Programme and World Health Organisation, „Assessment of Urban Air Quality" (Genf: 1988)

17. CONCAWE, „Volatile Organic Compound Emissions: an Inventory for Western Europe" (Den Haag: Mai 1986).

18. CONCAWE, „Volatile Organic Compound Emissions in Western Europe: Control Options and their Cost-Effectiveness for Gasoline Vehicles, Distribution and Refining" (Den Haag: September 1987).

19. IEA Coal Research, „Acidic Deposition – Surface Waters" (London: OECD, Januar 1989).

20. Ad Hoc Group on Transport and the Environment, „Transport and the Environment" (Paris: OECD, 1988).

21. B. Aebischer, B. Giovanni und D. Pain, „Scientific and Technical Arguments for the Optimal Use of Energy" (Centre Universitaire d'Etude des Problèmes de l'Energie, Université de Genève: aktualisiert (No. 2.1, Oktober 1989).

22. Nigel Haigh, „EC Environmental Policy and Britain" (Longman, 1987).

23. „Economic Instruments for Environmental Protection" (Paris: OECD, 1989).

24. Norwegian Institute for Air Research, „Photochemical Oxidant Episodes, Acid Deposition and Global Atmospheric Change" (Lillestrom: Februar 1988).

25. IEA Coal Research, „Treatment of Liquid Effluents from Coal Gasification Plants" (London: OECD, März 1979).

26. Kernenergie-Agentur, Licensing Systems and Inspection of Nuclear Installations (Paris: OECD, 1986).

27. Summary and Analysis of Symposium Enclair '86, „Energy and Cleaner Air: Cost of Reducing Emissions" (Paris: OECD, 1987).

28. Nuclear Energy Agency/International Energy Agency, „Projected Costs of Generating Electricity from Power Stations for Commissioning in the Periode 1995–2000 (Paris: OECD, erscheint 1990).

29. Kommission der Europäischen Gemeinschaften, „VOC and NO_x Cost Effectiveness of Measures Designed to Reduce Emissions" (Brüssel: 1988).

30. „The Macro-Economic Impact of Environmental Expenditure" (Paris: OECD, 1985).

31. Charles S. Pearson, „Industrial Relocation and Pollution Havens" (Economics of Environmental Protection, März 1989).

32. „Environmental Policy and Technical Change" (Paris: OECD, 1985).

33. IEA Coal Research, „Market Impacts of Sulphur Control: Implications for Coal Utilisation" (London: OECD, Oktober 1989).

34. „Transport and the Environment' (Paris: OECD, 1988).

35. Select Committee on the European Communities of the House of Lords, „Efficiency of Electricity Use" (London: HMSO, 1989).

36. Internationale Energie-Agentur, „Energy Conservation in IEA Countries" (Paris: OECD, 1987).

37. Internationale Energie-Agentur, „Technologies for Energy Efficiency and Fuel Switching: Concensus and Competition to Conserve Energy in the Japanese Industrial Sector" (Paris: OECD, 1988).

38. Internationale Energie-Agentur, „Electricity End-Use Efficiency" (Paris: OECD, 1988).

39. Internationale Energie-Agentur, „Proceedings of the workshop on Conservation Programmes for Electric Utilities" (Paris: OECD, 1988).

40. Internationale Energie-Agentur, „Fuel Efficiency in Passenger Cars" (Paris: OECD, 1984).

41. Carmen Difiglio, K.G. Duleep und David Greene, „Cost Effectiveness of Future Fuel Economy Imporvements" (The Energy Journal: Januar 1989, überarbeitet im August 1989).

42. Internationale Energie-Agentur, „Energy Policies and Programmes of IEA Countries" (Paris: OECD, 1989).

43. Second Chamber of the States General of the Netherlands, Governmental White Paper, „National Environmental Policy Plan: To Choose or to Lose" (Den Haag: 1989).

44. CONCAWE, „Sulphur Dioxide Emissions from Oil Refineries and Combustion of Oil Products in Western Europe" (Den Haag: Dezember 1986).

45. CONCAWE, „Residue Hydrodesulphurisation Investment and Operating Costs" (Den Haag: Juli 1986).

46. Internationale Energie-Agentur, „Proceedings of an Experts' Seminar on Energy Technologies for Reducing Emissions of Greenhouse Gases" (Paris: OECD, 1989).

47. Kernenergie-Agentur, „Electricity, Nuclear Power and Fuel Cycle in OECD Countries, 1988 Main Data" (Paris: OECD, 1988).

48. „Environmental Effects of Energy Systems" (Paris: OECD, 1983).

49. „Environmental Effects of Electricity Generation" (Paris: OECD, 1985).

50. „Environmental Effects of Automotive Transport" (Paris: OECD, 1986).

51. „Control Policies for Specific Water Pollutants" (Paris: OECD, 1982).

52. US-Energieministerium, „Clean Coal Technology Demonstration Programme: Draft Programmatic Environmental Impact Statement" (Washington: Juni 1989).

53. The American Council for an Energy Efficient Economy, „Acid Rain and Electricity Conservation" (Washington D.C.: Juni 1987).

54. FhG-ISI im Auftrag des Umweltbundesamts der BRD, „Systematische Darstellung der Luftreinhaltungspolitik in ausgewählten OECD-Ländern" (Karlsruhe: Juli 1988).

55. Environment Committee, „Coal: Environmental Issues and Remedies" (Paris: OECD, 1983).

56. Environment Committee, „Coal and Environmental Protection" (Paris: OECD, 1983).

57. Internationale Energie-Agentur, „The Clean Use of Coal" (Paris: OECD, 1985).

58. United Nations Environment Programme, „Environmental Impacts of Production and Use of Energy" (Nairobi: 1981).

59.   Radian Corporation, „Emissions and Cost Estimates for Globally Significant Anthropogenic Combustion Sources of NO$_x$, N$_2$O, CH$_4$, CO and CO$_2$" (im Auftrag der U.S. Environmental Protection Agency, Dezember 1987).

60.   Environment Committee, „Coal: Environmental Policies and Institutions" (Paris: OECD, 1987).

61.   United Nations-Economic Commission for Europe, „Technologies for Control of Air Pollution from Stationary Sources" (Genf: März 1987).

62.   Michael P. Walsh, „Global Trends in Motor Vehicle Pollution Control – A 1988 Perspective" (Society of Automotive Engeneers, 1989).

63.   Kommission der Europäischen Gemeinschaften, „Hydrocarbons: Identification of Air Quality Problems in Member States of the European Communities" (Brüssel: 1987).

64.   CONCAWE, „An Investigation into Evaporative Hydrocarbon Emissions from European Vehicles" (Den Haag: September 1987).

Chemie und Umwelt

von Andreas Heintz und Guido Reinhardt
Ein Studienbuch für Chemiker, Physiker, Biologen und Geologen

*2., durchgesehene Auflage 1991. 359 Seiten mit 106 Abbildungen
und 65 Tabellen. Kartoniert.
ISBN 3-528-16349-6*

Treibhauseffekt, Ozonloch, Waldsterben, Rauchgasreinigung oder der Kfz-Katalysator werden ebenso behandelt wie Probleme des Bodens und der Gewässer, beispielsweise die Kreisläufe von Schwermetallen, Düngemitteln, Pestiziden oder chlorhaltigen Chemikalien. Dabei gehen die Autoren nicht nur auf die aktuellen Schlagwörter ein, sondern vermitteln ein Verständnis der komplexen Vorgänge in der belebten und unbelebten Natur und erläutern Quellen und Auswirkungen anthropogener Emissionen.

Besonderes Gewicht messen die Autoren den Strategien zur Vermeidung und Verringerung von Schadstoffen sowie den Wiederverwertungsmöglichkeiten bei. – Die Autoren weisen auf gesetzliche Regelungen und Grenzwerte hin und zeigen auch politische und wirtschaftliche Konsequenzen auf.

Verlag Vieweg · Postfach 58 29 · D-6200 Wiesbaden

Bergehalden des Steinkohlenbergbaus

Herausgegeben von Hubert Wiggering und Michael Kerth
Beanspruchung und Veränderung eines industriellen Ballungsraumes

1. Auflage 1991. XX, 246 Seiten mit zahlreichen Abbildungen (Reihe „Geologie und Ökologie im Kontext"; hrsg. von Hubert Wiggering und Roderich Thien) Gebunden.
ISBN 3-528-06416-1

Auswirkungen des Steinkohlenbergbaus auf die Umwelt und die mit dem Bergbau verbundenen Interessenkonflikte stehen zunehmend im Blickpunkt von Politik und Gesellschaft. Am Beispiel der Steinkohlenbergehalden des Ruhrgebiets werden die vielfältigen Umweltauswirkungen der Entsorgung bergbautypischer Reststoffe aufgezeigt. In dem Buch werden die Halden des im Steinkohlenbergbau anfallenden Nebengesteins (Berge) als Ingenieur- und Landschaftsbauwerke sowie anthropogengeologische Körper mit ihren spezifischen Eigenschaften und den daraus resultierenden Einwirkungen auf Boden, Oberflächen- und Grundwasser, Vegetation, Landschaft und Klima beschrieben. Für die teilweise erheblichen Umweltbeeinträchtigungen und die Schwierigkeiten bei der landschaftlichen Einbindung werden Lösungskonzepte auf der Basis jüngster wissenschaftlicher Untersuchungen vorgestellt.

Dr. *Hubert Wiggering* ist Dozent der Geologie an der Universität/GHS Essen.
Dr. *Michael Kerth* ist Leiter des Ingenieurgeologischen Büros GEOINFORMETRIK in Detmold.

Verlag Vieweg · Postfach 58 29 · D-6200 Wiesbaden

Elektrische Energieversorgung

von Klaus Heuck und Klaus-Dieter Dettmann
Unter Mitarbeit von Egon Reuter.

*2., neubearbeitete Auflage 1991. XVI, 440 Seiten mit 490 Abbildungen,
14 Tabellen und 57 Aufgaben mit Lösungen. Gebunden.
ISBN 3-528-18547-3*

Dieses Buch vermittelt diejenigen Kenntnisse auf dem Gebiet der elektrischen Energieversorgung, die von der Industrie und den Energieversorgungsunternehmen bei den Hochschulabgängern erwartet werden. Dementsprechend ist das Spektrum des Buches recht breit gehalten.

Es beginnt mit einem Überblick über die Energieerzeugung und die damit eng zusammenhängende Netzregelung. Die sich anschließende Modellbildung aller wichtigen Netzbetriebsmittel stellt den ersten Schwerpunkt des Buches dar. Bei der dazu notwendigen Beschreibung der Bauweise wird verstärkt auf moderne Technologien eingegangen, die sich immer mehr durchsetzen. In diesem Zusammenhang wird auch die Leittechnik mit den zugehörigen Netzrechnern behandelt.

Für einen rechnergeführten Netzbetrieb und für die Planung großer Netze werden gut formalisierbare Netzberechnungsalgorithmen benötigt. Die Ableitung solcher Algorithmen stellt einen weiteren Schwerpunkt des Buches dar. Daneben wird auf die manuellen, meist sehr übersichtlichen Verfahren eingegangen. Insbesondere für den Entwurf von Höchstspannungsnetzen ist zusätzlich der Einsatz transienter Berechnungsmethoden notwendig. Diese werden daher ebenfalls erläutert. Bei der Darstellung aller behandelten Methoden sind stets solche Ableitungen bevorzugt worden, die nur relativ geringe mathematische Vorkenntnisse erfordern, jedoch zugleich alle technisch relevanten Aussagen liefern.

Aufgrund dieser Gestaltung ermöglicht das Buch auch dem bereits im Berufsleben stehenden Ingenieur, seine Kenntnisse aufzufrischen und zu erweitern. Hilfreich dabei ist, daß das Buch bereits von der Konzeption auf ein Selbststudium ausgerichtet ist. Zugleich enthält es 57 praxisnahe Aufgaben mit Lösungen, deren Lösungsweg skizziert ist.

Verlag Vieweg · Postfach 58 29 · D-6200 Wiesbaden